中国机械工程学科教程配套系列教材

教育部高等学校机械类专业教学指导委员会规划教材

机械制图（第2版）

主　编　万静　许纪倩
副主编　杨皓　杨光辉　陈平

清华大学出版社

北　京

内 容 简 介

本书第1版是基于北京科技大学多年来在机械制图课程教学中,做了大量的教学改革与实践的基础上编写完成的。自2011年出版以来,以其内容精练并有效地融合了现代计算机辅助设计表达手段,及特色的案例分析,受到读者的喜爱。

本次修订,是为了适应新形势下的现代工程图学教育发展趋势,结合北京科技大学近几年开展的研究型教学实践,探索传统机械制图理论与现代工程设计表达的融合模式,以案例引导开启,通过理论分析提升学生的认知能力,用现代计算机辅助设计手段,促成学生快速准确地表达设计结果。

本书共16章,主要内容包括:绪论,制图基本知识,投影的基本概念与基本理论,点、直线和平面,直线与平面、平面与平面的相对位置,投影变换,立体及其表面交线,组合体,机件的表达方法,轴测图及其草图速画技术,标准件和常用件,零件图,装配图,焊接件的表示法,展开图,AutoCAD和Inventor简介。本书另在附录A中摘录了26个常用的机械制图国家标准,附录B提供了各章末课堂测试练习的参考答案。

本书可作为高等学校工科机械类、近机械类各专业画法几何及机械制图课程的教材,也可供其他类型学校有关专业、工程技术人员使用。与本书配套使用的《机械制图习题集 第2版》(许纪倩、万静主编)同时出版,可供选用。

版权所有,侵权必究。举报:010-62782989,beiqinquan@tup.tsinghua.edu.cn

图书在版编目(CIP)数据

机械制图/万静,许纪倩主编.--2版.--北京:清华大学出版社,2016(2022.8重印)
中国机械工程学科教程配套系列教材　教育部高等学校机械类专业教学指导委员会规划教材
ISBN 978-7-302-43595-2

Ⅰ.①机… Ⅱ.①万… ②许… Ⅲ.①机械制图-高等学校-教材 Ⅳ.①TH126

中国版本图书馆CIP数据核字(2016)第082065号

责任编辑:许　龙
封面设计:傅瑞学
责任校对:赵丽敏
责任印制:丛怀宇

出版发行:清华大学出版社
网　　址:http://www.tup.com.cn,http://www.wqbook.com
地　　址:北京清华大学学研大厦A座　　　　邮　编:100084
社 总 机:010-83470000　　　　　　　　　　邮　购:010-62786544
投稿与读者服务:010-62776969,c-service@tup.tsinghua.edu.cn
质量反馈:010-62772015,zhiliang@tup.tsinghua.edu.cn

印 装 者:三河市龙大印装有限公司
经　　销:全国新华书店
开　　本:185mm×260mm　　印 张:30.75　　字　数:746千字
版　　次:2011年7月第1版　2016年7月第2版　　印　次:2022年8月第5次印刷
定　　价:79.80元

产品编号:061621-03

中国机械工程学科教程配套系列教材
教育部高等学校机械类专业教学指导委员会规划教材

编 委 会

顾　　问
　　李培根院士

主 任 委 员
　　陈关龙　　吴昌林

副主任委员
　　许明恒　　于晓红　　李郝林　　李　旦　　郭钟宁

编　　委（按姓氏首字母排列）
　　韩建海　　李理光　　李尚平　　潘柏松　　芮执元
　　许映秋　　袁军堂　　张　慧　　张有忱　　左健民

秘　　书
　　庄红权

丛书序言
PREFACE

我曾提出过高等工程教育边界再设计的想法,这个想法源于社会的反应。常听到工业界人士提出这样的话题:大学能否为他们进行人才的订单式培养。这种要求看似简单、直白,却反映了当前学校人才培养工作的一种尴尬:大学培养的人才还不是很适应企业的需求,或者说毕业生的知识结构还难以很快适应企业的工作。

当今世界,科技发展日新月异,业界需求千变万化。为了适应工业界和人才市场的这种需求,也即是适应科技发展的需求,工程教学应该适时地进行某些调整或变化。一个专业的知识体系、一门课程的教学内容都需要不断变化,此乃客观规律。我所主张的边界再设计即是这种调整或变化的体现。边界再设计的内涵之一即是课程体系及课程内容边界的再设计。

技术的快速进步,使得企业的工作内容有了很大变化。如从20世纪90年代以来,信息技术相继成为很多企业进一步发展的瓶颈,因此不少企业纷纷把信息化作为一项具有战略意义的工作。但是业界人士很快发现,在毕业生中很难找到这样的专门人才。计算机专业的学生并不熟悉企业信息化的内容、流程等,管理专业的学生不熟悉信息技术,工程专业的学生可能既不熟悉管理,也不熟悉信息技术。我们不难发现,制造业信息化其实就处在某些专业的边缘地带。那么对那些专业而言,其课程体系的边界是否要变?某些课程内容的边界是否有可能变?目前不少课程的内容不仅未跟上科学研究的发展,也未跟上技术的实际应用。极端情况甚至存在有些地方个别课程还在讲授已多年弃之不用的技术。若课程内容滞后于新技术的实际应用好多年,则是高等工程教育的落后甚至是悲哀。

课程体系的边界在哪里?某一门课程内容的边界又在哪里?这些实际上是业界或人才市场对高等工程教育提出的我们必须面对的问题。因此可以说,真正驱动工程教育边界再设计的是业界或人才市场,当然更重要的是大学如何主动响应业界的驱动。

当然,教育理想和社会需求是有矛盾的,对通才和专才的需求是有矛盾的。高等学校既不能丧失教育理想、丧失自己应有的价值观,又不能无视社会需求。明智的学校或教师都应该而且能够通过合适的边界再设计找到适合自己的平衡点。

我认为,长期以来,我们的高等教育其实是"以教师为中心"的。几乎所有的教育活动都是由教师设计或制定的。然而,更好的教育应该是"以学生为中心"的,即充分挖掘、启发学生的潜能。尽管教材的编写完全是由教师完成的,但是真正好的教材需要教师在编写时常怀"以学生为中心"的教育理念。如此,方得以产生真正的"精品教材"。

教育部高等学校机械类专业教学指导委员会、中国机械工程学会与清华大学出版社合作编写、出版了《中国机械工程学科教程》,规划机械专业乃至相关课程的内容。但是"教程"绝不应该成为教师们编写教材的束缚。从适应科技和教育发展的需求而言,这项工作应该不是一时的,而是长期的,不是静止的,而是动态的。《中国机械工程学科教程》只是提供一个平台。我很高兴地看到,已经有多位教授努力地进行了探索,推出了新的、有创新思维的教材。希望有志于此的人们更多地利用这个平台,持续、有效地展开专业的、课程的边界再设计,使得我们的教学内容总能跟上技术的发展,使得我们培养的人才更能为社会所认可,为业界所欢迎。

是以为序。

2009 年 7 月

前言
FOREWORD

《机械制图》第1版是基于北京科技大学多年来在机械制图课程教学中，做了大量的教学改革与实践的基础上编写完成的。本次再版，是为了适应新形势下的现代工程图学教育发展趋势，结合北京科技大学近几年开展的研究型教学实践，探索传统机械制图理论与现代工程设计表达的融合模式，以案例引导开启，通过理论分析提升学生的认知能力，用现代计算机辅助设计手段，促成学生快速准确地表达设计结果。

新编教材在保留第1版的特色基础上，突出以下几点：

（1）教材图形理论分析基础深厚，现代设计表达手段先进。在各章之末，增加了课堂测试练习并附有参考答案，以方便学生及时测评对本章所学知识的掌握情况。

（2）更新了计算机辅助设计软件AutoCAD、Inventor版本，使之与时俱进。精心策划实例选取，进一步强化了计算机三维建模实例引导，以提升学生复杂模型建模能力。

（3）贯彻执行最新的《技术制图》、《机械制图》国家标准。

（4）配套新编习题（《机械制图习题集（第2版）》，许纪倩、万静主编）同步出版。新版习题集中附有4套北京科技大学机械制图期末考试试卷及参考答案。

本教材凝结着北京科技大学工程图学室全体教师的教学实践经验与体会。参加本书编写的有：万静、许纪倩、杨皓、杨光辉、陈平、和丽、陈华、许倩、樊百林、李晓武。

本教材在编写过程中，得到各方面关心和帮助，列入北京科技大学校级"十二五"规划教材建设重点项目，教材的编写得到了北京科技大学教材建设基金的资助。北京科技大学机械工程学院尹常治教授对本书进行了审阅，并提出了许多宝贵的意见和建议，在此表示衷心的感谢。

由于编者水平有限，书中不足及错误在所难免，敬请广大读者批评指正。

编　者
2016年1月于北京

目 录
CONTENTS

第 0 章　绪论 …………………………………………………… 1
　　0.1　课程的性质与任务 ………………………………………… 1
　　0.2　机械设计与机械图样 ……………………………………… 2
　　0.3　现代工业产品设计与制造 ………………………………… 3

第 1 章　制图基本知识 ………………………………………… 5
　　1.1　国家标准关于制图的一般规定 …………………………… 6
　　1.2　平面图形的画法及尺寸标注 ……………………………… 14
　　1.3　绘图工具和用品的使用 …………………………………… 24
　　1.4　徒手绘图的方法 …………………………………………… 27
　　1.5　计算机辅助绘制平面图形示例 …………………………… 30
　　课堂讨论 ………………………………………………………… 33
　　课堂测试练习 …………………………………………………… 33

第 2 章　投影的基本概念与基本理论 ………………………… 34
　　2.1　正投影的基本特性 ………………………………………… 36
　　2.2　三视图的形成及投影规律 ………………………………… 39
　　2.3　简单形体三视图的阅读 …………………………………… 43
　　课堂讨论 ………………………………………………………… 48
　　案例分析 ………………………………………………………… 48
　　课堂测试练习 …………………………………………………… 48

第 3 章　点、直线和平面 ……………………………………… 51
　　3.1　点的投影 …………………………………………………… 52
　　3.2　直线的投影 ………………………………………………… 56
　　3.3　平面的投影 ………………………………………………… 64
　　课堂讨论 ………………………………………………………… 70
　　课堂测试练习 …………………………………………………… 70

第 4 章　直线与平面、平面与平面的相对位置 ……………… 72
　　4.1　平行问题 …………………………………………………… 72

4.2 相交问题 ·· 74
4.3 垂直问题 ·· 75
4.4 综合问题分析 ··· 76
课堂讨论 ··· 79
课堂测试练习 ·· 79

第 5 章 投影变换ㅤ81

5.1 投影变换的目的和方法 ·· 81
5.2 点的投影变换 ··· 82
5.3 4 个基本问题 ··· 83
5.4 综合问题分析 ··· 86
课堂讨论 ··· 89
案例分析 ··· 89
课堂测试练习 ·· 90

第 6 章 立体及其表面交线ㅤ92

6.1 平面立体 ·· 92
6.2 回转体 ··· 95
6.3 平面与立体表面交线 ·· 99
6.4 两曲面立体表面交线 ·· 110
6.5 计算机辅助并、交、差设计 ·· 119
课堂讨论 ·· 121
案例分析 ·· 121
课堂测试练习 ··· 122

第 7 章 组合体ㅤ124

7.1 组合体的形体分析 ·· 124
7.2 组合体的画法 ··· 126
7.3 组合体的尺寸注法 ·· 130
7.4 组合体的识图方法 ·· 136
7.5 组合体的构形设计 ·· 141
7.6 组合体的计算机三维建模 ··· 148
课堂讨论 ·· 152
课堂测试练习 ··· 153

第 8 章 机件的表达方法ㅤ155

8.1 视图 ··· 156
8.2 剖视图 ··· 159
8.3 断面图 ··· 169

8.4　其他表达方法 …………………………………………………………………… 172
　　8.5　第三角画法简介 ………………………………………………………………… 176
　　课堂讨论 ……………………………………………………………………………… 178
　　课堂测试练习 ………………………………………………………………………… 178

第 9 章　轴测图及其草图速画技术 …………………………………………………… 180

　　9.1　概述 ……………………………………………………………………………… 181
　　9.2　正等轴测图 ……………………………………………………………………… 183
　　9.3　斜二等轴测图 …………………………………………………………………… 190
　　9.4　轴测剖视图 ……………………………………………………………………… 191
　　9.5　正等轴测图的草图画法 ………………………………………………………… 193
　　9.6　斜二轴测图的草图画法 ………………………………………………………… 195
　　课堂测试练习 ………………………………………………………………………… 196

第 10 章　标准件和常用件 ……………………………………………………………… 198

　　10.1　螺纹 …………………………………………………………………………… 199
　　10.2　螺纹紧固件及其连接的画法 ………………………………………………… 210
　　10.3　键和销 ………………………………………………………………………… 217
　　10.4　滚动轴承 ……………………………………………………………………… 223
　　10.5　齿轮 …………………………………………………………………………… 226
　　10.6　弹簧 …………………………………………………………………………… 237
　　应用案例 ……………………………………………………………………………… 240
　　课堂测试练习 ………………………………………………………………………… 243

第 11 章　零件图 …………………………………………………………………………… 244

　　11.1　零件图的内容 ………………………………………………………………… 244
　　11.2　零件图的视图选择 …………………………………………………………… 246
　　11.3　零件图的尺寸标注 …………………………………………………………… 251
　　11.4　零件图的技术要求 …………………………………………………………… 262
　　11.5　零件结构工艺性介绍与合理构形 …………………………………………… 278
　　11.6　零件测绘 ……………………………………………………………………… 285
　　11.7　典型零件图识图要点 ………………………………………………………… 291
　　11.8　典型零件的计算机三维建模与零件工程图创建 …………………………… 296
　　零件测绘实验 ………………………………………………………………………… 308
　　课堂讨论 ……………………………………………………………………………… 308
　　课堂测试练习 ………………………………………………………………………… 309

第 12 章　装配图 …………………………………………………………………………… 310

　　12.1　装配图的内容 ………………………………………………………………… 310

12.2 装配图的规定画法和特殊画法 312
 12.3 装配图的尺寸标注、技术要求和零部件序号及明细栏 314
 12.4 部件测绘与装配图的画法 317
 12.5 与装配有关的构形 323
 12.6 读装配图和拆画零件图 326
 12.7 计算机辅助三维实体装配设计与表达 332
 实验题目 335
 课堂测试练习 336

第13章 焊接件的表示法 338

 13.1 焊缝接头形式和图示法 338
 13.2 焊缝代号 340
 13.3 焊缝的尺寸符号及其标注示例 342
 13.4 焊缝画法及标注举例 343
 13.5 金属焊接图 344
 课堂讨论 345
 课堂测试练习 345

第14章 展开图 346

 14.1 平面立体的展开 346
 14.2 可展曲面的展开 347
 14.3 不可展曲面的近似展开 349

第15章 AutoCAD 和 Inventor 简介 353

 15.1 AutoCAD 简介与实例 354
 15.2 三维机械设计软件 Inventor 简介 381

附录 A 437

 附录 A.1 常用零件结构要素 437
 附录 A.2 普通螺纹直径与螺距系列、公差等级、基本偏差
  （摘自 GB/T 193—2003） 440
 附录 A.3 55°非密封管螺纹（摘自 GB/T 7307—2001） 442
 附录 A.4 梯形螺纹直径与螺距系列、基本尺寸
  （摘自 GB/T 5796.2—2005、GB/T 5796.3—2005） 443
 附录 A.5 六角头螺栓—C 级（摘自 GB/T 5780—2000）、六角头螺栓—A 和 B 级
  （摘自 GB/T 5782—2000） 445
 附录 A.6 双头螺柱（摘自 GB/T 897—1988、GB/T 898—1988、
  GB/T 899—1988、GB/T 900—1988） 446
 附录 A.7 开槽沉头螺钉（摘自 GB/T 68—2000） 447

附录 A.8　内六角圆柱头螺钉(摘自 GB/T 70.1—2008) …………………………… 448

附录 A.9　紧定螺钉(摘自 GB/T 71—1985、
　　　　　 GB/T 73—1985、GB/T 75—1985) ……………………………………… 449

附录 A.10　Ⅰ型六角螺母(摘自 GB/T 6170—2000)、
　　　　　　六角薄螺母(摘自 GB/T 6172.1—2000) ……………………………… 450

附录 A.11　圆螺母(摘自 GB/T 812—1988) ……………………………………… 451

附录 A.12　小垫圈 A 级(摘自 GB/T 848—2002)、
　　　　　　平垫圈 A 级(摘自 GB/T 97.1—2002)、
　　　　　　平垫圈倒角型 A 级(摘自 GB/T 97.2—2002) …………………………… 452

附录 A.13　标准型弹簧垫圈(摘自 GB/T 93—1987)、
　　　　　　轻型弹簧垫圈(摘自 GB/T 859—1987) ………………………………… 452

附录 A.14　圆螺母止动垫圈(摘自 GB/T 858—1988) …………………………… 453

附录 A.15　紧固件通孔及沉孔尺寸 ……………………………………………… 454

附录 A.16　挡圈 …………………………………………………………………… 455

附录 A.17　平键和键槽各部分尺寸 ……………………………………………… 457

附录 A.18　圆柱销(摘自 GB/T 119.1—2000)、圆锥销(摘自 GB/T 117—2000)、
　　　　　　开口销(摘自 GB/T 91—2000) ……………………………………… 459

附录 A.19　滚动轴承 ……………………………………………………………… 461

附录 A.20　标准公差数值(摘自 GB/T 1800.3—1998) …………………………… 462

附录 A.21　轴的基本偏差数值(摘自 GB/T 1800.3—1998) ……………………… 463

附录 A.22　孔的基本偏差数值(摘自 GB/T 1800.3—1998) ……………………… 465

附录 A.23　优先、常用配合轴的极限偏差表摘录 ……………………………… 468

附录 A.24　优先、常用配合孔的极限偏差表摘录 ……………………………… 469

附录 A.25　常用材料 ……………………………………………………………… 470

附录 A.26　常用的热处理和表面处理 …………………………………………… 471

附录 B　课堂测试练习参考答案 ……………………………………………… 472

参考文献 …………………………………………………………………………… 476

第 0 章

绪 论

0.1 课程的性质与任务

1. 课程的性质

设计作为人类理性造物的一种活动,其终极目的是创新求异以满足人类的各种畅想与需求。设计表达作为这一活动中的重要组成部分,被设计者作为沟通的手段和媒介,用于实现产品信息的传递。为确保所创新构思的产品由虚拟的概念转化为现实的产品,设计者采用了以二维、三维空间形式存在的视觉语言来承载产品的信息。在此基础上,经过长期的实践摸索、不断地发展和完善,逐渐形成了一门独立的学科——工程制图,它是一门专门研究工程设计表达原理和应用的学科。

在工程界,根据设计表达原理、相关标准或规定表示工程对象,并有必要的技术说明的图形,称为工程图样。工程图样既是产品信息的载体,是表达和交流技术思想的必备工具,也是用来指导生产、施工、管理等工作的重要技术文件。随着市场全球化的发展,国际间的技术交流合作、项目引进等交往日趋频繁,工程图样作为"工程师的国际语言"更是不可缺少。因此,凡是从事工程技术工作的人员,都必须掌握绘制和阅读工程图样的能力。

工程图样的种类很多,不同的行业或专业,对图样有不同的要求,如机械图样、建筑图样、水利图样、电气图样等。机械图样是其中的一种,它是用来表达机械零、部件或整台机器的结构、大小、材料以及技术要求等内容的,是机械制造与生产加工的依据。《机械制图》这门课程主要研究设计表达理论和方法、机械图样的绘制与识读规律,学习国家标准《机械制图》《技术制图》中的有关规定和现代计算机辅助设计软件在机械图样绘制中的应用,同时也为学习相关的后续课程、课程设计、毕业设计奠定必备的基础。

2. 课程的任务

(1) 培养空间想象、分析问题的能力以及对一般空间几何问题的图解能力。

(2) 学习正投影法的基本原理及其应用,能正确、完整、清晰、合理地表达机件的表达能力。

(3) 培养能熟练、准确地绘制规范合格的机械图样的绘图能力和能看懂并正确理解机械图样的识图能力。

(4) 培养学生手工绘图,使用计算机辅助设计软件进行二维绘图、三维实体造型设计的构思创新能力。

(5) 培养学生严谨细致的学习作风和认真负责的学习态度。

0.2　机械设计与机械图样

一般机械产品的设计流程见图0.1，由此可知设计的最终表达一般是机械图样。在实际工程设计生产中，图样被广泛使用，如图0.2所示，设计者要通过图样来表达其设计思想和意图；生产者应根据图样进行制造、检验、安装以及调试；使用者也需通过图样来了解其结构、性能及原理，以掌握正确的使用、保养、维护和维修的方法和要求。机械图样可分为两类：一类为总图和部件图，统称装配图，是部件和整机装配、调试的依据；另一类为制造零件用的零件图样，也称零件图，反映零件的结构形状、尺寸、材料以及制造、检验时所需要的技术要求等，用以指导该零件的加工、检验。装配图、零件图的作用见图0.3。

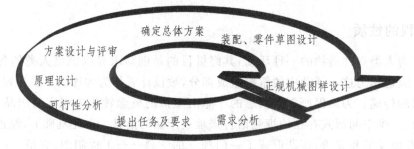

图0.1　机械设计流程

图0.2　图样被广泛使用

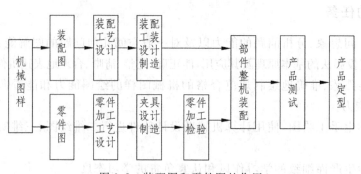

图0.3　装配图和零件图的作用

由此可见，传统的设计表达方法通常是将设计者头脑中反映三维实体的设计意图和要求按照设计表达原理用二维图形来表达，而后续的加工制作者必须通过读图在头脑中重现设计者想要表达的三维实体，且设计过程又是一个复杂和反复的过程，这使得整个技术信息转换过程更加繁杂。

0.3 现代工业产品设计与制造

随着现代科技的发展，设计表达正在从手工绘图逐步发展到基于功能设计模式生成的计算机数字化产品信息模型，其上存储有设计制造过程中全生命周期的信息（见图 0.4 和图 0.5），它支持产品的多种表达方式并可在不同环境中使用。设计制造过程也从单纯的产品设计生产向应用现代计算机技术的数字化设计制造协同管理方式过渡（见图 0.6），从传统的顺序设计方式（串行设计）过渡到并行设计和网络协同设计方式。现代设计技术的发展方向是不断吸收现代科学技术，实现数字化、智能化、网络化。目前机械产品现代设计的两种主要技术是 PDM 技术和基于网络的异地协同产品设计技术。

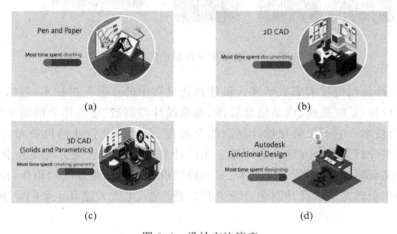

图 0.4 设计方法演变

(a) 手工绘图；(b) 二维 CAD 绘图；(c) 三维 CAD 绘图；(d) 基于功能的设计模式

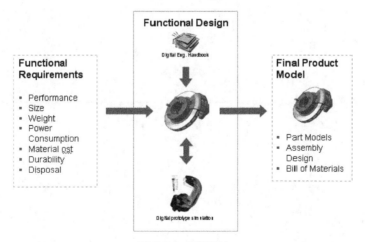

图 0.5 功能设计

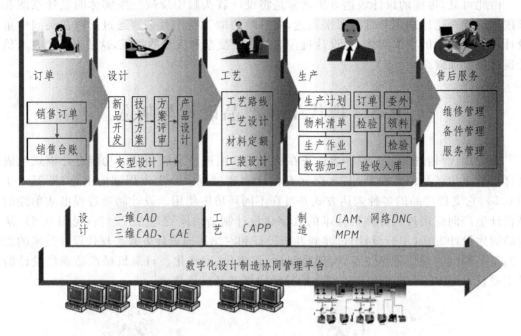

图 0.6 数字化设计制造协同管理

数字化设计与制造技术集成了现代设计制造过程中的多项先进技术,包括三维建模、装配分析、优化设计、系统集成、产品信息管理、虚拟设计与制造、多媒体和网络通信等,是一项多学科的综合技术。它不仅贯穿设计制造的全过程,而且涉及企业的设备布置、物流物料、生产计划、成本分析等多个方面。运用数字化设计与制造技术可大大提高企业的产品开发能力、缩短产品研制周期、降低开发成本、实现最佳设计目标和企业间的协作,使企业能在最短时间内,组织全球范围的设计制造资源来开发新产品,可大大提高企业的竞争能力。

第 1 章

制图基本知识

▎本章重点内容

（1）国家标准《技术制图》和《机械制图》中关于"图纸幅面和格式""比例""字体""图线""尺寸标注"等的基本规定；

（2）平面图形的基本作图及尺寸标注；

（3）平面图形构形设计的基本原则与方法；

（4）徒手画图的概念和简单的作图方法。

▎能力培养目标

（1）掌握国家标准中关于图框、图线、字体等的基本规定和关于尺寸标注的规定；

（2）掌握平面图形的作图方法，并能运用平面构形设计原则进行设计；

（3）通过实际操作，能熟练使用常用绘图工具。

▎案例引导

工程图样是现代工业生产中必不可少的技术资料，是产品调研、论证、设计、制造加工、安装及维修过程得以顺利进行的必备技术资料，被公认为"工程界技术交流的语言"，具有严格的规范性。为了适应现代化生产、管理的需要和便于技术交流，国家制定并颁布了一系列国家标准，简称"国标"，它包括三个标准：强制性国家标准（代号为"GB"）、推荐性国家标准（代号为"GB/T"）和指导性国家标准（代号为"GB/Z"）。国家标准《技术制图》是基础技术标准，国家标准《机械制图》是机械专业制图标准。

产品设计的通用流程是：项目定义→调研与规划→设计→概念开发→具体设计→细节设计→原型制作→产品样机测试→用户测试→更改产品→小批量试制→大批量生产。其中产品设计草图徒手绘图是在"设计"这一环节，产品设计需要运用各种创意方法，通过大量的设计思想，产生出能够有效解决问题的思路或方案。这些思想通常通过产品草图和效果图进行展示。培养和提高设计草图绘制能力可以直接提高设计师的造型能力和意念表达能力，从而使设计师不断地优化自己的设计方案，最终获得设计的成功实现。

现代设计手段在设计领域的渗透，使设计表达方法大量地采用计算机辅助设计软件。经过多年的推广，CAD技术已经广泛地应用在机械、电子、航天、化工、建筑等行业。应用CAD技术起到了提高企业的设计效率、优化设计方案、减轻技术人员的劳动强度、缩短设计周期、加强设计的标准化等作用。

本章将对国家标准关于工程图样绘制的一般规定，尺规绘图、徒手绘图的技能及利用计算机辅助软件绘制平面图形的内容作进一步的介绍。

1.1 国家标准关于制图的一般规定

1.1.1 图纸幅面和格式（GB/T 14689—2008）

1. 图纸幅面

图纸幅面是指制图时所采用的图纸宽度与长度组成的图样幅面的大小。基本幅面代号有 A0、A1、A2、A3 和 A4 五种，尺寸按表1.1的规定。

表1.1 图纸幅面尺寸　　　　　　　　　　　　　　　mm

幅面代号	A0	A1	A2	A3	A4
$B×L$	841×1189	594×841	420×594	297×420	210×297
c		10			5
a			25		
e		20			10

图1.1中粗实线所示为基本图幅，绘制技术图样时应优先采用基本图幅，必要时可以按照规定加长图纸的幅面，加长幅面的尺寸由基本幅面的宽度或长度成整数倍增加后得出。图1.1中的细实线和虚线分别为第二选择和第三选择加长幅面。

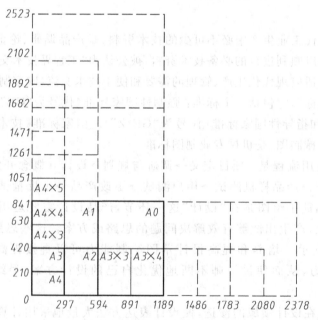

图1.1 图纸基本幅面和加长幅面的尺寸

2. 图框格式

图框是图纸上限定绘图区域的线框。绘图时，必须用粗实线画出图框，图样绘制在图框内部。图框分为不留装订边和留装订边两种格式，分别如图1.2和图1.3所示，但同一产品的图样只能采用一种图框格式。采用 X 型图纸与 Y 型图纸时,看图的方向与看标题栏的方向一致。

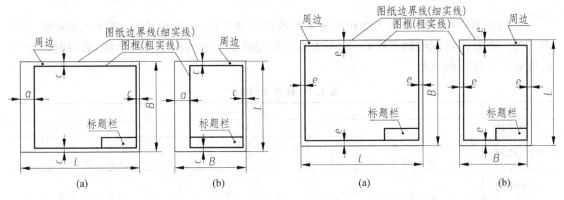

图 1.2　留有装订边的图框格式　　　　　图 1.3　不留装订边的图框格式
(a) X 型；(b) Y 型　　　　　　　　　　　　(a) X 型；(b) Y 型

3. 标题栏

标题栏的位置一般位于图纸的右下角,如图 1.2 和图 1.3 所示。标题栏一般由名称及代号区、签字区、更改区和其他区组成,其格式和尺寸由 GB/T 10609.1—2008 规定,图 1.4 是该标准提供的标题栏格式,各设计单位可根据自身需求重新定制。教学中推荐使用简化的标题栏(图 1.5),图中 A 栏的格式和内容如图 1.6 所示。

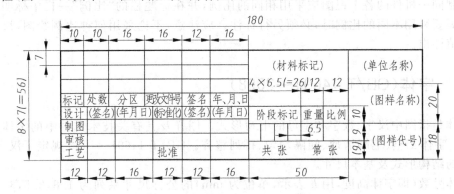

图 1.4　国家标准规定的标题栏格式

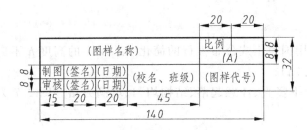

图 1.5　教学中推荐使用的标题栏格式　　　图 1.6　图 1.5 中(A)栏的
　　　　　　　　　　　　　　　　　　　　　　　　格式和内容
　　　　　　　　　　　　　　　　　　　　　(a) 零件图；(b) 装配图

1.1.2 比例(GB/T 14690—2008)

比例是图样中图形与其实物相应要素的线性尺寸之比,分原值比例、放大比例和缩小比例三种。需要按比例绘制图样时,应在表1.2规定的系列中选取适当的比例,必要时也允许选取表1.3规定的比例。

表1.2 标准比例系列

种 类	比 例		
原值比例	1∶1		
放大比例	5∶1 $(5×10^n)∶1$	2∶1 $(2×10^n)∶1$	$(1×10^n)∶1$
缩小比例	1∶2 $1∶(2×10^n)$	1∶5 $1∶(5×10^n)$	1∶10 $1∶(1×10^n)$

注:n为正整数。

表1.3 允许选取比例系列

种 类	比 例				
放大比例	4∶1 $(4×10^n)∶1$	2.5∶1 $(2.5×10^n)∶1$			
缩小比例	1∶1.5 $1∶(1.5×10^n)$	1∶2.5 $1∶(2.5×10^n)$	1∶3 $1∶(3×10^n)$	1∶4 $1∶(4×10^n)$	1∶6 $1∶(6×10^n)$

注:n为正整数。

绘制同一机件的各个视图应采用相同的比例,并在标题栏的"比例"一栏中标明。当某个视图需要采用不同的比例时,必须另行标注。应注意,不论采用何种比例绘图,尺寸数值均按原值注出。

1.1.3 字体(GB/T 14691—2008)

字体是指图中汉字、数字和字母的书写形式。图样及其有关技术文件中的字体书写必须做到:字体工整、笔画清楚、间隔均匀、排列整齐。GB/T 14691—1993规定了汉字、数字和字母的结构形式及基本尺寸。

字体号数(即字体高度,用h表示,单位为mm)的公称尺寸系列为1.8、2.5、3.5、5、7、10、14、20八种。如需书写更大的字,其字体高度应按$\sqrt{2}$的比例递增。

1. 汉字

汉字应写成长仿宋体字,并应采用国家正式公布推行的简化字。汉字的高度h不应小于3.5mm,其字宽一般为$h/\sqrt{2}$(约$0.7h$)。

长仿宋体汉字的书写要领是:横平竖直、注意起落、结构均匀、填满方格。图1.7为长仿宋体汉字示例。

2. 字母和数字

字母和数字分为A型和B型。A型字体的笔画宽度d为字高h的1/14;B型字体的

字体工整 笔画清楚 排列整齐 间隔均匀

装配时作斜度深沉最大小球厚直网纹均布平镀抛光研视图
向旋转前后表面展开图两端中心孔锥柱销

图1.7　长仿宋体汉字示例

笔画宽度 d 为字高 h 的 1/10。在同一图样上只允许选用一种型式的字体。字母和数字可写成斜体和直体。斜体字头向右倾斜,与水平基准线成 75°。图1.8 为斜体字母和数字示例。

1.1.4　图线（GB/T 4457.4—2002）

国家标准(GB/T 17450—1998)《技术制图　图线》规定了绘制各种技术图样的 15 种基本线型。GB/T 4457.4—2002《机械制图　图样画法　图线》中规定的 9 种图线符合 GB/T 17450—1998《技术制图　图线》标准的规定,是机械制图使用的图线标准。常用图线型式如表 1.4 所示,各种图线及其应用如图 1.9 所示。

ABCDEFGHIJKLMNO
PQRSTUVWXYZ

abcdefghijklmnopq
rstuvwxyz

0123456789 ϕ

图1.8　斜体字母和数字示例

表1.4　图线

图线名称	线型	宽度	主要应用举例
粗实线	——————	d	可见轮廓线
细实线	——————	$0.5d$	尺寸线及尺寸界线 剖面线 重合断面的轮廓线 辅助作图线 引出线 过渡线
波浪线	～～～	$0.5d$	断裂处的边界线 视图和剖视的分界线
双折线	—/\——	$0.5d$	断裂处的边界线
细虚线	— — — —	$0.5d$	不可见轮廓线
细点画线	— · — · —	$0.5d$	轴线 对称中心线 分度圆(线) 孔系分布的中心线 剖切线
细双点画线	— ·· — ·· —	$0.5d$	相邻辅助零件的轮廓线 极限位置的轮廓线 轨迹线
粗点画线	— · — · —	d	限定范围表示线

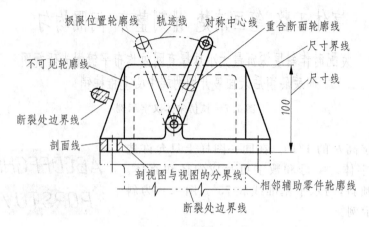

图 1.9 图线的应用示例

图线宽度 d 应根据图样的类型、尺寸、比例和缩微复制的要求,在下列数系中选择(该数系的公比为 $1:\sqrt{2}$):0.13、0.18、0.25、0.35、0.5、0.7、1、1.4、2mm。在同一图样中,同类图线的宽度应一致。

机械图样的图线宽度分为粗、细两种,其比例关系为 2:1。粗线宽度为 d,优先采用 $d=0.5$mm 或 0.7mm。为了保证图样清晰易读,便于复制,图样上尽量避免出现宽度小于 0.18mm 的图线。

图线画法注意事项:

(1) 点画线、虚线、粗实线彼此相交时,应交于画线处,不应留空。点画线应该超出轮廓线 3~5mm,而虚线不能超出轮廓线,如图 1.10 所示。

(2) 在绘制虚线和点画线时,其线素的长度如图 1.11 所示。

(3) 图线重合时,只画其中一种。优先画图线的顺序为:可见轮廓线、不可见轮廓线、对称中心线、尺寸界线。

(4) 图线不得与文字、数字或符号重叠、混淆。不可避免时,应首先保证文字、数字或符号清晰。

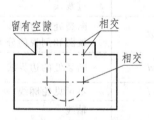

图 1.10 相交图线的画法

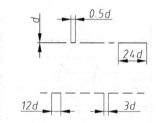

图 1.11 点画线和虚线的画法

1.1.5 尺寸注法(GB/T 4458.4—2003)

图样中,除了需要表达机件的结构形状外,还需要标注尺寸,以确定机件的大小和相对位置。尺寸标注方法应符合国家标准的规定。

1．基本规则

（1）机件的真实大小应以图样上所注的尺寸数值为依据，与图形的大小及绘图的准确程度无关。

（2）图样中（包括技术要求和其他说明）的尺寸，以 mm 为单位时，不需标注计量单位的代号或名称，如采用其他单位，则必须注明相应的计量单位的代号或名称。

（3）图样中所标注的尺寸，为该图样所示机件的最后完工尺寸，否则应另加说明。

（4）机件中同一尺寸只标注一次，并应标注在反映该结构最清晰的图形上。

2．尺寸要素

如图 1.12 所示，一个完整的尺寸一般应包括尺寸数字、尺寸线、尺寸界线及尺寸线的终端。

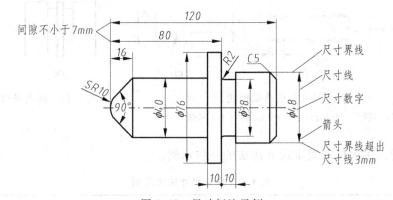

图 1.12　尺寸标注示例

1）尺寸数字（表示尺寸的大小）

线性尺寸的数字，一般应注写在尺寸线的上方，也允许注写在尺寸线的中断处。尺寸数字用标准字体书写，且在同一张图上应采用相同的字号。表 1.5 为不同类型的尺寸符号。

表 1.5　尺寸符号

符　号	含　　义	符　号	含　　义
∅	直径	⌒	弧长
R	半径	∨	埋头孔
S∅	球直径	⊔	沉孔或锪平
SR	球半径	↓	深度
EQS	均布	□	正方形
C	45°倒角	∠	斜度
t	板状零件的厚度	▷	锥度

2）尺寸线（表示尺寸的方向）

尺寸线用细实线绘制，不能用其他图线代替，一般也不得与其他图线重合或画在其延长线上。标注线性尺寸时，尺寸线必须与所标注的线段平行，相同方向的各尺寸线之间的距离要均匀，间隔应大于 7mm。当有几条相互平行的尺寸线时，大尺寸要注在小尺寸外面，以免尺寸线与尺寸界线相交。

3) 尺寸界线(表示尺寸的范围)

尺寸界线用细实线绘制,并应直接由图形的轮廓线、轴线或对称中心线等处引出。也可直接利用轮廓线、轴线或对称中心线等作尺寸界线。尺寸界线应超出尺寸线 2～4mm。尺寸界线一般应与尺寸线垂直,必要时才允许倾斜。

4) 尺寸线的终端(表示尺寸的起讫)

图 1.13 为 CAD 制图规则规定的尺寸线终端形式,可在图样中按实心箭头、空心箭头、开口箭头和斜线 4 种终端形式选用,手工绘图时一般采用实心箭头。在采用斜线形式时,尺寸线与尺寸界限必须互相垂直。当位置不够时,允许用圆点或斜线代替箭头,如图 1.14 所示。

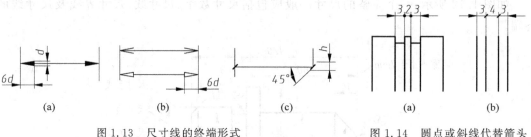

图 1.13　尺寸线的终端形式　　　　　　图 1.14　圆点或斜线代替箭头
(a) 实心箭头；(b) 开口箭头,空心箭头；(c) 斜线

表 1.6 列出了国标所规定尺寸注法的一些示例。

表 1.6　常见尺寸注法示例

标注内容	图　　例	说　　明
线性尺寸的数字方向	(a)　(b)	尺寸数字应按图(a)所示的方向注写,并尽量避免在图示 30°范围内标注尺寸,当无法避免时,可按图(b)的几种形式标注。同一张图样中标注形式应尽可能统一
线性尺寸标注方法		必要时尺寸界线与尺寸线允许倾斜
角度		尺寸界线沿径向引出；尺寸线应画成圆弧,圆心是角的顶点；尺寸数字一律应水平书写,尽量写在尺寸线中断处

续表

标注内容	图例	说明
圆		直径尺寸应在尺寸数字前加注符号"φ";尺寸线应通过圆心,尺寸线终端画成箭头;整圆或大于半圆标注直径;当尺寸线的一端无法画出箭头时,尺寸线要超过圆心一段
圆弧	(a) (b) (c)	半径尺寸应在尺寸数字前加注符号"R";尺寸线应自圆心引向圆弧;半圆或小于半圆标注半径;在图纸范围内无法标出圆心位置时,可按图(b)标注;不需标出圆心位置时,可按图(c)标注
狭小尺寸		当没有足够的位置标注尺寸时,箭头可外移或用小圆点代替两个箭头;尺寸数字也可写在尺寸界线外或引出标注
尺寸数字前面的符号	表示正方形边长为12mm 表示板厚2mm 表示锥度1:15 表示斜度1:6 表示圆球直径φ20mm 表示45°倒角,轴向尺寸1.6mm 表示沉孔φ8mm,深3.2mm 表示埋头孔φ9.6×90°	机械图样中可加注一些符号,以简化表达一些常见结构,符号意义参见表1.5

续表

标注内容	图例	说明
弦长和弧长	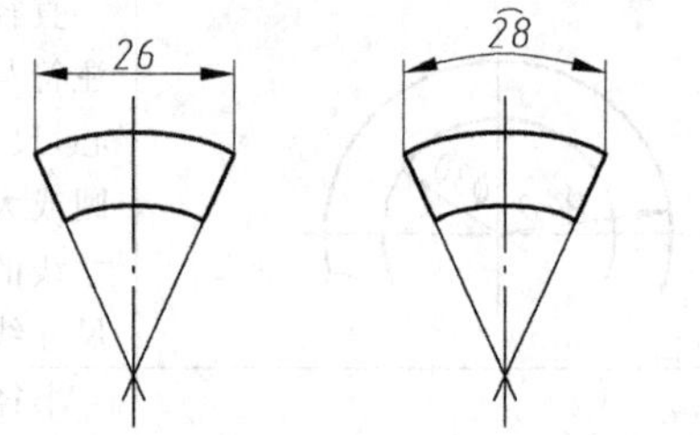	尺寸界线应平行于弦的垂直平分线；标注弧长时，尺寸线用圆弧，在尺寸数字上方应加注符号"⌒"
对称机件	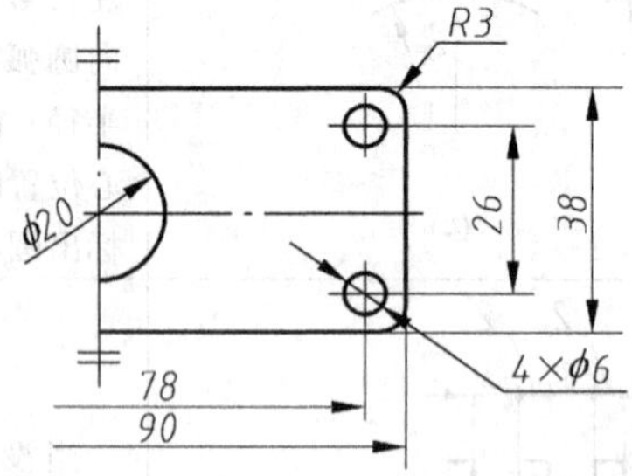	当对称物体的图形只画出一半或略大于一半时，尺寸线应略超过对称中心或断裂处的边界线，并在尺寸线一端画出箭头
图线通过尺寸数字时的处理和圆周上均布孔的标注	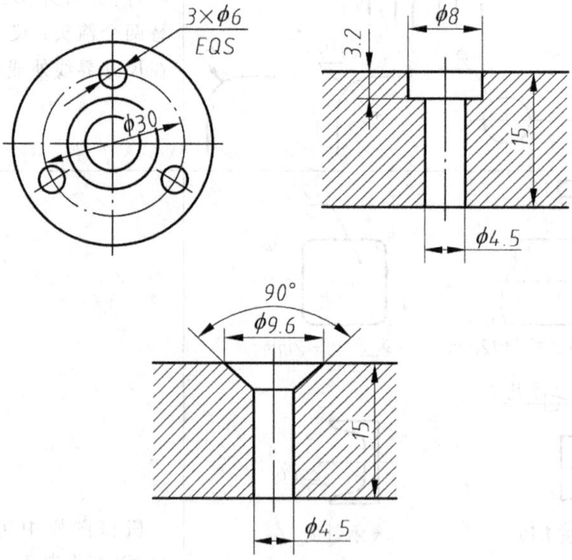	当尺寸数字无法避开图线时，图线应断开；图中"3×ϕ6 EQS"表示3个ϕ6的孔均匀分布

1.2 平面图形的画法及尺寸标注

1.2.1 常见的几何作图方法

任何平面图形都可以看成是由一些简单几何图形组成的。本节重点介绍使用尺规绘图工具，按几何原理绘制机械图样中常见的几何图形，包括等分圆周（内接正多边形）、斜度和锥度、圆弧连接及非圆曲线(椭圆)等的画法。

1. 等分圆周及正多边形作图

正多边形一般采用等分其外接圆、连接各等分点的作图方法,如表 1.7 所示。

表 1.7 等分圆周及正多边形画法

类 别	图 例	方法和步骤
三等分圆周(作正三角形)		将 30°-60°三角板的短直角边紧贴丁字尺,并使其倾斜边过点 A 作直线 AB;翻转三角板,以同样方法作直线 AC;连接 BC,即得正三角形
五等分圆周(作正五边形)		以半径 OM 的中点 O_1 为圆心,O_1A 为半径画弧,交 ON 于点 O_2;O_2A 为弦长,自点 A 起依次在圆周上截取,得等分点 B、C、D、E,连接各点,即可得圆的内接正五边形
六等分圆周(作正六边形)		方法1:以已知圆直径的两端点 A、D 为圆心,以已知圆的半径 R 为半径画弧与圆周相交,即得等分点 B、C、E、F,依次连接,即可得圆的内接正六边形
		方法2:将 30°-60°三角板的短直角边紧贴丁字尺,并使其倾斜边过点 A、D 作直线 AF 和 DC;翻转三角板,以同样方法作直线 AB 和 DE;连接 BC 和 FE,即得正六边形

类别	图例	方法和步骤
任意等分圆周（作正 n 边形）	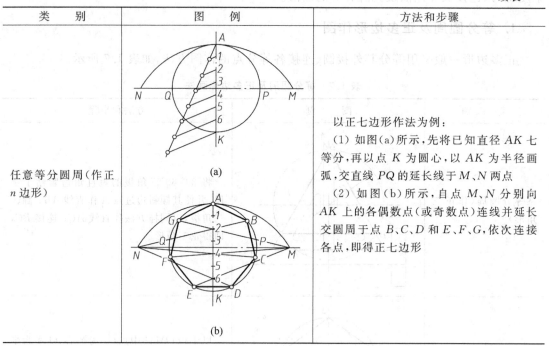 (a) (b)	以正七边形作法为例： （1）如图(a)所示，先将已知直径 AK 七等分，再以点 K 为圆心，以 AK 为半径画弧，交直线 PQ 的延长线于 M、N 两点 （2）如图(b)所示，自点 M、N 分别向 AK 上的各偶数点（或奇数点）连线并延长交圆周于点 B、C、D 和 E、F、G，依次连接各点，即得正七边形

2. 斜度和锥度

（1）斜度是指一直线或平面相对另一直线或平面的倾斜程度。斜度的大小用倾斜角的正切值表示（见图 1.15(a)），并把比值写成 $1:n$ 的形式，即

$$斜度 = \tan\alpha = H:L = 1:n$$

（2）锥度是正圆锥底圆直径与圆锥高度之比或正圆锥台两底圆直径之差与圆锥台高度之比（见图 1.15(b)），即

$$锥度 = 2\tan(\alpha/2) = D:L = (D-d):l = 1:n$$

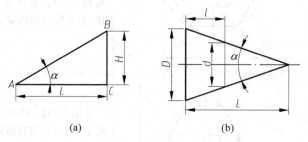

图 1.15 斜度与锥度

斜度与锥度的标注示例和作图步骤如表 1.8 所示。

3. 圆弧连接

画工程图样时，经常要用线段（圆弧或直线段）光滑连接另外的圆弧或直线，称为圆弧连接。光滑连接就是平面几何中的相切。常见圆弧连接形式及作图方法见表 1.9。

表 1.8 斜度与锥度的标注示例和作图步骤

内容	符号	标注示例	作图步骤和方法
斜度	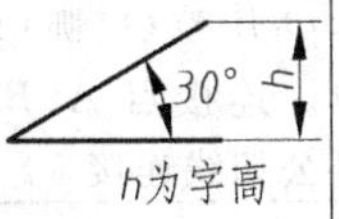30° h h为字高	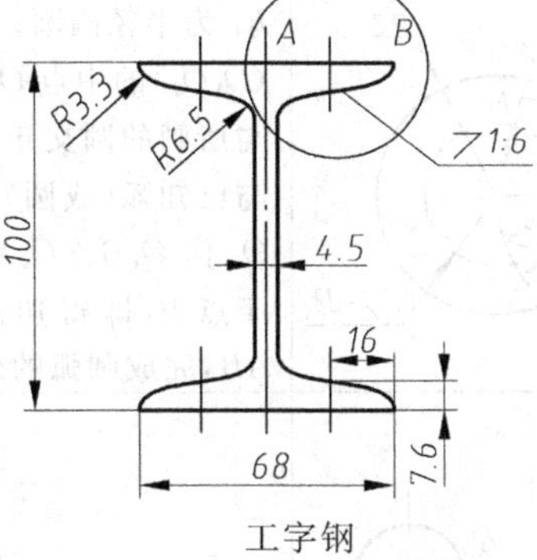A B R3.3 R6.5 ⊿1:6 100 4.5 16 68 7.6 工字钢 注意：斜度符号的斜线方向应与斜度方向一致	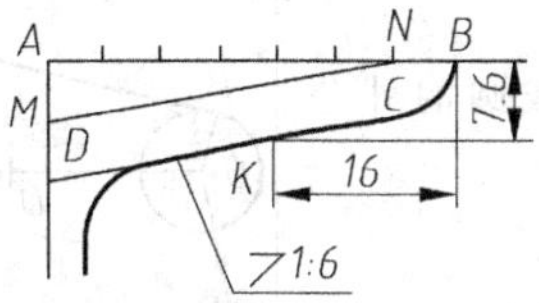A N B M C D K 16 7.6 ⊿1:6 (1) 在 AB 上作 6 个单位长度，即 AN； (2) 过点 A 作 AM=1 个单位长； (3) 连接 MN，其斜度即为 1∶6； (4) 过点 K 作 $DC \parallel MN$
锥度	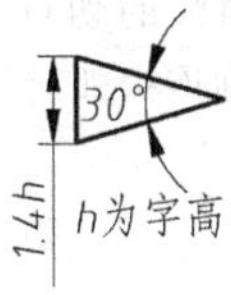30° 1.4h h为字高	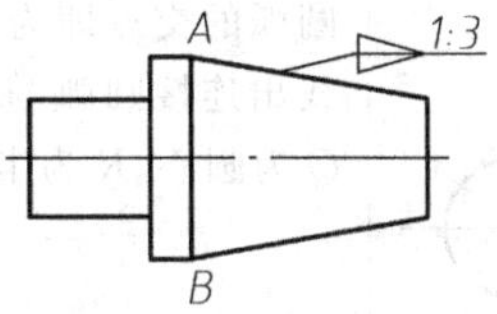A 1:3 B 注意：锥度符号的方向应与锥度方向一致	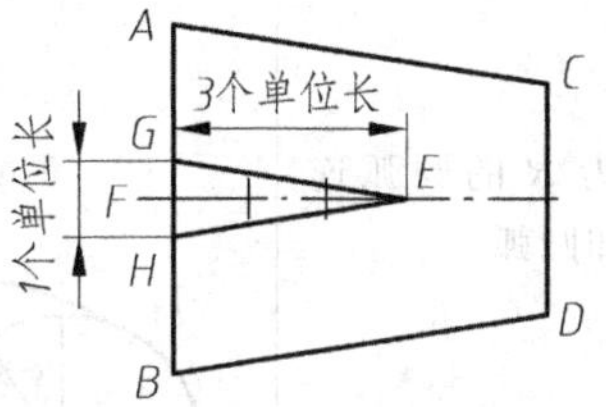A C 3个单位长 G E F 1个单位长 H D B (1) 以直线 AB 的中点 F 为对称点，取 GH=1 个单位长； (2) 在轴线上取 EF=3 个单位长； (3) 连接 GE、HE，两直线的锥度即为 1∶3； (4) 过 A、B 作 $AC \parallel GE$、$BD \parallel HE$，AC、BD 即为所求

表 1.9 常见圆弧连接形式及作图方法

内 容	图 例	方法和步骤
用半径为 R 的圆弧连接两条已知相交的直线	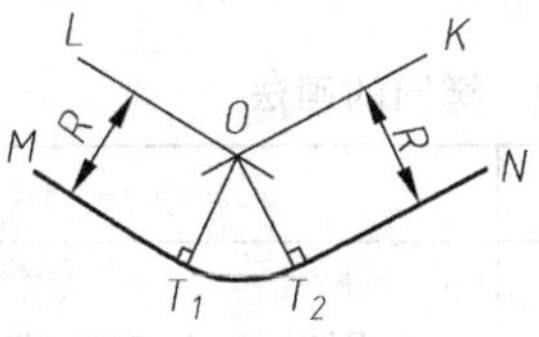L K O M N R R T1 T2	先分别作两已知直线 M、N 的平行线 L、K，且使平行线的距离为 R，两线 L、K 的交点 O 即为连接弧圆心；分别找出连接圆弧与直线 M、N 的切点 T_1、T_2，再以 O 为圆心、R 为半径画连接弧
用半径为 R 的圆弧连接一直线和一圆弧	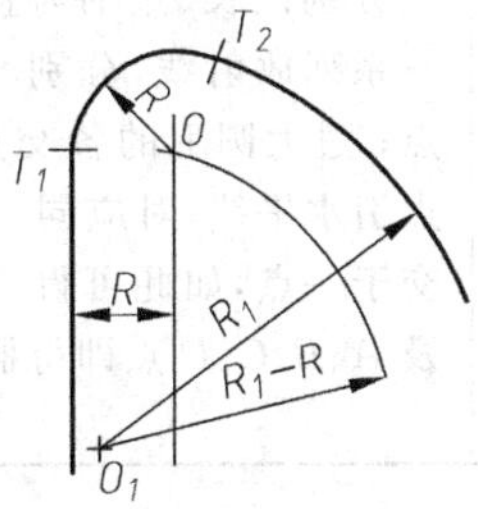T2 R O T1 R R1 R1−R O1	作与已知直线相距为 R 的平行线；再以已知圆弧的圆心 O_1 为圆心，以 R_1-R 为半径画弧，交点 O 即为连接圆弧的圆心；分别找出连接圆弧与已知直线的切点 T_1 和已知圆弧的切点 T_2，再以 O 为圆心、R 为半径画连接弧

续表

内　容	图　例	方法和步骤
画两圆弧或圆的外公切线		以大圆弧(或圆)的圆心 O_2 为圆心，R_2-R_1 为半径画圆；以两圆弧(或圆)的圆心距(O_1O_2)的中点 O 为圆心、OO_2 为半径画弧与所画的圆交于 N 点；连接 O_2N 并延长与已知弧(或圆)交于 A 点，即为切点；过 O_1 作 $O_1B \parallel O_2A$，O_1B 与 O_1 弧(或圆)交于点 B，即得切点。连接点 A、B 得线段 AB，完成圆弧的外公切线连接
用半径为 R 的圆弧连接两已知圆弧	(a) (b)	先分别以 O_1、O_2 为圆心，$R+R_1$ 和 $R+R_2$ 为半径(外切时，见图(a))或 $R-R_1$ 和 $R-R_2$ 为半径(内切时，见图(b))画弧，两圆弧的交点即为连接弧的圆心 O；再分别找出连接圆弧与已知弧的切点 T_1、T_2，以 O 为圆心，R 为半径画连接弧

4. 椭圆的画法

工程中常用的曲线有椭圆、圆的渐开线、阿基米德螺旋线等，表 1.10 为常用的两种椭圆画法。

表 1.10　椭圆的画法

内　容	图　例	作图方法
同心圆法 (准确画法)		分别以长、短轴为直径作两同心圆；过圆心 O 作一系列放射线，分别与大圆和小圆相交，得若干交点；过大圆上的各交点引竖直线，过小圆上的各交点引水平线，对应同一条放射线的竖直线和水平线交于一点，如此可得一系列交点；光滑连接各交点及 A、B、C、D 点即得椭圆

续表

内容	图例	作图方法
四心法 （近似画法）		过 O 分别作长轴 AB 和短轴 CD；连接 AC，以 O 为圆心，OA 为半径作圆弧与 OC 的延长线交于点 E，再以 C 为圆心，CE 为半径作圆弧与 AC 交于点 F，即 $CF=OA-OC$；作 AF 的垂直平分线，分别交长、短轴于点 1、2，并求出点 1、2 对圆心 O 的对称点 3、4。分别以 1、3 和 2、4 为圆心，$1A$ 和 $2C$ 为半径画圆弧，使四段圆弧相切于 K、L、M、N 而构成一近似椭圆

1.2.2 平面图形的线段分析

平面图形是由一个或多个封闭的图形组成的，而每一个封闭的图形一般又由若干线段（直线、圆弧）组成，相邻线段彼此相交或相切连接。要正确绘制一个平面图形，必须掌握平面图形的线段分析。

由若干线段组成的平面图形，根据图形中所标注的尺寸和线段之间的连接关系，图形中的线段可以分成以下三种（以图 1.16 为例）：

（1）已知线段：根据图形中所标注的尺寸，可以独立画出的圆、圆弧或直线，即定形尺寸和定位尺寸均给出；

（2）中间线段：除图形中标注的尺寸外，还需根据一个连接关系才能画出的圆弧或直线，即只有定形尺寸，定位尺寸不全；

（3）连接线段：需要根据两个连接关系才能画出的圆弧或直线，即只有定形尺寸，没有定位尺寸。

平面图形线段分析的目的：检查尺寸是否多余或遗漏；确定平面图形中线段的作图顺序。

例 1.1 对图 1.16 进行线段分析，并写出其画图步骤。

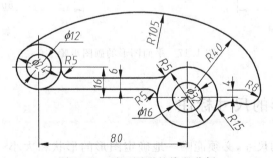

图 1.16 平面图形的线段分析

解：（1）分析图形，确定图形中各线段的性质。图中，圆 $\phi12$、$\phi24$、$\phi16$、$\phi32$、$R40$ 和两条直线是已知线段；圆弧 $R8$ 是中间线段；圆弧 $R5$、$R15$ 和 $R105$ 是连接线段。

（2）绘制平面图形时，首先画出基准线，随后画出各已知线段，再画出中间线段，最后画出连接线段。图 1.17 所示为图 1.16 的画图步骤。

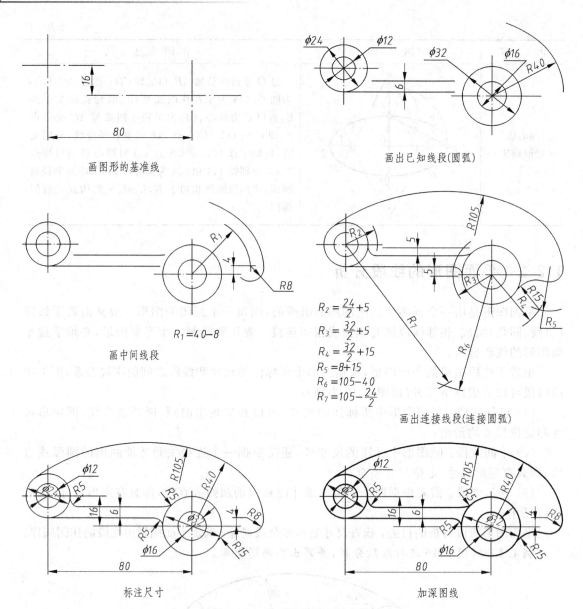

图 1.17 平面图形的画图步骤

1.2.3 平面图形的尺寸标注

平面图形中标注的尺寸,必须能唯一地确定图形的形状和大小。标注平面图形的尺寸时,首先要标出确定图形的形状尺寸,称为定形尺寸;然后标出确定各个图形的相对位置尺寸,称为定位尺寸。

要正确标注尺寸,必须在长度方向和宽度方向各选定一条线作为基准线,由基准出发可标注定位尺寸。一般平面图形中常用作基准的元素有:对称图形的对称中心线;较大圆的对称中心线;主要轮廓直线。

例 1.2 分析图 1.18(a)所示平面图形,对其进行尺寸标注。

解:(1) 分析图形,确定基准,该图形是以圆的对称中心线和较长的水平线作为基准的。

(2) 确定图形中各线段的性质,如图 1.18(a)所示的中间线段和连接线段,其余为已知线段。

(3) 按已知线段、中间线段、连接线段的次序逐个标注定形尺寸和定位尺寸,如图 1.18(b)~(e)所示。

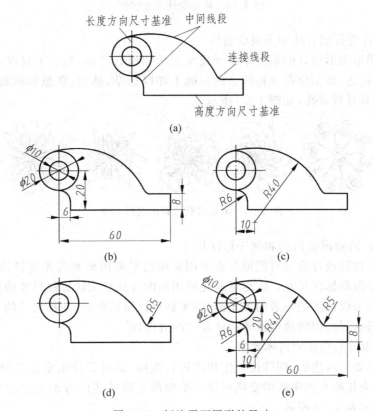

图 1.18 标注平面图形的尺寸
(a) 选定尺寸基准后进行线段分析;(b) 标注已知线段的尺寸;(c) 标注中间线段的尺寸;
(d) 标注连接圆弧的半径;(e) 标注全部尺寸的图形

1.2.4 平面图形构形设计

本节中的构形设计,是研究平面图形的几何形状、构成方式和设计方法,重点是进行几何构形的训练,而不是产品设计。通过构形设计的学习,培养图形想象、思维和创新能力。

1. 平面图形构形设计的基本原则

1) 构形表达应体现功能特征性和工程应用性

平面图形构形的表达对象主要是各种工业产品(运输设备、仪器仪表、生产设备等)和日常用品(自行车、汽车、家用电器、家具等),如图 1.19 所示。因此,平面图形构形的几何图形形状组合的依据主要来源于对丰富多彩现实生活和现有产品的细心观察、分析、综合和联想,使构造的几何形状充分表达功能特征和显示其工程应用性。

图 1.19　构形设计参考实例

2) 构形设计要有创意性和美观欣赏性

虽然平面图形构形设计的取材来源于现实生活和现有产品,但它不仅仅是对现有产品的仿形、翻版和描述,而是应在分析综合的基础上加以总结、抽象、联想和创新,同时要注意外形美观精巧,具有观赏性,如图 1.20 所示。

图 1.20　由花瓣联想到的图形实例

3) 构形设计的画图要简约和便于标注尺寸

平面图形的构形设计应尽可能地考虑采用常用的平面图形和圆弧连接构形,以便于用常用绘图工具作图和标注尺寸。应尽量避免应用画图麻烦且无法标注尺寸的非圆曲线和自由曲线。因为构形设计不是一般的美术画,美术画可以是抽象的、不标尺寸的、自由想象的,而构形设计应考虑到画图的简约性和标注尺寸的方便性。

4) 注意运用图形变换和整体效果

将常用图形如正六边形、圆等按一定规律进行变换,即可设计出形态各异、寓意深长的图案。表 1.11 为几种平面图形的变换规律。平面图形设计还应考虑美学、力学、视觉等方面的整体效果,如表 1.12 所示。

表 1.11　平面图形变换

变化规律	图　　例
反射	
渐变	
运动	
特异	

表 1.12　构形所表达的整体效果

图　　例	效果说明
	表示静中有动
	表示稳定
	表示拉力平衡

2. 平面图形构形设计方法

在遵循平面图形构形设计原则的前提下,常用圆弧连接方法进行平面几何图形设计。

1) 设计要求

(1) 包含圆弧与直线相切、圆弧与圆弧内切与外切,并有中间线段(或中间弧)。

(2) 能基本反映某种工程产品或机件的形状特征。

(3) 标注全部尺寸。

2) 设计方法和作图过程

(1) 选取产品或机件,由其功能分析轮廓形状特征。

(2) 按照设计要求和轮廓特征拟定线段连接方案,注意必须准确求出连接圆弧的圆心和切点,先画已知线段,再画中间线段,最后画连接线段。

(3) 检查并修改图形方案,符合设计要求后,描深全图。

(4) 标注尺寸。

例 1.3　拨钩构形设计。

解：按其功能要求,拨钩必须有两个功能,即固定功能和吊挂功能。因此,必须有一直径为 $\phi 12$ 的轴孔,套入轴上起固定作用；还要有一半径为 $R12$ 的挂钩内弧,以便能挂物。按图线连接要求,必须实现固定功能和吊挂功能之间的连接功能,即必须包括直线、圆弧与直线的外切与内切、圆弧和圆弧的外切与内切。其设计构形步骤如下：

(1) 主体构形设计,实现和满足固定功能和吊挂功能(见图 1.21(a))。

固定功能：画直径为 $\phi 12$ 的轴孔,套入轴上起到固定作用；考虑到结构上采用等壁厚设计,画半径为 $R10$ 的圆弧。

吊挂功能：画半径为 $R12$ 的挂钩内弧,以便能吊挂物体；同时在设计时考虑到受力问题,结构上采用等壁厚设计。

(2) 辅助构形设计,实现固定功能和吊挂功能之间的连接功能(见图 1.21(b))。

连接功能:用直线 ED、FG 和圆弧外切或内切的形式实现其连接功能。同时为了物体在挂钩和脱钩时的方便,将末端处的结构设计为壁厚逐渐变薄,采用圆弧和圆弧的外切或内切形式。

(3) 描深全图,标注尺寸(见图 1.21(c))。

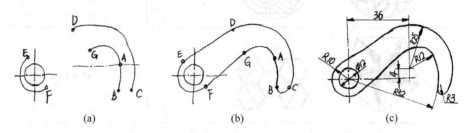

图 1.21 拨钩构形作图过程
(a) 满足给定功能的构形设计;(b) 辅助构形设计;(c) 标注正确、合理的尺寸

图 1.22 为可供参考的另外两种构形设计。

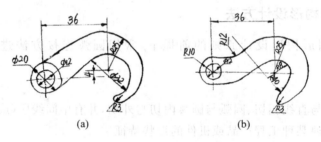

图 1.22 拨钩构形示例

1.3 绘图工具和用品的使用

正确使用绘图工具和仪器,是保证绘图质量和加快绘图速度的一个重要方面,虽然目前技术图样广泛使用计算机绘制,但尺规制图仍然是工程技术人员应掌握的基本技能,因此,必须养成正确使用绘图工具和仪器的良好习惯。

1. 图板、丁字尺和三角板

图板是用作画图时的木制矩形垫板,要求表面平坦光洁,其左边用作导边,所以必须平直。绘图时,宜用胶带将图纸贴于图板上,不用时应竖立保管,保护工作面,避免受潮和暴晒,以防变形。

丁字尺由尺头和尺身组成,与图板配合使用。绘图时,尺头内侧紧贴图板左导边上下推动,与之互相垂直的尺身工作边用于画水平线(见图 1.23)。

三角板分 45°和 30°-60°两块,可配合丁字尺画竖直线及 15°倍角的斜线(见图 1.24);也可用两块三角板配合画任意倾斜角度的平行线(见图 1.25)。

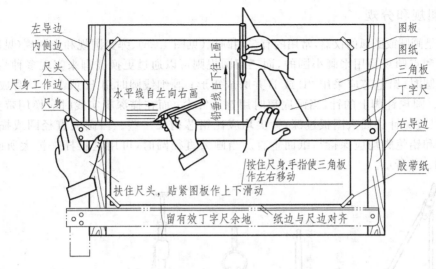

图1.23 图板、丁字尺和三角板的使用

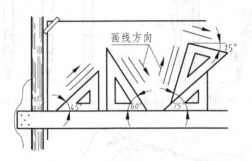

图1.24 画15°倍角的斜线

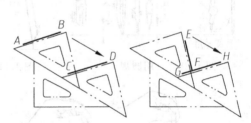

图1.25 画任意倾斜角度的平行线

2. 铅笔

画图时常采用 B、HB、H、2H 绘图铅笔。铅芯的软硬用 B 和 H 表示。B 越多表示铅芯越软(黑)，H 越多表示铅芯越硬。画粗实线可采用 B 或 HB 铅笔；画细线及打底稿时可采用 2H 铅笔；写字时可采用 H 或 HB 铅笔。画细线或写字时铅芯应磨成锥状，画粗线时铅芯应磨成四棱柱状，如图1.26所示。为了使所画的线宽均匀，推荐使用不同直径标准笔芯的自动铅笔，如图1.27所示。

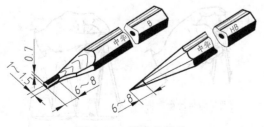

图1.26 铅芯的形状

图1.27 自动铅笔

3. 圆规和分规

圆规是画圆或圆弧的仪器，常用的有三用圆规（见图1.28）、弹簧圆规和点圆规（见图1.29）。弹簧圆规和点圆规是用来画小圆的，而三用圆规则可以通过更换插脚来实现多种绘图功能。画粗实线圆时，铅笔芯应采用2B或B并磨成矩形；画细线圆时用H或HB并磨成铲形（见图1.30）。圆规针脚上的针，当画底稿时用普通针尖；而在描深粗实线时应换用带支承面的小针尖，以避免针尖插入图板过深，针尖均应比铅芯稍长一些。当画大直径圆或描深时，圆规的针脚和铅笔脚均应保持与纸面垂直。当画大直径圆时，可用延长杆来扩大所画圆的半径，如图1.31所示。

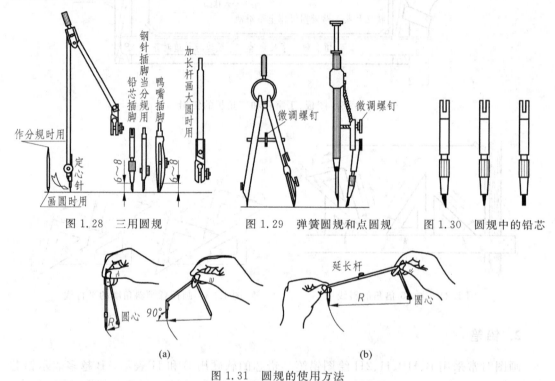

图1.28 三用圆规　　图1.29 弹簧圆规和点圆规　　图1.30 圆规中的铅芯

图1.31 圆规的使用方法

分规的结构与圆规相近，只是两脚都是钢针。分规的用途是量取或截取长度、等分线段或圆弧，如图1.32所示。

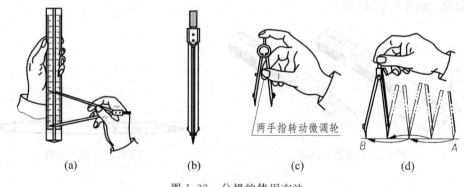

图1.32 分规的使用方法
(a) 量取长度；(b) 两针尖对齐；(c) 用弹簧分规量精确距离；(d) 等分线段时分规摆动的方法

4. 曲线板

曲线板用来画非圆曲线，其轮廓线由多段不同曲率半径的曲线组成（见图1.33）。作图时，先徒手用铅笔轻轻地把曲线上一系列的点顺次连接起来，然后选择曲线板上曲率合适的部分与徒手连接的曲线贴合，并将曲线描深。每次连接应至少通过曲线上三个点，并注意每画一段线，都要比曲线板边与曲线贴合的部分稍短一些，这样才能使所画的曲线光滑地过渡，如图1.34所示。

图1.33 曲线板

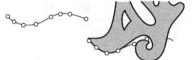

图1.34 曲线板的使用方法

1.4 徒手绘图的方法

徒手绘图指的是用铅笔，不用丁字尺、三角板、圆规（或部分使用绘图仪器）的手工绘图。草图是指以目测估计比例，徒手绘制的图形。草图广泛应用于各种场合，如机器测绘、讨论设计阶段、技术交流和现场参观等。在新产品的研发设计阶段，草图可以加速设计与开发；有助于组织、形成和拓展思路；便于现场测绘，节约作图时间。特别是随着CAD技术的发展，草图成为计算机绘图与设计的必要准备阶段，因此，工程技术人员除了学会尺规绘图和计算机绘图之外，还必须具备徒手绘图的能力。

徒手绘图的基本要求为：画线要稳，图线清晰；目测尺寸尽量准确，各部分比例匀称；标注尺寸无误，字体工整。坐标纸（见图1.35）作为徒手绘图的辅助工具，对于初学者很有帮助，并且在坐标纸上绘图可以帮助控制尺寸和比例。

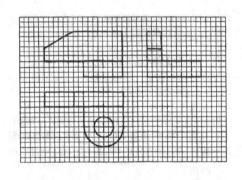

图1.35 在坐标纸上徒手绘制草图

1.4.1 基本方法

绘制草图时按照平常握笔姿势即可，绘制短线条时可采用枕腕姿势，绘制长线条时采用悬腕姿势。为了增加稳定性，悬腕时可以用小指或肘部作为支撑，如图1.36所示。表1.13为徒手画图的基本作图方法。

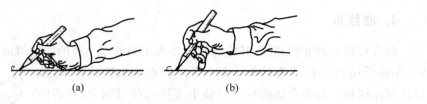

图 1.36 草图绘图姿势
(a) 枕腕姿势；(b) 悬腕姿势

表 1.13 徒手画图的基本作图方法

基本作图方法	图　示	说　明
绘制直线	(a) (b) (c)	画水平线时，图(a)中的画线方向较为顺手，图纸可斜放；画竖直线时，自上而下运笔，见图(b)；画长斜线时，可将图纸旋转适当角度，以利于运笔画线，见图(c)
绘制角度	≈30° 3/5；45° 1/1；≈60° 5/3	可根据两直角边的近似比例关系，定出两端点，然后连接即可
绘制圆	画小圆；画较大圆；画大圆	画小圆和小圆弧时，只需过圆心画对称线，可不用辅助线，直接用一两笔简单画出； 画较大圆时，除画对称线外，根据直径大小，在对称线上截得 4 点，分别过 3 点分两段弧画出整圆； 画大圆时，过圆心加画两条 45°和 135°倾斜的辅助斜线，由直径再定 4 点，同样每过 3 点作一段圆弧，由 4 段圆弧合成整圆

续表

基本作图方法	图示	说明
绘制圆弧	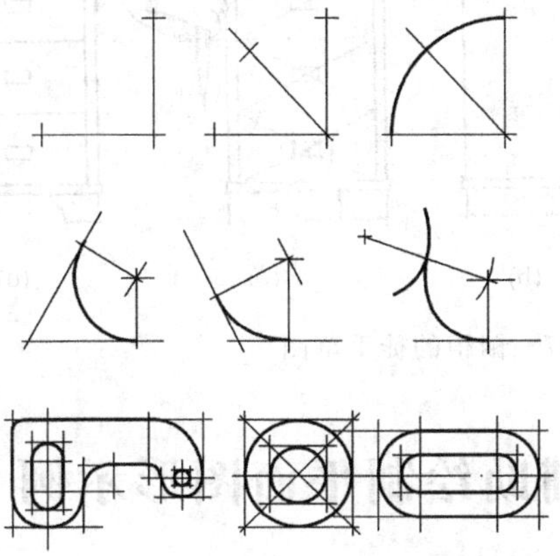	画圆方法适用于画圆弧,一般在曲线凹的一侧画是较容易的;画弧时,需一直想象实际的几何结构线,仔细地近似画出所有相切点
绘制椭圆	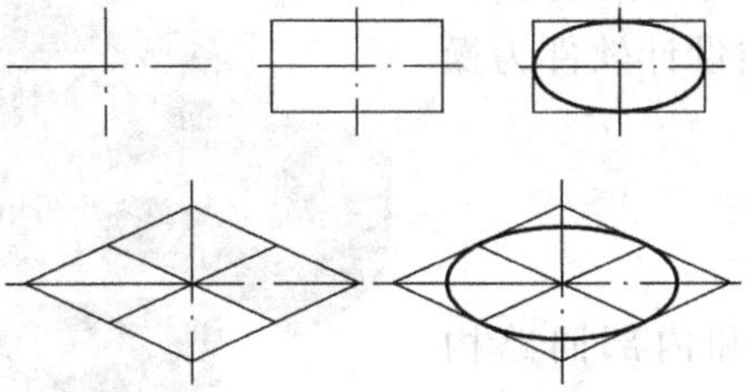	按画圆方法画出长、短轴,由目测定出4端点,过4点画出矩形,画出4段与矩形相应边相切的圆弧,即可相连;还可以利用外切菱形画出椭圆

1.4.2 保持比例

徒手绘制物体的草图时,为了使绘出的草图能较准确地反映物体的形状,要以目测的方法估计物体各部分的大小比例。对于中小型的物体,可以利用铅笔、尺子作为测量工具,直接从物体上测量出各部分的大小形状,然后按测量的大体尺寸在绘图纸上画出物体的草图。

例 1.4 分析图 1.37(a)所示橱柜,画出其草图并写明步骤。

解:(1) 分析图形,确定宽度和高度的比例关系。如利用铅笔作为测量工具,可知其高度大约为宽度的 1.75 倍;

(2) 根据正确比例关系画出封闭矩形(见图 1.37(b));

(3) 用铅笔试着把抽屉空间分成三部分,浅画对角线确定抽屉中心,并画上抽屉手柄,再画出所有剩下的细节(见图 1.37(c));

(4) 擦去所有辅助作图线,并把所有轮廓线描深即可(见图 1.37(d))。

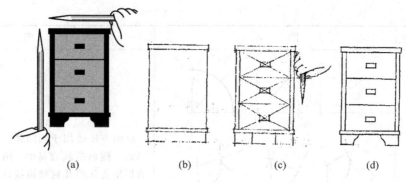

图 1.37 橱柜的徒手草图

1.5 计算机辅助绘制平面图形示例

图 1.38 所示模型是由一个截面轮廓草图经"拉伸"生成的,下面以它的草图设计为例,具体讲述草图绘制、草图修改、添加草图约束及编辑修改的操作过程,本例以 Inventor 三维设计软件为操作平台。图 1.39 是该模型的草图。

1. 草图分析

草图是上下对称的,由外部回路和内部回路构成。内部回路的 4 个小圆直径相等,圆心在一条竖直线上。

图 1.38 实例模型

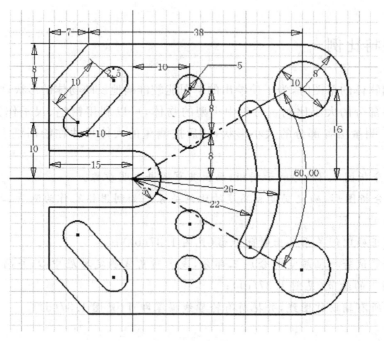

图 1.39 模型的草图

2. 绘制该草图的步骤

先以对称中心线为界,绘制一侧的外部回路,并添加几何约束;再绘制同侧的内部回路,添加几何约束;最后添加草图所有的尺寸约束,进行"镜像"。

1) 绘制一侧的外部回路,并添加几何约束

如图 1.40 所示,将 X 轴投影到草图平面,把半径为 5 的圆心位置选择在原点处,并将中心线和圆心固定,绘制一侧的外部回路。为两个圆添加"相切"约束(见图 1.41),以对称中心线为界修剪圆(见图 1.42)。

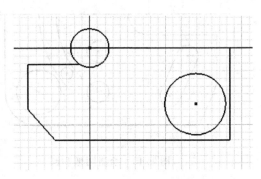

图 1.40 绘制外部回路

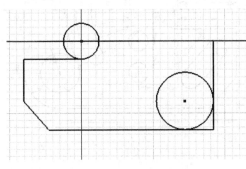

图 1.41 添加几何约束

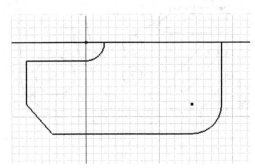

图 1.42 修剪圆

2) 绘制同侧的内部回路,并添加几何约束

如图 1.43 所示,绘制内部回路。为两个小圆添加"等长"和"竖直"两个约束。检查长圆孔的圆弧和直线是否相切,如果绘制长圆孔时遗漏了这个约束,补充添加"相切"约束,添加"平行"约束,如图 1.44 所示。绘制两圆弧和圆(见图 1.45),并添加相切约束后作修剪(见图 1.46)。

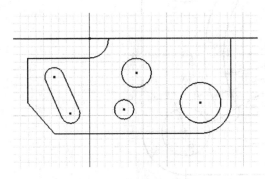

图 1.43 绘制内部回路

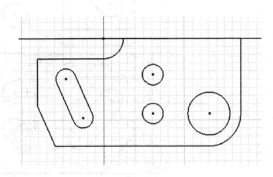

图 1.44 添加几何约束

3) 为草图标注尺寸

如图 1.47 所示,先标注外部回路尺寸,再标注内部回路尺寸。以对称中心线为镜像线,

"镜像"后的草图如图 1.48 所示。

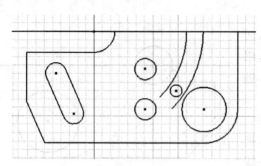

图 1.45 绘制圆弧和圆

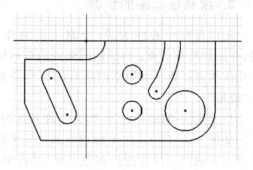

图 1.46 添加几何约束并修剪

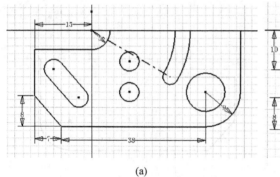

(a)　　　　　　　　　　　　　(b)

图 1.47 标注尺寸

(a) 外部回路尺寸；(b) 内部回路尺寸

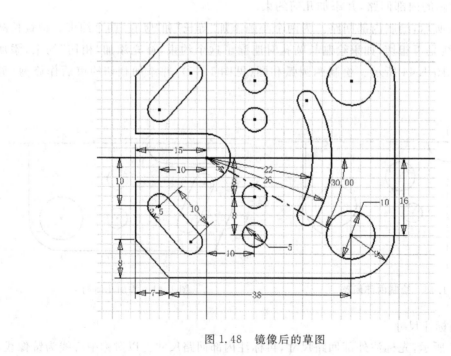

图 1.48 镜像后的草图

▶ **课堂讨论**

1. 日用产品观察纪实：每个学生或小组选择一种简单产品，分析功用与结构，思考如何描述它。完成一篇纪实报告，限 800 字以内。（提示：可用数码相机记录产品形状，追溯产品历史，对比新老产品，拆装体会。）

2. 削铅笔的工具演变：铅笔刀→铅笔铰（刀片式）→转笔铰（轮齿式）。

▶ **课堂测试练习**

1. 填空题

(1) 图样中，机件的可见轮廓线用（   ）画出，不可见轮廓线用（   ）画出，尺寸线和尺寸界线用（   ）画出，对称中心线和轴线用（   ）画出。虚线、细实线和细点画线的图线宽度约为粗实线的（   ）。

(2) 平面图形中的线段可分为（   ）、（   ）、（   ）三种，它们的作图顺序应是先画出（   ），然后画（   ），最后画（   ）。

(3) 已知定形尺寸和定位尺寸的线段称为（   ）；有定形尺寸，但定位尺寸不全的线段称为（   ）；只有定形尺寸没有定位尺寸的线段称为（   ）。

2. 选择题

(1) 下列符号中表示强制国家标准的是（   ）。
　　A. GB/T　　　　B. GB/Z　　　　C. GB

(2) 不可见轮廓线采用（   ）来绘制。
　　A. 粗实线　　　B. 虚线　　　　C. 细实线

(3) 机械制图中一般不标注单位，默认单位是（   ）。
　　A. mm　　　　B. cm　　　　　C. m

(4) 下列缩写词中表示均布意思的是（   ）。
　　A. SR　　　　B. EQS　　　　C. C

(5) 角度尺寸在标注时，文字一律（   ）书写。
　　A. 水平　　　　B. 垂直　　　　C. 倾斜

(6) 标题栏一般位于图纸的（   ）。
　　A. 右下角　　　B. 左下角　　　C. 右上角

3. 判断题

(1) 使用圆规画图时，应尽量使钢针和铅笔芯垂直于纸面。（   ）

(2) 丁字尺与三角板随意配合，便可画出 65°的倾斜线。（   ）

(3) 制图标准规定，图样中标注的尺寸数值为工件的最后完成尺寸。（   ）

(4) 图样中书写汉字的字体，应为长仿宋体。（   ）

(5) 画圆的中心线时，其交点可以是点画线的短画。（   ）

(6) 当圆的直径过小时，可以用细实线来代替点画线。（   ）

第 2 章

投影的基本概念与基本理论

▲本章重点内容

(1) 投影法及其分类；
(2) 平面和直线的正投影特性；
(3) 工程上几种常用的投影图；
(4) 三视图的形成及其投影规律；
(5) 简单形体三视图的阅读。

▲能力培养目标

(1) 投影法；
(2) 三视图的表达；
(3) 简单三视图的阅读。

▲案例引导

空间物体在灯光或日光下，墙壁上或地面上就会出现物体的影子。根据这一事实，经过几何抽象，人们创造了绘制工程图样的投影方法。人们利用这一方法表达设计思想，如图 2.1 所示。阅读这类工程图样是需要掌握投影的基本概念和理论的，本章就此进行入门引导。

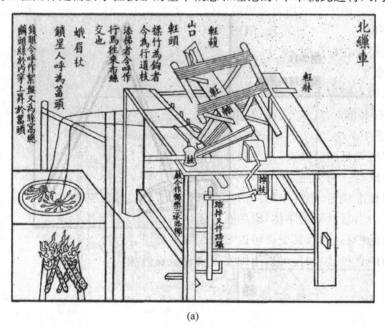

(a)

图 2.1 工程图样

(a) 元代的纺织机械——巢车图样；(b) 达·芬奇的设计草图；(c) "阀体"的多面视图

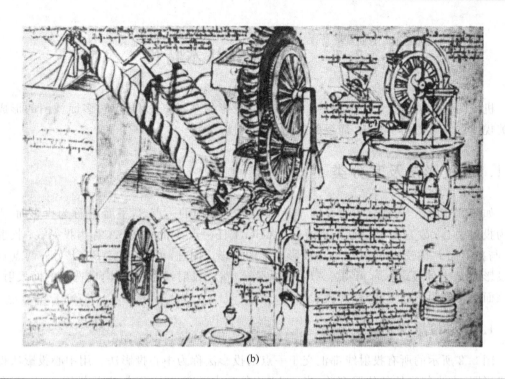

(b)

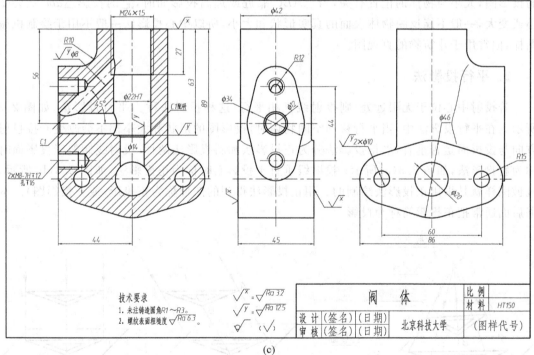

(c)

图 2.1(续)

2.1 正投影的基本特性

机械图样是用正投影法绘制的。本节介绍投影的基本概念和性质、多面视图的形成和有关规律以及读图初步知识,简要阐述图、物的对应关系。

2.1.1 投影法及其分类

如图 2.2 所示,先建立一个平面 P 和不在该平面内的一点 S,平面 P 称为投影面,点 S 称为投射中心;发自投射中心 S 且通过 $\triangle ABC$ 上任一点 A 的直线 SA 称为投射线;投射线 SA 与投影面 P 的交点 a 称为 A 在投影面上的投影。同理,可作出 $\triangle ABC$ 上另外两点 B、C 在投影面 P 上的投影 b、c,可得 $\triangle ABC$ 的投影 $\triangle abc$。投射线通过物体,向选定的面投射,并在该面上得到图形的方法,称为投影法。

1. 中心投影法

图 2.2 所示的所有投射线都汇交于一点的投影法称为中心投影法。用中心投影法得到的投影图,大小与物体的位置有关,当 $\triangle ABC$ 靠近或远离投影面时,它的投影 $\triangle abc$ 就会变小或变大,一般不能反映物体表面的真实形状和大小,所以中心投影法一般不用于绘制机械图样,但常用于建筑物的直观图。

2. 平行投影法

若投射中心位于无限远处,则投射线互相平行,这种投影法称为平行投影法,如图 2.3 所示。在平行投影法中,当平行移动空间物体时,投影图的形状和大小都不会改变。按投射方向与投影面是否垂直,平行投影法分为正投影法和斜投影法两种,投射线倾斜于投影面时称为斜投影法,如图 2.3(a)所示;投射线垂直于投影面时称为正投影法,如图 2.3(b)所示。机械图样就是采用正投影法绘制的。用正投影法得到的图形称为正投影(或正投影图)。本书后面通常把正投影简称为投影。

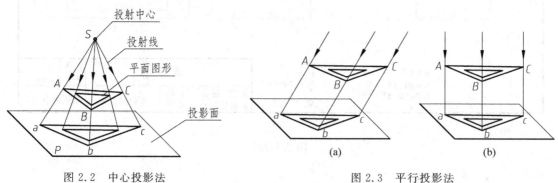

图 2.2 中心投影法

图 2.3 平行投影法
(a) 斜投影法;(b) 正投影法

为研究方便,规定如下:凡空间元素皆用大写字母标记,其投影则用相应的小写字母标记。

2.1.2 平面和直线的正投影特性

物体的形状虽然千差万别,但它们的表面都是由一些线和面围成的。物体的投影就是这些线和面投影的组合。所以研究物体的正投影特性,只要研究平面和直线的正投影特性即可。平面和直线的正投影特性如表 2.1 所示。

表 2.1 平面和直线的正投影特性

实 形 性	积 聚 性	类 似 性
平行于投影面的任何直线或平面,其投影反映线段的实长或平面的实形	直线或平面与投影面垂直时,其投影分别积聚为一点或一直线	当直线或平面图形既不平行也不垂直于投影面时,直线的投影仍是直线,平面图形的投影是原图形的类似形
从 属 性	等 比 性	平 行 性
直线上的点,或平面上的点和直线,其投影仍在该线或平面的投影上	直线上的点分割线段成一定的比例,则点的投影也分割线段的投影成相同的比例	两直线平行时,它们的投影也平行,且两直线的长度比等于它们投影的长度比

类似形不是相似形,但图形最基本的特征不变。例如,多边形的投影仍为多边形,其边数不变;椭圆的投影仍为椭圆,但其长、短轴长度之比值一般要变化。在正投影中,投影小于实长或实形。

物体的形状是由其表面的形状决定的,因此绘制物体的投影,就是绘制物体表面的投影,也就是绘制表面上所有轮廓线的投影。从上述平面和直线的正投影特性可以看出:画物体的投影时,为了使投影反映物体表面的真实形状,并使画图简便,应该让物体上尽可能多的平面和直线平行或垂直于投影面。

2.1.3 工程上几种常用的投影图

1. 正投影图和轴测投影图

将空间物体同时向多个相互正交的投影面作正投影,并将各正投影绘在同一平面上的方法称为多面正投影图。

由于正投影法具有反映物体的真实形状和大小、具有度量性,且作图简便的优点,故在工程上广泛应用,也是本书研究的重点,如图 2.4 所示。

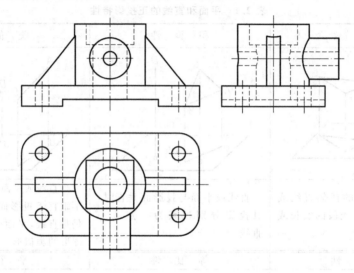

图 2.4 正投影图

2. 轴测投影图

将物体连同其参考直角坐标系,沿不平行于任一坐标平面的方向,用平行投影法将其投射在单一投影面上所得的具有立体感的图形称为轴测投影,简称轴测图。轴测投影又分为正轴测投影与斜轴测投影。

轴测投影图的优点是立体感强、直观性好、容易看懂,但绘图繁杂,如图 2.5 所示。机械工程中多用其作为辅助图样,表达物体的直观形状。

3. 标高投影图

用水平投影加注高度数字表示空间形体的方法称为标高投影法,所得到的单面正投影图称为标高投影图,如图 2.6 所示。

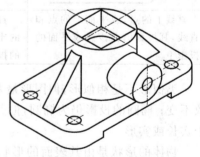

图 2.5 轴测投影图

标高投影图是一种单面正投影图,多用来表达地形及复杂曲面。它是假想用一组与地面平行且等距离的水平面切割地面,将所得的一系列交线(称等高线)投射在水平投影上,并用数字标出这些等高线的高度数字(称高程)而得到的投影图(常称地形图)。

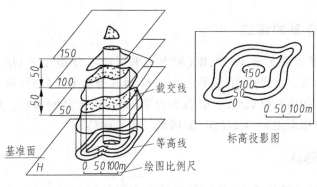

图 2.6　标高投影图

4. 透视投影图

用中心投影法将物体投射在单一投影面上所得的图形称为透视投影,又称透视图或透视。根据主向灭点的个数,透视投影有一点透视、两点透视和三点透视之分,如图 2.7 所示。这种图的优点是形象逼真,与肉眼看到的情况很相似,特别适用于画大型建筑物的直观图。其缺点是作图费时,不易度量。

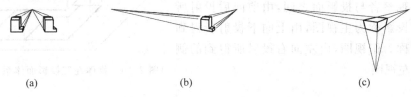

图 2.7　透视投影图
(a) 一点透视；(b) 两点透视；(c) 三点透视

2.2　三视图的形成及投影规律

图 2.8 表示两个形状不同的物体,但在同一投影面上的投影却是相同的,这说明仅有一个投影不能准确地表示物体的形状。因此,经常把物体放在三个互相垂直的平面所组成的投影面体系中,如图 2.9 所示,这样就可得到物体的三个投影。

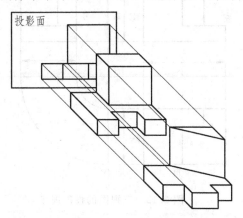

图 2.8　一个投影不能准确地表示物体的形状

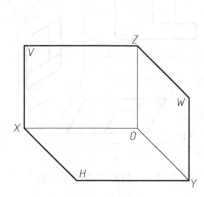

图 2.9　三投影面体系

1. 三投影面体系的建立

设有三个互相垂直的平面 V、H、W（相当于坐标面），分别交于 OX、OY、OZ，如图 2.9 所示。这里，V 面称为正立投影面（简称正面），H 面称为水平投影面（简称水平面），W 面称为侧立投影面（简称侧面），OX、OY、OZ 称为投影轴（相当于坐标轴），三根轴的交点 O 称为投影体系的原点（坐标原点）。V、H、W 面构成三投影面体系。

2. 三视图的形成

将物体置于三投影面体系中，并使其前后表面平行于 V 面，如图 2.10 所示，再用正投影法将物体分别向 V、H、W 面进行投射，即得该物体的三个投影：正面投影、水平投影、侧面投影。投影中物体的可见轮廓用粗实线表示，不可见轮廓用虚线表示。

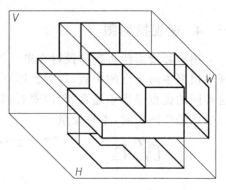

在国家标准《机械制图》中规定，通常把投射线看作人的视线，用正投影法绘制的图形称为视图。将物体置于观察者与投影面之间，由前向后投射所得到的正面投影称为主视图，由上向下投射所得到的水平投影称为俯视图，由左向右投射所得到的侧面投影称为左视图。

图 2.10　物体在三投影面体系中的投影

3. 投影面的展开

将图 2.10 中的空间物体移开，然后使正立投影面 V 保持不动，将水平投影面 H 绕 OX 轴向下旋转 $90°$，侧立投影面 W 绕 OZ 轴向右旋转 $90°$，如图 2.11 所示，使 V、H、W 三个投影面展开在同一平面内。由于投影面的边框与三个视图的图形无关，所以画三视图时，不画投影面的边框线，如图 2.12 所示。

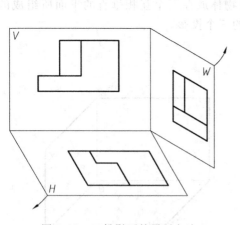

图 2.11　三投影面的展开方法

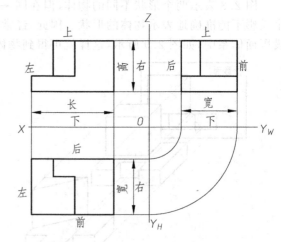

图 2.12　三视图的投影规律

根据三个投影面的相对位置及其展开的规定,得出三视图的位置关系为:以主视图为准,俯视图在主视图的正下方,左视图在主视图的正右方。

4. 三视图的投影规律

在图 2.12 中,若将 X 方向定义为物体的"长",Y 方向定义为物体的"宽",Z 方向定义为物体的"高",则主视图与俯视图同时反映了物体的长度,故这两个视图长要对正;主视图与左视图同时反映了物体的高度,所以这两个视图高低要对齐;俯视图与左视图同时反映了物体的宽度,因此这两个视图宽要相等。由此得出三视图之间的投影规律,即:主、俯视图长对正;主、左视图高平齐;俯、左视图宽相等。

5. 三视图和物体之间的关系

由图 2.12 可知,主视图反映了物体长和高两个方向的形状特征,上、下、左、右 4 个方位;俯视图反映了物体长和宽两个方向的形状特征,左、右、前、后 4 个方位;左视图反映了物体宽和高两个方向的形状特征,上、下、前、后 4 个方位。

由上述可知,物体的形状只和它的三个视图有关,而与各视图到投影轴的距离无关。在绘图时只要遵循三视图之间的投影规律,便可直接在物体上量取其长、宽、高三个方向的尺寸绘制三视图,而无需再画投影轴,如图 2.13 所示。至于各视图之间的距离,则以三个视图在图纸上布置匀称为准。

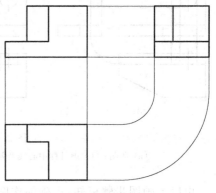

图 2.13 最终得到的三视图

6. 三视图的画图方法与步骤

正确的画图方法和画图步骤对提高画图速度和图面质量可以起到事半功倍的效果。下面举例说明运用投影规律画三视图的方法与步骤。手工画图总是先画好底稿,然后加深,所谓三视图的画法,主要是指画底稿的方法和步骤。

例 2.1 画弯板滑块的三视图,如图 2.14 所示。

解:首先选择物体形状特征最明显的方向作为主视图的投射方向,图 2.14(a)中箭头所指的方向为主视图的投射方向。

具体作图步骤如下:

(1) 画出三个视图的主要基准线、对称中心线,决定三个视图之间的间距,如图 2.14(b)所示。

(2) 画底板的三视图。尺寸由图 2.14(a)所示的正等测图按实长量取,先画出反映底板形状特征的俯视图,再画出主、左视图,并保持底板三个视图之间的三等关系,如图 2.14(c)所示。

(3) 画立板的三视图。先画主视图,再画俯、左视图,使立板的三个视图保持三等关系,要特别注意俯、左视图中的宽相等规律。图 2.14(d)中立板在俯、左视图中的位置应处于底板的后面,左侧与底板左侧平齐,其宽度应保持相等。

(4) 画完全图后,经检查无误,擦去多余的作图线,按线型要求加深图线,可见轮廓线用粗实线表示,不可见轮廓线用虚线表示,对称中心线用点画线表示,完成全图,如图 2.14(e)和(f)所示。

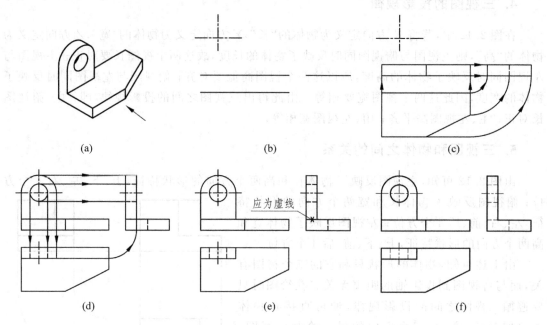

图 2.14 叠加体的画图步骤
(a) 题图;(b) 画对称中心线及基准线;(c) 画底板;(d) 画立板;(e) 检查;(f) 描深

由以上画图步骤可知,正确的作图过程是将物体分成几个部分,逐个画出各部分及其上面的孔、槽、切口等结构的三视图。画圆孔和半圆孔时要画出投影为圆的中心线和孔深方向的轴线,如图 2.14(f)所示。分部分画三视图时,要注意物体是一个整体,如图 2.14 中底板和立板的左端面对齐,而右端面不对齐,这时在主视图中底板和立板的接触部分有线,左视图应画虚线,如图 2.14(e)所示。

"长对正、高平齐、宽相等"是三视图之间的投影规律,不仅适用于整个物体的投影,也适用于物体中每个局部的投影。例如,图 2.14 物体右端缺口的三个投影,也同样符合这一规律。在应用这一投影规律画图和看图时,必须注意物体的前后位置在视图上的反映,在俯视图与左视图中,靠近主视图的一边都反映物体的后面,远离主视图的一边都反映物体的前面。因此,在根据"宽相等"作图时,不但要注意量取尺寸的起点,而且要注意量取尺寸的方向。

在布置三视图时,必须保证三等关系,即主视图与俯视图在长度方向上必须对齐,主视图与左视图在高度方向上也必须完全对齐,决不能错开。图 2.15(b)中的三视图就是符合三等关系的,而图 2.15(c)的三个视图相互错开了,是错误的。另外,也不能把视图放在错误的位置上,图 2.15(d)中的主视图放在俯视图的下面,左视图放在主视图的左边都是错误的。

当中心线与其他线条重合时,中心线被覆盖,如图 2.16(a)所示。当立体前后、左右方向对称时,反映该方向的相应两个视图也一定对称,这时,视图中必须画出对称中心线(用细点画线表示),两端应超出视图轮廓 3~5mm,如图 2.16(b)、(c)所示。

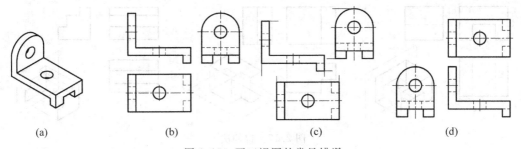

图 2.15　画三视图的常见错误
(a) 题图；(b) 正确；(c) 错误：不满足三等关系；(d) 错误：不符合标准配置位置

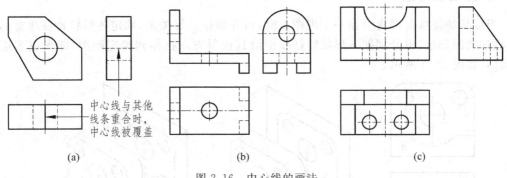

图 2.16　中心线的画法
(a) 中心线的优先级最低；(b) 立体前后对称时的中心线画法；(c) 立体左右对称时的中心线画法

2.3　简单形体三视图的阅读

画三视图是应用多面投影，把空间物体各个方向的形状用三个互相有联系的视图表达出来，是空间到平面的图示过程。阅读三视图（即看三视图）是根据已知有联系的视图，应用三等关系和方位关系进行形体分析和方位确定，想象出物体的空间形状，是由平面到空间的思维过程。前者要求有一定的投影表达能力，后者则要求有较强的空间想象能力。

看图是画图的逆过程，由于一个视图不能确定物体的形状和物体各部分之间的相对位置，如图 2.8 所示，因此必须将有关视图联系起来看。下面介绍阅读简单物体三视图的一些常用方法。

2.3.1　拉伸法

拉伸法适合于物体在某一方向的投影具有积聚性的柱状体。在柱状体的三个视图中，具有积聚性的视图反映底面的实形，该视图称为形状特征线框，其余两个视图的轮廓都是矩形，如图 2.17 所示。

方法：首先在三个视图中确定形状特征线框，再沿其投射方向拉伸到已知的距离（由其他视图可知），即想象出物体的形状。如果形状特征线框在俯、左视图上，需要旋转归位后，再沿其投射方向拉伸。

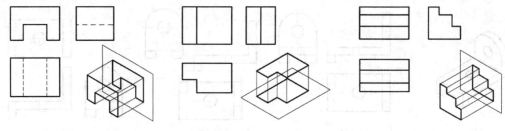

图 2.17 拉伸法

根据物体各形状特征线框的方向,拉伸法又可分为两类。

1. 分层拉伸法

当形状特征线框都集中在一个视图上时,可先根据三等关系,确定各形状特征线框的位置,将各视图归位,再分别把各形状特征线框沿其投射方向拉伸到给定距离,即形成多层的柱状体,如图 2.18 所示。

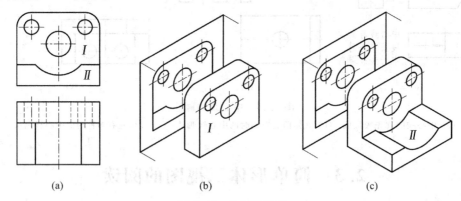

图 2.18 分层拉伸法
(a) 根据已知视图,可知两个形状特征线框Ⅰ、Ⅱ集中在主视图上;
(b) 分层拉伸线框Ⅰ;(c) 分层拉伸线框Ⅱ

2. 分向拉伸法

当形状特征线框分别在不同的视图上时,把各形状特征线框分别放在 V、H、W 面上,沿着其不同的投射方向拉伸,则形成具有不同方向特征形状的柱状类物体。

如图 2.19 所示,对照三视图的投影关系,可知俯视图上的线框 1、主视图上的线框 2′ 分别是该物体的形状特征线框。先把俯视图上的线框 1 归位在 H 面上,并将它从水平面位置往上拉伸给定的高度,形成形体Ⅰ;再按俯视图的位置关系把主视图上的线框 2′ 从形体Ⅰ的后端往前拉伸给定的宽度 B,即可得到基本形体Ⅱ。综合两部分的形状,就想象出整体形状。

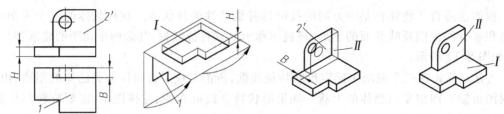

图 2.19 分向拉伸法

2.3.2 形体分析法

1. 概述

看三视图的基本方法是形体分析法。所谓形体分析法就是将复杂的形体分成若干基本形体,应用三等关系,逐一找出每个基本形体的投影,想清楚它们的空间形状,再根据基本形体的组合方式(截切或叠加)和各形体之间的相对位置,综合想象出物体的整体空间形状。图 2.20 为按这一思路读图的过程。

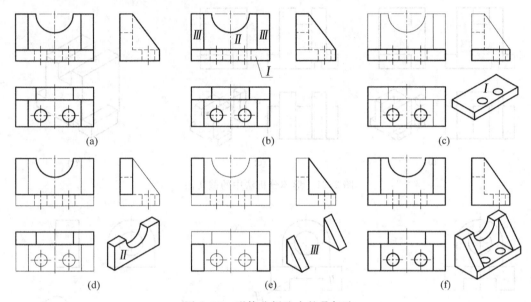

图 2.20 形体分析法中的叠加法
(a)题图;(b)分线框,对投影;(c)想象出底板Ⅰ的形状;(d)想象出立板Ⅱ的形状;
(e)想象出肋板Ⅲ的形状;(f)综合底板、立板和肋板

形体分析法中的截切法以读图 2.21(a)所示物体的三视图为例来进行分析。该图可看作是由一个基本形体进行 4 次截切形成的,其形成过程如图 2.21(b)~(f)所示。

2. 看图二补三

根据已知的两面视图,求作第三面视图,即看图二补三。首先应根据形体分析法把物体分成几个部分,再把形状想象清楚后才可补图。补图时各个部分应分别补画,其顺序一般是:先画主体的、大的,再画细节的、小的;先画外形,再画内形。各个部分补图时应正确反映每部分的方位关系,严格遵守视图间的三等关系,并正确判断视图中线、线框的可见性。

例 2.2 已知支架的主、俯视图(见图 2.22),想出整体形状,补画左视图。

解:(1)对照投影分形体,如图 2.22(b)所示。

(2)想象各部分的形状,如图 2.22(c)、(d)、(e)所示。

(3)综合起来想整体,如图 2.22(e)所示。

(4)画出左视图,如图 2.22(f)所示。

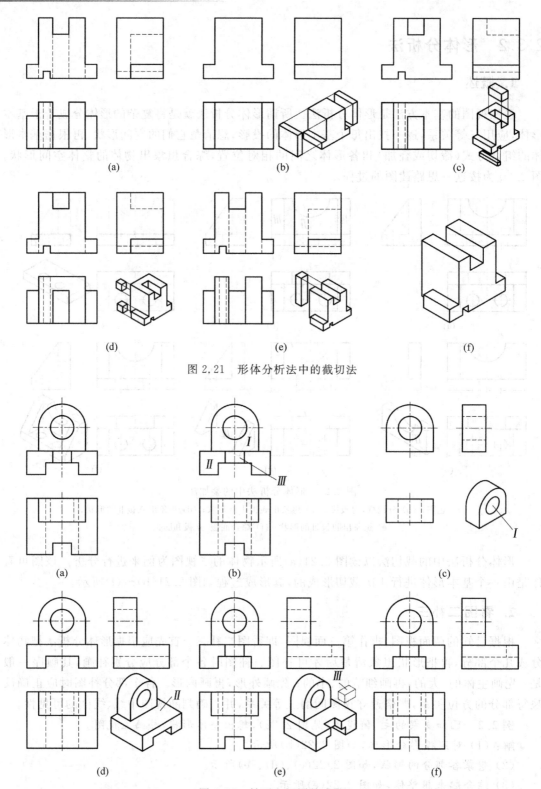

图 2.21 形体分析法中的截切法

图 2.22 补画左视图的步骤
(a) 题图；(b) 分线框，对投影；(c) 想象出形体Ⅰ的形状；(d) 想象出形体Ⅱ的形状；
(e) 想象出形体Ⅲ的形状；(f) 补画物体的左视图

2.3.3 形体凸凹设想法

在所给定的视图中,若有两个以上的形状特征线框在相邻视图中同时对应几条线段,就不能仅仅依靠三等关系来分清各自的相对位置。此时,可把这些线框设想为凸凹结构,通过判断线框所对应线段的可见性,找到各自的对应关系,并借助立体概念想象出物体的形状,如图 2.23 所示。

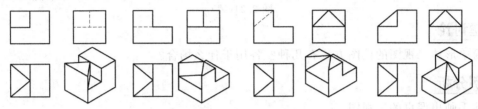

图 2.23 形体凸凹设想法

注意:图 2.23 中线接触的构形方法仅用于形体分析,实际零件的构形不可取!

形体凸凹设想法的看图步骤如下:

(1) 划分形状特征线框:根据已知视图可确定形状特征视图,并在形状特征视图中分离出形状特征线框。

(2) 判断形体凸凹关系:根据线框和线框的对应关系及所对应线段的可见性,分析形体的凸凹关系及相对位置。

(3) 综合想象整体形状:想象出各线框的凸凹关系后,再应用物体应有厚度的立体概念,分析各部分的层次,确定各部分的相对位置,想象出整体形状。

例 2.3 如图 2.24 所示,已知主、俯视图,用形体凸凹设想法补画左视图。

解:如图 2.24 所示,在划分形状特征线框时,根据线框和线框的对应关系,主视图中的大圆应分为上下两个部分,即 3′ 和 4′,由所对应线段的可见性判断,俯视图上的 3 应是凹的,4 是凸的。想象出整体形状的步骤如图 2.24 中的(c)~(g)所示,最后作出左视图,如图 2.24(h)所示。

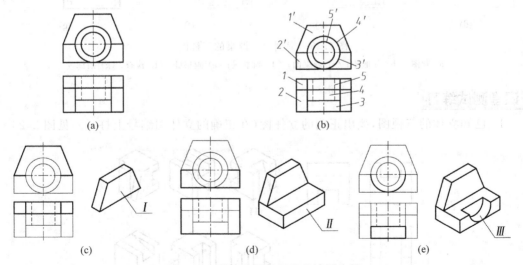

图 2.24 形体凸凹设想法的读图步骤

(a) 题图;(b) 划分形状特征线框;(c) 想象出形体Ⅰ的形状;(d) 想象出形体Ⅱ的形状;(e) 想象出形体Ⅲ的形状;
(f) 想象出形体Ⅳ的形状;(g) 想象出形体Ⅴ的形状;(h) 补画出物体的左视图

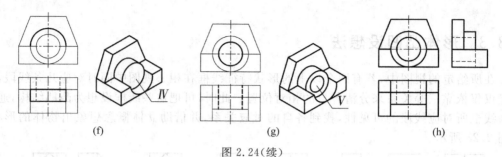

图 2.24(续)

▲**课堂讨论**

简单形体三视图的读图方法有几种？各用于什么场合？

▲**案例分析**

徒手画出课桌的三视图。

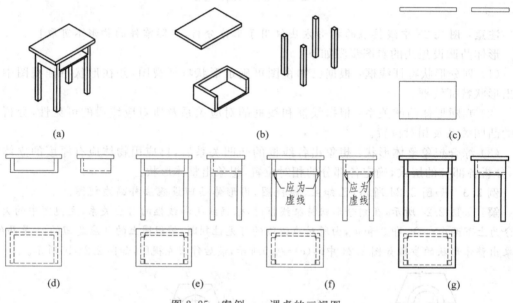

图 2.25 案例——课桌的三视图

(a) 题图；(b) 分形体；(c) 画桌面；(d) 画书屉；(e) 画桌腿；(f) 检查；(g) 描深

▲**课堂测试练习**

1. 已知立体的三视图，找出正确的立体图(在正确的立体图编号上打√)，见图 2.26。

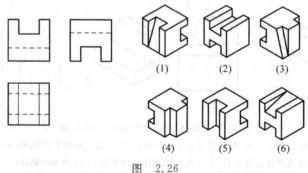

图 2.26

2. 已知立体的三视图，找出正确的立体图（在正确的立体图编号上打√），见图 2.27。

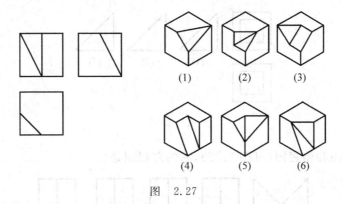

图 2.27

3. 已知立体的三视图，找出正确的立体图（在正确的立体图编号上打√），见图 2.28。

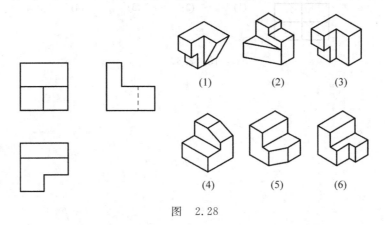

图 2.28

4. 已知主视图和俯视图（见图 2.29），它的左视图是（　　）。

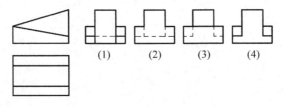

图 2.29

5. 已知主视图和俯视图（见图 2.30），它的左视图是（　　）。

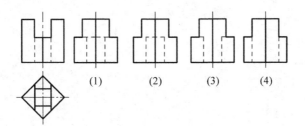

图 2.30

6. 已知主视图和俯视图（见图 2.31），它的左视图是（　　）。

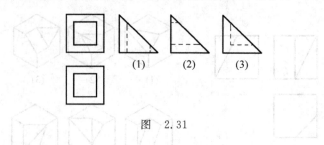

图 2.31

7. 已知主视图和俯视图（见图 2.32），它的左视图是（　　）。

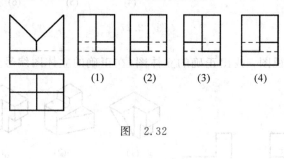

图 2.32

第 3 章

点、直线和平面

▎本章重点内容

(1) 点的投影及两点的相对位置;
(2) 各种位置直线的投影规律及两直线的相对位置;
(3) 各种位置平面的投影规律;
(4) 直线上的点及平面上的点和直线。

▎能力培养目标

(1) 掌握各种位置的点、线、面的投影特性和作图方法;
(2) 掌握直线上点的投影特性以及在平面上取点和直线的方法;
(3) 掌握直线与直线的相对位置及其投影特性;
(4) 会应用直角三角形法和直角投影定理解决空间几何问题。

▎案例引导

任何物体的表面都可看成是由点、线、面等基本几何元素构成的。如图 3.1 所示,空间桁架结构是由许多面围成的,而面由线构成,线又由点所组成。因此,学习和掌握点、线、面的投影规律和特性,有助于正确而迅速地画出物体的投影和分析空间几何问题。

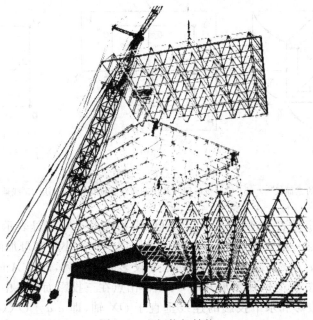

图 3.1 空间桁架结构

3.1 点的投影

点是组成物体的最基本的几何元素,如图3.2中四棱柱上的 A、B、C、D、E、F、G、H 点。为此,首先研究点的投影。

由第2章已经了解到,由于物体的一个投影不能唯一确定它的形状,所以正投影图是以物体在两个或多于两个投影面上的投影来表示它的空间位置和形状的。由图3.3可以看出,空间点在投影面上的投影是唯一的,但点的一个投影不能确定点在空间的位置。为了表达复杂的形体或解决某些空间几何问题,需要研究点在三投影面体系中的投影。

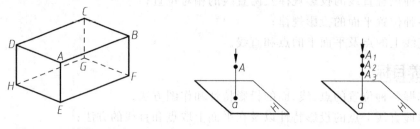

图 3.2　四棱柱上的点　　　　图 3.3　点的单面投影

3.1.1　点在三投影面体系中的投影

空间一点 A 在三投影面体系中分别向三个投影面 V、H、W 投射,投射线在 V、H、W 面的垂足 a'、a、a'' 称为点 A 的三面投影,如图3.4(a)所示。

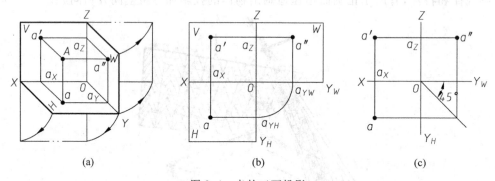

图 3.4　点的三面投影

(a) 点的三面投影；(b) 三面投影展开及用圆弧线辅助作图；(c) 用45°线辅助作图

空间点用大写字母表示,例如 A；水平投影用相应的小写字母表示,例如 a；正面投影用相应的小写字母加一撇表示,例如 a'；侧面投影用相应的小写字母加两撇表示,例如 a''。

投射线 Aa''、Aa' 和 Aa 分别是点 A 到三个投影面的距离,即点 A 的三个坐标 x、y、z。

将三投影面体系如图3.4(b)所示展开后,可以得出点在三投影面体系中的投影规律:

(1) 点的正面投影和水平投影的连线垂直于 OX 轴,即 $a'a \perp OX$(a' 和 a 都反映点的 x 坐标);

(2) 点的正面投影和侧面投影的连线垂直于 OZ 轴,即 $a'a'' \perp OZ$(a' 和 a'' 都反映点的 z 坐标);

(3) 点的水平投影到 OX 轴的距离等于点的侧面投影到 OZ 轴的距离,即 $aa_x = a''a_z$(a 和 a'' 都反映点的 y 坐标)。

在作图时,为了保证点的水平投影到 OX 轴的距离(aa_x)与点的侧面投影到 OZ 轴的距离($a''a_z$)相等,常以 O 点为圆心作弧,如图 3.4(b)所示,或自 O 点作 45°斜线为辅助线来实现,如图 3.4(c)所示。

例 3.1 已知点 $A(20,16,25)$,试作出该点的三面投影图。

解:(1) 画出投影轴并标出各轴的标记后,在轴 X、Y、Z 上分别量取 20、16、25,得点 a_x、a_y、a_z;

(2) 过点 a_x、a_y、a_z 分别作轴 X、Y、Z 的垂线得 a、a';

(3) 量取 $aa_x = a''a_z$,求得 a'',即完成 A 点的三面投影图(见图 3.5)。

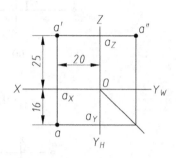

图 3.5 由点的坐标作点的投影图

3.1.2 两点的相对位置

1. 两点相对位置的确定

两点的相对位置是指两点间左右、前后、上下的位置关系,可由它们的坐标差来确定。判别 $A(x_A, y_A, z_A)$、$B(x_B, y_B, z_B)$ 两点相对位置的方法是:

(1) 沿 OX 轴向判定左右位置 当 $x_A > x_B$ 时,则点 A 在点 B 的左方,X 向坐标差 $= x_A - x_B$ 为正值;当 $x_A < x_B$ 时,则相反。

(2) 沿 OY 轴向判定前后位置 当 $y_A > y_B$ 时,则点 A 在点 B 的前方,Y 向坐标差 $= y_A - y_B$ 为正值;当 $y_A < y_B$ 时,则相反。

(3) 沿 OZ 轴向判定上下位置 当 $z_A > z_B$ 时,则点 A 在点 B 的上方,Z 向坐标差 $= z_A - z_B$ 为正值;当 $z_A < z_B$ 时,则相反。

如图 3.6(a)所示,根据 A、B 两点的正面投影或水平投影可以确定 A 点在 B 点的左方($x_A - x_B$)处;根据水平投影或侧面投影可以确定 A 点在 B 点的前方($y_A - y_B$)处;再从其正面投影或侧面投影可以确定 A 点在 B 点的下方($z_B - z_A$)处。归纳起来,两点在空间的相对位置是 A 点在 B 点的左、前、下方,它们的空间情况如图 3.6(b)所示。

例 3.2 已知 A 点的三面投影(见图 3.7(a)),另一点 B 在 A 点的左方 20、后方 16、下方 24,求作 B 点的三面投影。

解:(1) 在 a' 左方 20mm,下方 24mm 处确定 b';

(2) 作直线垂直于 OX 轴,且在 a 后方 16mm 处确定 b;

(3) 按投影关系确定 b'',所得 b、b' 和 b'' 即为所求(见图 3.7(b))。

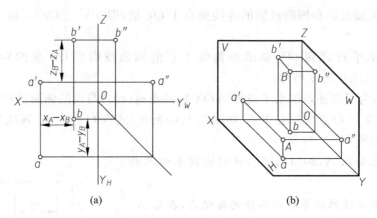

图 3.6 两点的相对位置
(a) 两点的投影图;(b) 两点的空间情况

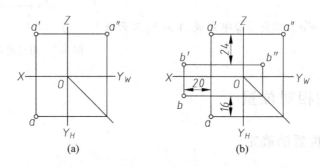

图 3.7 由两点的相对位置作另一点的投影
(a) 题图;(b) 求作 B 点的投影

2. 重影点及其投影的可见性

如果空间两个点在某一投影面上的投影重合,即处于该投影面的一条投射线上时,这两个点就叫做对于该投影面的重影点。当观察者沿投射线方向观察两点时,势必有一点可见,一点不可见,这就是重影点投影的可见性。判别重影点的可见性时,可依据"前遮后、左遮右、上遮下"的原则进行,并规定不可见的投影加括号表示。例如图 3.8(a)所示,A、B 两点的水平投影 a、b 是重合的,说明两点处于对 H 面的同一条投射线上,它们是对 H 面的重影点。因 $z_A > z_B$,说明点 A 在点 B 的上方,故投影 a 可见,b 不可见,重影点的水平投影标记为 $a(b)$。

图 3.8(b)中,C、D 两点的正面投影 c、d 是重合的,它们是对 V 面的重影点。因 $y_C > y_D$,说明点 C 在点 D 的前方,故投影 c' 可见,d' 不可见,重影点的正面投影标记为 $c'(d')$。

图 3.8(c)中,E、F 两点的侧面投影 e''、f'' 是重合的,它们是对 W 面的重影点。因 $x_E > x_F$,说明点 E 在点 F 的左方,故投影 e'' 可见,f'' 不可见,重影点的侧面投影标记为 $e''(f'')$。

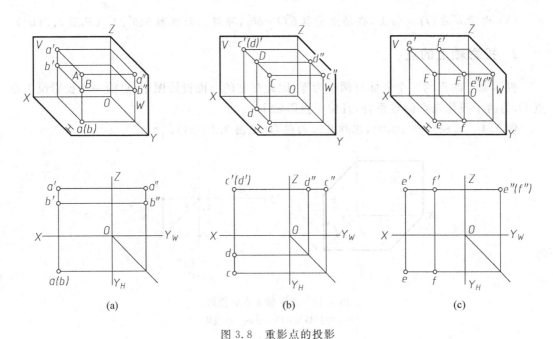

图 3.8 重影点的投影

(a) H 面上的重影点；(b) V 面上的重影点；(c) W 面上的重影点

3.1.3 特殊位置点的投影

1. 投影面上的点

在投影面上的点，由于一个坐标为 0，因此它的三面投影图中，必定有两个投影在投影轴上，另一个投影和空间点本身重合。

例 3.3 已知点 $B(18,12,0)$，求作其三面投影（见图 3.9(a)）。

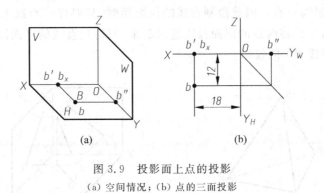

图 3.9 投影面上点的投影

(a) 空间情况；(b) 点的三面投影

解：(1) 画坐标轴，并在 OX 轴上取 $Ob_x=18$；

(2) 过 b_x 作 $b'b$ 垂直于 OX 轴并使 $bb_x=12$，由于 $z_B=0$，b'、b_x 重合，即 b' 在 OX 轴上；

(3) 由于 b'' 在 OY_W 轴上，在轴上量取 $b''O=bb_x$，即得三面投影 b、b'、b''（见图 3.9(b)）。

2. 投影轴上的点

投影轴上的点的三个坐标有两个为零，因此在它的三面投影图中，点的一个投影位于原点 O，另两个投影与空间点重合，且位于投影轴上。

例 3.4 已知 $C(0,10,0)$，求作其三面投影（见图 3.10(a)）。

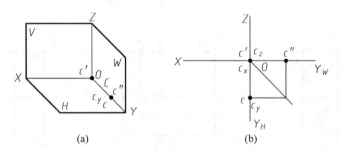

图 3.10 投影轴上点的投影
(a) 空间情况；(b) 点的三面投影

解：(1) 由于 $x_C=0$，$z_C=0$，所以正面投影 c' 位于原点 O 上；
(2) 可直接在 OY 轴上量取 $Oc_y=10$，得到投影 c；
(3) 根据投影特性，使 $c''c_z=cc_x$，得 c'' 的投影（见图 3.10(b)）。

3.2 直线的投影

常见的直线是平面立体的棱线，即两平面的交线。图 3.11 所示为一三棱锥，其棱线 SA、SB、SC 等都是直线。空间两点确定一条空间直线段，空间直线段的投影一般仍为直线，特殊情况下积聚为一点。因此绘制直线的投影图时，只要作出直线上两点（直线段可取其两端点）的投影，然后将两点的同面投影连接起来，便得到直线的三面投影。图 3.12 所示便是三棱锥上的棱线 SA 的投影。

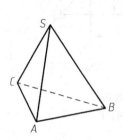

图 3.11 立体上的直线

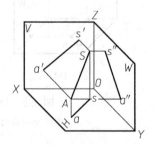

图 3.12 直线的投影

3.2.1 各种位置直线的投影

在三投影面体系中,直线按其与投影面的相对位置可分为三类:一般位置直线、投影面平行线和投影面垂直线。投影面平行线和投影面垂直线统称为特殊位置直线。

1. 一般位置直线

与三个投影面都倾斜的直线叫做一般位置直线,如图 3.13 所示。一般位置直线段的三个投影都是倾斜线段,且都小于实长。

空间直线与其在该投影面上的投影所构成的锐角称为直线对投影面的倾角。直线对 H、V、W 面的倾角分别用 α、β、γ 表示。

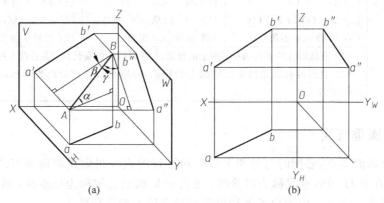

图 3.13 一般位置直线的投影
(a) 立体图;(b) 投影图

2. 投影面平行线

与一个投影面平行,而与另两个投影面倾斜的直线叫做投影面平行线。在投影面平行线中,平行于 H 面的直线称为水平线;平行于 V 面的直线称为正平线;平行于 W 面的直线称为侧平线。表 3.1 中列出了各种投影面平行线的投影特性。

表 3.1 投影面平行线的投影特性

投影面平行线名称	正平线 (∥V,倾斜于 H 和 W)	水平线 (∥H,倾斜于 V 和 W)	侧平线 (∥W,倾斜于 H 和 V)
实例			
立体图			

续表

投影面平行线名称	正平线 (∥V,倾斜于H和W)	水平线 (∥H,倾斜于V和W)	侧平线 (∥W,倾斜于H和V)
投影图			
投影特性	(1) $a'b' = AB$ (2) $ab \parallel OX, a''b'' \parallel OZ$ (3) 反映 α, γ 实角	(1) $ab = AB$ (2) $a'b' \parallel OX, a''b'' \parallel OY_W$ (3) 反映 β, γ 实角	(1) $a''b'' = AB$ (2) $a'b' \parallel OZ, ab \parallel OY_H$ (3) 反映 α, β 实角
	(1) 直线段在所平行的投影面上的投影,反映该线段的实长和对其他两个投影面的倾角; (2) 直线段在其他两个投影面上的投影,分别平行于相应的投影轴,并都小于该线段的实长		

3. 投影面垂直线

与一个投影面垂直,必同时与另两个投影面平行的直线叫做投影面垂直线。在投影面垂直线中,垂直于 H 面的直线称为铅垂线;垂直于 V 面的直线称为正垂线;垂直于 W 面的直线称为侧垂线。表 3.2 中列出了各种投影面垂直线的投影特性。

表 3.2 投影面垂直线

投影面垂直线名称	铅垂线($\perp H$, ∥V、W)	正垂线($\perp V$, ∥H、W)	侧垂线($\perp W$, ∥H、V)
实例			
立体图			
投影图			

续表

投影面垂直线名称	铅垂线（⊥H，//V、W）	正垂线（⊥V，//H、W）	侧垂线（⊥W，//H、V）
投影特性	(1) ab 积聚为一点 (2) $a'b'$⊥OX，$a''b''$⊥OY_W (3) $a'b' = a''b'' = AB$	(1) $a'b'$ 积聚为一点 (2) ab⊥OX，$a''b''$⊥OZ (3) $ab = a''b'' = AB$	(1) $a''b''$ 积聚为一点 (2) $a'b'$⊥OZ，ab⊥OY_H (3) $a'b' = ab = AB$
	(1) 直线段在所垂直的投影面上的投影积聚成一点； (2) 直线段在其他两个投影面上的投影分别垂直于相应的投影轴，且反映该线段的实长		

3.2.2 求一般位置直线段的实长和对投影面的倾角

特殊位置直线段的投影能够反映线段的实长及其对投影面的倾角，而一般位置直线段的投影既不能反映其实长，也不能反映其对投影面的倾角。但是，一般位置直线段的两个投影已完全确定它的空间位置，因此，可在投影图上用图解法求出该线段的实长和对投影面的倾角。由图 3.14(a)可见：

(1) 以 AB 的水平投影 ab 和 A、B 两点的 Z 坐标差 Δz 为两条直角边构成的直角三角形，其斜边是线段 AB 的实长，Δz 所对的角反映直线与水平投影面的倾角 α 的实际大小，如图 3.14(b)所示；

(2) 以 AB 的正面投影 $a'b'$ 和 A、B 两点的 Y 坐标差 Δy 为两条直角边构成的直角三角形，其斜边是线段 AB 的实长，Δy 所对的角反映直线与正立投影面的倾角 β 的实际大小，如图 3.14(c)所示；

(3) 以 AB 的侧面投影 $a''b''$ 和 A、B 两点的 X 坐标差 Δx 为两条直角边构成的直角三角形，其斜边是线段 AB 的实长，Δx 所对的角反映直线与侧立投影面的倾角 γ 的实际大小，如图 3.14(d)所示。

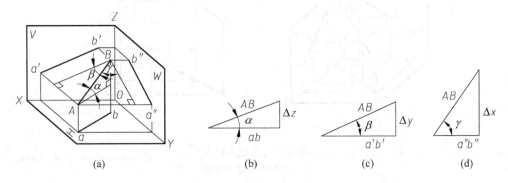

图 3.14 一般位置直线段的实长及其对投影面的倾角
(a) 立体图；(b) 求实长及 α 的实际大小；
(c) 求实长及 β 的实际大小；(d) 求实长及 γ 的实际大小

利用直角三角形求一般位置直线段的实长和倾角实际大小的方法称为直角三角形法。

例 3.5 如图 3.15(a)所示,已知线段 AB 的水平投影 ab 和点 A 的正面投影 a',AB 的实长为 25mm,求作 AB 的正面投影 $a'b'$。

解:本题的实质是要求出 B 点的正面投影 b'。从图 3.15(b)可见,在以 AB 线段实长为斜边,以 ab 为一直角边的直角三角形中,另一直角边即为 A、B 两点的 Z 坐标差,据此可求出 b'。

(1) 以 ab 为一直角边,以 25mm 长线段为斜边作直角三角形 abB_0;

(2) 据 bB_0 求出 b',连接 $a'b'$ 即为所求(本题应有两解,另一解图中未画出)。

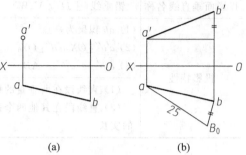

图 3.15 求作 AB 的正面投影 $a'b'$
(a) 题图;(b) 作图与结果

3.2.3 直线上的点

从图 3.16 可以看出,直线上的点有如下投影特性:

(1) 从属性。如果点在直线上,则点的各个投影必在该直线的同面投影上。反之,点的各个投影在直线的同面投影上,则该点必在该直线上。图 3.16 中,点 K 在直线 AB 上,则 k 在 ab 上,k' 在 $a'b'$ 上,k'' 在 $a''b''$ 上。

(2) 定比性。如果点在直线上,点分直线的两线段长度之比等于它们的同面投影长度之比。图 3.16 中,点 K 将直线 AB 分为 AK 与 KB 两段,则有 $ak:kb=a'k':k'b'=a''k'':k''b''=AK:KB$。

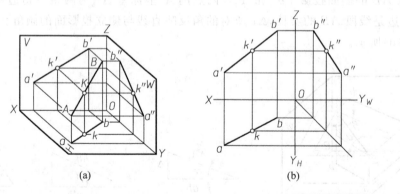

图 3.16 直线上的点
(a) 立体图;(b) 投影图

例 3.6 已知直线 AB 的投影图,如图 3.17(a)所示,试将 AB 分成 2∶3 两段,求分点 C 的投影。

解:(1) 用初等几何作图法先将一个投影,如 ab,分成 2∶3,定出 c;

(2) 过 c 作垂直于 OX 轴的投影连线,交 $a'b'$ 于 c',如图 3.17(b)所示。

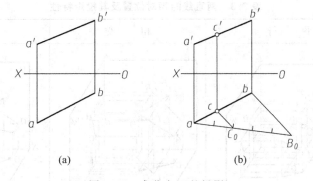

图 3.17 求分点 C 的投影
(a) 题图；(b) $AC:CB=2:3$

例 3.7 已知侧平线 CD 上一点 A 的正面投影 a'，如图 3.18 所示，求作其水平投影 a。

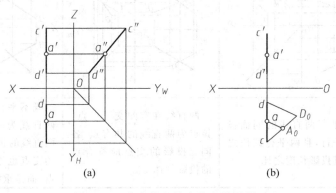

图 3.18 求直线上的点的水平投影 a
(a) 利用第三个投影法；(b) 定比法

解：由于侧平线的 V、H 面投影都在 OX 轴的同一垂直线上，不能据 a' 直接求得 a。可先作出侧面投影 a''，再求得水平投影 a，也可利用定比性求解。因此，其解题方法有两种。

方法一：利用第三个投影法。
(1) 求出 CD 的侧面投影 $c''d''$，由 a' 定出 $c''d''$ 上的 a''；
(2) 再由 a'' 确定 a，见图 3.18(a)。

方法二：定比法。
(1) 过 C 点的水平投影 c 任作直线，在其上顺序截取 $cA_0=c'a'$，$A_0D_0=a'd'$；
(2) 连 D_0d，过 A_0 作 $A_0a \parallel D_0d$，交 cd 于 a 即为所求，见图 3.18(b)。

3.2.4 两直线的相对位置

1. 两直线的相对位置

空间两直线的相对位置有平行、相交和交叉三种。前两种称为同面直线，后一种称为异面直线。两直线的相对位置及其投影特性见表 3.3。

表 3.3 两直线的相对位置及其投影特性

相对位置	平 行	相 交	交 叉
立体图			
投影图			
投影特性	空间平行两直线的同面投影互相平行，且两平行线段之比等于其投影长度之比	两直线在空间交于一点，该点为两直线的共有点，各同面投影的交点应符合点的投影规律	既不平行又不相交的空间两直线为交叉两直线。交叉两直线的投影即使相交，投影的交点也不是两直线的共有点，而是重影点的投影

例 3.8 如图 3.19(a)所示，过点 A 作直线 AB 与直线 CD 相交于点 K，且点 K 距离 H 面 15mm，点 B 在点 A 右方 30mm。

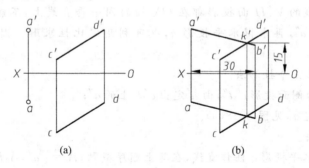

图 3.19 过已知点按给定条件作与已知直线相交的直线
(a) 题图；(b) 作图过程

解：由于所求直线 AB 与已知直线 CD 相交，则其交点 K 的投影应在 CD 的同面投影上。

（1）在 CD 的正面投影 $c'd'$ 上找到距离 OX 轴为 15mm 的点，此点即为交点 K 的正面投影 k'；

（2）根据点的投影规律，求出点 K 的水平投影 k；

（3）连接 A 与 K，并延长，使另一端点 B 在点 A 右方 30mm 处，直线 AB 即为所求，如图 3.19(b)所示。

例 3.9 判断图 3.20(a)所示两直线的位置关系。

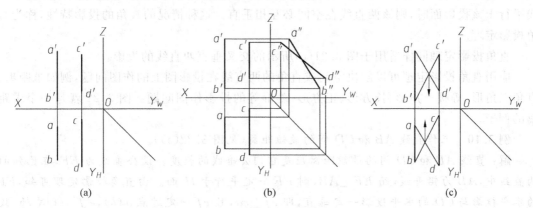

图 3.20 直线位置关系的判断
(a) 题图；(b) 补画第三个投影法；(c) 判断 AD 与 BC 是否相交法

解：此题有三种解法。

方法一：定比法。由于 $a'b':c'd'\neq ab:cd$，AB 与 CD 两直线不平行。又因为两条直线在投影图上没有交点，因此它们相互交叉。

方法二：补画第三个投影法。由图 3.20(b)可以看出，AB 与 CD 两直线交叉。

方法三：判断 AD 与 BC 是否相交法。将 AD 与 BC 相连，如图 3.20(c)所示，可以看出它们不相交，故 AB 与 CD 不平行，由此可以判定 AB 与 CD 两直线交叉。

一般情况下，两直线只要有两组同面投影互相平行，则此两直线在空间也一定互相平行。但如果空间两直线为某一投影面的平行线，如上述例题（见图 3.20）所示，则要另行判定。

2. 直角投影定理

如图 3.21(a)所示，AB、BC 两直线垂直相交，其中 AB 平行于 H 面，BC 倾斜于 H 面。由 A、B、C 各点向 H 面作投射线，得 AB、BC 的水平投影 ab 及 bc。因 $AB\perp BC$，$AB\perp Bb$，所以 AB 也垂直于 BC 和 Bb 所组成的 $BbcC$ 平面。又因 AB 平行于 H 面，故 $AB/\!/ab$，则 ab 也垂直于 $BbcC$ 平面，因此 $ab\perp bc$。其投影图如图 3.21(b)所示。

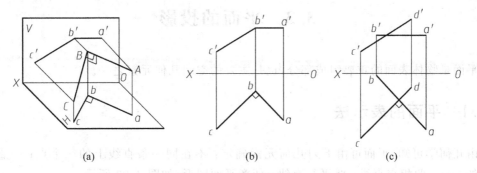

图 3.21 直角投影定理
(a) 垂直相交两直线立体图；(b) 垂直相交两直线投影图；(c) 垂直交叉两直线投影图

图 3.21(a)中,设 $ab \perp bc$,AB 平行于 H 面,则同理可证 $AB \perp BC$。

由此可见,空间垂直相交的两直线,若其中的一直线平行于某投影面时,则两直线在该投影面上的投影仍然垂直。反之,若两直线在某投影面上的投影相互垂直,且其中有一条直线平行于该投影面时,则该两直线在空间必互相垂直。这种情况的直角的投影特性,称为直角投影定理。

直角投影定理同样适用于图 3.21(c)所示的交叉垂直两直线的投影。

应用直角投影定理可以解决空间成直角的两直线在投影图上的作图问题,例如求距离、直角三角形、等腰三角形、长方形、正方形、菱形等的投影作图问题。图 3.22 就是一个求距离的例子。

例 3.10 求作直线 AB 和 CD 间的最短距离(见图 3.22(a))。

解:直线 AB 和 CD 间的最短距离应是它们公垂线的长度。设公垂线为 EF,在已知的两直线中,AB 为铅垂线,而 $EF \perp AB$,则 EF 一定平行于 H 面。由直角投影定理可知,EF 的水平投影与 CD 的水平投影一定垂直,即 $ef \perp cd$,且 ef 一定过点 $a(b)$,$e'f'$ // OX 轴,故可求出公垂线的两个投影。作图过程如图 3.22(b)所示。

(1) 由 $a(b)$ 作 cd 的垂线,交 cd 于 f;

(2) 由 f 作 OX 轴的垂线,交 $c'd'$ 于 f';

(3) 过 f' 作 OX 轴的平行线,交 $a'b'$ 于 e',直线 EF 便是 AB 和 CD 的公垂线,水平投影 ef 反映实长,就是所求的最短距离。

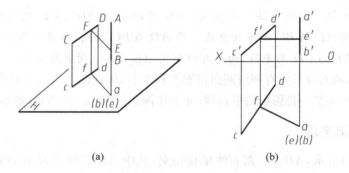

图 3.22 求两交叉直线间的距离
(a) 立体图;(b) 作图过程

3.3 平面的投影

平面是物体表面的重要组成部分,也是主要的空间几何元素之一。

3.3.1 平面的表示法

由几何学可知,平面可由下列几何元素确定:不在同一条直线上的三个点;一直线及直线外一点;两相交直线;两平行直线;任意平面图形,如图 3.23 所示。

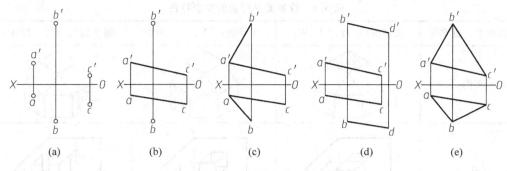

图 3.23　平面的表示法

(a) 不在同一直线上的三个点；(b) 一直线和直线外一点；(c) 两相交直线；(d) 两平行直线；(e) 任意平面图形

3.3.2　各种位置平面的投影特性

在三投影面体系中，平面按其与投影面的相对位置可分为三类：一般位置平面、投影面平行面和投影面垂直面。投影面平行面和投影面垂直面统称为特殊位置平面。

1．一般位置平面

与三个投影面都倾斜的平面叫做一般位置平面。如图 3.24 所示，立体上的平面是由若干条线围成的平面图形，因此立体上平面的投影可用这些线的投影表示。图 3.25 为立体上的一般位置平面 ABC 的投影。一般位置平面的三个投影仍是平面图形，具有平面的类似形，但都不反映实形，而且平面与三个投影面的倾角也不能在投影图上反映出来。

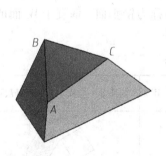

图 3.24　立体上的平面

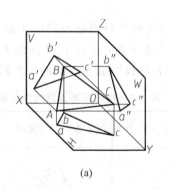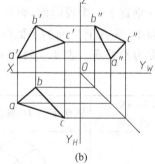

图 3.25　一般位置平面的投影

(a) 立体图；(b) 投影图

2．投影面平行面

平行于一个投影面，而与另外两个投影面垂直的平面叫做投影面平行面。在投影面平行面中，平行于 V 面的平面称为正平面；平行于 H 面的平面称为水平面；平行于 W 面的平面称为侧平面。表 3.4 列出了各种投影面平行面的投影特性。

表 3.4 投影面平行面的投影特性

投影面平行面名称	水平面($//H,\perp V、W$)	正平面($//V,\perp H、W$)	侧平面($//W,\perp H、V$)
实例			
立体图			
投影图			
投影特性	(1) 在与平面平行的投影面上的投影反映实形； (2) 其余两个投影都积聚成直线且平行于相应的投影轴		

由表 3.4 可见，若平面的三个投影中有一个投影积聚成直线，并与该投影面的投影轴平行或垂直，则它一定是某个投影面的平行面。

3. 投影面垂直面

垂直于一个投影面，而与另外两个投影面倾斜的平面叫做投影面垂直面。在投影面垂直面中，垂直于 V 面的平面称为正垂面；垂直于 H 面的平面称为铅垂面；垂直于 W 面的平面称为侧垂面。表 3.5 列出了各种投影面垂直面的投影特性。

表 3.5 投影面垂直面的投影特性

投影面垂直面名称	铅垂面($\perp H$,倾斜于 $V、W$)	正垂面($\perp V$,倾斜于 $H、W$)	侧垂面($\perp W$,倾斜于 $H、V$)
实例			
立体图			

续表

投影面垂直面名称	铅垂面($\perp H$,倾斜于V、W)	正垂面($\perp V$,倾斜于H、W)	侧垂面($\perp W$,倾斜于H、V)
投影图	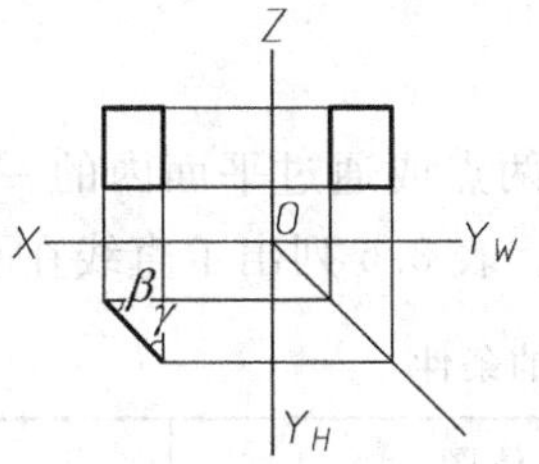	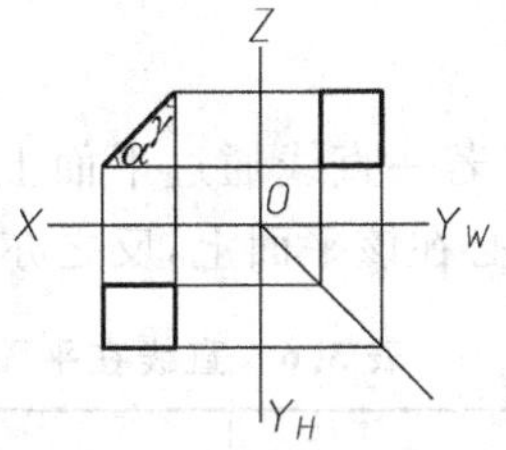	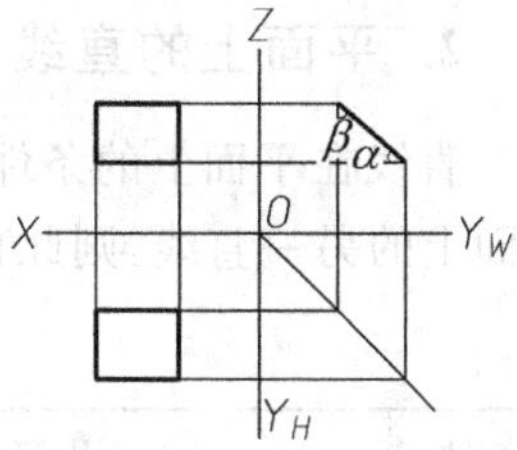
投影特性	(1) 在与平面垂直的投影面上的投影积聚为一倾斜线段,此投影与相应投影轴的夹角分别反映该平面与另两个投影面的倾角; (2) 其余两个投影为平面的类似形		

由表 3.5 可见,若平面的三个投影中有一个投影是斜直线,则它一定是该投影面的垂直面。

从各种位置平面的投影特性可以看出,平面图形的三个投影中,至少有一个投影是封闭线框。反之,投影图上的一个封闭线框一般表示空间的一个面的投影。

3.3.3 平面上的点和直线

1. 平面上的点

点在平面上的条件是:若点位于平面内任一直线上,则此点在该平面内。即平面内取点,必先在平面内作辅助线,然后在该直线上取点。如图 3.26(a)所示,相交两直线 AB、BC 确定一平面 ABC(即图 3.26(a)的 H 面),点 K 在直线 AB 上,而直线 AB 在平面 ABC 上,所以点 K 必在平面 ABC 上。图 3.26(b)为其投影图。

例 3.11 相交两直线 AB 与 BC 组成一平面,点 K 属于该平面,已知水平投影 k,求 k'(见图 3.27(a))。

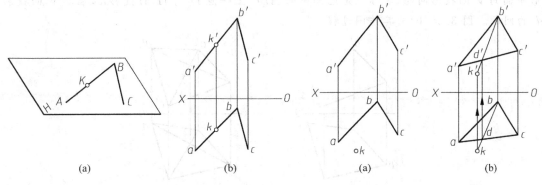

图 3.26 点在平面上的条件
(a) 立体图;(b) 投影图

图 3.27 求属于平面的点
(a) 题图;(b) 作图过程

解：(1) 连接 A、C 的同面投影（ac、$a'c'$），并作直线 BK 的水平投影（bk）；

(2) 作 BK 与 AC 的交点 D，因 K 点属于平面，故 D 也属于平面；

(3) 利用点与直线的从属性，即可求得 k'（见图 3.27(b)）。

2. 平面上的直线

直线在平面上的条件是：若一直线通过平面上的两点或通过平面内的一点，并且平行于平面上的另一直线，则此直线必在该平面上，反之亦然。表 3.6 列出了直线在平面上的条件。

表 3.6 直线在平面上的条件

条件	几何关系	立体图	投影图
条件一	点 M、N 分别在直线 AB、BC 上，则 M、N 是平面 ABC 上的点，所以直线 MN 在平面 ABC 上		
条件二	直线 MN 过平面 ABC 上的一点 M，且平行于平面 ABC 上的一条直线 BC，所以直线 MN 在平面 ABC 上		

例 3.12 已知四边形平面 $ABCD$ 的 H 面投影 $abcd$ 和 ABC 的 V 面投影 $a'b'c'$，试完成其 V 面投影（见图 3.28(a)）。

解：不在同一直线上的 A、B、C 三点确定一个平面，且其 V 面投影已知，因此完成四边形平面的 V 面投影问题，实际上是已知平面 ABC 上一点 D 的 H 面投影 d，求其 V 面投影 d' 的问题。图 3.28(b) 为其作图过程。

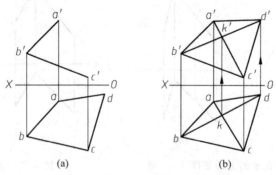

图 3.28 求四边形平面的 V 面投影
(a) 题图；(b) 作图过程

3.3.4 平面内的投影面平行线

平面内的投影面平行线,既满足平面内直线的几何条件,又具有投影面平行线的投影特性。一般位置平面内的投影面平行线有三种,即平面内的水平线、平面内的正平线和平面内的侧平线,见表3.7。

表 3.7 平面内的投影面平行线

类别	平面内的水平线 AK	平面内的正平线 CK	平面内的侧平线 BK
投影图			
投影特性	$a'k' /\!/ OX$ $a'k' \in a'b'c'$ $ak \in abc$	$ck /\!/ OX$ $ck \in abc$ $c'k' \in a'b'c'$	$b'k' /\!/ OZ$ $bk /\!/ OY_H$ $bk \in abc$ $b'k' \in a'b'c'$ $b''k'' \in a''b''c''$

例 3.13 在△ABC平面上取一点K,使K点距V面24mm,距H面30mm(见图3.29(a))。

解:按要求,点K是已知平面上距离V面24mm的点,它一定位于该面上的一条距离V面为24mm的正平线上。同时点K距离H面30mm,它也一定位于该面上的一条距离H面为30mm的水平线上。因此,点K必然是该面上的上述两投影面平行线的交点。

(1) 在△ABC平面上作距离V面为24mm的正平线ⅠⅡ;
(2) 在该面上作距离H面为30mm的水平线ⅢⅣ;
(3) 两直线同面投影的交点k'和k,即为所求点K的投影(见图3.29(b))。

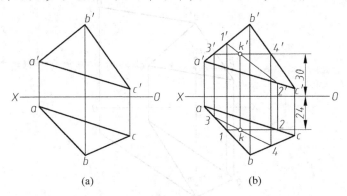

图 3.29 在平面上取距离V面24mm、距离H面30mm的点
(a) 题图;(b) 作图过程

课堂讨论

（1）钣金件展开问题的实质是什么？

（2）结合图 3.30 所示平面立体对其上各种位置平面列举分析。

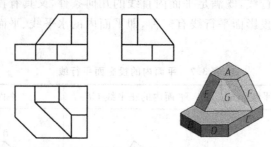

图 3.30　平面立体

课堂测试练习

1. 已知菱形上一直线 AB 的正面投影，判断直线 AB 对投影面的相对位置，见图 3.31。

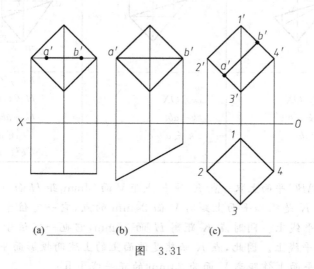

(a) _____　　(b) _____　　(c) _____

图　3.31

2. 判断点 K、M 及直线 BN 是否在 $\triangle ABC$ 所确定的平面内，见图 3.32。

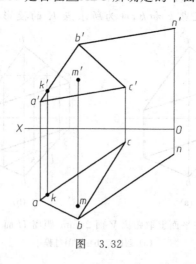

图　3.32

3. 判断∠ABC 是否是直角，见图 3.33。

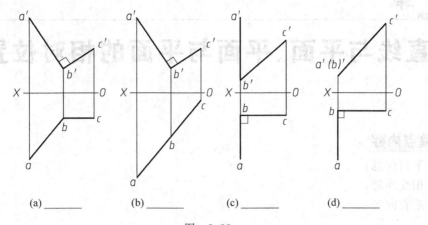

(a) _____ (b) _____ (c) _____ (d) _____

图 3.33

第 4 章

直线与平面、平面与平面的相对位置

▌本章重点内容

（1）平行问题；
（2）相交问题；
（3）垂直问题。

▌能力培养目标

（1）掌握线面、面面相对位置的几何定理和投影特性；
（2）熟练掌握平行、相交、垂直问题的基本作图方法，一定不能仅停留在原理分析阶段。

▌案例引导

图 4.1 所示为两三棱柱相交的立体图。如何求作其上直线与平面的交点、平面与平面的交线，又如何解决其上可见性的判断问题？本章将对此类问题进行论述。

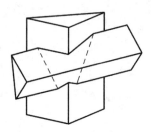

图 4.1　两三棱柱相交的立体图

4.1　平 行 问 题

1. 直线与平面平行

几何定理：若平面外一直线与平面上某一直线平行，则此直线与该平面平行。

投影特性：

（1）直线的水平投影 $de // mn$，直线的正面投影 $d'e' // m'n'$，直线 MN 在 $\triangle ABC$ 内，故 $DE // \triangle ABC$，如图 4.2(a)所示。

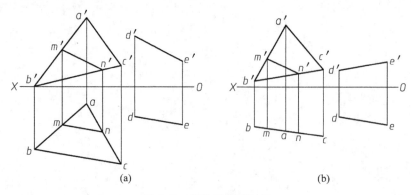

图 4.2　直线与平面平行
(a) 直线与一般位置平面平行；(b) 直线与投影面垂直面平行

(2) 当直线与投影面垂直面平行时,它们在该投影面上的投影也平行。如图 4.2(b)所示,直线 DE 与铅垂面△ABC 平行,则它们的水平投影互相平行。

例 4.1 过已知点 K,作一水平线 KM 平行于已知平面△ABC(见图 4.3)。

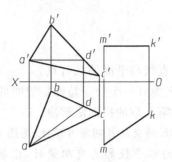

图 4.3 过 K 点作水平线平行△ABC

解:(1) 分析:△ABC 上的水平线有无数条,但其方向是确定的,因此过 K 点作平行于△ABC 的水平线是唯一的。

(2) 作图:在△ABC 上作一水平线 AD,再过 K 点作 KM∥AD,即 km∥ad,k'm'∥a'd'。

2. 平面与平面平行

几何定理:若一平面上的两相交直线对应地平行于另一平面上的两相交直线,则两平面相互平行。

投影特性:

(1) km∥ac,k'm'∥a'c',kn∥bc,k'n'∥b'c',故△ABC∥△KMN,如图 4.4(a)所示。

(2) 当两个互相平行的平面同时垂直于某一投影面时,它们在该投影面上的投影也平行。如图 4.4(b)所示,两铅垂面△ABC、△DEF 平行,则它们的水平投影互相平行。

例 4.2 判断▱ABCD 和△EFG 两平面是否平行(见图 4.5)。

解:(1) 分析:可在任一平面上作两相交直线,如在另一平面上能找到与它们平行的两相交直线,则两平面互相平行。

(2) 作图:在▱ABCD 上过 A 点作两相交直线 AM 和 AN,使 a'm'∥e'f',a'n'∥e'g',再作出 am 和 an,由于 am∥ef,an∥eg,即相交两直线 AM∥EF,AN∥EG,故▱ABCD 和△EFG 两平面平行。

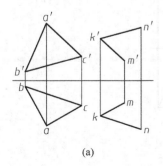

(a)

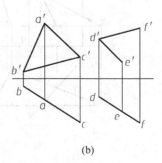

(b)

图 4.4 平面与平面平行

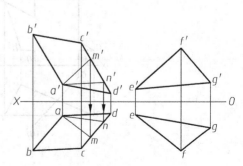

图 4.5 判断两平面是否平行

4.2 相交问题

1. 直线与平面相交

直线与平面相交,其交点是直线与平面的共有点。

这里只讨论直线与平面中至少有一个处于特殊位置时的情况。当遇到直线和平面都是一般位置时的求交问题,可通过第 5 章的换面法解决。

例 4.3 求直线 AB 与 $\triangle CDE$ 的交点并判断可见性(见图 4.6)。

解:(1) 求交点。$\triangle CDE$ 的水平投影具有积聚性,根据交点是直线和平面上的共有点特性,可确定交点 K 的水平投影 k,再利用点 K 位于直线 AB 上的投影特性,利用线上取点的方法求出交点 K 的正面投影 k'。

(2) 判断可见性。判断可见性的一般方法是利用交叉两直线的重影点,注意:判别哪个投影面上的可见性就利用哪个投影面的重影点。本例中利用交叉直线 AB、CD 对 V 面的一对重影点 Ⅰ$(1,1')$、Ⅱ$(2,2')$,Ⅰ 在 CD 上,Ⅱ 在 AB 上,从水平投影上可以看出 Ⅰ 点在 Ⅱ 点的前面,即 Ⅰ 点的正面投影可见,Ⅱ 点不可见,因此 AB 上的 ⅡK 线段正面投影是不可见的,需画成虚线。

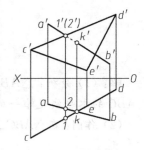

图 4.6 直线与投影面垂直面相交

2. 平面与平面相交

平面与平面相交,其交线是一条直线,它是两平面的共有线,所以只需求出两平面的两个共有点或一个共有点和交线的方向,即可确定两平面的交线。

这里只讨论两个相交的平面中至少有一个处于特殊位置时的情况。如两个相交的平面都处于一般位置,可通过第 5 章的换面法解决。

例 4.4 求平面 $\triangle ABC$ 与铅垂面 $\square DEGF$ 的交线 MN,并判断可见性(见图 4.7)。

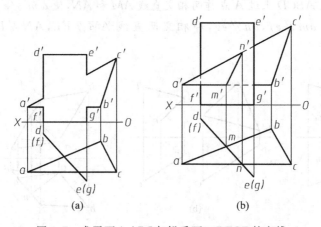

图 4.7 求平面 $\triangle ABC$ 与铅垂面 $\square DEGF$ 的交线

解：(1) 求交线。因□$DEGF$ 的水平投影具有积聚性，在水平投影上，ab 与 $de(g)(f)$ 的交点 m，ac 与 $de(g)(f)$ 的交点 n 即为两平面的两个共有点的水平投影，在 $a'b'$ 和 $a'c'$ 上分别确定 m'、n'，直线 MN 即为两平面的交线。

(2) 判断可见性。交线一定可见，它是可见部分与不可见部分的分界线。利用水平投影可直观地判别可见性，△ABC 的 AMN 部分在□$DEGF$ 的前方，其正面投影是可见的，而 □$DEGF$ 的 EG 边在△ABC 的前方，其正面投影应画成实线。利用 V 面的重影点也可判断本例中的可见性，请读者自行分析。

4.3 垂直问题

1. 直线与平面垂直

几何定理：如果一条直线和一平面内的两条相交直线垂直，则直线与该平面垂直。反之，如直线与平面垂直，则直线垂直于平面上的任意直线(过垂足或不过垂足)。

投影特性：直线的水平投影必垂直于该平面内水平线的水平投影；直线的正面投影必垂直于平面内正平线的正面投影，如图 4.8 所示。

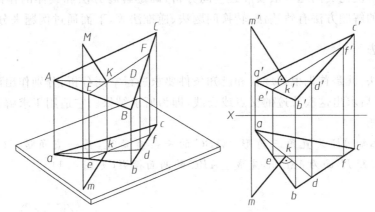

图 4.8 直线与平面垂直

2. 两平面垂直

几何定理：如一直线垂直于平面，则包含这条直线的所有平面都垂直于该平面。反之，如两平面互相垂直，则从第一个平面上的任意点向第二个平面所作的垂线，必定在第一个平面内，如图 4.9 所示。

例 4.5 包含直线 MN 作一平面，使它垂直于△ABC(见图 4.10)。

解：(1) 在△ABC 上任取一水平线 AⅠ 和正平线 AⅡ；

(2) 过 M 点作 $mk \perp a1$，$m'k' \perp a'2'$；

(3) MK 与 MN 所构成的平面即为所求。

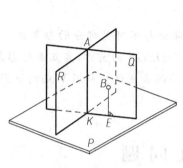
图 4.9 两平面垂直

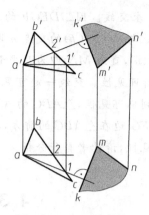
图 4.10 求两垂直平面

4.4 综合问题分析

由工程实际中抽象出来的几何问题(例如求角度、距离等问题),往往是较复杂的点线面的综合问题。解决此类问题一般要经过空间分析、确定解题方法和具体的作图求解步骤三个过程。常用的解题方法有轨迹法、转换问题法、逆推法等,下面通过例题来分别说明。

1. 轨迹法

所谓轨迹法,就是首先根据题目和已知条件要求进行空间分析,分别作出满足题目各个要求的轨迹,然后求出这些轨迹的交点或交线,即为所求结果。它适用于求解有两个或多个作图条件的问题。

例 4.6 已知 AB 为直角三角形 $\triangle ABC$ 的一条直角边,另一直角边 AC 平行于平面 $\triangle DEF$,且点 C 距 H 面为 18mm,完成 $\triangle ABC$ 的两面投影(见图 4.11)。

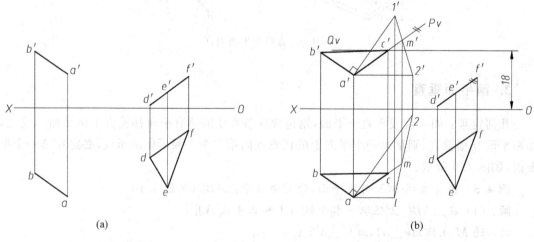

图 4.11 轨迹法

解：(1) 分析：由题目可知，所求△ABC 另一直角边 AC 应满足三个条件：AC⊥AB、AC//△DEF、点 C 距 H 面为 18mm。

满足 AC⊥AB 的条件，AC 的轨迹是垂直于直线 AB 的平面△AⅠⅡ；满足 AC//△DEF 的条件，AC 的轨迹为过 A 点且平行于平面△DEF 的平面 P，点 C 必在两平面△AⅠⅡ、平面 P 的交线 AM 上。再根据点 C 距 H 面为 18mm 的条件可知，点 C 应位于距 H 面为 18mm 的水平面 Q 上，由此求 AM 与水平面 Q 的交点即为 C。

(2) 作图：

① 过 A 点作平面△AⅠⅡ⊥AB($a'b'⊥a'1'$, $ab⊥a2$)。

② 过 A 点作平面 P//△DEF($P_V//d'e'f'$)。

③ 求△AⅠⅡ、平面 P 的交线 AM($a'm'$, am)。

④ 求交线 AM 与水平面 Q 的交点 C(c', c)。

⑤ 连接 CA、CB，则△ABC 即为所求的直角三角形。

2. 转换问题法

此方法是将所求的较复杂问题转换为另一个较易解决的新问题。

例 4.7 求直线 DE 与平面△ABC 的夹角（见图 4.12）。

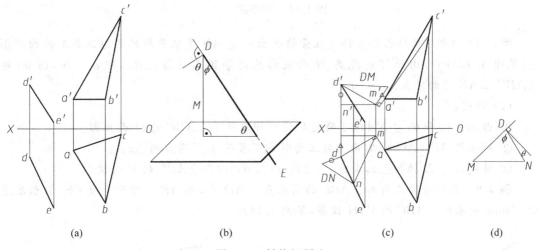

图 4.12 转换问题法
(a) 题图；(b) 直线与平面夹角分析；(c) 作图求解；(d) 求△DMN 的实形

解：(1) 分析：求直线与平面的夹角 θ，可转换为求自直线上任意点 D，向平面作垂线 DM，设垂线 DM 与已知直线 DE 的夹角为 ϕ，则其余角即为直线与平面的夹角 θ，见图 4.12(b)。

(2) 作图：

① 过 D 点作 DM⊥△ABC。

② 过 M 点作一水平面与 DE 交于 N 点，连接 M、N 两点。

③ 利用直角三角形法求△DMN 的实形（见图 4.12(d)），则∠MDN 即为垂线 DM 与已知直线 DE 的夹角 ϕ。

④ ∠MDN 的余角 θ，即为所求。

3. 逆推法

所谓逆推法，就是根据所求的结果，先画出其结果，再分析其特点并应用几何定理进行空间分析和逻辑推理，找出最后解答与已知条件之间的几何联系，从而找到解题方法。

例 4.8 已知等边三角形△ABC 的边 AB 的 V 面投影 $a'b'$ 平行于 X 轴，AC 边的 H 面投影 ac，试补全该等边三角形△ABC 的 V、H 投影（见图 4.13）。

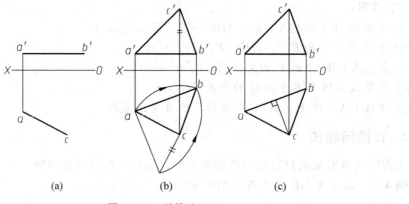

图 4.13 逆推法（一）

解：(1) 分析：根据已知条件先在旁边画出一边 AB 是水平线的等边三角形两面投影图（见图 4.13(c)），由此可发现其 H 面投影总是等腰三角形△abc，即 $ac=bc$，而 ab 即△ABC 上 AB 边的实长。

(2) 作图：

① 由 $ac=bc$ 和 $bb'\perp X$ 轴，可确定 b，连线即求得了△ABC 的 H 面投影。

② 再根据 $AB=AC=ab$，由直角三角形法可求得 A、C 两点的△z。

③ 根据 $cc'\perp X$ 轴和△z，求出 c'，连线 $a'c'$、$b'c'$ 即得△ABC 的 V 面投影。

例 4.9 已知等腰三角形△ABC 的高在直线 AD 上，腰 AB 平行于直线 EF，且长度等于 35mm，试求作△ABC 的 V、H 投影（见图 4.14）。

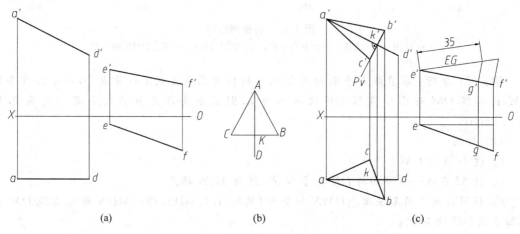

图 4.14 逆推法（二）

解：(1) 分析：首先根据已知条件先在旁边画出等腰三角形△ABC(见图 4.13(b))，由于等腰三角形△ABC的高在直线AD上，因此BC为底边，直线AD为底边BC的中垂线，点K为垂足，即底边BC的中点。然后进行空间分析，因腰AB平行于直线EF，且长度等于35mm，可先确定B点，再过B点作平面P垂直于直线AD，因直线AD为正平线，故P平面为正垂面，其在V面上有积聚性，求平面P与直线AD的交点即为K，又因BK=CK，即可求出点C。

(2) 作图：

① 求直线EF的实长，并在其上取EG=35mm。

② 过A点作直线平行于直线EF，且使AB=EG，即 $a'b'=e'g'$，$ab=eg$。

③ 过B点作垂直于直线AD的正垂面P。

④ 求直线AD与平面P的交点K，因P平面在V面上有积聚性，交点k'在V面上可直接求得，再根据从属性在AD上找到k。

⑤ 连接BK，并在其延长线上截取CK=BK。

⑥ 连接CA，则△ABC即为所求。

在求解点线面综合问题时应注意：

(1) 在分析已知条件时除明示的文字条件外，还应特别关注隐含的图形条件(例如等边三角形、等腰三角形、菱形、矩形等本身所具有的几何特性)，解题时应充分考虑利用这些隐性条件。

(2) 在分析题意和确定解题方法时，可借助平面图形、轴测图以及简易工具(铅笔、三角板、纸)代替直线、平面辅助空间构思。

(3) 注意分析问题中各几何元素对投影面是否处于特殊位置，如几何元素对投影面处于特殊位置，则应充分利用其特殊的投影特性，如积聚性、反映实形、反映直角等，可简化作图。对于解题过程中涉及直线、平面均处于一般位置时的线面、面面求交等问题，可利用第5章的换面法解决。

课堂讨论

(1) 对图 4.1 中两个三棱柱相交的立体图，试从中提取平面与平面、平面与直线相交的题目，作图求解。

(2) Inventor 三维设计软件中工作轴、工作平面创建中用到的点线面及其相对位置的知识点。

课堂测试练习

1. 判断题，正确的在括号内画"√"，错误的画"×"，见图 4.15。

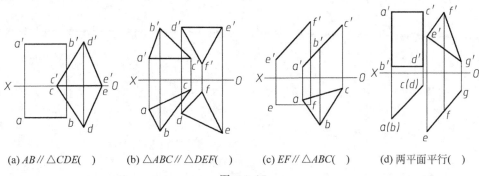

(a) AB∥△CDE( )　　(b) △ABC∥△DEF( )　　(c) EF∥△ABC( )　　(d) 两平面平行( )

图 4.15

2. 直线 AD 的判断：_____是正确的，见图 4.16。

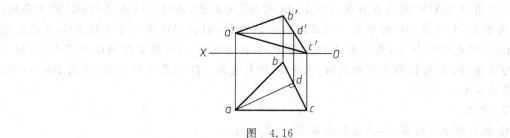

图 4.16

(a) AD 是∠BAC 的角分线；
(b) AD 是△ABC 的高；
(c) AD 是△ABC 的中线；
(d) AD 是△ABC 的中垂线。

3. 直线 DE⊥△ABC，_____是正确的，见图 4.17。

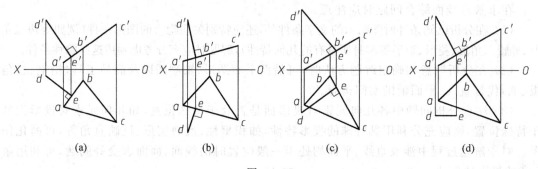

图 4.17

第 5 章

投 影 变 换

本章重点内容
(1) 点的投影变换规律;
(2) 4 个基本作图问题。

能力培养目标
(1) 利用换面法解决度量问题(如实形、实长、夹角、距离等);
(2) 利用换面法解决定位问题(如作垂线、求交点等)。

案例引导

许多零件上会有斜面,它们对投影面处于一般位置,斜面在投影图上会发生变形,不能反映其实际形状,如图 5.1 中△ABC。而在零件的设计制造中又需要清楚地表达零件各个表面的实际形状和大小,这些问题的解决经常要用到投影变换。

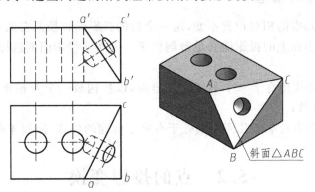

图 5.1 零件上的斜面△ABC 与其投影图

5.1 投影变换的目的和方法

通过前述内容的学习,可知点线面问题的求解难易程度不仅取决于问题本身的复杂性,还与空间几何元素相对于投影面的位置有关,当空间几何元素对投影面处于一般位置时,如能将其改变为特殊位置,就可能比较容易解题。为此,本章引入投影变换的方法来达到上述目的,投影变换的方法有两种:换面法和旋转法,本章仅讨论换面法。

1. 投影变换的目的

投影变换的目的是设法改变几何元素相对于投影面的位置,使其中某些几何元素处于平行或垂直于某个投影面的位置,使解题简化,见表 5.1。

表 5.1 几何元素与投影面的相对位置

位置	求实长与倾角	求实形	求距离	求两平面夹角	求交点
一般位置					
特殊位置	实长 $AB=ab$ β 反映实际大小			实角	

2. 换面法的基本概念

保持空间几何元素的相对位置不变,用一个新的投影面替换原有的某一投影面,使空间几何元素在新的投影面上的投影能满足解题要求。因而新投影面的选择必须符合以下两个基本条件:

（1）新投影面必须垂直于一个不变的投影面,以便构成一个互相垂直的两投影面新体系,正投影原理才有效;

（2）新投影面必须对空间几何元素处于有利于解题的位置,换面才有意义。

5.2 点的投影变换

1. 点的一次变换

（1）更换 V 面,如图 5.2 所示。

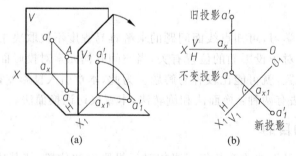

图 5.2 点的一次变换——更换 V 面
(a) 直观图；(b) 投影图

(2) 更换 H 面,如图 5.3 所示。

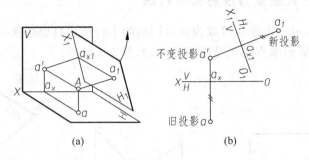

图 5.3 点的一次变换——更换 H 面
(a) 直观图；(b) 投影图

由上述分析,可归纳出点的投影变换规律:
(1) 点的新投影和不变投影之间的连线垂直于新投影轴(O_1X_1)。
(2) 点的新投影到新投影轴的距离等于旧投影到旧投影轴(OX)的距离。

2. 点的二次变换

在运用换面法解题时,有些问题需经过两次或两次以上变换才能解决,为此下面讨论点的二次换面。图 5.4 表示更换两次投影面时求点的新投影的方法,其原理与前述的一次换面是相同的。

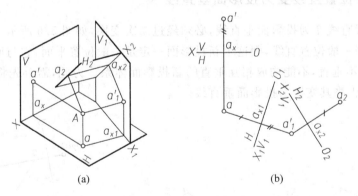

图 5.4 点的二次变换
(a) 直观图；(b) 投影图

必须注意的是:新投影面的设立必须交替进行,即 $\dfrac{V}{H} \rightarrow \dfrac{H}{V_1} \rightarrow \dfrac{V_1}{H_2} \rightarrow \dfrac{H_2}{V_3} \rightarrow \cdots$,不能同时变换两个投影面。

5.3 4 个基本问题

在点线面解题时经常要遇到将一般位置直线或平面变为特殊位置,下面讨论 4 个基本变换。

1. 将一般位置直线变为投影面平行线

一般位置直线经过一次变换可成为新投影面的平行线。只要选择一个既与已知直线平行,又与原来一个投影面垂直的新投影面即可,如图 5.5 所示。

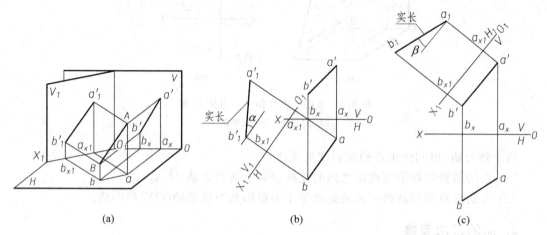

图 5.5 一般位置直线变为投影面平行线
(a) 直观图;(b) 换 V 面求实长和 α 角;(c) 换 H 面求实长和 β 角

2. 将一般位置直线变为投影面垂直线

将一般位置直线变为投影面垂直线,必须经过二次变换,如图 5.6 所示。因为若选新投影面直接垂直于一般位置直线,则这个新投影面一定是一般位置平面,它与原投影面体系中的 V 或 H 面都不垂直,不能构成相互垂直的新投影面体系。为此,需首先将该直线变换为投影面平行线,再将其变换为投影面垂直线。

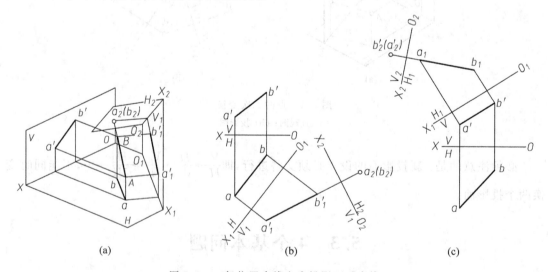

图 5.6 一般位置直线变为投影面垂直线
(a) 直观图;(b) $\dfrac{V}{H} \to \dfrac{H}{V_1} \to \dfrac{V_1}{H_2}$ 使其成为 H_2 的垂直线;(c) $\dfrac{V}{H} \to \dfrac{V}{H_1} \to \dfrac{H_1}{V_2}$ 使其成为 V_2 的垂直线

3. 将一般位置平面变为投影面垂直面

空间分析：在图 5.7 中，$\triangle ABC$ 为一般位置平面，要将其变为投影面的垂直面，必须作一辅助投影面与之垂直。根据两平面相互垂直的关系可知，辅助投影面应当垂直于 $\triangle ABC$ 内的某一条直线。为简化作图，可在 $\triangle ABC$ 上先取一条水平线或正平线，然后作新投影面垂直于此水平线或正平线。

作图过程见图 5.7(b)，在 $\triangle ABC$ 上取一条正平线 $A\text{I}$（$a1$、$a'1'$），作新轴 $O_1X_1 \perp A\text{I}$，作出 $\triangle ABC$ 各点在 H_1 面上新投影 $a_1b_1c_1$ 即可。

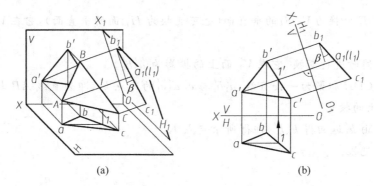

图 5.7　一般位置平面一次变为投影面垂直面
(a) 直观图；(b) 投影图

4. 将一般位置平面变为投影面平行面

若将一般位置平面变为投影面平行面，需要二次换面。首先将一般位置平面变为投影面垂直面；然后再将投影面垂直面变为投影面平行面。

图 5.8 表示将一般位置平面 $\triangle ABC$ 变换为投影面平行面的作图过程，首先按照把一般位置平面变换为投影面垂直面的方法，求出 $\triangle ABC$ 在 V_1 面上的投影 $a_1'b_1'c_1'$，然后画新轴 $O_2X_2 \parallel a_1'b_1'c_1'$，作 $\triangle ABC$ 在 H_2 面上的投影 $a_2b_2c_2$ 即可。

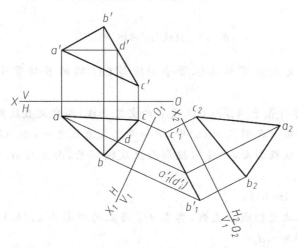

图 5.8　一般位置平面经二次变换为投影面平行面

5.4 综合问题分析

例 5.1 求直线 AB 与 $\triangle CDE$ 的交点 K(见图 5.9)。

解:(1)分析:利用换面法将 $\triangle CDE$ 变换为投影面的垂直面,然后可利用重影点来求交点。

(2)作图:

① 将 $\triangle CDE$ 变换为 V_1 面的垂直面(也可变换为 H_1 面的垂直面),它在 V_1 面上的投影为 $c'_1 d'_1 e'_1$。

② 将 AB 同时进行变换,它在 V_1 面上的投影为 $a'_1 b'_1$。

③ 由于 $\triangle CDE$ 积聚为一条直线,$a'_1 b'_1$ 与 $c'_1 d'_1 e'_1$ 的交点 k'_1,即为直线 AB 与 $\triangle CDE$ 的交点 K 在 V_1 面上的投影。

④ 返回。由 k'_1 返回得 k、k',即得所求交点 K。

⑤ 判断可见性。

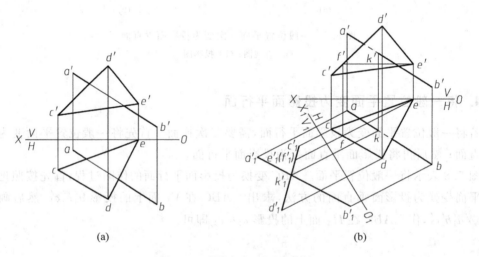

图 5.9 直线与 $\triangle ABC$ 的交点

例 5.2 求连接交叉位置的两根管子 AB 与 CD 间的最短管子的长度和位置(见图 5.10)。

解:(1)分析:可将管子 AB 与 CD 看作两交叉直线,两交叉直线间的距离即为它们之间的公垂线 KM 的长度。在图 5.10(a)中,若将两交叉直线之一(如 AB)变换为垂直线,则公垂线 KM 必平行于新投影面,并在该投影面上反映实长,而且与另一直线 CD 在新投影面上的投影互相垂直。

(2)作图(见图 5.10(b)):

① 将 AB 经过二次变换成垂直线,其在 H_2 面上的投影为 $a_2(b_2)$,直线 CD 也随之变换,在 H_2 面上的投影为 $c_2 d_2$。

② 从 $a_2(b_2)$ 作 $k_2m_2 \perp c_2d_2$，k_2m_2 即为公垂线 KM 在 H_2 面上的投影，它反映 AB 与 CD 间的最短管子的实长。

③ 返回。由 k_2m_2 返回 V/H 体系中，注意 $k_1'm_1' \parallel X_2$ 轴，求出 km、$k'm'$。

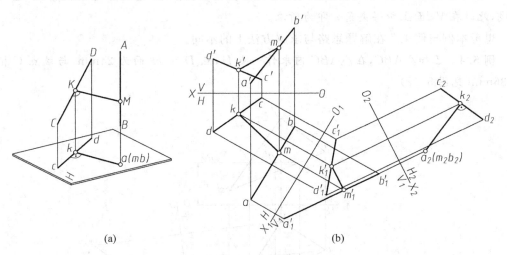

图 5.10 求连接两交叉管子间的最短管子的长度和位置

例 5.3 求直线 DE 与平面 $\triangle ABC$ 的夹角（见图 5.11）。

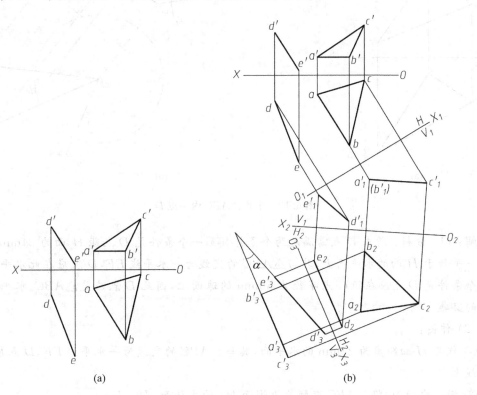

图 5.11 求直线与平面的夹角

解：(1) 分析：当平面垂直于某个投影面，且直线同时平行于该投影面时，则在该投影面上反映平面与直线的真实夹角。

(2) 作图：需三次换面，将△ABC变换为垂直面，同时DE也变换为该投影面V_3的平行线，此时在V_3面上所得夹角α即为所求。

思考本例与例4.7在解题思路与求解方法上的不同。

例5.4 已知△ABC，在△ABC内求作一点D，点D距H面为24mm，与端点C相距为36mm（见图5.12）。

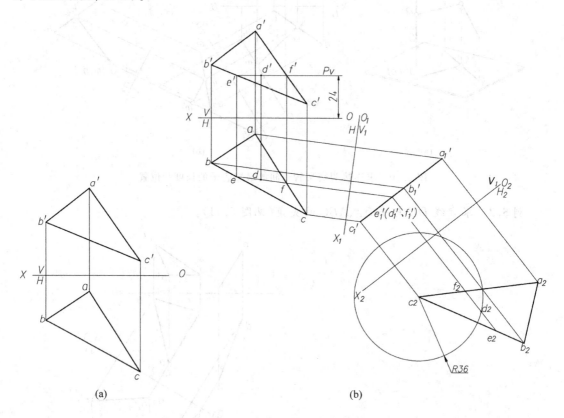

图5.12 求作△ABC内一点D

解：(1) 分析：所求D点需满足两个条件。第一个条件是D点距H面为24mm，其轨迹为一平行于H面的水平面P，其与△ABC的交线为一水平线EF，D点应在此水平线上。第二个条件是D点应在距C点半径为36mm的球面上，因此D点应是△ABC、水平面P、球面的交集。

(2) 作图：

① 作与H面距离为24mm的水平面，其与△ABC的交线为一水平线EF，D点应在此水平线上。

② 经二次换面，将△ABC变换为投影面H_2的平行面，即$a_2b_2c_2$。

③ 以C点为圆心作半径为36mm的球面，此球面与△ABC的交线为一圆，在H_2面上即半径为36mm的圆，此圆与EF的交点即为所求D点。

④ 返回。由 d_2 返回得 d_1'、d、d'。

▲ 课堂讨论

为什么不能一次将一般位置平面变换为投影面的平行面？

▲ 案例分析

1. 图 5.1 中立体表面上的 $\triangle ABC$ 为一般位置平面，在零件设计表达时，需求出其实形以便标注尺寸，为此可利用二次换面，求得 $\triangle ABC$ 的实形 $\triangle a_2b_2c_2$。作图过程如图 5.13 所示。

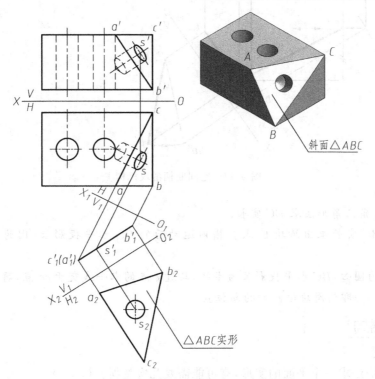

图 5.13 求立体表面上的 $\triangle ABC$ 的实形

2. 图 5.14 为一空间曲柄滑块机构示意图（B、C 点均为球形铰链）。曲柄 AB 可绕轴 $A—A$ 在铅垂面 Q 内旋转，它驱动连杆 BC 带动滑块 C 在平行于 X 轴的滑槽内左右滑动，当曲柄 AB 从当前位置按箭头方向转动 θ 角后，试求滑块 C 的位置。

解：(1) 分析：曲柄 AB 在一铅垂面 Q 内转动，故 Q 平面的水平投影积聚为一条直线。Q 平面经一次换面可反映实形，即可反映曲柄转动角度 θ 的真实大小。C 点在平行于 X 轴的滑槽内左右滑动，说明 C 点的运动轨迹为一侧垂线。空间曲柄滑块机构在运动过程中连杆 BC 长度保持不变。

(2) 作图：

① 作新轴 O_1X_1 平行 Q_H，画出曲柄 AB 的新投影 $a_1'b_1'$，以 a_1' 为圆心，$a_1'b_1'$ 为半径画圆弧，使点 B 转动 θ 角，由 b_1' 转到 bb_1' 的位置。

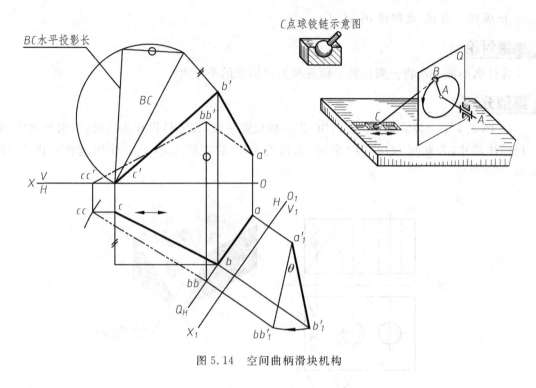

图 5.14 空间曲柄滑块机构

② 利用直角三角形法求 BC 实长。

③ 根据 BC 实长求出滑块 C 点在槽内运动后的 BC 水平投影长(因为 BC 长度保持不变)。

④ 以 bb 为圆心,BC 水平投影长为半径,与过 c 点的水平线交于 cc 点,再由此向上找出 cc',则 $CC(cc,cc')$ 即为滑块运动后的新位置。

课堂测试练习

1. 选择题

(1) 用换面法求一个平面的实形,有可能需要几次变换?(　　)

　　A. 1 次　　　　　　B. 2 次　　　　　　C. 1 次或 2 次　　　　D. 3 次

(2) 使用换面法解题时,哪些说法是不正确的?(　　)

　　A. 新投影轴必须平行于新投影面

　　B. 新投影面必须垂直于一个不变的投影面,二者构成一个新的两投影面体系

　　C. 新投影轴必须垂直于新投影面

　　D. 新投影面必须使空间几何元素相对于它处于特殊位置

　　E. 投影面 H 和投影面 V 必须交替更换

(3) 用换面法求一个点到一个平面的距离,有可能需要几次变换?(　　)

　　A. 1 次　　　　　　B. 2 次　　　　　　C. 1 次或 2 次　　　　D. 3 次

2. 判断题,正确的在括号内画"√",错误的画"×"。

(1) 如果将一个一般位置平面变换为投影面的垂直面,只需要一次换面即可。(　　)

(2) 在使用换面法时,新投影面必须平行于一个固定不动的投影面。(　　)

(3) 用下面的换面法(见图 5.15),可以求出平面 $\triangle ABC$ 对 H 面的倾角 α 及 $\triangle ABC$ 的实形。( )

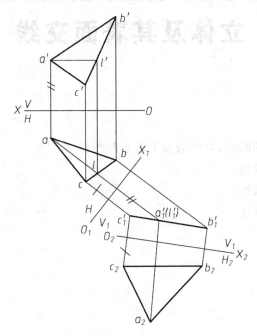

图 5.15

第 6 章

立体及其表面交线

本章重点内容
(1) 基本立体投影的画法,立体表面上取点和线;
(2) 截交线的分析求解;
(3) 相贯线的分析求解;
(4) 特殊相贯线的画法。

能力培养目标
(1) 截交线的表达;
(2) 相贯线的表达。

案例引导

工程用零件常出现有表面交线,如图 6.1 所示。为了完整、清晰地表达出零件的形状以便准确地制造零件,应正确地画出表面交线。

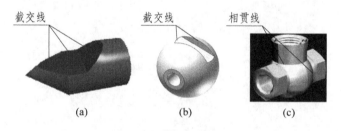

图 6.1 零件表面交线
(a) 磨床顶针; (b) 球阀阀芯; (c) 三通管

6.1 平面立体

任何立体都可以看作是由平面、曲面所围成的。完全由平面围成的立体称为平面立体,如棱锥、棱柱;由曲面和平面或完全由曲面围成的立体称为曲面立体,如圆柱体、圆锥体、圆球体、圆环体。

本节主要讨论平面立体的形成方式、结构特点、投影特性以及立体表面上取点、取线的方法。

1. 平面立体的形成方式和结构特点

常见平面立体的形成方式和结构特点见表 6.1。

表 6.1　常见平面立体的形成方式和结构特点

类别	六棱柱	棱柱体	四棱锥	棱锥体
直观图				
形成方式	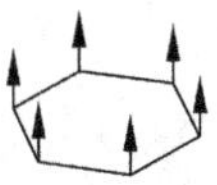	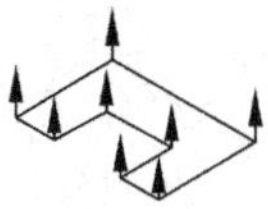	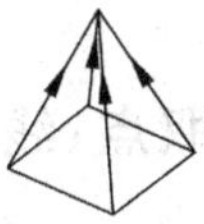	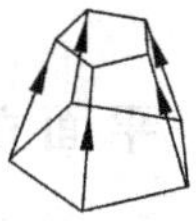
结构特点	由上、下两底面和若干棱面组成，棱面垂直于底面，各条棱线互相平行；底面形状反映立体特征，为特征平面，不同的特征平面形成不同的柱状体		由一个或两个底面和具有公共顶点的棱面组成，各棱线交于顶点；底面为特征平面，不同的特征平面形成不同的锥状体	

2. 平面立体的投影与投影特性

平面立体的投影是平面立体各表面投影的集合，因此它是由直线段组成的封闭图形。表 6.2 列出了常见平面立体的投影与投影特性。

表 6.2　常见平面立体的投影与投影特性

平面立体	空间投影	平面投影	投影特性
棱柱体	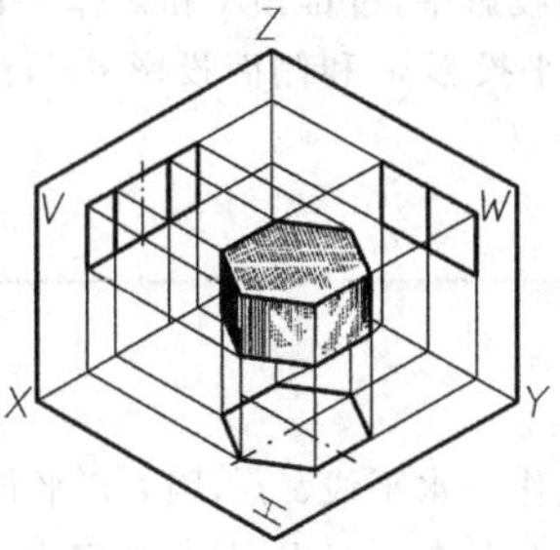	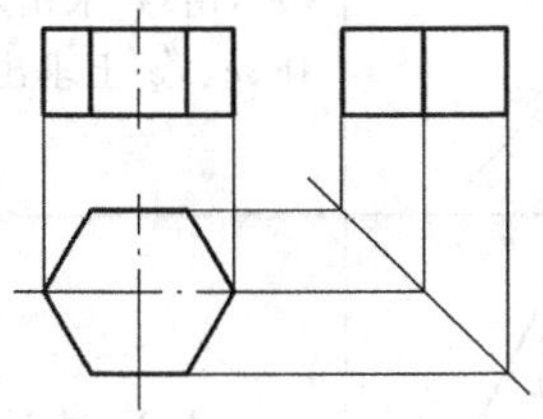	以正六棱柱为例：棱线为铅垂线，水平投影积聚为六边形的 6 个顶点；棱面垂直于 H 面，水平投影积聚为六边形的 6 条边；两底面为水平面，水平投影反映实形

续表

平面立体	空间投影	平面投影	投影特性
棱锥体	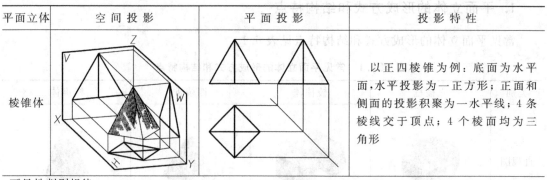		以正四棱锥为例：底面为水平面，水平投影为一正方形；正面和侧面的投影积聚为一水平线；4条棱线交于顶点；4个棱面均为三角形

可见性判别规律：
(1) 在平面立体的每一个投影中，其外形轮廓均可见；
(2) 外形轮廓线内的相交直线，可利用重影点判别可见性；
(3) 外形轮廓内的两可见表面相交的交线为可见，两不可见表面的交线为不可见

3. 平面立体表面上取点、线

表 6.3 列出了平面立体表面上取点的作图方法。平面立体表面上取线是以平面上取点的方法为基础，将同一平面内两点的同面投影相连即可。

表 6.3 平面立体表面取点的作图方法

平面立体表面	作图过程	作图方法
棱柱面		例：已知正四棱柱面上一点 A 的正面投影 a'，求作其余两投影。 由于棱柱面的水平投影有积聚性，利用"长对正"关系可求出水平投影 a，再利用"高平齐，宽相等"关系由 a'、a 即可求得 a''
棱锥面		例：已知三棱锥面上一点 K 的正面投影 k'，求作其余两投影。 方法1：在正面投影中，过锥顶 s' 和 k' 作一辅助直线 $s'e'$，由 $s'e'$ 求出水平投影 se 和侧面投影 $s''e''$，由 k' 即可在 se、$s''e''$ 上求出 k、k''
		方法2：过 k' 点作一水平线 $e'f'$，因 $e'f'$ 平行于 $a'b'$，所以 $ef // ab$，又由于 k' 在 $e'f'$ 上，k 点必定在 ef 上，利用 k'、k 即可求出 k''

例 6.1 已知三棱锥表面线段 AB 和线段 BC 的水平投影,求作其正面投影和侧面投影(见图 6.2(a))。

解:(1)分析线段 AB 和 BC 位置:AB 在三棱锥的左侧棱面上,BC 在右侧棱面上(见图 6.2(a))。

(2)利用平面内取点的方式求点 A、B、C 的正面投影和侧面投影(见图 6.2(b))。

(3)连线并判别可见性:位于右侧棱面上的线段 BC 的侧面投影不可见(见图 6.2(c))。

(4)图 6.2(d)所示为其立体图。

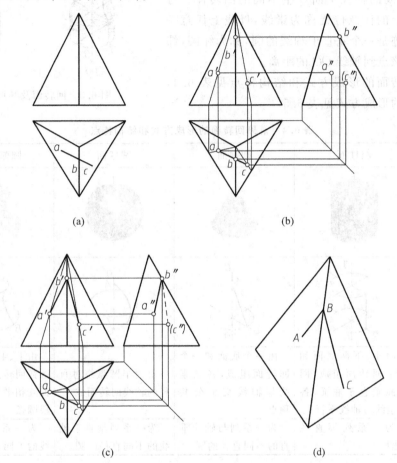

图 6.2 三棱锥表面取线

6.2 回 转 体

本节主要讨论回转(面)体的形成方式、结构特点、投影特性及立体表面上取点、取线的方法。

1. 回转(面)体的形成方式和结构特点

工程中常见的曲面立体如圆柱体、圆锥体、圆球体、圆环体等为回转体,其上的曲面主要为回转面。

回转面由母线(直线或曲线)ABC 绕一固定轴线 OO 回转而形成(见图 6.3(a))。母线不同或母线与轴线的相对位置不同,产生的回转面也不同。回转体是由一封闭图形绕一固定轴线回转一周后形成的曲面立体。如图 6.3 所示,封闭图形为回转体的特征平面,不同的特征平面产生不同的回转体。母线在回转面上的任意位置称为素线,母线上任意一点的运动轨迹是一个垂直于轴线的圆,称为纬圆,纬圆的半径是该点到轴线 OO 的距离。

常见回转面的形成方式和结构特点见表 6.4,常见回转体的形成方式见表 6.5。

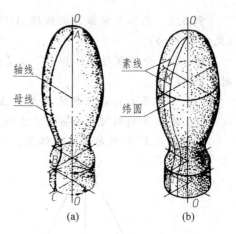

图 6.3 回转面及其形成

表 6.4 常见回转面的形成方式和结构特点

类别	圆柱面	圆锥面	圆球面	圆弧回转面
直观图				
形成方式				
结构特点	由上、下两底面和一个回转面组成,回转面垂直于底面,各条素线与轴线平行	由一个底面和一个回转面组成,各条素线与轴线交于公共顶点	由一半圆弧绕过直径的轴线回转而成	由上、下两底面和一圆弧回转面组成,两底面互相平行,素线为一段圆弧
纬圆	为一系列等直径的圆	为一系列与轴线垂直的不同直径的圆	为一系列垂直于轴线的不同直径的圆	为一系列垂直于轴线的不同直径的圆

表 6.5 常见回转体的形成方式

类别	圆柱体	圆锥体	圆球体	圆弧回转体
直观图				
形成方式				

2. 回转体的投影与投影特性

表 6.6 列出了常见回转体的投影与投影特性。

表 6.6 常见回转体的投影与投影特性

回转体	空间投影	平面投影	投影特性
圆柱体			轴线垂直于水平面，水平投影为圆，此圆是圆柱面的投影，具有积聚性，也是圆柱顶面、底面的投影；圆柱面的正面及侧面投影为相同大小的矩形，矩形的上、下两边为圆柱顶面、底面的投影；正面投影矩形的左、右两边为圆柱面正面转向线 AA_1、BB_1 的投影；侧面投影矩形的前、后两边为圆柱面侧面转向线 CC_1、DD_1 的投影
圆锥体			轴线垂直于水平面，水平投影为圆，此圆是圆锥面和底面的投影，没有积聚性；正面和侧面投影为相同大小的等腰三角形，三角形的底边为底平面的投影；正面投影三角形的两腰是圆锥面正面转向线 AB、AC 的投影；侧面投影三角形的两腰是侧面转向线 AE、AD 的投影

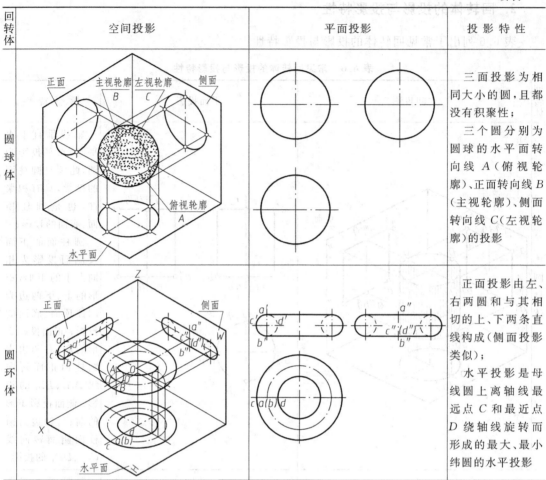

3. 回转体表面上取点、线

在回转体表面上取点，要根据其所在表面的几何性质分别利用积聚性、辅助素线法和辅助纬圆法作图，其中最常见的方法是辅助纬圆法。表 6.7 列出了在常见回转面上取点的方法。回转体表面上取线的一般方法是先求出线上的一系列点，然后依次光滑连接即可。

表 6.7 常见回转面上取点的作图方法

回转体	作图过程	作 图 方 法
圆柱面		例：已知圆柱面上Ⅰ、Ⅱ两点的正面投影 1′、2′，求作其余两投影。 由于圆柱面的水平投影积聚为圆，利用"长对正"即可求出点的水平投影 1、2。再根据点的两面投影即可求出点的侧面投影 1″、2″。由于点Ⅱ在圆柱面的右半部，侧面投影 2″不可见

续表

回转体	作图过程	作图方法
圆锥面	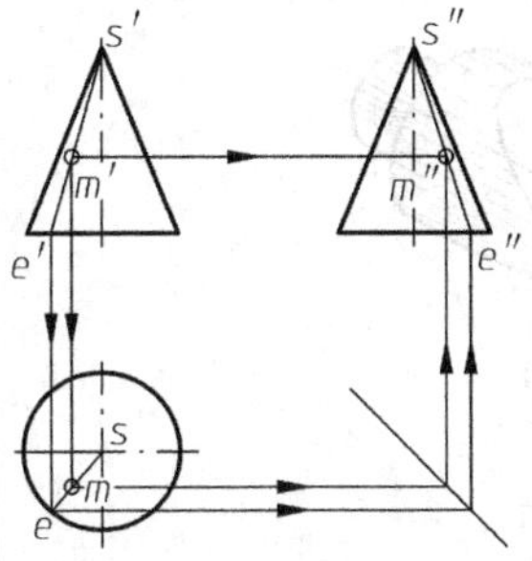	例：已知圆锥面上 M 点的正面投影 m'，求作其余两投影。 素线法：过锥顶 S 和点 M 作素线 SE 的正面投影 $s'e'$，由 $s'e'$ 求出水平投影 se 和侧面投影 $s''e''$，利用 m'，即可在 se、$s''e''$ 上求出 m、m''
	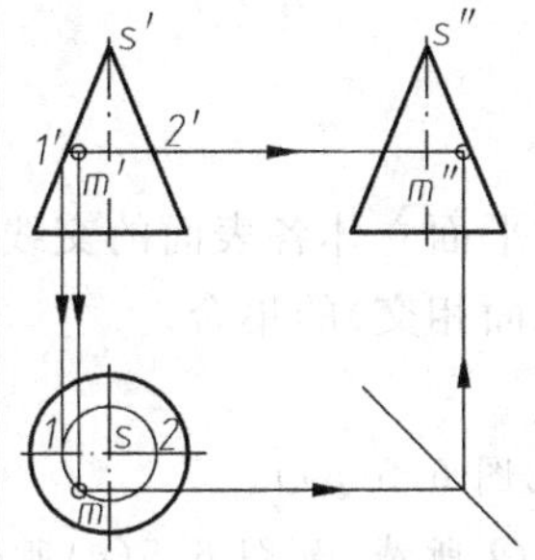	纬圆法：过 M 点在圆锥面上作一纬圆，该圆的正面投影为过 m' 的直线 $1'2'$，水平投影为直径等于 $1'2'$ 的圆，圆的水平投影反映实形，点 m 在此圆上。由 m'、m 即可求得 m''； 假如已知 M 点的水平投影 m，求其余两投影，同样可以过 m 点在水平投影上作素线或纬圆，然后在素线或纬圆的正面投影和侧面投影上求出 m'、m''
圆球面	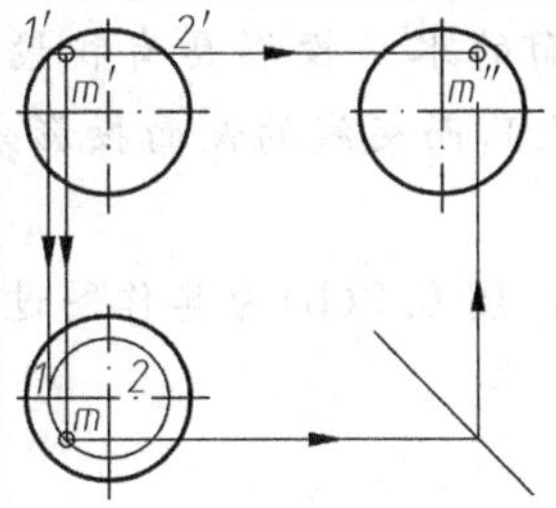	例：已知球面上 M 点的正面投影 m'，求作其余两投影。 纬圆法：过 M 点在球面上作一纬圆，该圆的正面投影为过 m' 的直线 $1'2'$，水平投影为直径等于 $1'2'$ 的圆，圆的水平投影反映实形，点 m 在此圆上。由 m'、m 即可求得 m''
圆环面	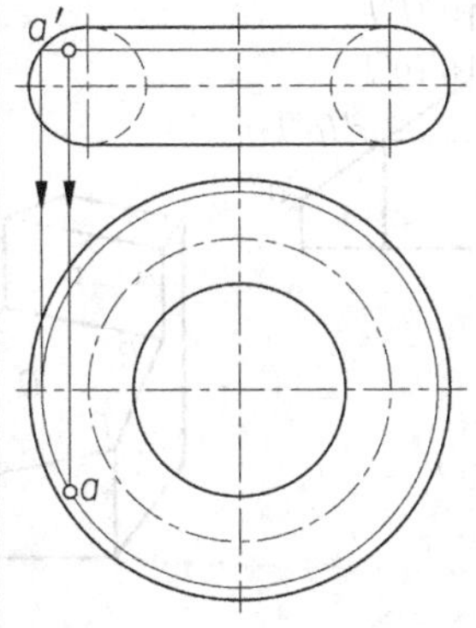	例：已知圆环面上 A 点的正面投影 a'，求其水平投影。 纬圆法：在正面投影上过 a' 作垂直于轴线的平面，可得两个纬圆，一个是以轴线至外环面间距为半径的纬圆，另一个是以轴线至内环面间距为半径的纬圆。由于 a' 可见，则 A 点应在外环面的前半部，所以易求出 A 点的水平投影 a

6.3 平面与立体表面交线

工程上图示某些零件（见图 6.4）以及图解某些空间几何问题，常常会碰到平面与立体相交的问题。平面与立体相交，在其表面产生的交线称为截交线，该平面称为截平面。截交线是由那些既在截平面上，又在立体表面上的点集合而成的。因此，截交线的求法可归结为求出截平面和立体表面的共有点的问题。

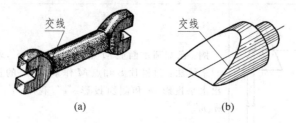

图 6.4　叉形接头和钎头

6.3.1　平面与平面立体相交

求解平面与平面立体的截交线问题，可归结为求平面与平面立体各表面的交线（面面相交）的集合，也可归结为求平面与平面立体各棱线的交点（线面相交）的集合。

下面举例说明平面立体截交线的作图过程。

例 6.2　试完成五棱柱被两平面 P、Q 截切后的投影（见图 6.5(a)）。

解：(1) 分析截平面可知，五棱柱被正平面 P 和侧垂面 Q 所截，如图 6.5(c) 所示。

(2) 求截交线的水平投影和侧面投影：由于棱柱各侧面的水平投影具有积聚性，因此交线的水平投影都积聚在五棱柱水平投影的五边形上（$bgedc$），而交线的侧面投影分别积聚在 P_W 和 Q_W 上。

(3) 求截交线的正面投影：可由其水平和侧面投影求出，图 6.5(b) 为其作图过程。

(4) 连线并判别可见性，作图结果如图 6.5(b) 所示。

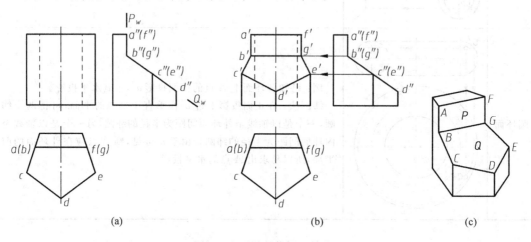

图 6.5　两平面截切五棱柱

例 6.3　试完成正四棱锥被两平面 T、R 截切后的投影（见图 6.6(a)）。

解：(1) 分析截平面可知，四棱锥被正垂面 T 和水平 R 所截，如图 6.6(c) 所示。

(2) 求截平面 T 与四棱锥侧棱的交点（Ⅰ、Ⅱ、Ⅲ）的投影。

(3) 求截平面 R 与四棱锥侧棱的交点（Ⅵ、Ⅶ、Ⅷ）的投影。

(4) 求截平面 T 与 R 的交线上Ⅳ、Ⅴ的投影。

(5) 依次连接所求各交点的同面投影,并判别可见性,具体作图过程见图 6.6(b)。

(6) 截平面 R 与正四棱锥底面平行,故有 $78//ab,47//bd,68//ac,56//cd$。

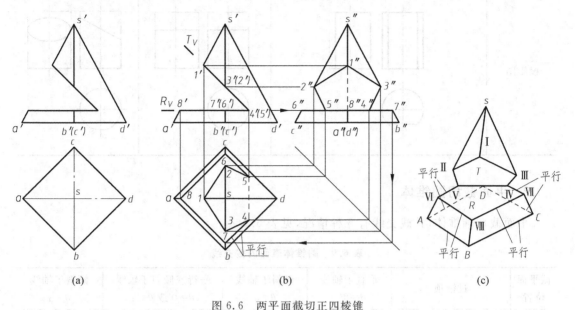

图 6.6　两平面截切正四棱锥

6.3.2　平面与曲面立体相交

一般情况下,平面与曲面立体相交的截交线为一封闭的平面曲线。但由于截平面与曲面立体相对位置的不同,也可能得到由直线段和平面曲线组成的截交线,或者完全由直线段组成的截交线。下面讨论三种最简单、最常用的曲面立体截交线的性质。

1. 平面截切圆柱体

平面截切圆柱体,其截交线有三种情况,见表 6.8。

表 6.8　圆柱体表面的截交线

截平面位置	平行于轴线	垂直于轴线	倾斜于轴线
立体图			

截交线	矩形（其中两垂直边为圆柱面的两条素线）	圆	椭圆
投影图	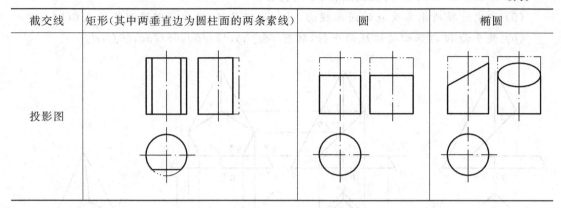		

2. 平面截切圆锥体

平面截切圆锥体，其截交线有 5 种情况，见表 6.9。

表 6.9　圆锥体表面的截交线

截平面位置	过锥顶	垂直于轴线 $\theta=90°$	倾斜于轴线 $\theta>\alpha$	平行或倾斜于轴线 $\theta=0$ 或 $\theta<\alpha$	倾斜于轴线 $\theta=\alpha$
立体图					
截交线	三角形（其中两边为两条素线）	圆	椭圆	双曲线与直线	抛物线与直线
投影图					

3. 平面截切圆球体

平面截切圆球体，不论截平面处于何种位置，其截交线都是圆（见图 6.7(a)、(d)）。截平面通过球心时的截交线圆的直径最大，等于球的直径。

由于截平面对投影面位置的不同，截交线圆的投影也不同。截平面平行于投影面时，截交线在该投影面上的投影为圆（见图 6.7(b)的水平投影）；截平面垂直于投影面时，截交线在该投影面上的投影积聚为直线（见图 6.7(c)的正面投影），其余两投影为椭圆（见图 6.7(c)的水平投影和侧面投影);截平面倾斜于投影面时,截交线的三面投影均为椭圆(见图 6.7(d)的正面投影、水平投影和侧面投影)。

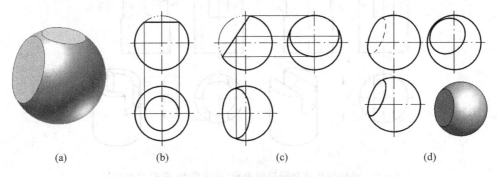

图 6.7　圆球体的截交线

求曲面立体截交线的方法与求平面立体截交线的方法相似,常利用积聚性、辅助平面或投影变换求解,其实质是求其共有点。下面举例说明画曲面立体截切体的外形轮廓线及截交线的作图过程。

例 6.4　讨论带切口圆柱和圆筒的截交线(见图 6.8、图 6.9 和图 6.10)。

图 6.8 为被两个截平面所截切的圆柱体,截平面Ⅰ与轴线垂直,截交线为一段圆弧,圆弧在俯视图上反映实形,在主、左视图上积聚成直线。截平面Ⅱ与轴线平行,且平行于侧面,截交线为一矩形,矩形的左视图反映实形,在主、俯视图上积聚成直线。图中两个圆柱体的截切情况是一样的,不同的是图 6.8(a)的切口较小,圆柱体左视图的外形轮廓线仍被保留;而图 6.8(b)的切口较大,圆柱体左视图的部分外形轮廓线已被切掉。

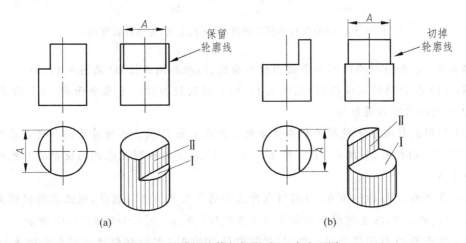

图 6.8　开槽圆柱体的投影(切口大小不同)

图 6.9(a)所示的开槽圆柱体是被一个水平面和两个侧平面从中间截切而成,在正面投影中,三个截平面均积聚为直线;在水平投影中,两个侧平面积聚为直线,水平面为带圆弧的平面图形,且反映实形;在侧面投影中,两个侧平面产生的截交线为矩形且反映实形(因被圆柱面遮住画成虚线),水平投影积聚为直线。应当指出,在侧面投影中,圆柱面上侧面的轮廓素线被切去的部分不应画出。开槽的圆筒,其投影如图 6.9(b)所示。

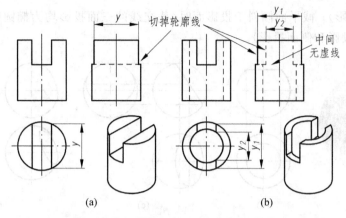

图 6.9 开槽圆柱体和圆筒的投影（从中间切，轮廓线被切掉）

图 6.10 与图 6.9 所示不同的是开槽圆柱体和圆筒是被一个水平面和两个侧平面从两边截切而成。读者自行分析轮廓线的保留情况。

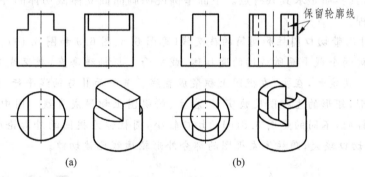

图 6.10 开槽圆柱和圆筒的投影（从两边切，轮廓线被保留）

例 6.5 已知截切圆筒的水平投影和正面投影，求其侧面投影（见图 6.11(a)）。

解：(1) 作圆筒的侧面投影（见图 6.11(b)），该圆筒为被一个水平面 R、正垂面 P 和侧平面 Q 所截切的空心圆柱体。

(2) 利用圆柱面水平投影的积聚性分别求出正垂面 P 截切圆筒外表面和内表面截交线（部分椭圆弧）的投影，如图 6.11(c) 所示。注意，k_1''、k_2'' 是外椭圆弧在侧面投影的可见与不可见的分界点。

(3) 截平面 R 与轴线垂直，与圆筒内外表面的截交线为 4 段圆弧，圆弧在俯视图上反映实形（a_1、b_1、a_2、b_2），在左视图上积聚成水平直线（a_1''、b_1''、a_2''、b_2''），如图 6.11(d) 所示。

(4) 截平面 Q 与轴线平行。同理，利用圆柱面水平投影的积聚性分别求出侧平面 Q 截切圆筒外表面和内表面截交线（直线）的投影，如图 6.11(e) 所示。

(5) 注意截平面与截平面间交线的投影（见图 6.11(f)），R 与 P 交线的侧面投影为 $1''2''$、$3''4''$，P 与 Q 交线的侧面投影为 $5''6''$、$7''8''$，同理可分析出 R 与 Q 交线的侧面投影。

(6) 完善圆筒截切后的投影（见图 6.11(g)），截切后的立体图如图 6.11(h) 所示。

例 6.6 已知带切口圆锥体的正面投影，求其余两投影（见图 6.12(a)）。

解：(1) 分析：圆锥体上的切口是由一个垂直于圆锥体轴线的水平面、一个过锥顶的正

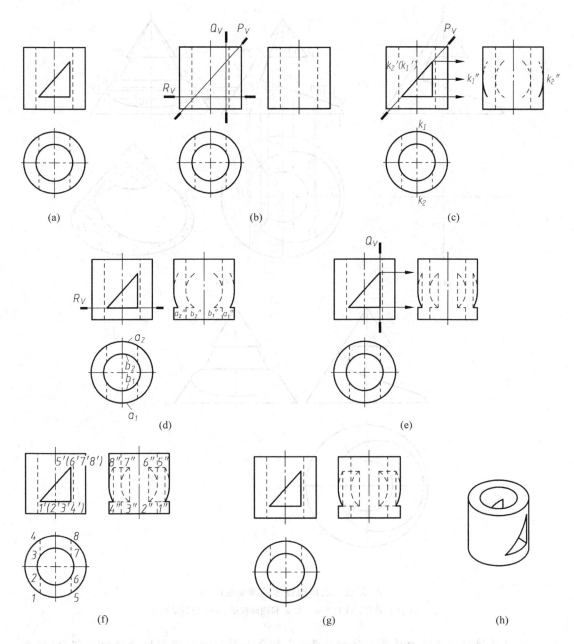

图 6.11 求作空心圆柱体的截交线

垂面和一个倾斜于圆锥体轴线的正垂面组合截切而成的。它们与圆锥面的交线分别为圆的一部分、等腰三角形的一部分(等腰梯形)和椭圆的一部分。

(2) 作图:

① 画出完整圆锥体的侧面投影和水平投影。

② 求垂直于圆锥体轴线的水平面的截交线的投影,其水平投影为部分圆(注意圆半径的确定),侧面投影积聚为水平直线。

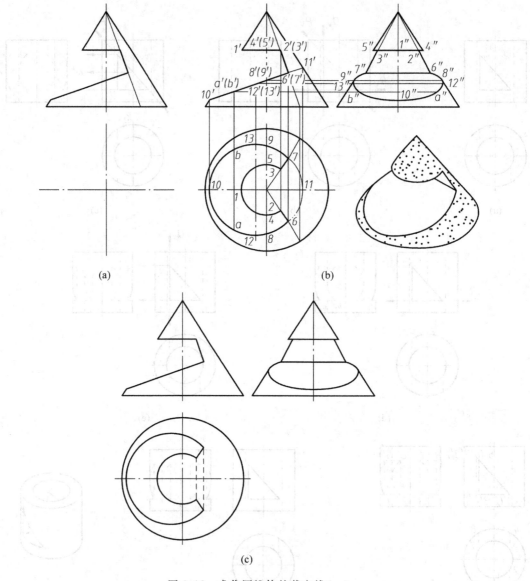

图 6.12 求作圆锥体的截交线（一）
(a) 已知条件；(b) 求水平投影和侧面投影；(c) 最后结果

③ 求过锥顶的正垂面的截交线的投影，其水平投影和侧面投影均为腰的一部分（注意找准腰的位置和长度）。

④ 求倾斜于圆锥体轴线的正垂面的截交线的投影，其水平投影和侧面投影均为部分椭圆，需求特殊点（Ⅵ、Ⅶ、Ⅷ、Ⅸ、Ⅹ、Ⅻ、ⅩⅢ，其中 $12'(13')$ 为 $10'$、$11'$ 连线的中点，即椭圆的短轴两端点）和适当的一般点（如 A 点、B 点）。

⑤ 求相邻两截平面间交线的投影 23、67 和 $2''3''$、$6''7''$（注意多个截平面截切同一立体时，不能丢掉相邻两截平面间交线的投影）。

⑥ 判别截交线投影和截平面间交线投影的可见性，依次光滑连接各点的同面投影，如

图 6.12(b)所示。

⑦ 整理各转向轮廓素线的投影,检查、擦去多余的图线,加深可见轮廓线,完成全图,如图 6.12(c)所示。

例 6.7 已知截切圆锥体的正面投影和未被截切时的水平投影,求作其水平投影和侧面投影(见图 6.13(a))。

解:(1) 画出完整圆锥体的侧面投影。

(2) 利用纬圆法求出侧平面 T 截切产生的双曲线 $ABECD$ 的投影,其中特殊点有最前点 A、最后点 B(也为最低点)和最高点 C(也为圆锥体最右转向轮廓素线上的点)(见图 6.13(b))。

(3) 求出水平面 P 截切产生的部分圆的投影,注意作出平面 P 和 T 的交线的投影(见图 6.13(c))。

(4) 求出正垂面 Q 截切产生的部分椭圆 GHF 的投影,其中特殊点有最低点 H(也是圆锥体最左转向轮廓素线上的点)、最后点 F 和最前点 G(也是最高点),注意作出平面 P 和 Q 的交线的投影(见图 6.13(c))。

(5) 判别可见性,整理完成全图(见图 6.13(d))。图 6.13(e)所示为截切后的立体图。

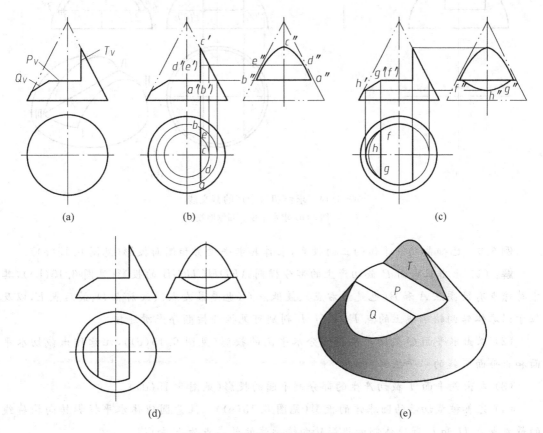

图 6.13 求作圆锥体的截交线(二)

例 6.8 已知带切口半球体的正面投影,求其余两投影(见图 6.14(a))。

解:(1) 分析:半球体的切口是由左右不对称的两个侧平面和一个水平面组合截切形

成的,两个侧平面与球表面的交线为两个大小不等的圆的一部分,侧面投影反映实形,水平投影积聚为两段直线;水平截平面与球表面的交线在水平面的投影为圆的一部分,侧面投影积聚为一段直线。截平面间的交线在水平面和侧面的投影与积聚成直线的截平面的投影重合。

(2) 作图:
① 画出完整半球体的侧面投影和水平投影。
② 求水平截平面截交线圆的水平投影(注意圆半径的确定),再根据投影规律求出侧面投影。
③ 求侧平截平面截交线圆的侧面投影(注意两个侧平圆半径的确定),再根据投影规律求出水平投影。
④ 求相邻截平面间交线的投影 12、34 和 1″2″、3″4″(注意 1″2″ 不可见,1″3″、2″4″ 为可见)。
⑤ 整理侧面和水平投影面转向轮廓素线的投影,并判别可见性。检查、擦去多余的图线,加深可见轮廓线,完成全图,如图 6.14(b)所示。

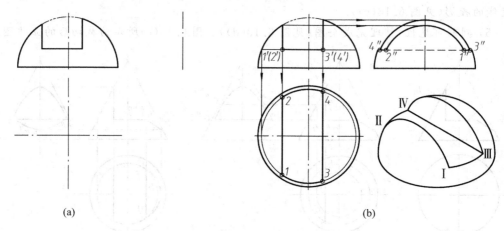

图 6.14　求作切口半球的截交线
(a) 题图;(b) 求水平投影和侧面投影

例 6.9　已知截切圆球体的正面投影,求作其水平投影和侧面投影(见图 6.15(a))。

解:(1) 求出正垂面 P 截切产生的部分椭圆 $AFDHCIEGB$ 的投影(见图 6.15(b)),其中特殊点有最高点 A 和 B(也是最右点)、最低点 C(也是最左点)、最前点 D、最后点 E,以及位于圆球体转向轮廓线上的点 F、G、H、I,判别可见性并按顺序光滑连接。

(2) 求出水平面 Q 截切产生的部分水平圆的投影(见图 6.15(c)),注意作出截切水平面和正垂面交线的水平投影。

(3) 求出侧平面 T 截切产生的部分侧平圆的投影(见图 6.15(d))。

(4) 完善被截切后的圆球体的投影(见图 6.15(e))。注意圆球体水平投影转向轮廓线的最左点为 H 和 I,圆球体侧面投影转向轮廓线的最高点为 F 和 G。

(5) 截切后的立体图如图 6.15(f)所示。

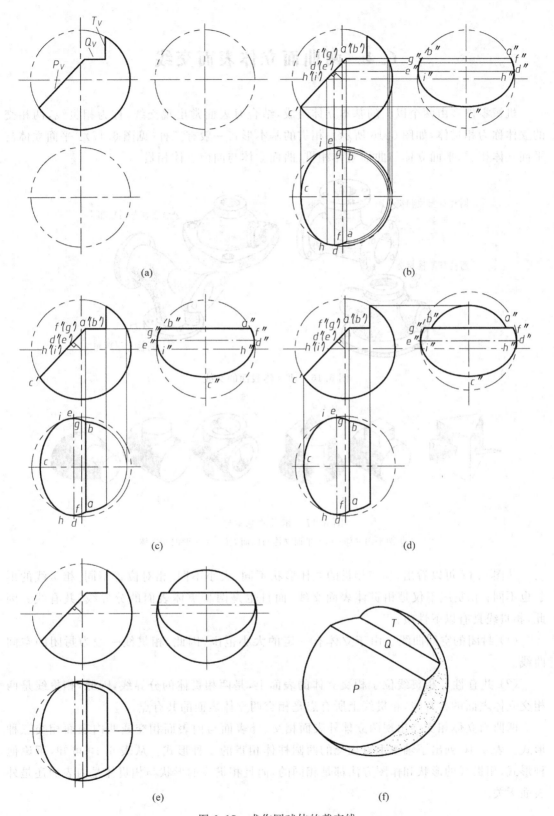

图 6.15 求作圆球体的截交线

6.4 两曲面立体表面交线

机械零件多由两个以上的基本立体组成,结合时表面常出现交线,称为相贯线,两相交的立体称为相贯体,如图6.16所示。相贯的基本形式一般有三种(见图6.17):平面立体与平面立体相贯,平面立体与曲面立体相贯,曲面立体与曲面立体相贯。

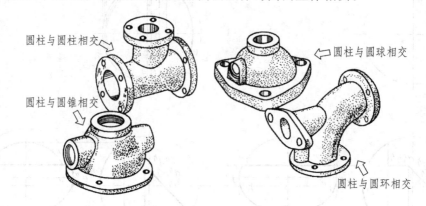

图 6.16 两立体表面的交线

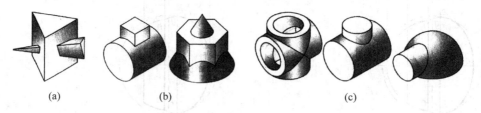

图 6.17 相贯的基本形式
(a)两平面立体;(b)平面立体与曲面立体;(c)两曲面立体

从图6.17可以看出,参与相贯的立体形状不同、大小不同、相对位置不同,相贯线的形状也不同;相贯线不仅是相贯体表面交线,而且也是两相贯体表面的分界线、共有线。因此,相贯线具有以下性质:

(1) 封闭的空间曲线 由于立体有一定的大小范围,因此,相贯线一般为封闭的空间曲线。

(2) 共有性 相贯线位于相交立体的表面上,是两相贯体的分界线,因此,相贯线是两相交立体表面的共有线,相贯线上所有点是相交两立体表面的共有点。

两曲面立体相交会出现两立体外表面相交、外表面与内表面相交或两内表面相交三种形式。表6.10列出了轴线垂直相交的两圆柱体相贯的三种形式。从表6.10可知,不论何种形式,相贯线的形状和作图方法都是相同的,而且相贯线的形状与相贯体是内表面还是外表面无关。

表 6.10 轴线垂直相交的两圆柱体相贯的三种形式

相交形式	外表面与外表面相交	外表面与内表面相交	内表面与内表面相交
立体图	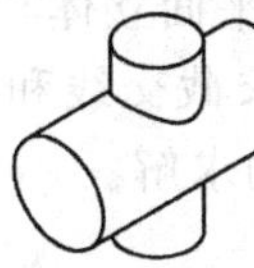	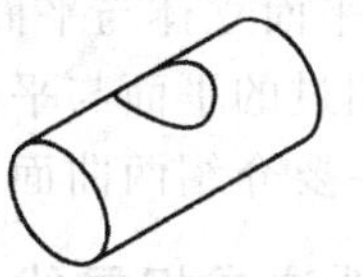	
投影图	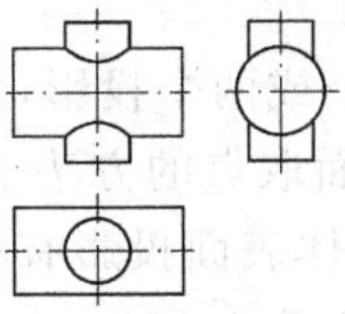	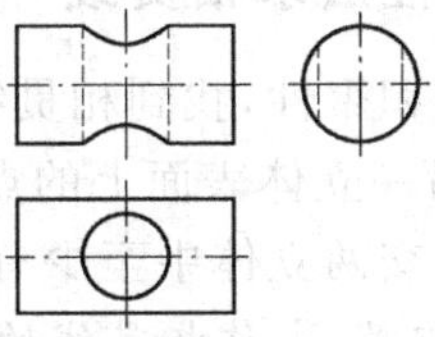	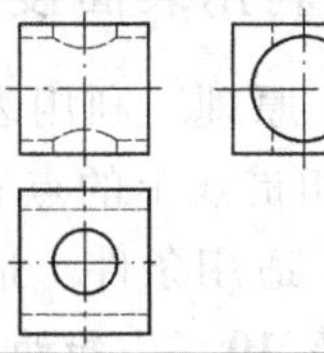

为了更好地理解相贯线的空间形状及发展变化趋势，表 6.11 展示了基本相贯立体形状、尺寸大小及相对位置影响相贯线形状的变化情况。

表 6.11 相贯线的变化趋势

相贯立体		立体尺寸的变化		
圆柱与圆柱（轴线正交）	投影图	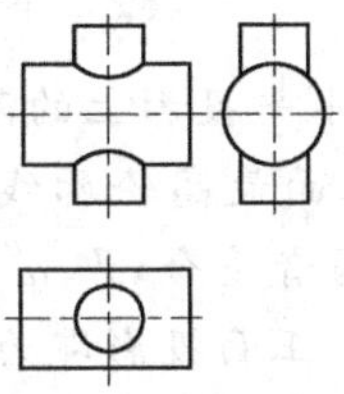	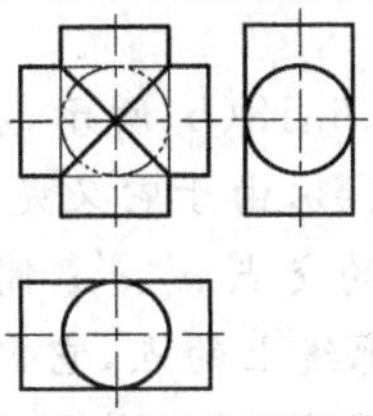	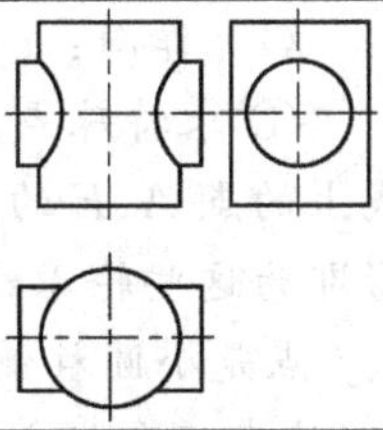
	相贯线的形状	上下对称的两条空间曲线	相交的两平面曲线——椭圆	左右对称的两条空间曲线
圆柱与圆锥（轴线正交）	投影图	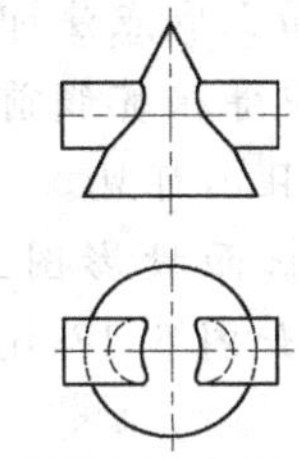	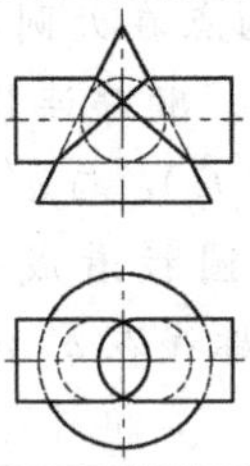	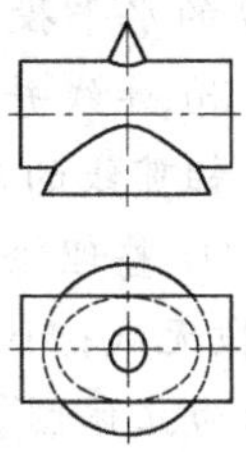
	相贯线的形状	左右对称的两条空间曲线	相交的两平面曲线——椭圆	上下不同的两条空间曲线
相贯立体		相对位置的变化		
圆柱与圆柱（轴线垂直交叉）	投影图	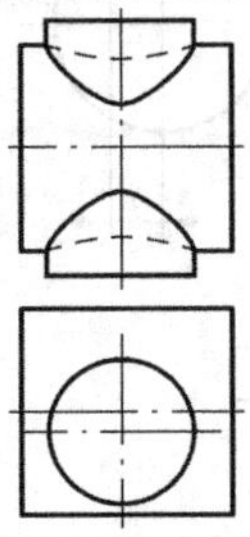	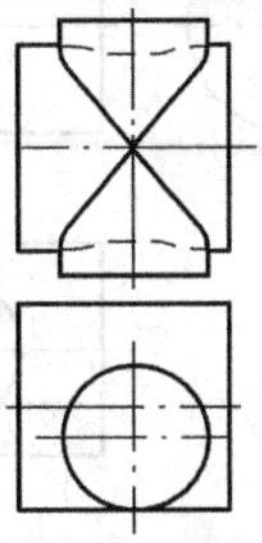	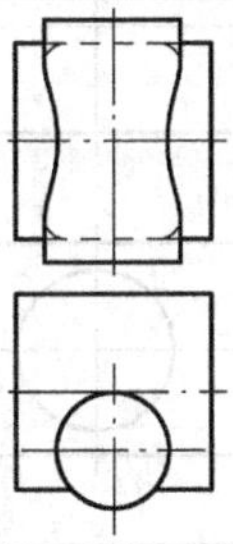
	相贯线的形状	左右、上下均对称的空间曲线	左右对称的空间曲线空间曲线在切点处交为一点	左右对称的空间曲线

求相贯线的投影,其实质是求相贯线上若干共有点的投影,然后根据其可见与不可见性,用相应图线光滑连接点的同面投影。求解相贯线的常用方法有:表面投影积聚性法、辅助平面法和辅助球面法。对于平面立体与平面立体相贯和平面立体与曲面立体相贯求相贯线的方法,可以转化为前面介绍过的平面与平面立体相交求截交线和平面与曲面立体相交求截交线的方法。因此,本节主要介绍两曲面立体相贯线的求解。

1. 利用表面投影积聚性法求相贯线

(1) 原理 利用表面投影积聚性,找到相贯线的一个或两个投影,然后根据相贯线的共有性把相贯线上的点看成是另一立体表面上的点,用表面取点的方法求出相贯线的投影。

(2) 适用条件 适用于相交两立体中至少有一个立体表面投影有积聚性的情形。

例 6.10 已知两圆柱体相贯,求作相贯线的投影(见图 6.18(a))。

解:(1) 分析:如图 6.18(a)所示,参与相贯的小圆柱的轴线垂直于水平面,大圆柱的轴线垂直于侧面,两圆柱的轴线在同一正平面内垂直相交,相贯线为一条前后、左右都对称的空间闭合曲线。因小圆柱面水平投影有积聚性,所以水平投影上的小圆就是相贯线的水平投影;大圆柱面侧面投影有积聚性,所以侧面大圆在小圆柱两轮廓线内的那段圆弧即为相贯线的侧面投影,因为只有这一段圆弧才为两相贯体表面所共有。

(2) 作图:

① 求特殊点。如图 6.18(b)所示,在相贯线水平投影上的两点 a、e,即小圆柱正面轮廓线上的点 A、E 的水平投影,由于它又是大圆柱正面最高轮廓线上的点,所以它们的正面投影即为这些轮廓线投影的交点 a'、e';侧面投影两者重合,即 $a''(e'')$。相贯线水平投影上的 c、f 点是小圆柱侧面轮廓线上的点,它们的侧面和正面投影即为图 6.18(b)上的 c''、f'' 和 c'、f'(读者可自行分析)。最高、最低等极限位置点也是轮廓线上的这 4 个点,无须再求。

② 求一般点。在相贯线的水平投影上取特殊点之间的两个投影 b、d,即为两个一般点 B、D 的水平投影,因为这两点在大圆柱面上,利用面上取点法即可求出 b''、d'' 和 b'、d'。

③ 连线并判断可见性。顺序连接 $a'b'c'd'e'$,即得相贯线前半部分的正面投影,是可见的。相贯线的后半部分 $a'(f')e'$ 与 $a'b'c'd'e'$ 重影,且不可见。

④ 整理轮廓线。把两圆柱看成一个整体,在正面投影图上,大圆柱的最高轮廓线在 $a'e'$ 段无线;小圆柱左右轮廓线在 a'、e' 下无线,得到如图 6.18(b)所示的投影图。图 6.18(c)所示为立体图。

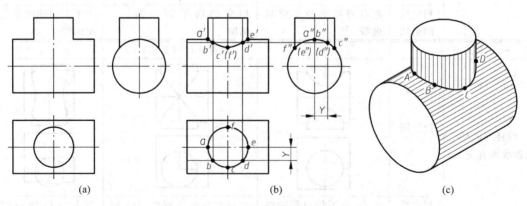

图 6.18 用表面投影积极性法求相贯线

例 6.11 已知圆柱体和圆锥体相贯,求作相贯线的投影(见图 6.19(a))。

解:(1) 作出相贯线上的特殊点。最高点Ⅲ位于圆柱体和圆锥体两轴线所确定的平面上,最低点Ⅰ(也是最左点)和Ⅱ(也是最前点)为圆柱体和圆锥体底圆上的交点,最后点为点Ⅳ,最右点为点Ⅴ。还需作出位于圆锥体转向轮廓素线上的点Ⅵ(见图 6.19(b))。

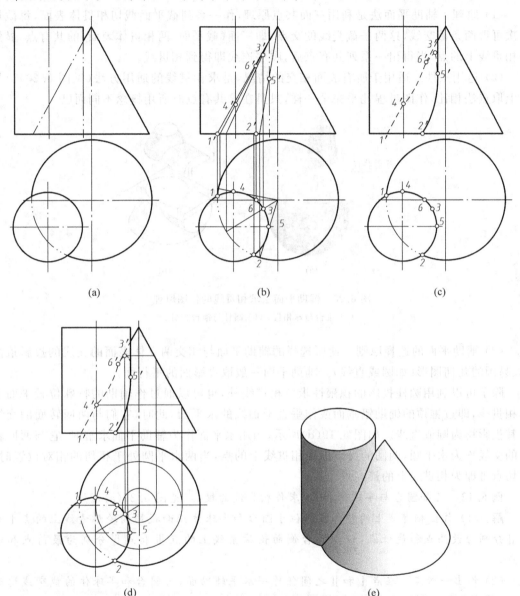

图 6.19 求作圆柱体和圆锥体的相贯线

(2) 连线并判别可见性。点Ⅱ至点Ⅴ位于圆柱体的前半个圆柱面上,其正面投影可见,其余的正面投影均不可见(见图 6.19(c))。

(3) 完善立体的投影。圆柱体的最右转向轮廓素线从上往下至点Ⅴ后进入圆锥体实体内消失,故其正面投影应从上往下画到 5′,并可见。圆锥体的最左转向轮廓素线从锥顶至点

Ⅵ后因进入圆柱实体内消失,故其正面投影应从上往下画到 6′(见图 6.19(d))。图 6.19(e)所示为其立体图。

2. 利用辅助平面法求相贯线

(1) 原理　辅助平面法是利用三面共点原理,作一系列截平面截切相贯体表面,每截切一次可得两条截交线,这两条截交线的交点,即三面(截平面、两相贯体表面)的共有点,显然是相贯线上的点,当得出一系列共有点后,顺序连线即得到相贯线。

(2) 适用条件　适用于所有表面相交的情况,是求相贯线的通用方法(见图 6.20)。与面上取点法相比,作图过程几乎完全一样,只是在求共有点时所用概念不同而已。

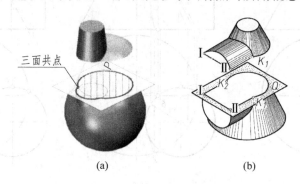

图 6.20　辅助平面法求相贯线的作图原理
(a) 锥台与球相贯；(b) 圆柱与锥台相贯

(3) 辅助平面的选择原则　使所选择的辅助平面与相交两立体表面的交线的投影最简单、易画的几何图形(如圆或直线)。辅助平面一般取投影面的平行面。

除了可以利用圆柱投影的积聚性求解相贯线外,也可以通过作辅助的特殊位置平面求解相贯线,即过锥顶的辅助铅垂面或作垂直于轴线的水平面,此时,它们与两回转面的交线及其投影均为圆或直线。如图 6.19(d)所示,当用水平面作为辅助平面求解时,它与两回转面的交线均为水平圆,两圆的交点即为相贯线上的点,当两水平圆处于相切的相对位置时,其切点Ⅲ即为相贯线上的最高点。

例 6.12　已知圆台与半球体相贯,求作相贯线的投影(见图 6.21(a))。

解：(1) 作出相贯线上的特殊点。位于圆台和半球体正面投影的轮廓素线上的点Ⅰ和点Ⅱ分别为最高点和最低点,位于圆台侧面轮廓素线上的点Ⅲ和点Ⅳ分别为最前点和最后点。

(2) 作出一般点。在点Ⅰ和Ⅱ之间任作一水平辅助面,与圆台和半球体的截交线均为圆,两圆的交点即为相贯线上的点Ⅴ和Ⅵ。

(3) 连线并判别可见性。相贯线的水平投影可见,侧面投影中位于左半圆台表面的 4″6″2″5″3″可见,位于右半圆台表面的 3″1″4″不可见。

(4) 完善立体的投影。圆台侧面投影的轮廓线应从上往下画到点Ⅲ和点Ⅳ,且可见。半球体侧面投影轮廓素线为完整的半圆,且部分被圆台遮挡而不可见。作图过程见图 6.21(b),其立体图如图 6.21(c)所示。

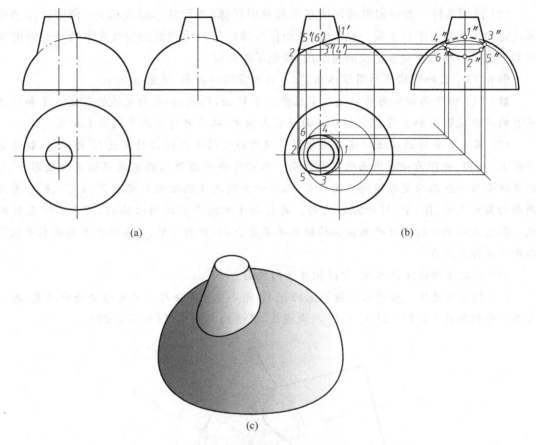

图 6.21 用辅助平面法求相贯线

3. 利用辅助球面法求相贯线

（1）原理　辅助球面法是应用球面作为辅助面。当两回转面相交时（见图 6.22(a)），以轴线的交点为球心作一球面，则球面与两回转面的交线分别为圆（见图 6.22(b)所示的圆 A、圆 B 和圆 C），由于两圆均在同一球面上，因此两圆的交点即为两回转面的共有点。若回转面的轴线平行于某一投影面，则该圆在该投影面上的投影为一垂直于轴线的线段，该线段就是球面与回转面投影轮廓线的交点的连线。

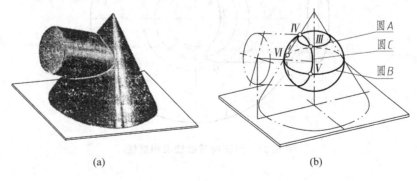

图 6.22 球面法的作图原理

(2) 适用条件 参加相贯的立体必须都是回转体,两回转体轴线相交;两回转体轴线所决定的平面同时平行于某一投影面,从而保证球面与两回转面的交线在平行于轴线的投影面上的投影均为垂直于轴线的直线段,避免了画椭圆。

例 6.13 已知圆柱体和圆锥体相贯,求作相贯线的投影(见图 6.23)。

解:(1) 由于两回转面的轴线相交且平行于 V 面,因此,两曲面交线的最高点 Ⅰ 和最低点 Ⅱ 的正面投影 $1'$ 和 $2'$ 可以直接从正面投影上确定,从而可作出水平投影 1 和 2。

(2) 其余各点可通过辅助球面法求得。以两轴线的正面投影的交点 O' 为圆心,取适当半径 R_3 画圆,此即为辅助球面的正面投影。作出球面与圆锥面的交线圆的正面投影 a'、b' 以及球面与圆柱面的交线圆的正面投影 c',这两组圆的正面投影的交点 $3'$、$4'$、$5'$、$6'$ 即为两曲面的共有点 Ⅲ、Ⅳ、Ⅴ、Ⅵ 的正面投影。再作若干不同半径的同心球面,可求出一系列的点。共有点的水平投影可作相应的辅助水平圆求出,如作出过 Ⅴ、Ⅵ 点的水平圆的水平投影后即可求得 5、6 点。

(3) 依次光滑地连接各点,即得相贯线的投影。

(4) 判别可见性。由于水平投影上的 9、10 点是可见部分与不可见部分的分界点,因此左面部分的连线 9-5-11-(2)-12-6-10 画成虚线,其余均画成实线(见图 6.23)。

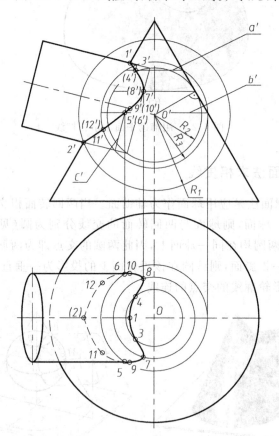

图 6.23 用辅助球面法求相贯线

注意：用辅助球面法作图时，球半径应选取在最大与最小辅助球半径之间，一般由球心投影到两曲面轮廓线交点中最远的点 $2'$ 的距离 R_1 即为球面的最大半径。从球心投影向两曲面轮廓线作垂线，两垂线中较长的一个 R_2 即为球面的最小半径。因此辅助球面半径 R 必须满足条件：$R_2 \leqslant R \leqslant R_1$。

例 6.14 已知三通座的部分投影，求作复合相贯线的投影（见图 6.24(a)）。

解：(1) 作出圆锥体和圆球体的相贯线（见图 6.24(b)），在正面投影上积聚为一条水平线。

(2) 作出圆柱体和圆锥体的相贯线（见图 6.24(b)）。

(3) 作出圆柱体和圆球体的相贯线（见图 6.24(c)）。

(4) 完善三通座的投影（见图 6.24(d)），图 6.24(e) 为其立体图。

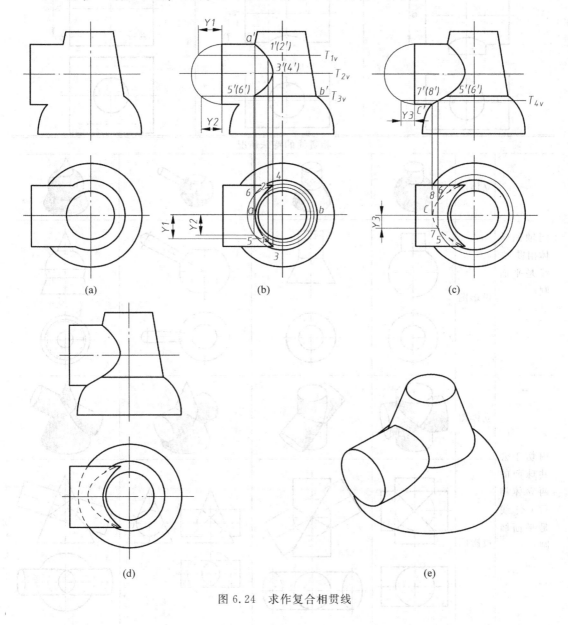

图 6.24　求作复合相贯线

4. 相贯线的简化画法和特殊情况

两回转体相交,其相贯线一般为封闭的空间曲线,但也有特殊相交情况,其相贯线是封闭的平面曲线(圆、椭圆)或直线。表 6.12 列出了相贯线的简化画法和特殊情况。

表 6.12 相贯线的简化画法和特殊情况

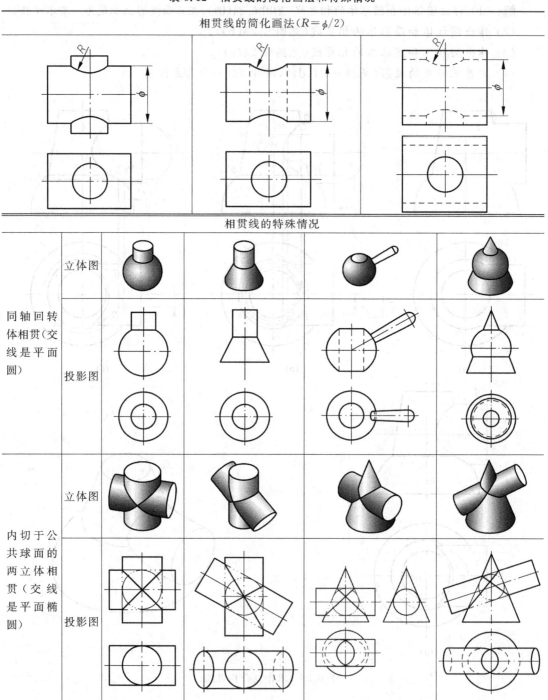

续表

相贯线的特殊情况				
相贯线为直线的情形	轴线平行的两圆柱体相贯	立体图	投影图	
	两共顶圆锥体相贯	立体图	投影图	

6.5 计算机辅助并、交、差设计

采用计算机可以非常容易地进行三维实体造型，并生成相应的二维投影图，如图6.25所示。求作相贯线是本章的难点之一，借助计算机软件工具可以辅助这部分内容的学习。用好这一工具的前提是需要掌握好正确的构形方法。本节以Inventor三维造型设计软件为例加以说明。

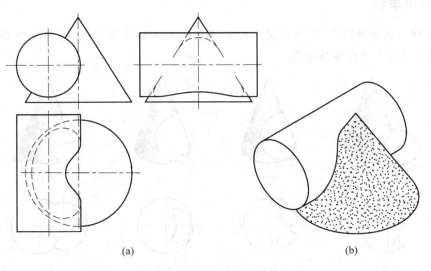

(a)　　　　　　　　　　(b)

图 6.25　三维造型及其投影

(a) 二维投影图；(b) 三维模型图

1. 复杂形体的实体造型

实体造型的构形方法是用计算机内存储的体素，经布尔运算，即运用并（∪）、差（\）、交（∩）运算方式构成复杂形体。图 6.26 所示为用给定的圆柱体与圆锥体通过并、差、交运算构造的一部分相交立体。请仔细分析上下对应实体模型上的相贯线的共同之处与不同点，各相交立体的投影图留给读者动手画一画。

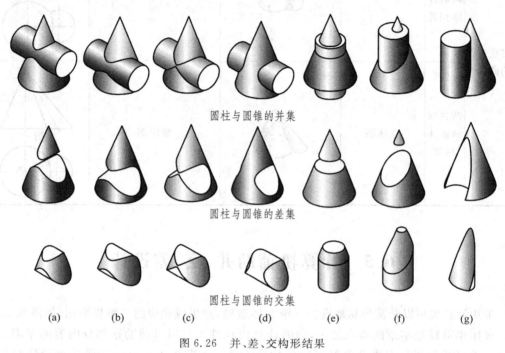

图 6.26 并、差、交构形结果

2. 应用举例

例 6.15 试分析图 6.27 中各实体模型所表示立体的构形方式，并将实体模型图与水平投影的对应关系用线连接起来。

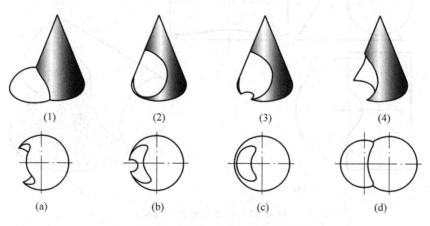

图 6.27 由实体模型图找对应的投影图

解：(1)与(d)连线；(2)与(c)连线；(3)与(b)连线；(4)与(a)连线。

例 6.16 分析图 6.28(a)所示形体的构形,并生成二维投影图。

解：(1) 构造半球体。以 1/4 个圆为截面轮廓、以半球体铅垂轴线为旋转轴,旋转全周即可,如图 6.28(b)所示。

(2) 构造圆柱体。在以半球体的纬圆平面为二维草图平面画圆,在拉伸造型过程中,选择输出方式中的"添加",直接造型,可得圆柱与半球体的并集合(见图 6.28(c))。

(3) 构造最终形体。在拉伸造型过程中,选择输出方式中的"切削",可得圆柱体与半球体的差集(见图 6.28(d)中的轴测图)。

(4) 生成形体的视图。在 4 个视图中分别显示主、俯、左以及轴测视图(见图 6.28(d))。

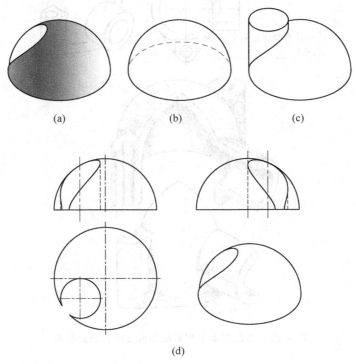

图 6.28 复杂体的建模

▲ **课堂讨论**

(1) 两曲面立体相贯线时,选择辅助面的原则是什么?

(2) 球面法的基本原理是什么? 选用辅助球面法求曲面立体相贯线的条件是什么?

▲ **案例分析**

分析图 6.29 所示的节温器盖上的相贯线和截交线的投影。

解：由图 6.29 可知,节温器盖主要由共轴的空心半球体和与半球体相切的直立圆筒以及左边的横置圆筒所组成。横置圆筒的轴线通过球心。横置圆筒内外表面的上半部分分别与半球的内外表面相交而得圆交线,其正面投影为竖直的直线段。横置圆筒内外表面的下半部分分别与直立圆筒的内外表面相交,交线的正面投影是曲线。其余投影中的相贯线和截交线请见图 6.29 的说明。

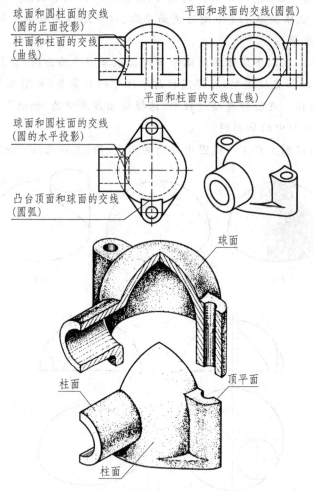

图 6.29 节温器盖上相贯线和截交线投影的分析

课堂测试练习

1. 选择题。

(1) 看图 6.30,选择正确的左视图_____。

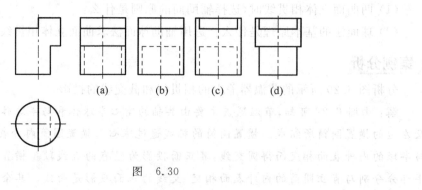

图 6.30

(2) 看图 6.31,选择正确的左视图_____。

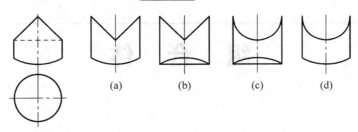

图 6.31

2. 补画下列图形中相贯线的投影,见图 6.32。

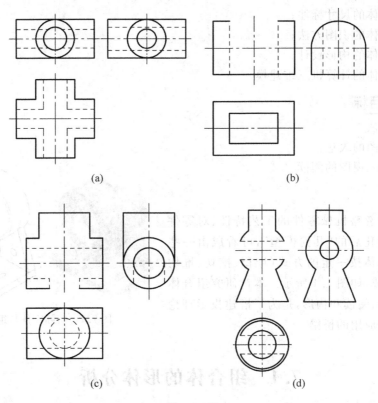

图 6.32

第 7 章

组 合 体

▎本章重点内容
　　(1) 组合体的形体分析；
　　(2) 组合体的画法；
　　(3) 组合体的尺寸标注；
　　(4) 组合体的识图方法；
　　(5) 组合体的构形设计；
　　(6) 组合体的计算机三维建模。

▎能力培养目标
　　(1) 投影法；
　　(2) 三视图的表达；
　　(3) 简单三视图的阅读。

▎案例引导
　　组合体是忽略机械零件的工艺特性、对零件的结构抽象简化后的"几何模型"，可看成由一些基本的几何形体按一定的方式（堆积、挖切、堆切复合）组合而成，如图 7.1 所示。本章研究组合体三视图的绘制、阅读和构形，是为了搭建投影理论到实际工程图应用的桥梁。

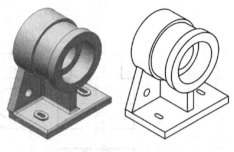

图 7.1　实际零件与组合体

7.1　组合体的形体分析

　　大部分物体，从形体角度看，都可以认为是由一些基本形体（圆柱、棱柱等）所组合而成的。由基本形体组合而成的物体称为组合体。图 7.2 所示的轴承座就是由一些经过截切加工的圆柱、棱柱等组合而成的。

1. 组合体的组合形式

组合体的组合形式通常可以分为以下三种：
(1) 叠加形式　许多组合体可以由基本形体叠加而成，如图 7.3(a)所示。
(2) 截切形式　许多组合体可以由基本形体截切而成，如图 7.3(b)所示。
(3) 叠加、截切复合　实际零件的构形往往是叠加与截切兼而有之，如图 7.3(c)所示。

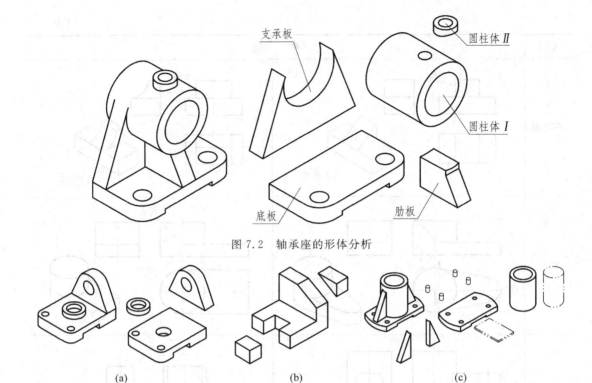

图 7.2 轴承座的形体分析

图 7.3 组合体的组合形式
(a) 叠加；(b) 截切；(c) 叠加、截切复合

2．相邻两形体表面的过渡关系

相邻两形体表面的过渡关系可以分成以下三种：

（1）共面　指相邻两形体表面互相平齐，两表面接合处无分界线。

（2）相切　指相邻两形体表面相切，平面与曲面光滑过渡，两表面相切处不画线。

（3）相交　指相邻两形体表面相交，两表面相交处要画交线。交线按第 6 章介绍的截交线和相贯线的画法绘制。

相邻两形体表面的过渡关系见表 7.1 中的图例，看图时应特别注意图中指引处的汉字说明。

表 7.1　相邻两形体表面的过渡关系

形式	举　例
共面	

续表

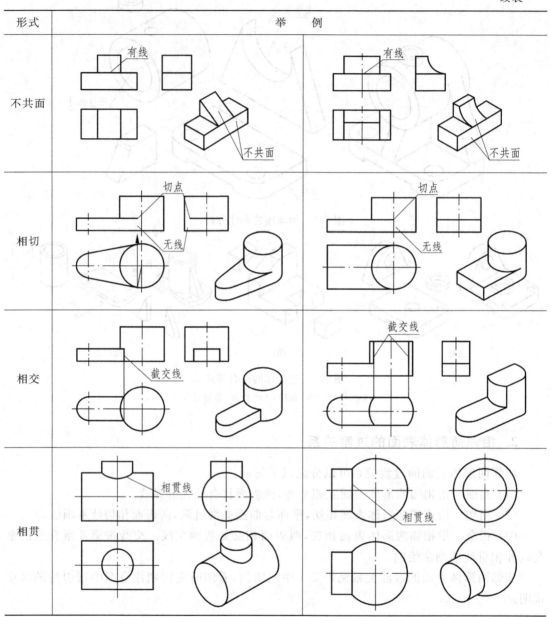

7.2 组合体的画法

画组合体视图,经常采用形体分析法。所谓形体分析法,就是按照组合体的结构特点,分析其基本形体的组成,弄清基本形体的相对位置、组合方式和表面过渡关系,如判断形体间邻接表面是否处于共面、相切和相交的特殊位置,然后有步骤地画出各基本形体,最后完成组合体的视图。

7.2.1　画组合体三视图的步骤

1. 进行形体分析

把组合体分解为若干形体，并确定它们的组合方式，以及相邻表面间的相互位置。如图 7.2 所示的组合体可以分解成圆柱体Ⅰ、空心圆柱体Ⅱ、支承板、底板、肋板 5 个形体。

2. 确定主视图

三视图中，主视图是最主要的视图。确定主视图时，要解决组合体从哪个方向投射和怎么放置两个问题。通常选择最能反映组合体的形体特征及其相互位置，并能减少俯、左视图上虚线的那个方向，作为投射方向；选择组合体的自然安放位置，或使组合体的主要表面对投影面尽可能多地处于平行位置，作为放置位置。最后，确定主视图投射方向。图 7.4(a) 所示为轴承座从不同方向看到的视图，如图 7.4(b) 所示，其中 F 方向的视图虚线太多；C、E 不是自然安放位置；取 B 向为主视时，左视图虚线太多；D 向为主视时不利于图纸幅面的合理利用。选 A 向视图为主视图时，组合体处于自然安放位置，形体特征表达清楚，其他视图虚线较少，且图纸幅面利用较好，因此，选 A 向为主视投射方向。

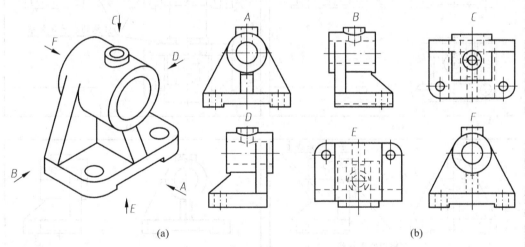

图 7.4　轴承座投影视图的对比

3. 选比例，定图幅

画图时，尽量选用 1∶1 的比例，这样既便于直接估量组合体的大小，也便于画图。按选定的比例，根据组合体的长、宽、高计算出三个视图所占面积，并在视图之间留出标注尺寸的位置和适当的间距，据此选用合适的标准图幅。

4. 布图、画基准线

先固定图纸。然后，根据各视图的大小和位置画出基准线(一般用对称中心线、轴线和较大的平面作为基准线,如图 7.5(a)所示。画出基准线后,每个视图在图纸上的具体位置就确定了。

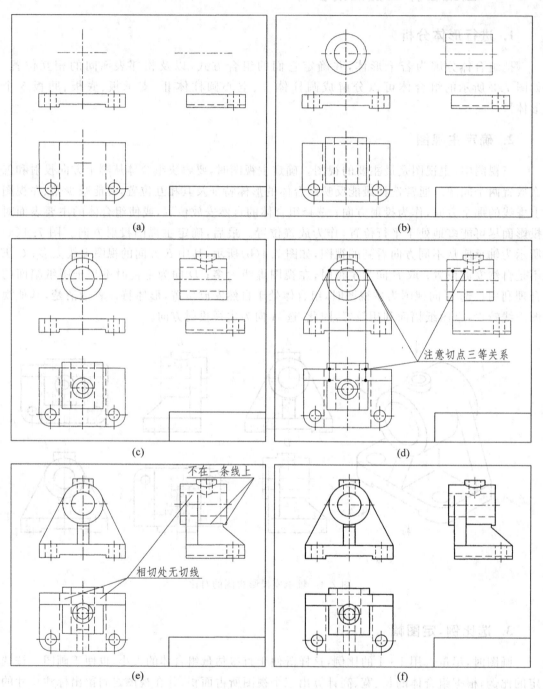

图 7.5 轴承座三视图的画图步骤

(a) 画各视图的对称中心线、轴线,由俯视图画出底板的三视图;(b) 由主视图开始画出空心圆柱体Ⅰ的三视图;
(c) 由俯视图开始画出垂直空心圆柱体Ⅱ的三视图;(d) 由主视图开始画出支承板的三视图;
(e) 由左视图开始画出肋板的三视图;(f) 检查无误后加粗

5. 逐个画出各形体的三视图

根据各形体的投影规律，逐个画出形体的三视图。画形体的顺序是：先实（实形体）后空（挖去的形体）；先大（大形体）后小（小形体）；先画轮廓，后画细节。画每个形体时，要三个视图联系起来画，并从反映形体特征的视图画起，再按投影规律画出其他两个视图。轴承座三视图的具体画图步骤如图7.5所示。

6. 检查、描深

底稿画完后，按形体逐个仔细检查。对形体表面中的垂直平面、一般位置平面、形体间邻接表面处于相切、共面或相交的面、线，应重点校核，纠正错误和补充遗漏。如图7.5(d)中指出的地方应特别注意，容易出现错误。最后按标准图线描深，描深顺序一般应是先曲线后直线，先细线后粗线。对称图形、半圆或大于半圆的圆弧要画出对称中心线，回转体一定要画出轴线。对称中心线和轴线用细点画线画出。

7.2.2 画图举例

例7.1 画出图7.6(a)所示的较复杂组合体的三视图。

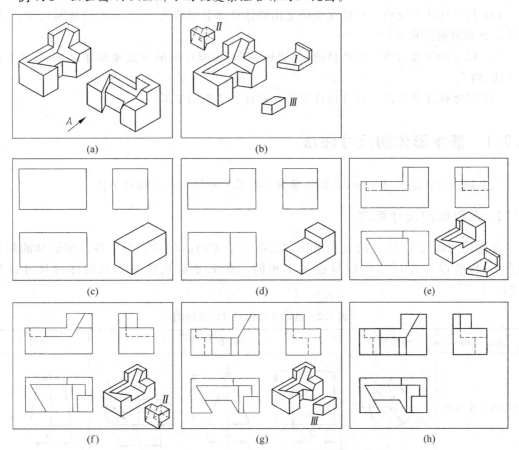

图7.6 截切组合体的三视图画图步骤
(a) 题图；(b) 形体分析；(c) 定视图位置；(d) 画出六棱柱；
(e) 切去形体Ⅰ；(f) 切去形体Ⅱ；(g) 切去形体Ⅲ；(h) 完成

解：画图步骤如下：

（1）进行形体分析，如图7.6(b)所示。

（2）确定主视图。选择图7.6(a)中箭头所指的方向为主视图投射方向。原因是：X方向较长，易于横放图纸幅面的利用；自然安放位置，反映棱柱的形体特征；三个视图的虚线较少。

（3）选比例、定图幅。按1∶1的比例确定图幅。

（4）布图。画基准线，定视图位置，如图7.6(c)所示。

（5）逐个画出各形体的三视图，见图7.6(d)～(g)。

（6）检查、描深，如图7.6(h)所示。

7.3 组合体的尺寸注法

视图只能表明物体的形状，不能确定物体的大小。而在制造机器零件时，不仅要知道它的形状，而且还要知道它各部分的大小，因此必须在视图上注写尺寸。正确地标注尺寸是很重要的工作，要求做到：

（1）尺寸标注要完整　要能完全确定出物体各部分形状的大小，不允许遗漏尺寸，一般也不应该重复标注尺寸。

（2）尺寸标注要清晰　应严格遵守《机械制图》国家标准的规定来标注尺寸，尺寸安排应清晰、恰当。

（3）尺寸标注要合理　尺寸标注要符合设计和工艺的要求。

7.3.1 基本形体的尺寸注法

要掌握组合体的尺寸标注，必须先掌握一些基本形体的尺寸标注方法。

1. 几何体的尺寸标注

标注几何体的尺寸，一般要注出长、宽、高三个方向的尺寸。由于各基本形体的形状特点不同，所以标注尺寸的数量也各不相同。表7.2是几种基本几何体的尺寸注法示例。

表7.2　基本几何体尺寸注法示例

类别	一个尺寸	两个尺寸		三个尺寸
回转体尺寸标注 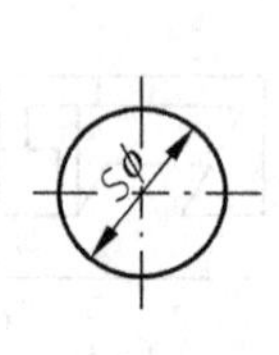 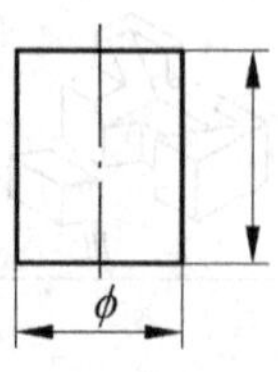 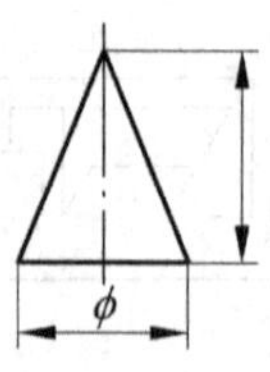 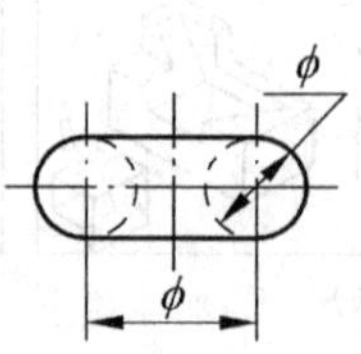 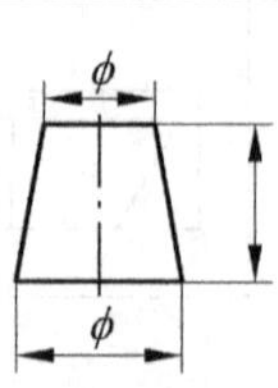	ϕ	ϕ	ϕ	ϕ

类别	两个尺寸	三个尺寸	四个尺寸	五个尺寸
平面立体尺寸标注				

* 加括号的尺寸可以不注,但生产中为了下料方便又往往注上作为参考。

2. 截切几何体的尺寸标注

图 7.7(a)、(b)、(c)和(d)分别为圆柱截切、圆锥截切和球截切的典型尺寸注法。由图可见,除了标注基本几何体的尺寸之外,还应标注截切面在几何体上的相对位置。图 7.7(a)、(c)、(d)为几何体被一个平面截切,因此增加了一个尺寸。图 7.7(b)为圆柱体被两个平面截切,增加了两个尺寸。

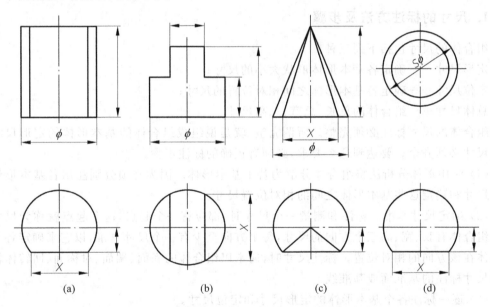

图 7.7 切割体尺寸注法示例(×为错误标注)

图 7.8 表示了一些机件上底板常见的基本形体的尺寸注法。由图可见,底板的尺寸一般取对称线或中心线作为标注尺寸的基准线。

图 7.8(a)、(b)、(c)、(d)中不必直接标注出底板的总长尺寸,而图 7.8(e)一般应该直接标注出底板的总长尺寸和总宽尺寸。底板上的安装孔的尺寸应该标注在最直观的视图上,还应该直接标注出安装孔的数目。

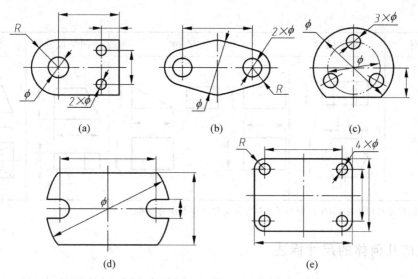

图 7.8 常见底板的尺寸标注示例

7.3.2 组合体的尺寸标注

1. 尺寸的标注方法及步骤

组合体的尺寸包括下列三种：

定形尺寸——确定各基本形体形状大小的尺寸；

定位尺寸——确定各基本形体之间相对位置的尺寸；

总体尺寸——组合体的总长、总宽、总高尺寸。

组合体的尺寸标注必须完整。所谓完整，就是说组成组合体的基本形体的定形尺寸和定位尺寸必须齐全。要达到这个要求，必须有正确的标注步骤。

(1) 应用形体分析法将组合体分解为若干基本形体。因为必须分别注出各基本形体的大小尺寸和确定这些基本形体之间的相对位置尺寸。

(2) 确定尺寸基准。标注和测量一个尺寸时，都应有一个起点，这个起点就称为尺寸基准。组合体有长、宽、高三个方向的尺寸，每个方向至少有一个尺寸基准，以它来确定各个基本形体在该方向的相对位置。标注尺寸时，通常以组合体的底面、端面、对称面、回转体轴线等为尺寸标注的基准面或基准线。

(3) 逐一标注各个基本形体的定形尺寸和定位尺寸。

(4) 标注必要的总体尺寸。注意，当圆弧为主要轮廓线或某一尺寸与总体尺寸相同时，总体尺寸不标注，如图 7.8(a)所示的长度方向不标注总体尺寸。

例 7.2 图 7.2 所示轴承座的尺寸标注见图 7.9。

解：第一步，进行形体分析，前边已经讨论过，可以分为 5 个基本形体。第二步，选择好轴承座三个方向的主要基准面或基准线，如图 7.9(b)所示。第三步，分别标注各个基本形体的尺寸，对每一个基本形体，应先标注其定形尺寸，再标注定位尺寸，最后标注总体尺寸。

轴承座尺寸的标注步骤如图 7.9(c)～(f)所示。

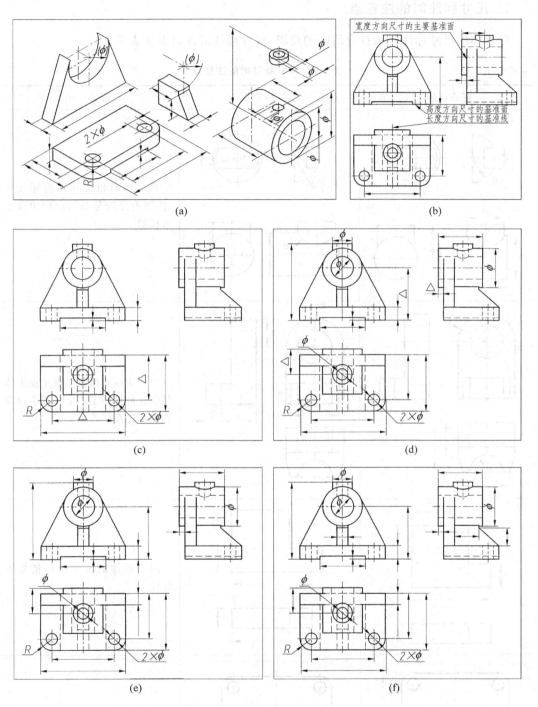

图 7.9 轴承座的尺寸标注步骤(图中定位尺寸均用△表示)
(a) 形体分析；(b) 确定尺寸基准；(c) 注出底板的尺寸；(d) 注出空心圆柱体的尺寸；
(e) 注出支承板的尺寸；(f) 注出肋板的尺寸

2. 尺寸标注时的注意点

组合体的尺寸标注必须符合清晰的要求,尺寸标注的注意点见表 7.3。

表 7.3 尺寸标注时的注意点

好或正确	不好或错误	说　明
		截交线和相贯线不应标注尺寸,因为交线是制造过程中自然形成的
		尺寸应尽量标注在表示该形体最明显的视图上;半圆弧半径应直接标注在圆弧上
		同一形体的尺寸应尽量集中标注
		对称结构的尺寸不能只标注一半

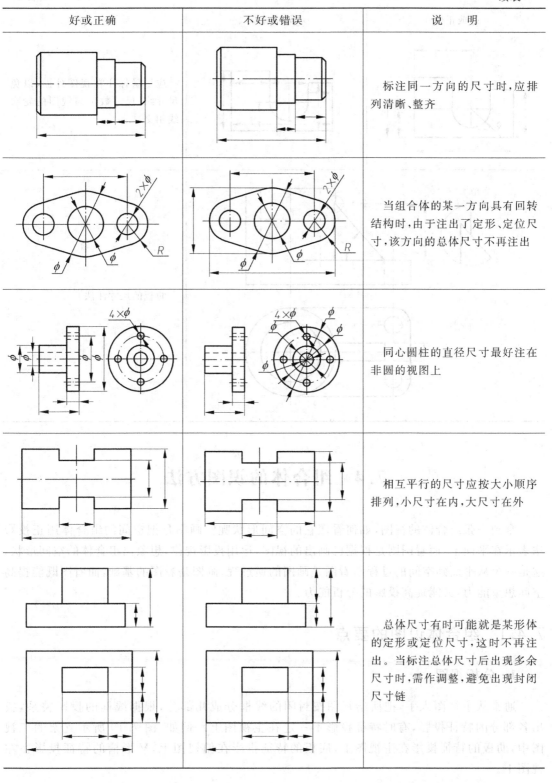

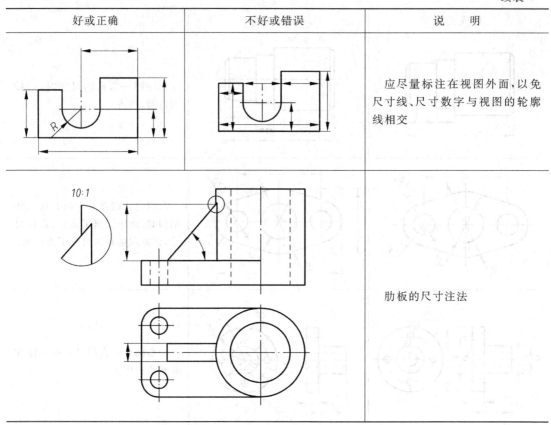

7.4 组合体的识图方法

拿到一张组合体的视图，如何看懂它的空间形状呢？画图是把空间的组合体用正投影法表示在平面上，而看图则是根据已画出的视图，运用投影规律，想象出组合体的空间形状，这是一个从平面到空间的过程。看图是画图的逆过程，画图是看图的基础，而看图既能提高空间想象能力，又能提高投影的分析能力。

7.4.1 组合体识图的要点

1. 分析视图

通常从主视图入手，把所给视图按封闭的线框分成几部分，根据线框的投影关系，找出各部分的特征投影，有时特征投影不一定在主视图上。例如，图 7.10 所示支架的三视图中，肋板的特征投影在主视图上，底板的特征投影在俯视图上，V 形槽的特征投影在左视图上。

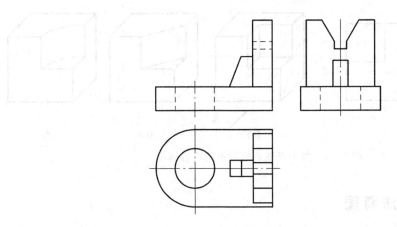

图 7.10 支架三视图

2. 对投影想形状

一个形体常需要两个或两个以上的视图才能表达清楚,一个视图不能唯一地表达物体的形状,如图 7.11(b)~(h)所示的组合体,其主视图都是图 7.11(a)所示的视图;两个视图也常常不能唯一地表达物体的形状,如图 7.12(a)为(b)、(c)、(d)所示的组合体的主视图和左视图,都是相同的;一般三视图能唯一地表达组合体的空间形状。因此,应根据线框的三视图想清线框所表达形体的空间形状。

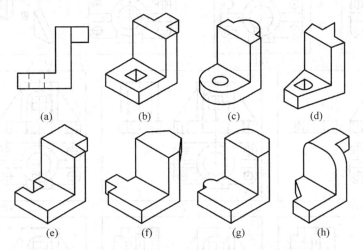

图 7.11 一个视图不能表达组合体的形状

3. 组合起来想整体

在组合体的视图表达中,主视图是最能反映组合体的形体特征和各形体间相互位置的。因而在看图时,一般从主视图入手,几个视图联系起来看,才能准确识别各形体的形状和形体间的相互位置,切忌看了一个视图就下结论。

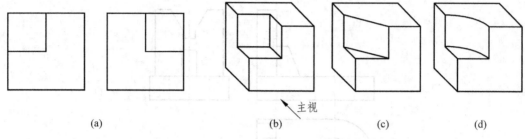

图 7.12 两个视图表达的不同组合体

7.4.2 形体分析法看图

所谓形体分析法,就是分析组合体是由哪些基本形体组合而成的,逐一找出每个基本形体的投影,想清楚它们的空间形状,再根据基本形体的组合方式和各形体之间的相对位置,想清组合体的形状。

例 7.3 由图 7.13(a)分析组合体的形状,并补画出左视图。

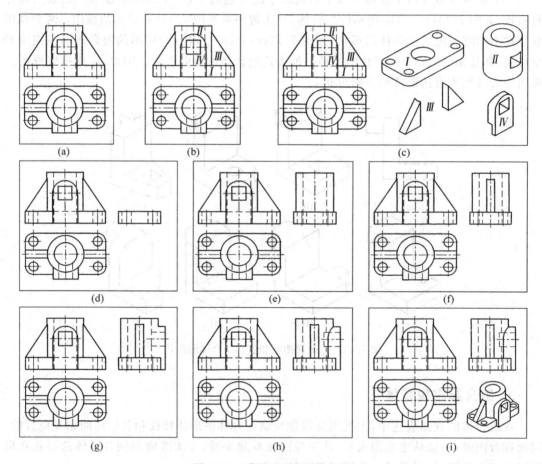

图 7.13 看图过程的形体分析

(a)题图;(b)分线框,对投影;(c)想象出各形体;(d)补画出形体Ⅰ的左视图;(e)补画出形体Ⅱ的左视图;
(f)补画出形体Ⅲ的左视图;(g)补画出形体Ⅳ的左视图;(h)补画出截交线和相贯线;(i)检查,描深

解：(1) 形体分析，如图 7.13(b)所示。

(2) 想象出各形体的形状，如图 7.13(c)所示。

(3) 补画出各形体的左视图，如图 7.13(d)~(g)所示。

(4) 补画出截交线和相贯线，如图 7.13(h)所示。

(5) 检查、描深，如图 7.13(i)所示。

由以上例子可以看出，形体分析法读图的步骤是：先分线框对投影关系，再认识形体确定位置，最后综合起来想整体形状。

7.4.3 利用线面分析法辅助看图

线面分析指的是对于物体上那些投影重叠或位置倾斜而不易看懂的局部形状，可以利用直线和平面的投影特性来分析。如图 7.14 所示，面的投影具有积聚性和类似形性质。投影面平行面的三视图的投影特点是两面投影是两条分别平行于坐标轴的直线，另外一个投影是平面的实形；投影面垂直面的三视图的投影特点是一个投影是斜线，另外两个投影是平面的类似形；一般位置平面的三面投影都是平面的类似形。

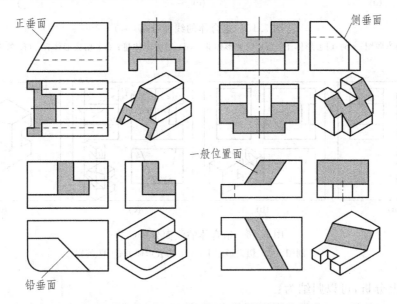

图 7.14 垂直面和一般位置平面的投影类似形

线面分析必须认清图面上每一个线框和图线的含义。

(1) 投影图上每一条线可能是一个平面的投影，也可能是两个平面的交线或曲面的轮廓线。

(2) 投影图上每一封闭线框一般情况下代表一个面的投影，也可能是一个孔或槽的投影。

(3) 投影图中相邻两个封闭线框一般表示两个面，这两个面必定有上下、左右、前后之分，同一面内无分界线。

例 7.4 用线面分析方法读组合体三视图（见图 7.15 和图 7.16）。

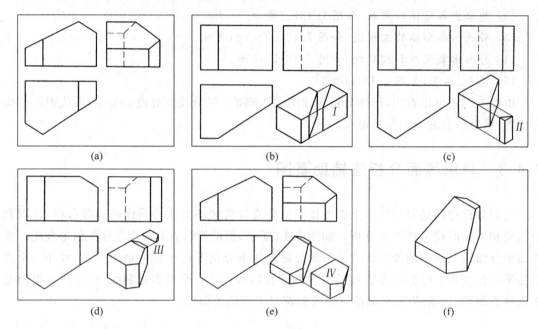

图 7.15 组合体的线面分析（一）
(a) 题图；(b) 切去形体Ⅰ；(c) 切去形体Ⅱ；(d) 切去形体Ⅲ；(e) 切去形体Ⅳ；(f) 答案

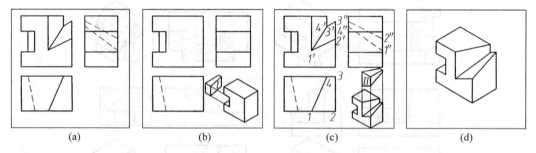

图 7.16 组合体的线面分析（二）
(a) 题图；(b) 切去形体Ⅰ；(c) 切去形体Ⅱ；(d) 答案

通过以上分析，可以归纳为：

（1）在平面的投影中，当一个视图为封闭线框，另两个视图为平行坐标轴的直线时，平面一定平行于视图为封闭线框的那个投影面，封闭线框代表平面的实形，是某个投影面的平行面。

（2）在平面的投影中，当一个视图为一条斜线，另两个视图为封闭线框（类似形）时，平面一定垂直于视图为一条斜线的那个投影面，是该投影面的垂直面。

（3）在平面的投影中，当三个视图都为封闭线框（类似形）时，平面是一般位置平面，例如图 7.16(c) 中 1、2、3、4 点构成的平面。

根据所给投影图，首先分析图中的可见线框，然后再分析图中的不可见线框。分析不可见线框可以进一步看清平面前后、左右或上下之间的位置关系和有关结构的形状。

综上所述，线面分析的基本方法是，根据某一视图上的封闭线框，按三等关系对应另外两个视图的投影，判断面的位置特性，从而想清组合体的立体形状。

7.5 组合体的构形设计

组合体可以看作是实际机件的抽象和简化。组合体的构形设计就是利用基本几何形体构建组合体，并将其表达成图样。即淡化设计和工艺的专业性要求，只是把形状构造出来，实现物体形状的模拟或根据给定条件（例如与给定的视图相符合）构造实体。这种创意构形、形体表达的过程，对于空间想象能力和创新能力的培养非常有利。

7.5.1 组合体构形设计的基本要求

1. 构形应为现实的实体

构形设计的组合体应是实际可以存在的实体。两形体之间不能用点连接（仅一点接触）（见图 7.17(a)、(b)），不能用线连接（见图 7.17(d)、(e)、(f)）。另外，封闭的内腔不便于成形，一般不要采用（见图 7.17(c)）。

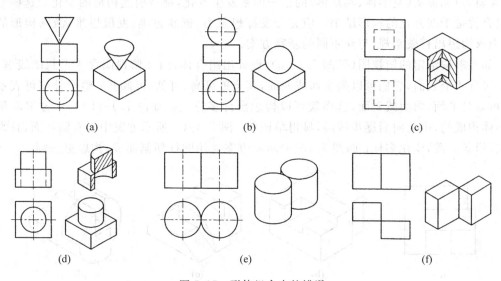

图 7.17　形体组合中的错误

2. 组成组合体的基本形体尽可能简单

一般使用平面立体、回转体来构形，没有特殊需要不用其他曲面，这样绘图、标注尺寸和制作都比较方便。如图 7.18(a)所示为一圆柱，若将顶面变换为平面、曲面、斜面，再加上凹凸变换、挖空等，可以有如图 7.18(b)所示的多种几何体，但其俯视图仍为圆形。

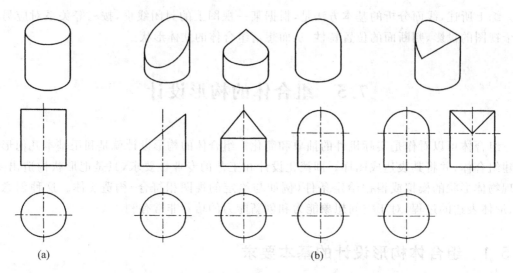

图 7.18 将圆柱的顶面进行多种形式的变换后构成的几何体

3. 多样、变异、新颖

构建组合体的各形体的形状(平曲、凹凸)、大小、相对位置(相切、相交、对称、平行、垂直、倾斜等)和虚实(空形体、实形体)的任一因素发生变化,都将引起构形的变化。这些变化的组合就是千变万化的构形结果。应充分发挥想象力、创新思维、发散思维,激励构形的灵感,力求构想出打破常规、与众不同的新颖方案。

如要求按给定的俯视图(见图 7.19(a))设计出组合体,由于俯视图含 4 个封闭线框,上表面可有 4 个表面,它们可以是平面或曲面,其位置可高、可低、可倾斜;整个外框可表示底面,可以是平面、曲面或斜面,这样就可以构想出许多方案。如图 7.19(b)所示方案均是由平面体构成的,由前向后逐步拔高,显得单调些;图 7.19(c)所示方案中含有圆柱面,且高低交错,形式活泼,变化多样;而图 7.19(d)所示方案采用圆柱切割而成,构思更新颖。

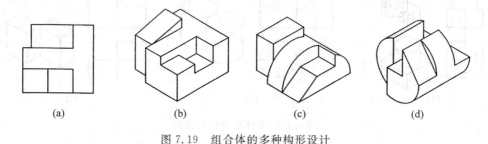

图 7.19 组合体的多种构形设计

4. 体现稳定、平衡、动静结合等造型艺术法则

使组合体的重心落在支承面之内,会给人稳定和平衡感,对称形体应符合这种要求,如图 7.20 所示。非对称形体(见图 7.21)应注意形体分布,以获得力学和视觉上的稳定和平衡感。如图 7.22 所示的小轿车造型,显得静中有动,给人以形式美观、轻便、可快速行驶的感觉。

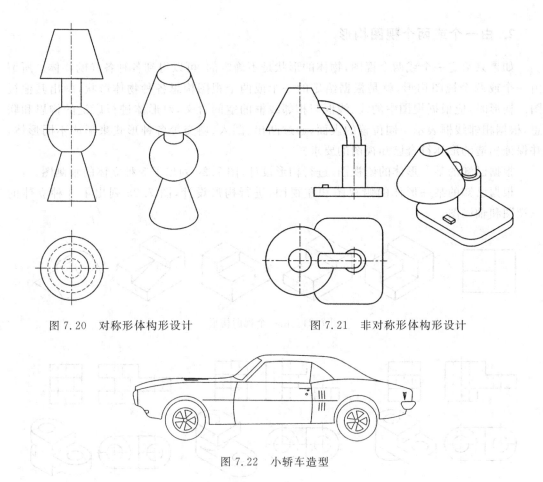

图 7.20　对称形体构形设计　　　　　图 7.21　非对称形体构形设计

图 7.22　小轿车造型

7.5.2　构形的方法

1. 仿形设计

仿形设计就是仿照已知物体的结构特点，设计类似的物体。图 7.23 所示的这款新鲜创意的三脚架就借鉴了蚂蚱（见图 7.23(a)）的造型。它的外形看上去就像是一个金属蚂蚱，相机固定在蚂蚱头上。借助这种独特的结构，不仅可以随意升降，调整角度，甚至可以做出"超低空俯拍"等一些传统三脚架难以完成的动作（见图 7.23(b)、(c)）。

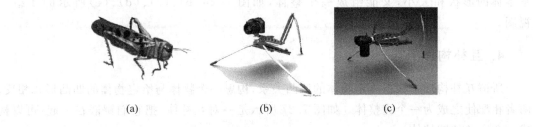

　　　　(a)　　　　　　　　　　(b)　　　　　　　　　　(c)

图 7.23　金属蚂蚱仿生三脚架

2. 由一个或两个视图构形

如果只给定一个或两个视图，物体的形状是不确定的，可以得到各种各样的物体。所谓由一个或两个视图构形，就是根据给定的一个或两个视图构思各种物体形状，画出其他视图。构形时，应根据视图中的线、线框与相邻线框的空间含义，对形体进行广泛的构思和联想，根据相邻线框表示不同位置的表面，通过凸出、凹入、斜交等各种形式来形成不同形体，并保证构造的形体符合已知视图的要求。

根据已知的某一形体的俯视图，进行构形设计，图 7.24 列出了 5 种立体的轴测图。

根据已知的某一形体的俯视图和左视图，进行构形设计，图 7.25 列出了 3 种立体的三视图和轴测图。

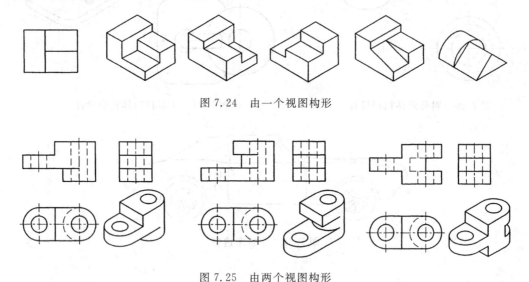

图 7.24　由一个视图构形

图 7.25　由两个视图构形

3. 组合构形

组合体是由各种基本体按不同的组合方式和相对位置组合而成的，相同的基本体，组合方式和相对位置不同，就可构成不同的形体。所谓组合构形，就是根据已知的几个基本体，构思不同的组合方式及相对位置，从而设计出各种形状的物体，并画出其三视图。

根据图 7.26(a)所示的三个基本体进行各种组合想象，使设计的组合体既反映这些基本体的形状和大小，又能组成一个整体，如图 7.26(b)、(c)、(d)、(e)所示的 4 组三视图。

4. 互补构形

所谓互补构形是根据给定物体的凹凸关系，构思一个物体与给定物体的凹凸形式相反，两者相配使之成为一个完整体。如图 7.27 所示是一对互补体，把它们镶嵌在一起，可以构成一个完整的圆柱体。

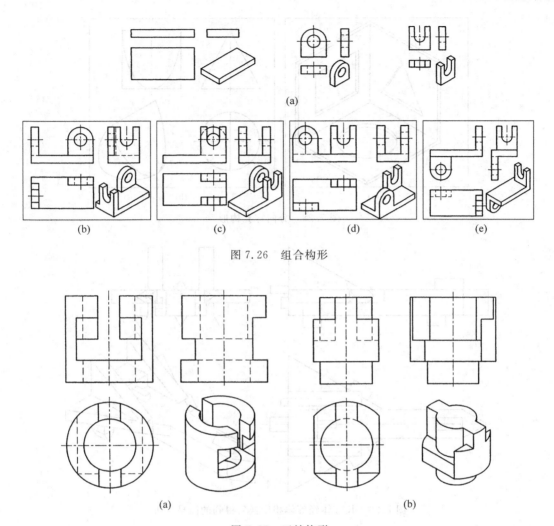

图 7.26 组合构形

图 7.27 互补构形

5. 分向穿孔构形

分向穿孔构形是依据孔板上的三个孔形，设计一个物体，能分别沿着三个不同方向、不留间隙地通过这三个孔。比如为一有三个孔的平板设计一塞块，要使这个塞块能够紧密地堵塞住平板上的三个孔，而且还能无间隙地穿过这些孔。

构形的方法是把平板上的三个孔形设想为所设计物体三个方向的外缘形状，并按照投影规律进行排列，再补上所缺的图线，就可以得到物体的形状，如图7.28所示。

6. 等体积变换构形

给定一个基本形体，要求经切割分解后，不丢弃任何部分再堆积成一个新的组合体。例如，图7.29所示的就是一个长方体经等体积变换后得到的简易飞机。

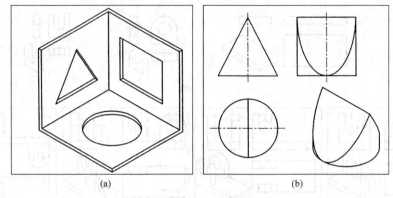

图 7.28 分向穿孔构形

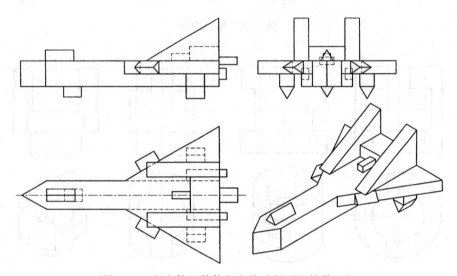

图 7.29 长方体经等体积变换后得到的简易飞机

7.5.3 组合体构形设计实例

下面用实例来说明组合体构形。

例 7.5 设计要求(见图 7.30)：

(1) 设计底板的形状，使组合体能通过底板与其他机件连接。

(2) 设计主形体与底板之间的连接形体，应较好地支承主形体，并在 A—A 处设计一孔与主形体贯通。

(3) 沿主形体的轴线方向设计一个耳板。

(4) 在主形体的轴线方向距离端面 L 处设计一个接管，与主形体贯通。

解：根据设计意图及设计要求，可确定出组合体的设计过程。

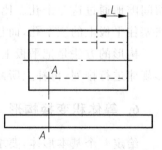

图 7.30 组合体构形设计实例的设计要求

(1) 分别设计底板、耳板、接管、连接体的形状(见图 7.31)。

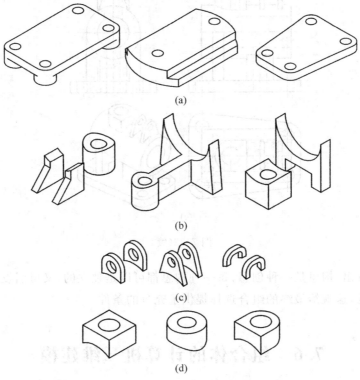

图 7.31 设计底板、耳板、接管、连接体的形状
(a) 底板的形状；(b) 连接体的形状；(c) 耳板的形状；(d) 接管的形状

(2) 考虑各部分的组合，在设计每一部分的形状时，应充分考虑功能及外形美观等因素，再用图形将构思的各种形状表达出来，以比较选择理想的形体。

(3) 构形方案：底板、耳板、接管、连接体的几种组合方案，如图 7.32 所示。

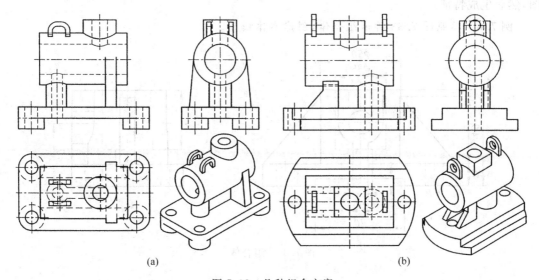

图 7.32 几种组合方案

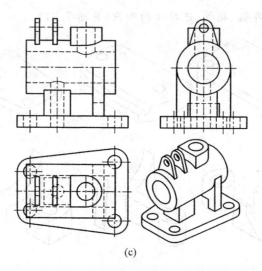

(c)

图 7.32（续）

由上可以看出，构思是一种创想，每一种构思都可以是独立的，又可引发新的构思，所以结果是无限多的，这就给最终的组合选择提供了充分的条件。

7.6 组合体的计算机三维建模

组合体的建模步骤如下：

（1）形体分析。

（2）创建主要体素。

（3）创建各依附体素，根据与主要体素的相对位置关系，确定草图平面的位置，绘制草图，然后生成特征。

例 7.6 参照图 7.33 所示组合体，创建实体模型。

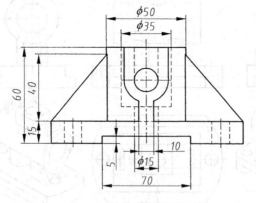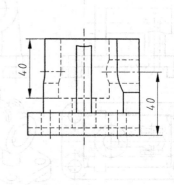

图 7.33 组合体

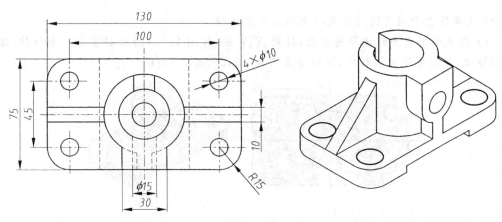

图 7.33(续)

解：进行形体分析，将组合体分解为 4 个基本组成部分（底板、中间大圆柱体、前方凸出部分、两侧的肋板），分别进行建模，步骤如下。

1) 主要体素底板及其上依附体素建模

（1）用零件模板进入工作环境。此时，系统默认的草图平面是 XY 平面，在此平面上，用"投影几何图元"按钮 投影 X、Y 轴，按图 7.34 绘制底板草图。

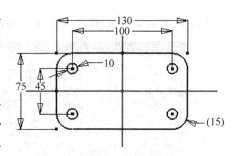

图 7.34 底板草图

（2）由拉伸（添加方式）特征，创建底板，拉伸距离为 15mm，见图 7.35。

图 7.35 拉伸形成底板实体

（3）在底板的前表面新建草图平面，绘制一个矩形，投影 Z 轴，使矩形对 Z 轴的投影作对称约束，再作尺寸约束，然后退出草图状态，作拉伸（切削方式），终止方式为贯通，形成底板下方通槽，见图 7.36。

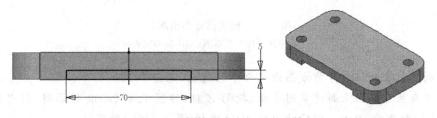

图 7.36 拉伸形成底板下方通槽

2) 主要体素中间大圆柱体及其上依附体素建模

（1）在底板上表面新建草图平面，投影 X、Y 轴，按图 7.37(a) 绘制草图。由拉伸（添加方式）特征，创建中间大圆柱体，拉伸距离为 45mm，见图 7.37(b)。

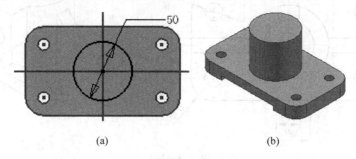

图 7.37 创建中间圆柱体

（2）利用打孔特征创建圆柱体中的阶梯孔，见图 7.38。

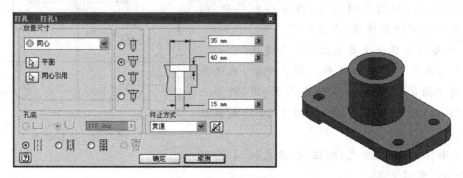

图 7.38 创建圆柱体中的阶梯孔

3) 主要体素前方凸出部分及其上依附体素建模

（1）在底板前表面上新建草图平面，投影 Z 轴，按图 7.39(a) 绘制草图，利用拉伸特征（添加方式），终止方式为"到表面或平面"，创建前方凸出部分，如图 7.39(b) 所示。

图 7.39 创建前方凸出部分
(a) 在草图平面上绘草图；(b) 拉伸到表面

（2）利用打孔特征创建前方凸出部分中的通孔，见图 7.40。

（3）在底板后端面上新建草图平面，投影 Z 轴，按图 7.41(a) 绘制草图，利用拉伸特征（切削方式），距离为 30mm，创建后方的 U 形槽，如图 7.41(b) 所示。

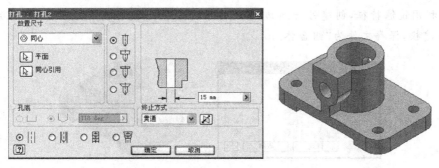

图 7.40 创建前方凸出部分中的通孔

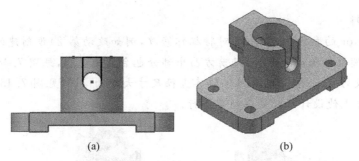

图 7.41 创建后方的 U 形槽

4) 主要体素肋板建模

（1）在底板的前后对称面（XZ 平面）定义草图，作一斜线并作几何和尺寸约束，创建肋板，见图 7.42。

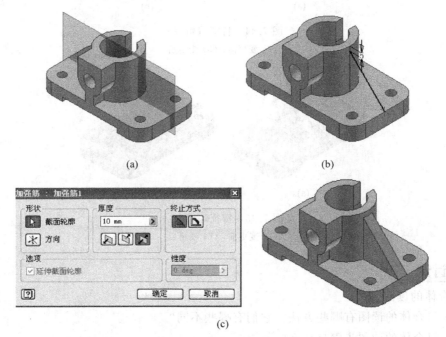

图 7.42 创建肋板

(a) 在 XZ 平面上定义草图平面；(b) 作斜线；(c) 创建肋板特征

（2）利用镜像特征，创建另一侧肋板，对称面为 YZ 平面，见图 7.43。至此，完成组合体三维实体建模，保存文件为"组合体.ipt"。

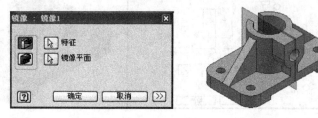

图 7.43　利用镜像特征创建另一侧肋板

5）特征编辑

利用 Inventor 的参数化功能，可对特征作修改，例如改动第 2）步创建的圆柱体的高度为 60mm，则该圆柱体长度会变长，且前方凸出部分也会随之变长，见图 7.44。对第 3）步利用打孔特征生成的 $\phi15$ 通孔，同样可编辑其直径尺寸大小为 $\phi10$，见图 7.45。由此可见，现代的三维设计方式使设计修改变得简单易行。

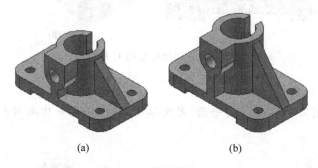

(a)　　　　　　(b)

图 7.44　特征编辑（一）
(a) 变更前；(b) 变更后

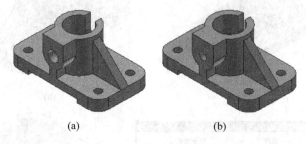

(a)　　　　　　(b)

图 7.45　特征编辑（二）
(a) 变更前；(b) 变更后

▲ 课堂讨论

组合体的读图方法：

（1）组合体的读图有哪些方法？它们有哪些不同？

（2）组合体的读图步骤是什么？

▸ **课堂测试练习**

1. 选择合适的俯视图，见图 7.46。
2. 选择合适的俯视图，见图 7.47。

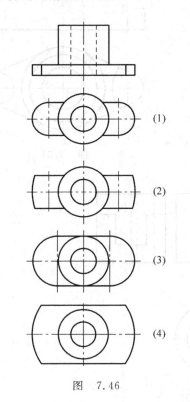

图　7.46

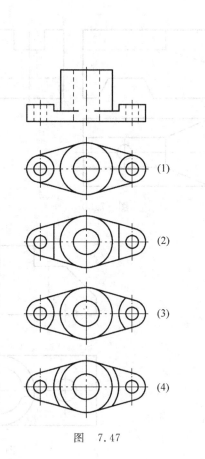

图　7.47

3. 选择合适的左视图，见图 7.48。
4. 补全视图中漏画的线，见图 7.49。

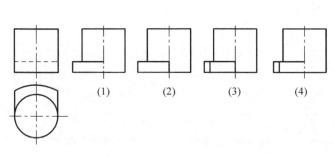

图　7.48

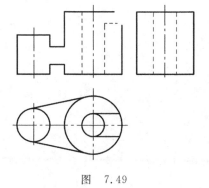

图　7.49

5. 补全视图中漏画的线，见图 7.50。
6. 补全视图中漏画的线，见图 7.51。
7. 补全视图中漏画的线，见图 7.52。

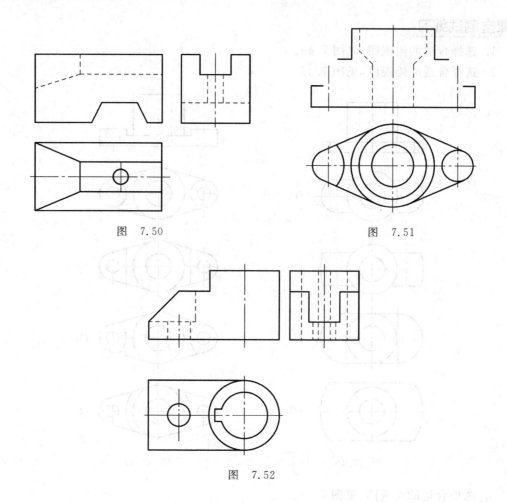

图 7.50　　　　　　　　图 7.51

图 7.52

第 8 章

机件的表达方法

本章重点内容

(1) 视图表达：基本视图、向视图、局部视图、斜视图的画法和标注；
(2) 剖视图表达：剖视图的概念，全剖、半剖、局部剖的画法与标注；
(3) 断面表达：断面图的概念，移出断面与重合断面的画法与标注；
(4) 简化画法及规定画法；
(5) 第三角画法。

能力培养目标

(1) 掌握表达机件的各种图样画法；
(2) 通过阅读图例，学习视图、剖视图、断面图适用的场合。

案例引导

工程图样必须清楚地表达机件中的每一个部分，包括外部和其他看不见的结构，这些隐藏的结构在前面介绍的三视图中是用虚线画出的，这种方法只能用于表达极简单的机件，对于复杂机件的表达，使用虚线会使视图混乱，不利于读图(见图 8.1)。为了正确、完整、清晰、简便地将机件的内外形状表达出来，必须根据机件的结构特点选用适当的表达方法，为此国家标准《技术制图》和《机械制图》图样画法中规定了视图、剖视图、断面图和简化画法及规定画法等各种表达方法。如图 8.2 所示，采用了剖视图表达内部结构，这样的表达方式就像将机件切开一样，内部结构清晰可见。

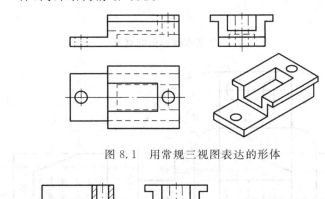

图 8.1　用常规三视图表达的形体

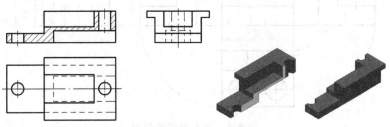

图 8.2　采用剖视图表达的形体

8.1 视 图

视图主要用来表达机件的外部结构和形状,一般只画出机件的可见部分,必要时才用虚线表达其不可见部分。视图的种类通常有基本视图、向视图、局部视图和斜视图 4 种。

1. 基本视图

将机件放到由 6 个基本投影面构成的投影面体系中,并将机件分别向 6 个基本投影面投射,得到 6 个基本视图:主视图、俯视图、左视图、右视图、仰视图、后视图。当投影面如图 8.3 所示展开时,在同一张图纸内按图 8.4 配置视图,可不标注视图的名称。

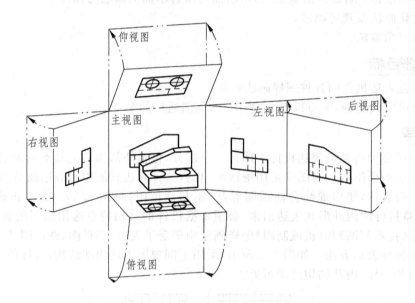

图 8.3 6 个基本投影面的展开

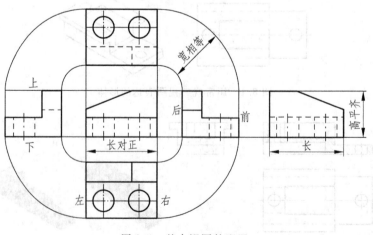

图 8.4 基本视图的配置

2. 向视图

向视图是可以自由配置的视图。

为了合理利用图纸,如不能按图 8.4 配置视图时,可以采用向视图。向视图上方应标出视图的名称"X"(X 为大写拉丁字母),在相应的视图附近用箭头指明投射方向,并注上相同的字母"X",如图 8.5 所示。

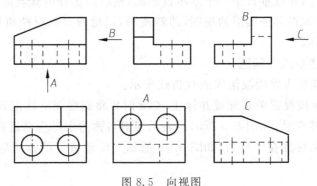

图 8.5 向视图

表示投射方向的箭头尽可能配置在主视图上,以使所获得的视图与基本视图相一致。表示后视图投射方向的箭头只能指在左视图或右视图上,不要指在俯视图或仰视图上,以免图形上下倒置,造成识图误解。

3. 局部视图

将机件的某一部分向基本投影面投射所得的视图称为局部视图。

局部视图的断裂边界通常用波浪线或双折线绘制。断裂边界要画在机件的实体范围内。当所表示的机件局部结构外形轮廓成封闭时,可省略波浪线,如图 8.6 所示。

局部视图是某一基本视图的一部分,可按以下三种方式配置,并进行必要的标注。

(1) 按基本视图的配置方式配置,这时可不进行标注,如图 8.6 中的 A 局部视图,可以省略主视图左侧的箭头和 A 局部视图上方的字母"A"。

(2) 按向视图的配置方式配置并标注,如图 8.6 中的局部视图 B。

(3) 按第三角画法配置。在视图上所需表示的局部结构的附近,用细点画线将两者相连,如图 8.7 所示,此时无需另行标注。

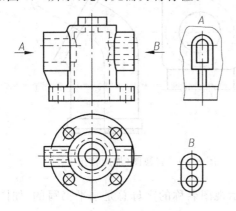

图 8.6 局部视图的画法

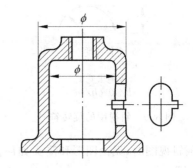

图 8.7 局部视图按第三角画法配置

4. 斜视图

斜视图是将物体向不平行于任何基本投影面的平面投射所得的视图。

如图 8.8 所示的机件,在基本视图上无法反映倾斜部分的真实形状,给读图、绘图和标注尺寸带来困难。为此可以选一个新的辅助投影面 H_1(见图 8.8(a)),使它与机件上倾斜部分的主要平面平行,并且垂直于一个基本投影面,然后将机件的倾斜部分向该辅助投影面投射,就可获得反映倾斜部分实形的视图,即斜视图,斜视图只画反映机件上倾斜结构的实形,其余部分省略不画。

画斜视图时应注意以下问题:

(1) 斜视图的断裂边界用波浪线或双折线表示。

(2) 斜视图通常按投影关系配置并标注,必要时可将斜视图旋转配置并标注,此时应在斜视图上方标注旋转符号,如图 8.9 所示。表示视图名称的字母应靠近旋转符号的箭头端,也允许将旋转角度值标注在字母后,如图 8.10 所示。旋转符号的方向应与旋转方向一致,如图 8.8(b)所示。

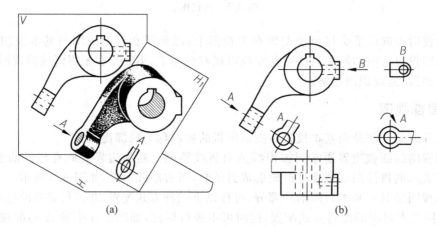

图 8.8 局部视图与斜视图

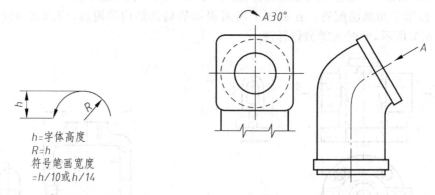

图 8.9 斜视图的旋转符号　　　　图 8.10 斜视图(加旋转角度)

画斜视图时,无论图形和箭头如何倾斜,表示视图名称的字母总是水平书写的,如图 8.8 中的"A"。

8.2 剖视图

如果机件的内腔比较复杂,虚线较多,加上轮廓线以后,内外交错,层次不清,此时可采用剖视图,将内部结构由不可见转化为可见。

8.2.1 剖面符号

国家标准《技术制图》中规定,当不需要在剖面区域中表示材料的类别时,可采用通用的剖面线来表示。通用剖面线最好采用与主要轮廓或剖面区域的对称线成 45°角的等距细实线表示,如图 8.11 所示,必要时,可采用 30°或 60°的剖面线。

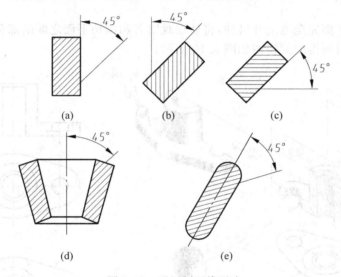

图 8.11 通用剖面线画法

当需要在剖面区域中表示材料的类别时,应按不同的材料画出剖面符号(见表 8.1)。同一机件在各剖视图上剖面线的方向和间隔应保持一致。

剖面区域内注尺寸数字、字母处,必须预留空白(即剖面线不要与尺寸数字和字母重叠)。

表 8.1 常用材料的剖面符号

材 料 名 称	剖面符号	材 料 名 称	剖面符号
金属材料		玻璃及供观察用的其他透明材料	
塑料、橡胶、油毡等非金属材料(已有规定剖面符号者除外)		基础周围的泥土	
型砂、填砂、砂轮、粉末冶金、陶瓷刀片、硬质合金刀片等		混凝土	

材料名称	剖面符号	材料名称	剖面符号
线圈、绕组元件		钢筋混凝土	
转子、电枢、变压器和电抗器等的叠钢片		液体	
木材		砖	

8.2.2 剖视图的种类及适用条件

1. 全剖视图

假想用剖切平面完全地剖开机件,将处在观察者和剖切平面之间的部分移去,而将其余部分向投影面投射所得的剖视图如图 8.12 所示。

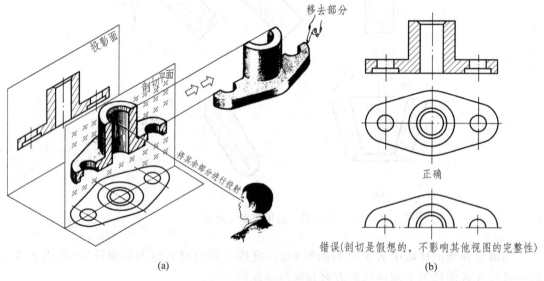

图 8.12 全剖视图（剖切面为平面）

适用范围：全剖视图适用于表达内部形状比较复杂的不对称机件或外形比较简单的对称机件。不论是用哪一种剖切方法,只要是"完全剖开,全部移去"所得的剖视图,均为全剖视图,如图 8.13 所示。

2. 半剖视图

当机件具有对称平面时,向垂直于对称平面的投影面上投射所得的图形,以对称中心线为界,一半画成剖视图,另一半画成视图,这种组合图形称为半剖视图,如图 8.14 所示。

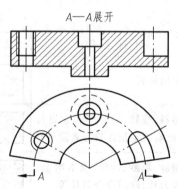

图 8.13 全剖视图（剖切面为柱面）

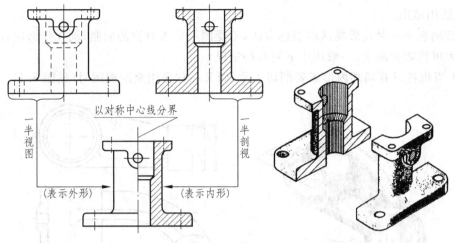

图 8.14 半剖视图的形成

1) 适用范围

半剖视图用于内、外形状都需要表达的对称机件。当机件的形状接近于对称,且不对称部分已另有图形表达清楚时,也可画成半剖视图,如图 8.15 所示。

2) 画半剖视图应注意的问题

(1) 半剖视图中剖视部分与视图部分的分界线为细点画线。

(2) 采用半剖视图后,不剖的部分一般不画虚线。

3. 局部剖视图

用剖切面局部地剖开机件所得的剖视图称作局部剖视图。

局部剖视图存在一个被剖部分与未剖部分的分界线,这个分界线用波浪线表示(见图 8.16)。

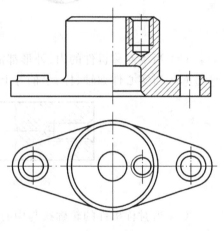

图 8.15 用半剖视图表示基本对称的机件

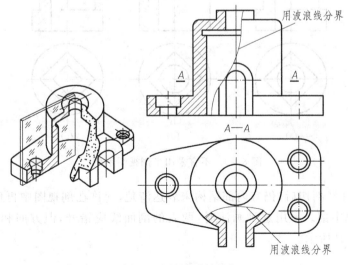

图 8.16 局部剖视图

1)适用范围

局部剖视是一种比较灵活的表达方法,不受图形是否对称的限制,剖在什么位置和剖切范围多大可视需要决定,一般用于下列几种情况:

(1) 当机件只有局部内形需要剖切表示,而又不宜采用全剖视图时(见图 8.17)。

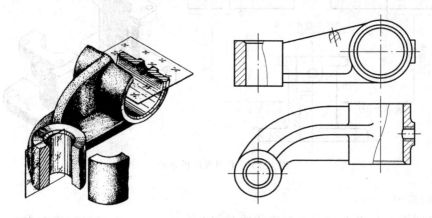

图 8.17 局部剖视图

(2) 当不对称机件的内、外形都需要表达时(见图 8.16)。

(3) 当实心件如轴、杆、手柄等上的孔、槽等内部结构需要剖开表达时(见图 8.18)。

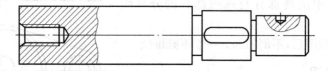

图 8.18 局部剖视表示实心零件上的孔

(4) 当对称机件的轮廓线与中心线重合,不宜采用半剖视图时(见图 8.19)。

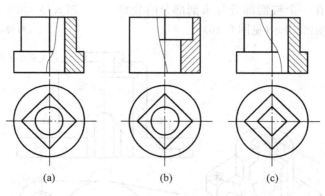

图 8.19 不宜采用半剖视图示例

(5) 有些机件经剖切后,仍有内部结构未表达清楚,允许在剖视图中再作一次简单的局部剖,习惯称为剖中剖。采用这种画法时,两者的剖面线应错开,但方向和间隔要相同,如图 8.20 中的 $B—B$ 所示。

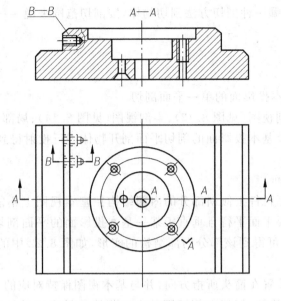

图 8.20 在剖视图中再作局部剖

2）画局部剖视图应注意的问题

（1）剖视与视图分界处的波浪线，可看成机件断裂线痕迹的投影，故只能画在机件的实体部分，而不能画入孔、槽或超越视图的轮廓线外，如图 8.21(a) 所示。

（2）表示剖切范围的波浪线不能与图形上的其他图线重合，如图 8.21(b)、(c) 所示。

（3）在同一个视图上，采用局部剖的数量不宜过多，以免使图形支离破碎，影响图形清晰。

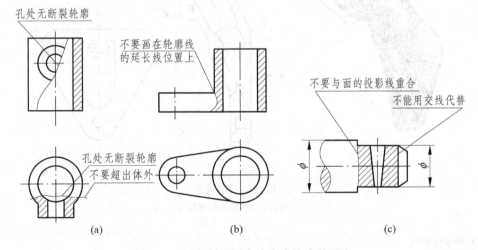

图 8.21 局部剖视图中波浪线的错误画法

8.2.3 剖切面的种类

画剖视图时，要根据机件的结构、形状特点选择不同的剖切平面和剖切方法。剖切平面有单一剖切面、几个相交的剖切面、几个平行的剖切面三种。由不同的剖切面产生了不同的剖切方法,但不论采用哪一种剖切方法剖切物体,按剖切范围来说,一般都可以作出全剖、半剖或局部剖视图。

1. 单一剖切面

1)用平行某一基本投影面的单一平面剖切

前面叙述过的全剖视图(见图 8.12)、半剖视图(见图 8.14)、局部剖视图(见图 8.16)等都是用一个平行于某个基本投影面的剖切平面剖开物体进行投射得到的。它们是最常用的剖视图。

2)单一斜剖切平面

如图 8.22 所示,当机件上倾斜部分的内部结构在基本视图上不能反映实形时,可以用一个与倾斜部分的主要平面平行且垂直于某一基本投影面的平面剖切,再投射到与剖切平面平行的投影面上,即可得到该部分内部结构的实形,如图 8.22 中的 B—B 剖视图。这种剖视称为斜剖视。

所得剖视图一般放置在箭头所指方向,并与基本视图保持对应的投影关系,也可放置在其他位置,必要时允许旋转,但要在剖视图的上方指明旋转方向并标注字母,如图 8.22(b)所示,也可以将旋转角度值标注在字母之后。

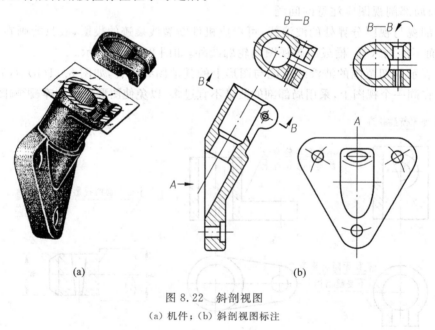

图 8.22 斜剖视图
(a)机件;(b)斜剖视图标注

3)柱面剖切

剖切面也可以是柱面,此时的剖视图按展开画法绘制,如图 8.13 所示。

2. 几个平行的剖切平面

如图 8.23 所示,当机件上的孔、槽的轴线或对称面位于几个相互平行的平面上时,可以用几个互相平行的平面剖切机件,再向基本投影面进行投射,这种剖视称为阶梯剖视。

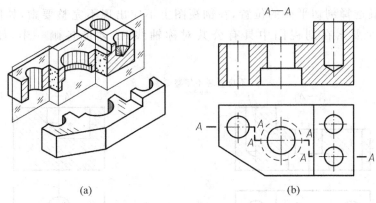

图 8.23 用几个平行的剖切平面剖切
(a) 机件；(b) 阶梯剖视

当用几个互相平行的平面剖切机件，而只需绘制机件的部分结构时，应用剖切线(用细点画线画出)将剖切符号相连，剖切平面可位于机件实体之外，其画法与标注如图 8.24 所示。

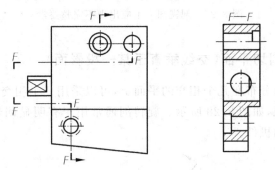

图 8.24 剖切后只需绘制机件部分结构的画法及标注

1) 标注方法

如图 8.25 所示，在剖切平面的起始和转折处用相同的字母标出，各剖切平面的转折处必须是直角。在剖视图上方注出名称"X—X"。

2) 画图时应注意的问题

(1) 在剖视图上不要画出两个剖切平面转折处的投影(见图 8.25 中的主视图)。

(2) 剖切符号的转折处不应与图上的轮廓线重合(见图 8.26 中的俯视图)。

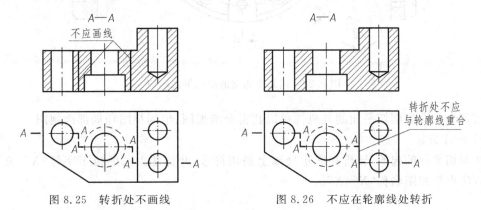

图 8.25 转折处不画线　　　　图 8.26 不应在轮廓线处转折

（3）要正确选择剖切平面的位置，在剖视图上不应出现不完整要素，如图 8.27(a)所示。只有当两个要素在剖视图中具有公共对称轴线时，才能各画一半，如图 8.27(b)所示。

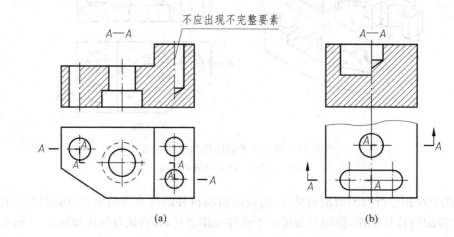

图 8.27　剖视图上不应出现不完整要素

3. 几个相交的剖切平面（交线垂直于某一投影面）

如机件的内部结构分布在几个相交的平面上，可以采用几个相交的剖切平面剖开机件，这种剖视称为旋转剖视，如图 8.28 所示。旋转剖通常用于有明显回转轴线，内部结构分布在几个相交的平面上的机件。

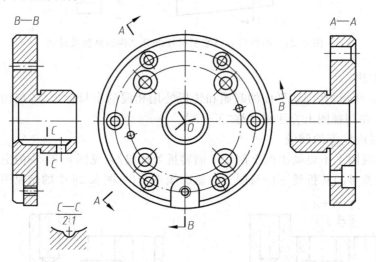

图 8.28　用几个相交的剖切平面剖切

用几个相交的剖切平面剖开机件可以获得全剖视图、半剖视图和局部剖视图。

1) 标注方法

在剖切平面的起始、转折和终止处画上剖切符号，并标注大写的拉丁字母"X"，在剖视图上方注出剖视图名称"$X—X$"。

2）画图时应注意的问题

（1）几个相交的剖切平面的交线必须垂直于某一基本投影面。

（2）位于剖切平面后且与被剖切结构有直接联系、密切相关的结构，或不一起旋转难以表达的结构（如图 8.29 中右部的螺纹孔），应该按"先剖切，后旋转"的方法绘制剖视图。

（3）位于剖切平面后且与所表达的结构关系不甚密切的结构，或一起旋转容易引起误解的结构（如图 8.29 和图 8.30 所示的小圆孔），一般仍按原来的位置投射。

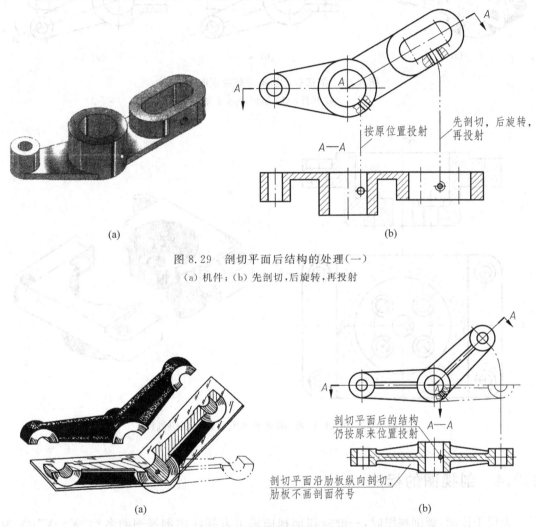

图 8.29 剖切平面后结构的处理（一）
(a) 机件；(b) 先剖切，后旋转，再投射

图 8.30 剖切平面后结构的处理（二）
(a) 机件；(b) 按原来的位置投射

（4）当剖切后产生不完整要素时，该部分应按不剖绘制（见图 8.31）。

根据机件的特点，几个相交的剖切平面，还可用几个相交的平面或柱面组合起来剖切机件，这一剖切方法习惯上称为复合剖。图 8.32 为用相交平面、柱面组合起来剖切机件。

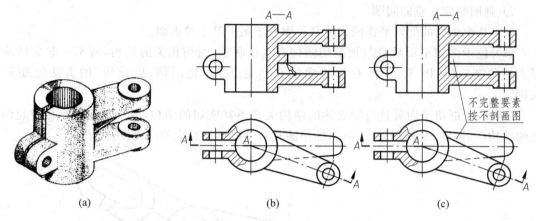

图 8.31 剖切后产生不完整要素时的画法
(a) 机件；(b) 错误；(c) 正确

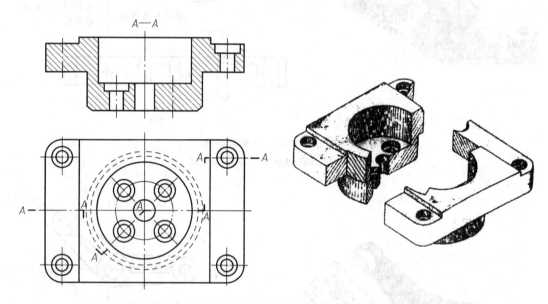

图 8.32 平面、柱面、相交平面组合起来剖切机件

8.2.4 剖视图的标注

为便于读图，画剖视图时，一般应在剖视图的上方标注出剖视图的名称"$X-X$"（X 为大写拉丁字母），在相应的视图上用剖切线和剖切符号表示剖切位置和投影方向（用箭头表示），并注上相同的字母。

剖视图标注的三要素：

(1) 剖切符号　指示剖切面起、止和转折位置（用线宽为 $(1\sim1.5)d$、长 $5\sim10$mm 的粗短画线表示）及投影方向（用箭头表示）。剖切符号不要与图形轮廓线相交。

(2) 剖切线　指示剖切面位置的线，用细点画线表示，如图 8.24 所示。如图形不大，画在剖切符号之间的剖切线通常省略不画。

(3) 字母　大写拉丁字母注在剖视图的上方及剖切符号附近，以表示剖视图的名称。

以下情况应简化或省略标注：

(1) 当剖视图按投影关系配置，中间没有其他视图隔开时，可以省略箭头，如图 8.16 和图 8.23 所示。

(2) 当单一剖切平面通过机件的对称平面进行剖切，且剖视图按投影关系配置，中间又没有其他图形隔开时，可省略标注，如图 8.12 和图 8.15 所示。

8.3　断　面　图

假想用剖切平面将机件的某处切断，仅画出该剖切面与机件接触部分的图形，称为断面图。断面图分为移出断面图和重合断面图两种。

1. 移出断面图

画在视图外面的断面图称为移出断面图，画移出断面图时应注意以下几点：

(1) 移出断面图的轮廓线用粗实线绘制，并尽量配置在剖切线的延长线上，必要时可将移出断面图配置在其他适当位置，也允许将断面图旋转，如图 8.33 所示。

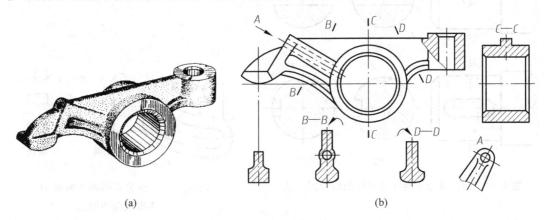

图 8.33　移出断面图画法（一）

(2) 当断面为对称图形时，也可画在视图中断处，如图 8.34 所示。

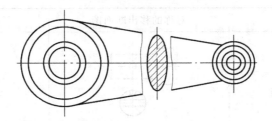

图 8.34　移出断面图画法（二）

（3）用两个或多个相交的剖切平面剖切获得的移出断面图,中间一般应断开,如图8.35所示,注意剖切平面应垂直于主要轮廓线。

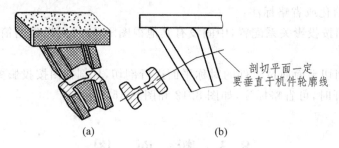

图 8.35 移出断面图画法（三）

（4）当剖切面通过回转面形成的孔或凹坑的轴线时,这些结构应按剖视图绘制,如图8.36所示。

（5）当剖切面通过非圆孔会导致完全分离的两个断面时,这些结构应按剖视图绘制,如图8.37所示。

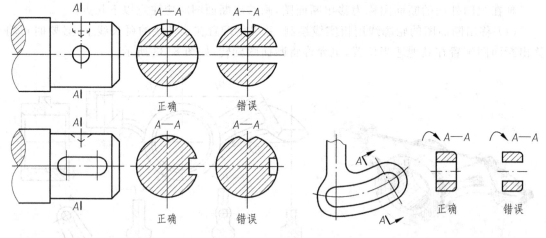

图 8.36 回转面形成的孔或凹坑的断面图画法　　　图 8.37 完全分离的两个断面的移出断面图画法

移出断面图的标注方法见表8.2。

表 8.2 移出断面图的标注方法

分　类	对称的移出断面图	不对称的移出断面图
配置在剖切线延长线上	省略箭头和字母	省略字母

续表

分 类	对称的移出断面图	不对称的移出断面图
配置在其他位置	省略箭头	需画箭头和标注字母
		按投影关系配置时可省略箭头

2. 重合断面图

画在视图轮廓线之内的断面图称为重合断面图,重合断面的轮廓线用细实线画出,如图 8.38 所示。

由于重合断面画在视图中,所以只有当断面形状简单,不影响图形清晰的情况下才用重合断面。当视图中的轮廓线与重合断面的图线重叠时,视图中的轮廓线仍需完整画出,不能断开,如图 8.39 所示。

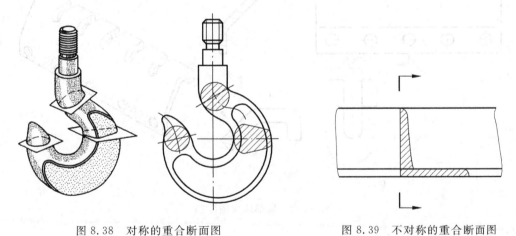

图 8.38 对称的重合断面图　　　　图 8.39 不对称的重合断面图

重合断面图的标注:

(1) 对称的重合断面图可不标注(见图 8.38)。

(2) 不对称的重合断面图可省略字母(见图 8.39)。

8.4 其他表达方法

1. 局部放大图

将机件上的部分结构,用大于原图形的比例画出的图形,称为局部放大图,如图 8.40、图 8.41 所示。局部放大图应尽量配置在被放大部位的附近。

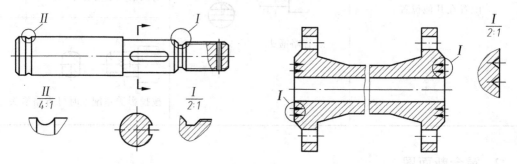

图 8.40 局部放大图(一)   图 8.41 局部放大图(二)

局部放大图可画成视图、剖视图、断面图,它与被放大部分的表达方式无关。必要时可用几个图形来表达同一个被放大部分的结构,如图 8.42 所示。

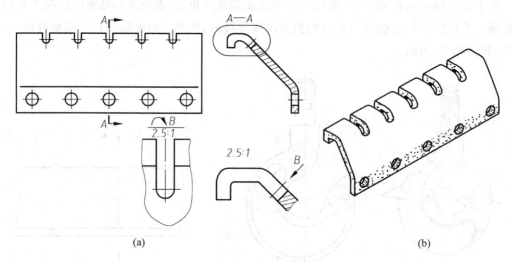

图 8.42 局部放大图(三)

绘制局部放大图时,除螺纹牙型、齿轮和链轮的齿形外,应在原图形中用细实线圈出被放大的部位。当同一机件上有几处被放大的部位时,各处的放大比例可以不同,但必须用罗马数字依次编号,标明被放大的部位并在局部放大图的上方以分数形式标注出相应的罗马数字和所采用的比例,如图 8.40 所示。

局部放大图的比例为图中图形与其实物相应要素的线性尺寸之比,而与原图形所采用的比例无关。

2. 规定画法和简化画法(见表 8.3)

表 8.3 规定画法和简化画法

对于机件的肋、轮辐及薄壁等，如按纵向剖切，这些结构均不画剖面线，而用粗实线将它们与其邻接部分分开。但当剖切平面垂直于肋板厚度的对称平面或轮辐的轴线时，肋和轮辐仍要画上剖面线	当回转体一类的机件上有呈辐射状均匀分布的孔、肋、轮辐等结构且它们不处于剖切平面上时，可将这些结构旋转到剖切平面位置画出
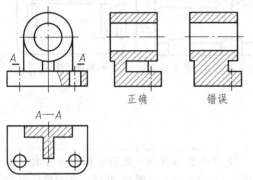	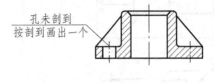 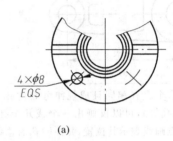 (a) 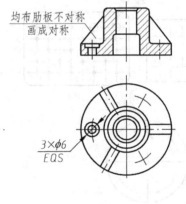 (b)
在不致引起误会的情况下，剖面符号可省略	在不致引起误解时，对称机件的视图可只画 1/2 或 1/4，并在对称中心线的两端画出两条与其垂直的平行细实线
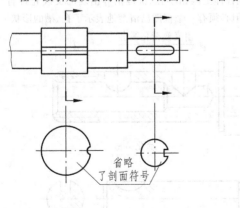	 对称机件只画下半部 对称机件只画1/4

对于一些较长的机件（轴、杆类），当沿其长度方向的形状相同且按一定规律变化时，允许断开画出，但标注尺寸时仍标注其实际长度 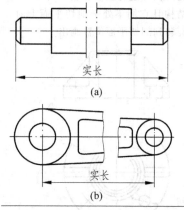	当机件上具有若干相同的结构要素（如孔、槽等）并按一定规律分布时，只需画出几个完整的结构要素，其余的可用细实线连接或只画出它们的中心位置，但图中必须注明结构要素的总数 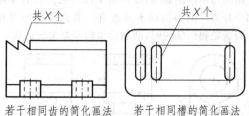
对于多个直径相同且成规律分布的孔（如圆孔、螺孔、沉孔等），可以仅画出一个或几个孔，其余孔只需用点画线表示其位置，并注明孔的总数 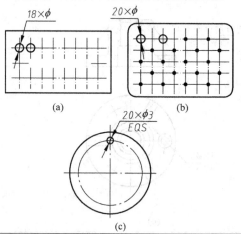	可将几个投影方向一致的对称图形各取一半（或 1/4），合并成一个图形，此时应在剖视图附近标出相应的剖视图的名称"X—X" 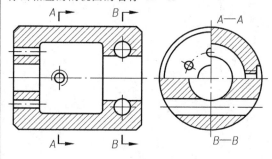
当图形不能充分表达平面时，可用平面符号（用两条细实线画出对角线）表示 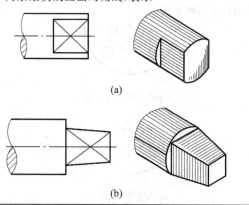	圆柱体上因钻小孔、铣键槽等出现的交线允许省略，但必须有一个视图已清楚地表示了孔、槽的形状 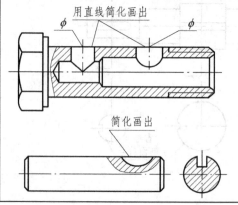

续表

在需要表示位于剖切平面前的结构时,这些结构按假想投影轮廓线(双点画线)绘制 剖视前面的结构画法 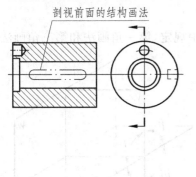	与投影面倾斜的角度小于或等于30°的圆或圆弧,可用圆或圆弧来代替其在投影面上的投影(椭圆、椭圆弧) 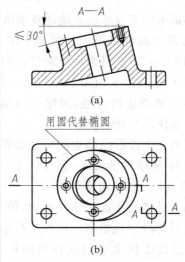用圆代替椭圆 (a) (b)
圆柱形法兰盘和类似的机件上均匀分布的孔,可用点画线弧上画圆的方法表示 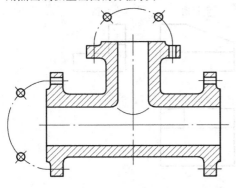	机件上的小圆角、锐边的小倒角或45°倒角,在不致引起误解时,允许不画,但必须注明尺寸或在技术要求中加以说明 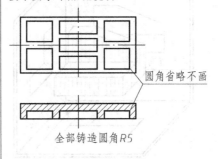圆角省略不画 全部铸造圆角R5
机件上斜度不大的结构,如在一个图形中已表达清楚,其他图形可只按小端画出 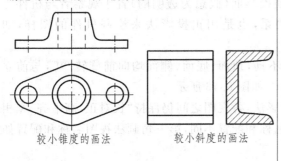较小锥度的画法　　较小斜度的画法	网状物、编织物或零件表面的滚花、沟槽等,应用粗实线全部或部分示意地表示出来 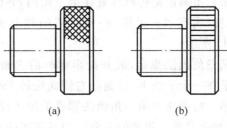(a)　　(b)

8.5 第三角画法简介

世界各国都采用正投影法来绘制技术图样,国际标准中规定,第一角画法和第三角画法在国际技术交流中都可以采用。例如中国、俄罗斯、英国、德国和法国等国家采用第一角画法,美国、日本、澳大利亚和加拿大等国家采用第三角画法。本节通过第三角画法与第一角画法的比较,对第三角画法的原理、特点及表达方法作简单介绍。

相互垂直的三个投影面将空间分为如图 8.43 所示的 4 个分角,按顺序分为第一分角（Ⅰ）、第二分角（Ⅱ）、第三分角（Ⅲ）和第四分角（Ⅳ）。

第一角画法是将机件置于第一角内,使之处于观察者与投影面之间,保持"观察者—机件—投影面"的相互关系,进而用正投影法来绘制机件的图样,如图 8.44 所示。

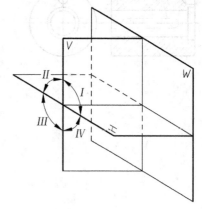

图 8.43　4 个分角

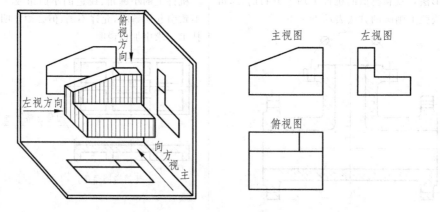

图 8.44　第一角画法

第三角画法是将机件放在第三角内,并使投影面(假想为透明的)置于观察者与机件之间,保持"观察者—投影面—机件"的相互关系,也是用正投影法来绘制机件的图样,如图 8.45 所示。

第三角画法规定,展开投影面时前立面不动,顶面、底面、侧面均向前旋转 90°,与前立面摊平在一个平面上,后面随右侧面旋转 180°,如图 8.46 所示。

第三角画法与第一角画法都是采用正投影法,各视图之间仍保持"长对正、高平齐、宽相等"的对应关系。两者的主要区别是视图的名称和配置不同,第三角画法视图名称和配置如图 8.47 所示。

当采用第三角画法时,应将 ISO 国际标准规定的标志符号画在标题栏附近。如图 8.48(a)所示为第一角画法的标志符号,图 8.48(b)为第三角画法的标志符号。

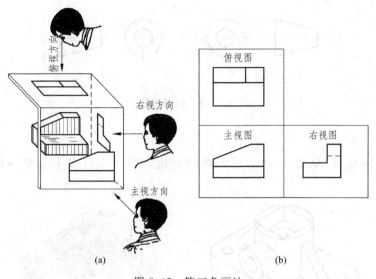

图 8.45 第三角画法
(a) 第三角画法示意图；(b) 第三角画法

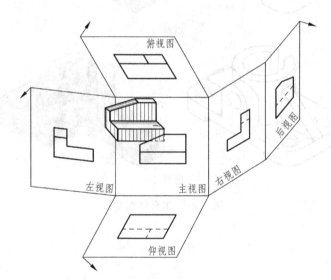

图 8.46 第三角画法投影面的展开

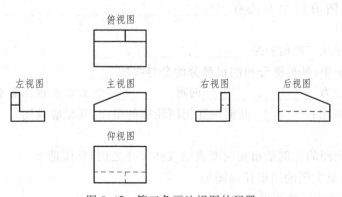

图 8.47 第三角画法视图的配置

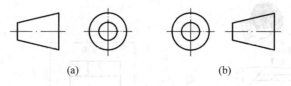

图 8.48 识别符号

▲ 课堂讨论

针对组合体模型(见图 8.49),思考视图表达方案→拟订多个方案→优选一个确定方案。

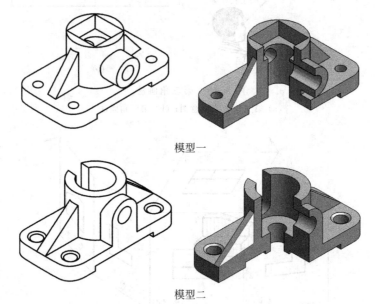

图 8.49 组合体模型

▲ 课堂测试练习

1. 填空题

(1) 剖视图按剖切范围的大小可分为_____、_____、_____三种。

(2) 作剖视图的剖切方法有_____、_____、_____、_____、_____等五种。

(3) 剖视图标注三项内容是_____、_____、_____。

(4) 半剖视图中,外形部分与剖视部分的分界线用_____。

(5) 断面图分为_____、_____两种。_____断面画在视图轮廓的外面,其轮廓线用_____线画出;_____断面画在视图轮廓的里面,其轮廓线用_____线画出。

2. 选择题

(1) 局部放大图的比例是指相应要素的线性尺寸之比,具体是指(　　)。

　　A. 局部放大图的图形比原图形

　　B. 局部放大图的图形比实物

C. 原图形比其局部放大图的图形
　　D. 实物比其局部放大图的图形
（2）当将斜视图旋转配置时，表示该视图名称的字母应放置在(　　)。
　　A. 旋转符号的前面
　　B. 旋转符号的后面
　　C. 旋转符号的前后均可
　　D. 靠近旋转符号的箭头端
（3）局部视图的配置规定是(　　)。
　　A. 按基本视图的配置形式配置
　　B. 按向视图的配置形式配置并标注
　　C. A、B均可
　　D. A、B均可且可按第三角画法配置
（4）局部放大图可画成视图、剖视图、断面图，它与被放大部分表达方式间的关系是(　　)。
　　A. 必须对应一致
　　B. 无需一致，视需要而定
（5）当回转体一类的零件上均匀分布的肋、轮辐、孔等结构不处于剖切平面上时，可将这些结构(　　)。
　　A. 按不剖绘制
　　B. 按剖切位置剖到多少画多少
　　C. 旋转到剖切平面上画
　　D. 均省略不画

第 9 章

轴测图及其草图速画技术

▌本章重点内容
(1) 轴测图的形成；
(2) 正等轴测图、斜二轴测图的画法及轴测图的剖切画法；
(3) 轴测草图的基本技法和草图画法。

▌能力培养目标
(1) 了解轴测图的基本知识；
(2) 掌握徒手绘图的基本技法和方法；
(3) 培养空间想象能力和空间思维能力。

▌案例引导

(1) 工程上常用的图样是多面正投影图，多面正投影图具有作图简单、度量性好和实形性好的优点，但缺乏立体感，必须有一定的看图能力的人才能看懂，如图 9.1(a)所示。为使初学者读懂正投影图，常借助一种富有立体感的轴测投影图(见图 9.1(b))，弥补多面正投影图的不足，为初学者读懂正投影图提供形体分析及空间想象的思路和方法。轴测图对二维到三维、三维到二维的交融可逆的空间思维、空间想象能力的培养起到辅助作用。

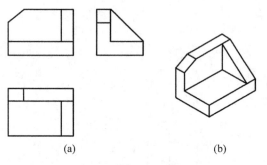

图 9.1 多面正投影图和轴测投影图
(a) 多面正投影图；(b) 轴测投影图

(2) 轴测草图是表达设计思想的有效工具之一。在产品设计中，设计者可通过徒手绘制的轴测草图迅速、直接地表达产品的三维形状及进行产品的构思，开展创新设计。徒手绘制轴测草图是记录创新灵感的最好手段。轴测图和徒手绘图是工程设计人员应具备的作图技能之一，对于加速新产品的设计和开发具有重要意义。同学们作为未来的工程设计人员，可以以身边常见的产品如显示器、手机、桌、椅、工艺饰品等(见图 9.2)为例来练习轴测图和徒手绘图。

图 9.2 常见的产品举例

9.1 概 述

轴测图是一种能同时反映物体三维空间形状的单面投影图,如图 9.3 所示。轴测图能同时反映物体的长、宽、高三个方向的尺度,富有立体感。但轴测图度量性差,不能确切地表达物体的大小,且作图复杂,因此在工程上常用来作为辅助图样,用来表达机件的结构。

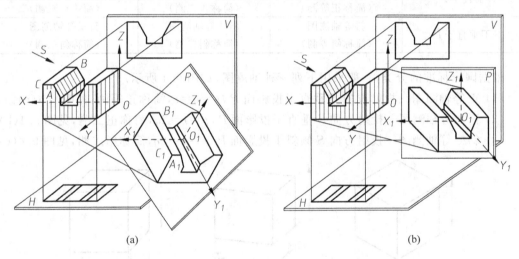

图 9.3 轴测图的形成
(a) 物体的多面正投影图和正轴测图; (b) 物体的多面正投影图和斜轴测图

1. 轴测图的形成

将空间物体连同其参考直角坐标系,沿不平行于任一坐标平面的方向,用平行投影法将其投射在单一投影面上,所得到具有立体感的图形,称为轴测投影图,简称轴测图,如图 9.3 所示。轴测图能同时反映物体三个方向的形状,并可沿坐标轴方向按比例进行度量。

在图 9.3 中,投影面 P 称为轴测投影面;投射方向 S 称为轴测投射方向;空间直角坐标轴 OX、OY、OZ 在轴测投影面上的投影 O_1X_1、O_1Y_1、O_1Z_1 称为轴测投影轴,简称轴测轴。

2. 轴间角

轴测投影中,任意两个直角坐标轴在轴测投影面上的投影之间的夹角称为轴间角,即轴测轴之间的夹角 $\angle X_1O_1Y_1$、$\angle X_1O_1Z_1$、$\angle Y_1O_1Z_1$,三个轴间角之和为 $360°$。

3. 轴向伸缩系数

轴测轴上的单位长度与相应空间直角坐标轴上的单位长度之比称为轴向伸缩系数，三个轴的轴向伸缩系数分别用 p、q、r 表示。X 轴的轴向伸缩系数为 p；Y 轴的轴向伸缩系数为 q；Z 轴的轴向伸缩系数为 r。

4. 轴测图的种类

根据轴测投射方向 S 对轴测投影面 P 的相对位置不同（垂直或倾斜），轴测图可以分为正轴测图和斜轴测图两类，如表 9.1 所示。

表 9.1 轴测图的分类

投射方向	轴向伸缩系数	等轴测图 $p=q=r$	二等轴测图 $p=q \neq r$ 或 $q=r \neq p$ 或 $r=p \neq q$	三等轴测图 $p \neq q \neq r$
S 垂直于 P		正等轴测图（简称正等测）	正二等轴测图（简称正二测）	正三等轴测图（简称正三测）
S 不垂直于 P		斜等轴测图（简称斜等测）	斜二等轴测图（简称斜二测）	斜三等轴测图（简称斜三测）

根据国家标准的分类，一般采用下列三种轴测图，如图 9.4 所示。
（1）正等轴测图　投射方向 S 垂直于投影面 P，$p=q=r$，简称正等测，见图 9.4(a)。
（2）正二等轴测图　投射方向 S 垂直于投影面 P，$p=r=2q$，简称正二测，见图 9.4(b)。
（3）斜二等轴测图　投射方向 S 倾斜于投影面 P，$p=r=2q$，简称斜二测，见图 9.4(c)。

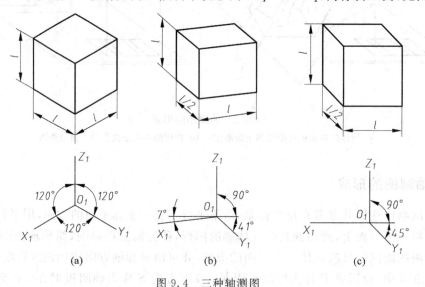

图 9.4 三种轴测图
(a) 正等轴测图；(b) 正二等轴测图；(c) 斜二等轴测图

5. 轴测图的投影特性

轴测图是由平行投影法投射得到的，因此它具有平行投影法的投影特性：
（1）平行性　物体上相互平行的线段，在轴测图上仍相互平行。

(2) 从属性　物体的棱线或平面上的点、线,在轴测图中仍在该棱线或平面内。
(3) 等比性　物体上同一直线上的两线段长度之比值,在轴测图上保持不变。

画轴测图时,当所画直线不与坐标轴平行时,决不可在图上直接度量,而应按 x、y、z 坐标分别作出直线两端点的轴测图,然后连线得到直线的轴测图。

9.2　正等轴测图

9.2.1　正等轴测图的特点

1. 轴间角

正等轴测图中,三个坐标轴的轴向伸缩系数相等,所以物体在空间位置中,三根坐标轴与轴测投影面的倾角相同,故其轴间角相等,均为 120°,作图时,一般取 O_1Z_1 轴沿铅垂方向,如图 9.4(a)所示。

2. 轴向伸缩系数

正等测图的三个轴向伸缩系数相等,根据计算,约为 0.82,即 $p=q=r=0.82$。为简化作图,一般将轴向伸缩系数简化为 1,即 $p=q=r=1$,这样画出的正等测图相当于三个轴向尺寸都大约放大 $1/0.82≈1.22$ 倍,但物体的形状并无改变。$p=q=r=1$ 称为简化伸缩系数。同一立体的正投影图和正等测图如图 9.5 所示。

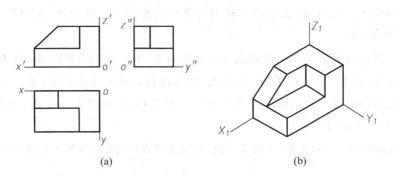

图 9.5　立体的正等测图
(a) 正投影图;(b) 轴向伸缩系数为 1 的正等测图

9.2.2　平面立体正等测图的画法

根据物体形状的复杂程度,绘制正等测图常采用坐标法和切割法。

1. 坐标法

坐标法就是根据物体的形状特点,沿轴测轴方向进行测量,确定物体上关键点(如棱线的顶点、对称轴线上的点)的轴测投影,然后将必要的点的轴测投影连接起来形成轴测图。

例 9.1 画出图 9.6(a)所示的正六棱柱的正等测图。

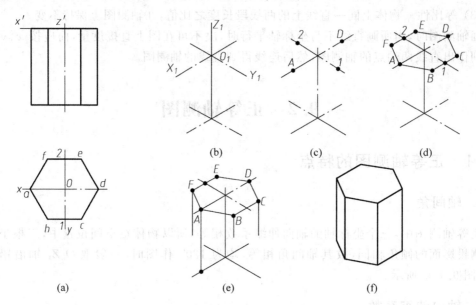

图 9.6 六棱柱正等轴测图的画图步骤

解：作图步骤如下。

(1) 建立坐标系 画轴测轴,将顶面中心作为坐标原点 O_1,取顶面对称中心线为轴测轴 O_1X_1、O_1Y_1,见图 9.6(b);

(2) 顶面取点 在 O_1X_1 上截取六边形对角线长度,得 A、D 两点,在 O_1Y_1 轴上截取 1、2 两点,见图 9.6(c);

(3) 完成顶面轴测图 分别过两点 1、2 作平行线 $BC//EF//O_1X_1$ 轴,使 $BC=EF$ 且等于六边形的边长,连接 A、B、C、D、E、F 各点,得六棱柱顶面的正等测图,见图 9.6(d);

(4) 画底面轴测图 过顶面各顶点向下作平行于 O_1Z_1 轴的各条棱线,使其长度等于六棱柱的高,见图 9.6(e);

(5) 完成轴测图 画出底面,去掉多余线,加深整理后得到六棱柱的正等轴测图,见图 9.6(f)。

2. 切割法

对于不完整的基本几何形体,作轴测图时,需先作出完整形体的轴测图,再根据形体的特点定出坐标,将多余部分切去。

例 9.2 画出图 9.7(a)所示物体的正等轴测图。

解：作图步骤如下。

(1) 选定坐标原点并画轴测轴,根据 a、b、c 尺寸画出完整的长方体,见图 9.7(b);

(2) 根据 d、e、f 尺寸切去楔形块,见图 9.7(c);

(3) 根据 g、k 尺寸切去四棱柱,见图 9.7(d);

(4) 去掉多余线,整理加深后得到正等测图,见图 9.7(e)。

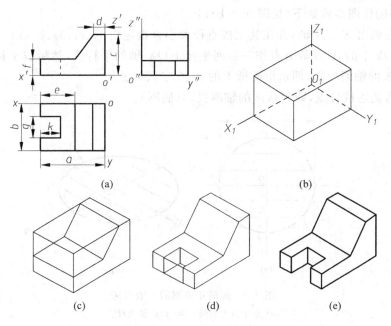

图 9.7 切割法画正等测图

9.2.3 回转体正等轴测图的画法

1. 平行于坐标面的圆的正等轴测图

投影分析:从正等测图的形成原理可知,平行于坐标面的圆的正等测投影是椭圆。图 9.8 为立方体平行于坐标面的各表面上的内切圆的正等轴测投影(按 $p=q=r=1$ 作图)。从图中可以看出:

(1) 三个平行于坐标面上圆的正等测图为椭圆,其形状和大小完全相同,但方向各不相同。

(2) 各椭圆的长轴方向与菱形(圆的外切正方形的轴测投影)的长对角线重合,与该坐标平面相垂直的轴测轴垂直;短轴方向与菱形的短对角线重合,与该坐标平面相垂直的轴测轴平行。

(3) 按简化轴向伸缩系数作图,椭圆的长轴为 $1.22d$,短轴为 $0.7d$,见图 9.8。

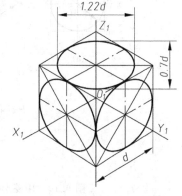

图 9.8 平行于坐标面的圆的正等测图

2. 圆的正等测(椭圆)画法

1) 一般画法

对于处在一般位置平面或坐标面(或其平行面)上的圆,都可以用坐标法作出圆上一系列点的轴测投影,将这些点光滑地连接起来即得圆的轴测投影。图 9.9(a)为一水平面上的

圆,其正等测的作图步骤如下(见图 9.9(b)):

(1) 首先画出 X_1、Y_1 轴,并在其上按直径大小直接定出 1_1、2_1、3_1、4_1 点;

(2) 过 OY 上的 A、B 等分点作一系列平行于 OX 轴的平行弦,然后按坐标相应地作出这些平行弦长的轴测投影,即求得椭圆上的 5_1、6_1、7_1、8_1 点;

(3) 光滑地连接各点,即得该圆的轴测投影(椭圆)。

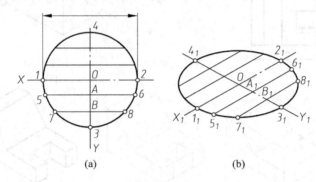

图 9.9 圆的正等测的一般画法
(a) 水平面上的圆;(b) 圆的轴测投影

2) 近似画法

为简化作图,椭圆常采用 4 段圆弧连接的近似画法。由于这 4 段圆弧的 4 个圆心是根据椭圆的外切菱形求得的,因此这种近似画法也称为菱形四心法。如图 9.10 所示,以平行于 XOY 坐标面的圆的正等测投影为例,说明这种近似画法。

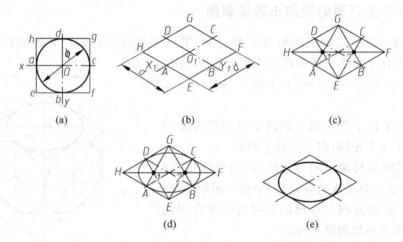

图 9.10 用菱形四心法画平行于坐标面的圆的正等测投影

作图步骤如下:

(1) 建立坐标系 以圆心 O 为坐标原点,两中心线为坐标轴 OX、OY,见图 9.10(a);

(2) 作菱形 画轴测轴 O_1X_1、O_1Y_1,以圆的直径为菱形的边长,作出其邻边,分别平行于相应的轴测轴,画菱形 $EFGH$,见图 9.10(b);

(3) 确定 4 个圆心 菱形两钝角的顶点 E、G 和其两对边中点的连线,与长对角线交于 1、2 两点,E、G、1、2 即为 4 个圆心,见图 9.10(c);

(4) 画椭圆弧　分别以 E、G 为圆心,以 ED 为半径画大圆弧 $\overarc{DC}$ 和 $\overarc{AB}$;分别以 1、2 为圆心,以 $1D$ 为半径画小圆弧 $\overarc{DA}$ 和 $\overarc{BC}$,见图 9.10(d);

(5) 完成作图　去除多余线,加深整理后得圆的正等测图,见图 9.10(e)。

3. 截切圆柱体正等轴测图的画法

图 9.11(a) 所示为截切圆柱体,其正等轴测图的作图步骤如下:

(1) 画轴测轴,首先画成完整的圆柱;
(2) 在圆柱的轴测图上定出截平面 P 的位置,得到所截矩形 $ABCD$;
(3) 按坐标关系定出各点 C、H、K、E、F、G、D,光滑连接成部分椭圆;
(4) 去掉作图线及不可见线,加深可见轮廓线,即为所求轴测图。

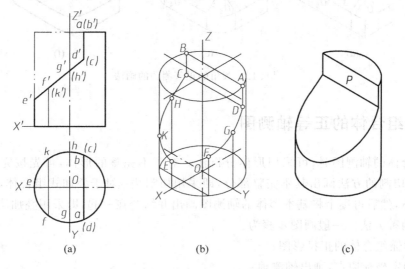

图 9.11　截切圆柱体正等轴测图的作图步骤

4. 圆角的正等轴测投影的画法

图 9.12(a) 为底板的正面投影和水平投影,底板圆角相当于 1/4 整圆,根据椭圆的近似画法可以看出,菱形的钝角与大圆弧相对,锐角与小圆弧相对。

具体作图步骤如下:

(1) 根据图 9.12(a) 作长方体的正等测图,见图 9.12(b);
(2) 由角顶开始,在夹角边上量取圆角半径 R,得出切点,过切点分别作两条夹角边的垂线,垂线交点分别为两圆弧的圆心 O_1、O_2,见图 9.12(c);
(3) 过圆心 O_1、O_2,向下作垂直距离 h(板厚),得底板底面圆角的两圆心 O_3、O_4,见图 9.12(d);
(4) 以 O_1、O_2、O_3、O_4 为圆心,以圆心到切点的距离为半径画圆弧,作上下圆弧的外公切线,见图 9.12(e);
(5) 去掉多余线,整理加深后得到底板的正等测图,见图 9.12(f)。

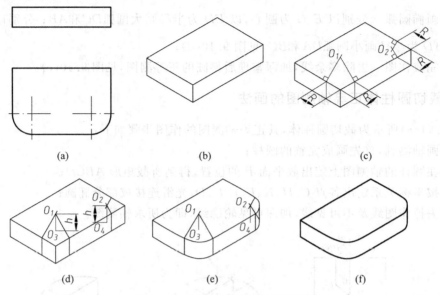

图 9.12 圆角的正等测图的画法

9.2.4 组合体的正等轴测图

画组合体的轴测图时,可采用形体分析法。对于不完整的形体,可先按完整的形体画出,然后用切割的方法画出其不完整部分,即采用切割法;对于叠加式组合体,先将其分解成若干形体,然后再逐个将基本形体的轴测图画出并结合在一起,即采用叠加法。有时也可同时采用两种方法。一般画图步骤为:

(1) 读懂组合体的正投影图;
(2) 确定坐标原点,画出轴测轴;
(3) 用形体分析法,逐个画出基本形体的轴测图;
(4) 平行于坐标轴的直线可直接测量画出,不平行于坐标轴的直线应先用坐标法确定直线的两端点位置,不可直接测量,作图过程中还要注意各个形体之间的相对位置。

如图 9.13 所示,组合体(支架)正等轴测图的作图步骤如下:

(1) 形体分析。组合体由底板 1、立板 2 堆积而成,底板上有左、右对称的两圆角和圆孔。立板的顶部是圆柱面,两侧的斜面与圆柱面相切,中间有一圆柱通孔,因支架左右对称,取底板上表面后边的中点为原点,见图 9.13(a)。

(2) 建立轴测轴,由底板的后表面确定立板上前、后端面孔的圆心位置,见图 9.13(b)。

(3) 画底板的轴测图,见图 9.13(c)。

(4) 画立板的轴测图。先画立板顶部圆柱面的正等测图,后作两侧面与椭圆的切线,见图 9.13(d)。

(5) 画出底板和立板上圆柱孔的正等轴测图,见图 9.13(e)。

(6) 去掉多余线,整理加深后得支架的正等测图,见图 9.13(f)。

组合体上的交线主要是指组合体表面上的截交线和相贯线。画组合体轴测图上的交线有两种方法:

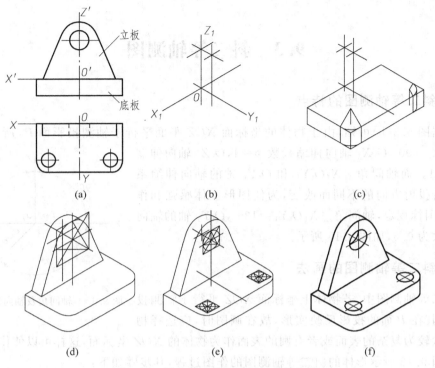

图 9.13 组合体正等轴测图的作图步骤

(1) 坐标法 根据三视图中截交线和相贯线上点的坐标,画出截交线和相贯线上各点的轴测图,然后用曲线板光滑连接。

(2) 辅助面法 根据组合体的几何性质直接作出轴测图,同在三视图中用辅助面法求截交线和相贯线的方法一样。为了便于作图,辅助面应取平面,并尽量使它与各形体的截交线为直线。

图 9.14 表示两相交圆柱相贯,其正等轴测图的作图步骤如下:

(1) 画轴测轴,将两个圆柱按正投影图所给定的相对位置画出轴测图;

(2) 用辅助面法求所作轴测图上的相贯线,首先在正投影图中作一系列辅助面,然后在轴测图上作出相应的辅助面,分别得到辅助交线,辅助交线的交点即为相贯线上的点,连接各点即为相贯线,见图 9.14(b);

(3) 去掉多余线,整理加深后完成全图,见图 9.14(c)。

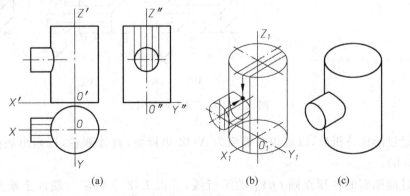

图 9.14 相贯线轴测图的画法

9.3 斜二等轴测图

1. 斜二等轴测图的特点

根据图 9.3(b)可知,由于物体的坐标面 XOZ 平面平行于轴测投影面 P,所以轴间角 $\angle X_1O_1Z_1=90°$,O_1X_1 轴向伸缩系数 $p=1$,O_1Z_1 轴向伸缩系数 $r=1$。而轴间角 $\angle X_1O_1Y_1$ 和 O_1Y_1 轴的轴向伸缩系数则随着投射方向的不同而改变,为使图形立体感强和作图方便,国标规定,轴间角 $\angle X_1O_1Y_1=135°$,O_1Y_1 轴的轴向伸缩系数为 0.5,如图 9.15 所示。

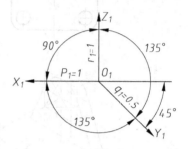

图 9.15 轴间角及轴向伸缩系数

2. 斜二等轴测图的画法

斜二等轴测图中,若物体上坐标面 XOZ 平行于轴测投影面 P,其在 P 面的投影反映实形,故在画图时,应选择物体上形状较为复杂的表面或者有圆的表面作为物体的 XOZ 坐标面,这样可以使作图简化。

如图 9.16 所示形体的斜二等轴测图的作图过程,其步骤如下:

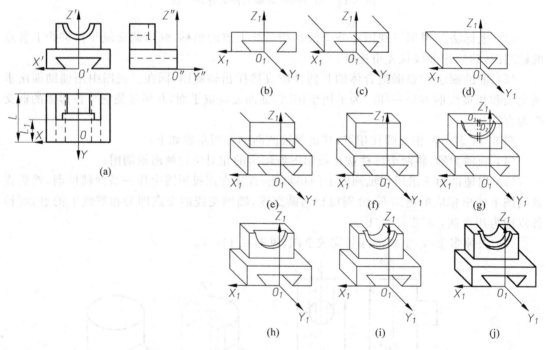

图 9.16 斜二等轴测图画法

(1) 通过形体分析后,以底板前端面为 XOZ 坐标面,画轴测轴,再画出底板的前端面,见图 9.16(b);

(2) 过前端面的各顶点画 O_1Y_1 的平行线,并以 $L/2$ 来确定后端面上端点的位置(见

图 9.16(c)),连接各顶点,见图 9.16(d);

(3) 以尺寸 $L_1/2$ 确定出立板的前端面,从前端面的各顶点画 O_1Y_1 的平行线,并使立板的后端面与底板的后端面共面来确定立板的后端面上端点的位置(见图 9.16(e)),连接各顶点,见图 9.16(f);

(4) 在立板的前端面上以 O_2 为圆心画半圆,过半圆的圆心 O_2 点和两端点画 O_1Y_1 的平行线,并以 $(L-L_1)/2$ 来确定圆心 O_3,以 O_3 为圆心画半圆并连线,见图 9.16(g)和(h);

(5) 同理即可得到小半圆柱孔槽,见图 9.16(i);

(6) 擦去多余线并加深图线,完成全图,见图 9.16(j)。

3. 平行于坐标平面的圆的斜二等轴测图

图 9.17 所示为平行于三个坐标面且直径相等的圆的斜二等轴测图。由图可知,平行于 XOZ 坐标面的圆的斜二等轴测图反映实形,平行于 XOY 和 YOZ 坐标面的圆的斜二等轴测图是椭圆,此两椭圆形状相同,但长、短轴方向不同,作图时可用平行弦法。

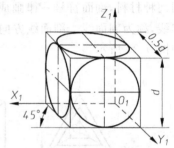

图 9.17 圆的斜二等轴测图

图 9.18 为用平行弦法画平行于坐标面 XOY 的圆的斜二等轴测图的方法,其作图步骤如下:

(1) 将视图上圆的直径 cd 六等分,并过其等分点作平行于 ab 的弦,见图 9.18(a);

(2) 画圆中心线的轴测图,并量取 $OA=OB=d/2$,$OC=OD=d/4$,得 A、B、C、D 四点,见图 9.18(b);

(3) 将 CD 六等分,过各等分点作平行于 AB 的直线,并量取相应弦的实长,如 $\overline{IN}=\overline{NII}=\overline{IVM}=\overline{MIII}=\overline{1n}$,将 A、B、C、D 及中间点依次光滑连成椭圆,见图 9.18(c)。

当物体的三个坐标面上都有圆时,应避免选用斜二轴测图,一般情况优选正等轴测图。而当物体只有一个方向平面形状带圆或曲线时,采用斜二轴测图作图最为方便。

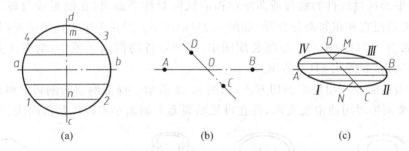

图 9.18 圆的斜二等轴测图的画法

9.4 轴测剖视图

在轴测图上为了表达组合体的内外形状或装配体的工作原理及装配关系,可以假想用剖切平面将组合体或装配体剖开,这种剖切后的轴测图称为轴测剖视图。

1. 剖切平面的选择

为了能将组合体的内外形状、装配体的工作原理及装配关系表达清楚,通常采用两个平行于坐标面的相互垂直的平面剖切物体的 1/4,如图 9.19(a)所示。一般不采用切去一半的形式,以免破坏物体的完整性。图 9.19(b)所示的剖切方法就使物体外形不够完整清晰。

2. 剖面线的画法

用剖切平面剖切物体所得的截断面要填充剖面符号,以区别于未剖到的区域。不论物体采用何种材料,剖面符号一律画成等距且平行的细实线,称为剖面线。剖面线方向随不同的轴测图的轴测轴方向和轴向伸缩系数而有所不同,如图 9.20 所示。

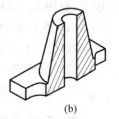

图 9.19 轴测剖视图剖切平面的选择
(a) 内外形清楚;(b) 外形不完整

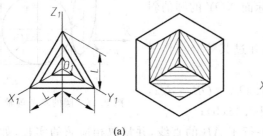
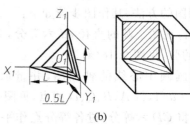

图 9.20 轴测剖视图剖面线的画法
(a) 正等轴测图;(b) 斜二轴测图

当剖切平面通过机件的肋板或薄壁结构的纵向对称平面时,在肋板或薄板上不画剖面线,而用粗实线把它和相邻部分分开,如图 9.21(a)所示;当在图中表达不清楚时,可加小点以示区别,如图 9.21(b)所示。轴测装配图中,相邻零件的剖面区域中,剖面线方向或间隔应有明显的区别,如图 9.21(c)所示。

可根据表达需要采用局部剖切方法,如图 9.22 所示。局部剖切的剖切平面也应平行于坐标面;断裂面边界用波浪线表示,并在可见断裂面上加画小点以代替剖面线。

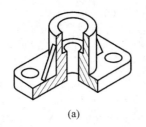
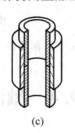

图 9.21 轴测剖视图的剖面符号

图 9.22 轴测剖视图的局部剖切画法

3. 轴测剖视图的画法

轴测剖视图一般有两种画法：

(1) 先画外形，后作剖视　先画出物体完整的轴测图，然后沿轴测轴用剖切面剖开，画出断面和内部看得见的结构形状，最后将被剖切掉的1/4部分轮廓擦掉，再补画出剖面线，如图9.23所示。

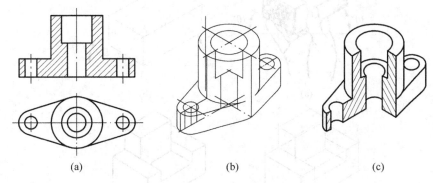

图9.23　轴测剖视图的画法（一）

(2) 先画截断面，后画外形　先画出截断面的形状，然后画出外形和内部看得见的结构，如图9.24所示。

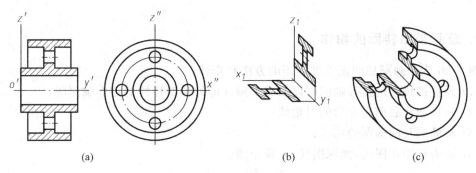

图9.24　轴测剖视图的画法（二）

9.5　正等轴测图的草图画法

1. 草画平面物体

为了由实体画出正等轴测图，手持物体，使其倾斜向你（见图9.25(a)）。在此位置，物体高度方向在图上是垂直位置，宽度和长度方向的边缘各自与水平方向成30°（正等轴测投影的轴测轴位置）。画图步骤如下：

(1) 轻微用力绘制长方体。AB轴铅垂，而AC及AD与水平方向大约成30°，这三条线即为正等轴测轴。截取AB、AC及AD与实体相对应的线条长度一致（如物体较大，则应按目测比例适当截取），然后分别画与这三条线相平行的线，并根据目测物体上凹凸部分的长宽位置，按比例标记出（见图9.25(b)）。

(2) 过标点画出凹凸部分的位置线,根据目测尺寸画出凹下深度和凸起高度(见图 9.25(c))。

(3) 擦去作图辅助线条,并加深物体轮廓线(见图 9.25(d))。

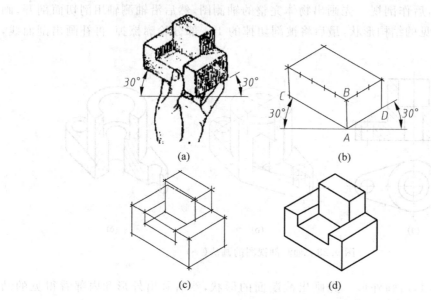

图 9.25　草画平面物体正等轴测图

2. 草画带回转面的物体

图 9.26 为草画圆柱的正等轴测图的方法和步骤:

(1) 画正四棱柱的正等轴测图以及其上圆柱的外形四棱柱的正等轴测图;

(2) 画顶面和底面正方形的对角线;

(3) 画椭圆及两椭圆的切线;

(4) 擦去辅助作图线,加深图线,完成全图。

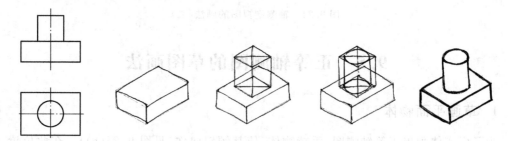

图 9.26　草画圆柱的正等轴测图的方法和步骤

图 9.27(a)为带圆柱孔物体的两视图,画此物体的正等轴测图的步骤如图 9.27(b)所示:

(1) 画物体的外形四棱柱,再画四棱柱前面的对角线,确定孔的中心及长短轴方向,过中心作 AB、CD 线分别平行于平行四边形的边,AB、CD 长度等于圆的半径,并过 A、B、C、D 作圆外接正方形的投影平行四边形,作圆弧 AC、BD 切于点 A、C 及 B、D。

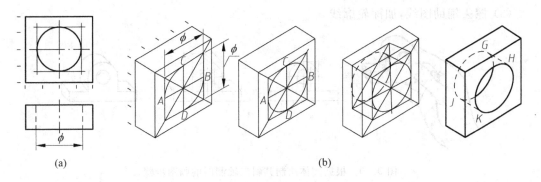

图 9.27 带圆柱孔物体的正等轴测草图画法

(2) 画小半径弧 AD、BC 切于点 A、D、B、C。
(3) 在物体的后面,轻画出同样的平行四边形,并以同样的方法画出椭圆。
(4) 画切于两椭圆的直线(圆孔的轮廓线),用橡皮擦去辅助作用线,加深轮廓线。

画物体后面椭圆的另一种方法如图 9.28 所示。

图 9.29(a)为带半圆柱形槽的长方形物体的三视图,其正等轴测图的画图步骤如图 9.29(b)所示。

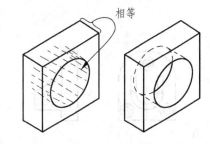

图 9.28 画物体后面椭圆的另一种画法

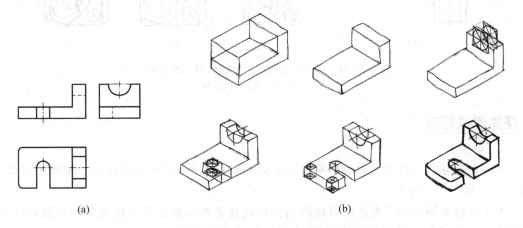

图 9.29 带半圆柱形槽的长方形物体的正等轴测草图
(a)三视图;(b)作图步骤

9.6 斜二轴测图的草图画法

图 9.30 所示为根据实体绘制其斜二轴测图的步骤:
(1) 绘出物体的前面的实形(正投影)。
(2) 与水平线成 45°画出各对应的平行线,在适合深度(约 1/2 宽度尺寸)截取线条,画出后面。

（3）擦去辅助图线，加深轮廓线。

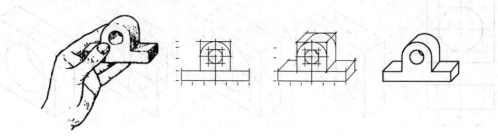

图 9.30　根据实体绘制其斜二轴测图的画图步骤

图 9.31 所示为根据三视图绘制物体的斜二轴测图。

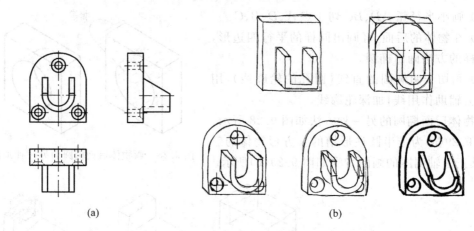

(a)　　　　　　　　　　　　　(b)

图 9.31　根据三视图绘制物体的斜二轴测图
(a) 三视图；(b) 作图步骤

课堂测试练习

1. 填空题

（1）根据轴测图投射方向对轴测投影面的相对位置不同（垂直或倾斜），轴测图可以分为（　　）和（　　）两类。

（2）在轴测图上为了表达组合体的内外形状或装配体的工作原理及装配关系，可以假想用剖切平面将组合体或装配体剖开，这种剖切后的轴测图称为（　　）。

2. 选择题

（1）物体上互相平行的线段，轴测投影（　　）。

　　A. 平行　　　　　　　B. 垂直　　　　　　　C. 无法确定

（2）正等轴测图的轴间角为（　　）。

　　A. 120°　　　　　　 B. 60°　　　　　　　 C. 90°

（3）正等轴测图中，为了作图方便，轴向伸缩系数一般取（　　）。

　　A. 3　　　　　　　　B. 2　　　　　　　　C. 1

（4）画正等轴测图的 X、Y 轴时，为了保证轴间角，一般用（　　）三角板绘制。

　　A. 30°　　　　　　　B. 45°　　　　　　　C. 90°

(5) 在斜二等轴测图中,取一个轴的轴向伸缩系数为 0.5 时,另两个轴向伸缩系数为( )。

  A. 0.5   B. 1   C. 2

3. 判断题

(1) 为了简化作图,通常将正等轴测图的轴向伸缩系数取为 1。( )

(2) 正等轴测图的轴间角可以任意确定。( )

(3) 空间直角坐标轴在轴测投影中,其直角的投影一般已经不是直角了。( )

(4) 形体中互相平行的棱线,在轴测图中仍具有互相平行的性质。( )

(5) 形体中平行于坐标轴的棱线,在轴测图中仍平行于相应的轴测轴。( )

(6) 画图时,为了作图简便,一般将轴向伸缩简化为 1。这样在画正等轴测图时,凡是平行于投影轴的线段,就可以直接按立体上相应线段的实际长度作轴测图,而不需要换算。( )

第 10 章

标准件和常用件

本章重点内容

(1) 螺纹的规定画法和标记;
(2) 螺纹紧固件的规定标记及其连接画法;
(3) 键和销的标记及其连接画法;
(4) 滚动轴承代号及画法;
(5) 齿轮的基本参数、尺寸关系和规定画法;
(6) 弹簧的规定画法。

能力培养目标

对上述学习内容:
(1) 会查阅相关标准;
(2) 会进行标记;
(3) 会按规定画法画图。

案例引导

在工程上,经常会遇到一些紧固件、传动件和支承件,如螺钉、螺栓、螺母、键、销、轴承、齿轮、弹簧等,由于这些零件及组件应用广泛,使用量极大。为了减轻设计工作,降低生产成本,提高产品质量,国家标准对这些机件从结构、尺寸等有关方面全部或部分进行了标准化。凡全部符合标准规定的机件,称为标准件。有些重要参数已标准化的,称为常用件。国家标准规定了它们的画法,以利于绘图。

本章介绍的螺纹紧固件、键、销与轴承均为标准件,齿轮、弹簧为常用件。图 10.1 为齿轮油泵爆炸图,图中零件间的连接采用了双头螺柱连接、键连接和销连接。

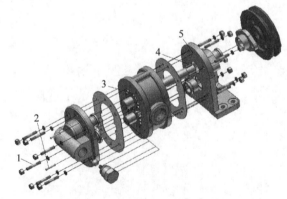

图 10.1 齿轮油泵爆炸图

1—双头螺柱连接;2—销连接;3—齿轮;4—键连接;5—螺孔

10.1 螺　　纹

螺纹是指在圆柱(或圆锥)表面上,沿着螺旋线所形成的具有相同断面的连续凸起和沟槽。螺纹分外螺纹和内螺纹两种,工作时内、外螺纹成对使用。在圆柱(或圆锥)外表面加工出来的螺纹称为外螺纹,在圆柱(或圆锥)内表面加工出来的螺纹称为内螺纹。

10.1.1 螺纹的形成

各种螺纹都是根据螺旋线形成原理加工而成的。形成螺纹的加工方法很多,图10.2(a)和(b)为车床上加工螺纹的方法,工件等速旋转,同时车刀沿轴向等速移动,刀尖在工件表面车削出螺纹;也可碾压螺纹(见图10.2(c));还可用板牙(见图10.2(d))和丝锥(见图10.2(e))等手工工具加工螺纹。

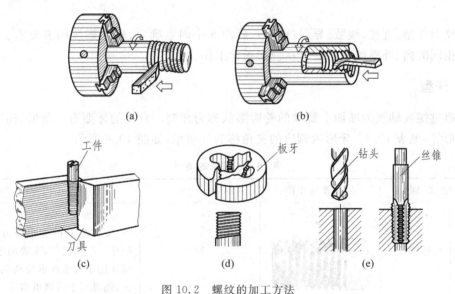

图 10.2　螺纹的加工方法
(a)车削外螺纹；(b)车削内螺纹；(c)碾压螺纹；(d)套外螺纹；(e)攻内螺纹

10.1.2 螺纹的工艺结构

1. 螺纹末端

为了防止螺纹起始圈损坏和便于装配,通常在螺纹起始处做出一定形式的末端。螺纹末端主要有平端、倒角、球头和圆角4种形式,如图10.3所示,最常见的是倒角形式。

2. 螺纹收尾和退刀槽

车削螺纹的刀具将近螺纹末尾时要逐渐离开工件,因而螺纹末尾附近的螺纹牙型不完整,如图 10.4 中标有尺寸 l 的一段称为螺尾。有时为了避免产生螺尾,便于退刀,在该处预制出一个退刀槽,内、外螺纹退刀槽如图 10.5 所示。螺尾、退刀槽已标准化,其各部分尺寸可查阅附录。

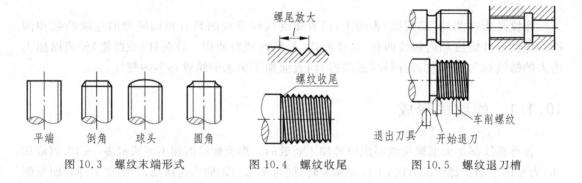

图 10.3 螺纹末端形式　　图 10.4 螺纹收尾　　图 10.5 螺纹退刀槽

10.1.3 螺纹的要素

螺纹由牙型、直径、线数、导程(螺距)、旋向 5 个因素确定,称为螺纹的五要素。只有五要素都相同的内、外螺纹才能旋合在一起正常工作。

1. 牙型

在通过螺纹轴线的断面上螺纹的轮廓形状称为牙型。常见的牙型有三角形、梯形、锯齿形和矩形等,见表 10.1;牙形两侧边的夹角称为牙型角,如图 10.6 所示。

表 10.1　螺纹的类型

螺纹类别		外形及牙型图	特征代号	特点和应用
连接螺纹	普通螺纹	60°	M	牙型角 $\alpha=60°$。同一公称直径,按螺距 P 的大小分为粗牙和细牙。应用极广,主要用于连接。细牙用于薄壁或承受动载荷的连接,还可用于微调机构等
	55°非密封管螺纹	55°	G	牙型角 $\alpha=55°$。密封性好,公称直径近似为管子的孔径,以英寸(in)为单位。多用于低压水、煤气管路的连接,要求连接密封时需添加密封物
	55°密封管螺纹	55°	R_c(圆锥,内) R_p(圆柱,内) R_1(与圆柱内螺纹相配合的圆锥外螺纹) R_2(与圆锥内螺纹相配合的圆锥外螺纹)	牙型角 $\alpha=55°$。内、外螺纹配合时没有间隙,不用填料也可以保证不渗漏,拧紧时可消除制造误差或磨损所产生的间隙。主要用于高温、高压系统和润滑系统,以及一般要求的管道连接

续表

螺纹类别		外形及牙型图	特征代号	特点和应用
传动螺纹	矩形螺纹			牙型角 α＝0°。螺纹牙型为正方形，主要用于传动
	梯形螺纹		Tr	牙型角 α＝30°。牙根强度较高，易于加工，对中性好，广泛用于传动
	锯齿形螺纹		B	工作面牙型边倾斜角 α＝3°，非工作面牙型边倾斜角 α＝30°。只能用于单向受力的传动

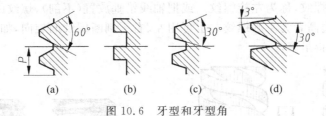

图 10.6　牙型和牙型角

(a) 三角形；(b) 矩形；(c) 梯形；(d) 锯齿形

2. 直径

（1）大径　与外螺纹牙顶或内螺纹牙底相切的假想圆柱面的直径，是螺纹的最大直径，分别以 D（内螺纹）、d（外螺纹）来表示（管螺纹除外），如图 10.7 所示。大径一般称为公称直径，但管螺纹的公称直径是指外螺纹所在管子的近似孔径，而不是管螺纹的大径。

（2）小径　与外螺纹牙底或内螺纹牙顶相切的假想圆柱面的直径，分别以 D_1（内螺纹）、d_1（外螺纹）来表示，如图 10.7 所示。

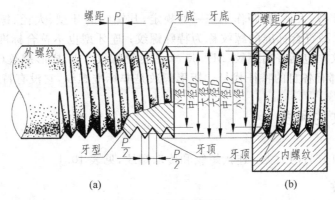

图 10.7　螺纹的直径

(a) 外螺纹；(b) 内螺纹

(3) 中径 在螺纹大径和小径之间有一假想的圆柱直径,该圆柱的母线通过牙型上沟槽和凸起部分宽度相等的地方,分别以 D_2(内螺纹)、d_2(外螺纹)来表示。

3. 线数

在同一圆柱(圆锥)面上车制螺纹的条数,称为螺纹线数,用 n 表示。螺纹有单线和多线之分。沿着一根螺旋线形成的螺纹,称为单线螺纹;沿着两根或两根以上螺旋线形成的螺纹,称为多线螺纹,如图 10.8 所示。

4. 螺距和导程

螺纹上相邻两牙在中径线上对应两点间的轴向距离称为螺距,用 P 表示。同一根螺旋线上的相邻两牙在中径线上对应两点间的轴向距离称为导程,用 P_h 表示。螺距、导程和线数之间的关系为:$P_h = nP$,如图 10.8 所示。显然,单线螺纹的导程等于螺距。

5. 旋向

螺纹有右旋和左旋之分。内、外螺纹旋合时,顺时针旋转旋入的螺纹,称为右旋螺纹;逆时针旋转旋入的螺纹,称为左旋螺纹。或把轴线铅垂放置(不剖),螺纹的可见部分右边高者为右旋螺纹,左边高者为左旋螺纹。也可用左、右手判断螺纹的旋向,如图 10.9 所示。在工程上右旋螺纹用得最多。

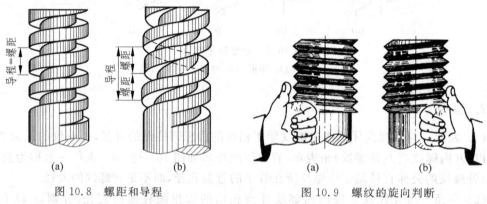

图 10.8 螺距和导程
(a) 单线螺纹;(b) 多线螺纹

图 10.9 螺纹的旋向判断
(a) 左旋螺纹;(b) 右旋螺纹

国家标准对牙型、大径、螺距作了统一的规定,凡螺纹的牙型、大径、螺距符合标准的称为标准螺纹;仅牙型符合标准的螺纹称为特殊螺纹;连牙型也不符合标准的螺纹称为非标准螺纹。标准螺纹中包括普通螺纹(M)、55°非密封管螺纹(G)、梯形螺纹(Tr)、锯齿形螺纹(B)等,这些螺纹都有各自的特征代号。矩形螺纹是非标准螺纹,它没有特征代号。

10.1.4 螺纹的种类

螺纹按用途可分为两大类:连接螺纹和传动螺纹,见表 10.1。

1. 连接螺纹

常用的连接螺纹有普通螺纹和管螺纹。普通螺纹又有粗牙和细牙之分,粗牙和细牙的区别就是它们的大径相同、螺距不同,螺距最大的一种称为粗牙,其余的都称为细牙。细牙普通螺纹用于薄壁零件或精密零件的连接,管螺纹多用于水、油、煤气管道中的连接。

2. 传动螺纹

传动螺纹是用来传递运动和动力的,常用的有梯形螺纹、锯齿形螺纹、矩形螺纹等。锯齿形螺纹是一种单向受力螺纹,千斤顶的丝杠采用的是锯齿形螺纹;各种机床上常采用梯形螺纹;虎钳上的丝杠采用的是矩形螺纹。

10.1.5 螺纹的规定画法

为了简化画图工作,国家标准对螺纹的表示法做了规定,内、外螺纹及其旋合的规定画法如表10.2所示。

表10.2 螺纹的规定画法及其说明

种类	不 剖 时	剖 切 时
外螺纹	(图示:大径画粗实线、螺纹终止线画粗实线、小径画细实线、倒角内画细实线、剖面线画到大径、不画出倒角圆的投影)	(图示:小径细实线画到头、剖切后螺纹终止线只画一小段粗实线)
外螺纹	(1) 外螺纹的大径和螺纹终止线用粗实线表示,小径用细实线表示; (2) 在与轴线平行的视图上表示小径的细实线画进倒角;在与轴线垂直的视图上表示小径的细实线圆画约3/4圈,且螺纹的倒角圆省略不画; (3) 外螺纹剖开部分,终止线只画表示螺纹牙高度的一小段粗实线,剖面线必须画到粗实线为止	
内螺纹	(图示:大径、小径、螺纹终止线均画细虚线、不可见大径、小径画细虚线、钻头锥角120°、不画出倒角圆的投影)	(图示:小径画粗实线、剖面线画到粗实线、大径画细实线)
内螺纹	(1) 内螺纹的小径和螺纹终止线用粗实线表示,大径用细实线表示; (2) 在与轴线垂直的视图上,若螺孔可见,小径用粗实线表示,大径的细实线圆画约3/4圈,且孔口倒角圆省略不画; (3) 绘制不通孔的内螺纹,应将钻孔深度和螺纹深度分别画出,孔底由钻头钻成的120°的锥面要画出; (4) 若螺纹采用不剖画法,小径、大径及螺纹终止线均用虚线表示	

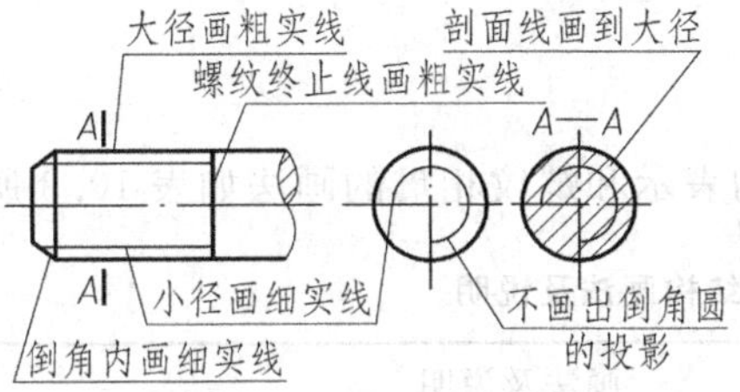

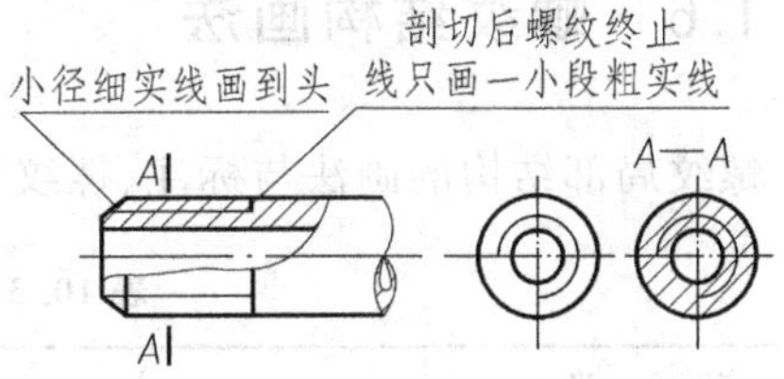

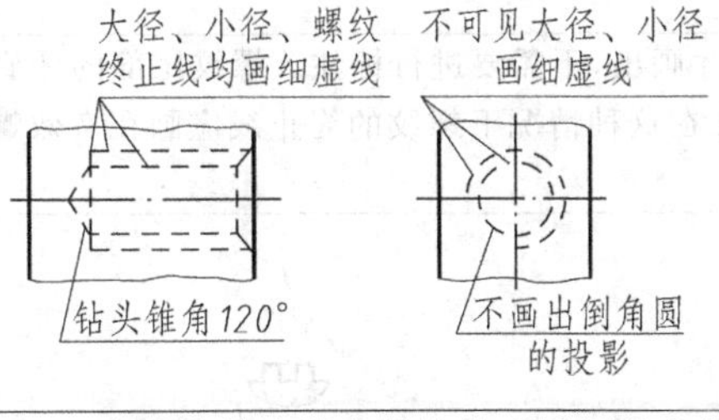

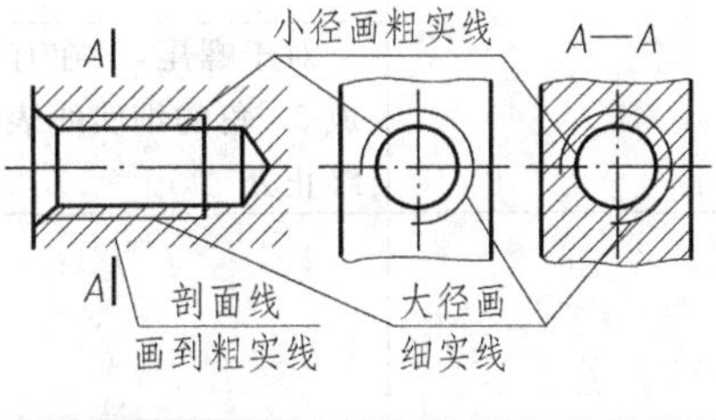

续表

种类	不剖时	剖切时
旋合	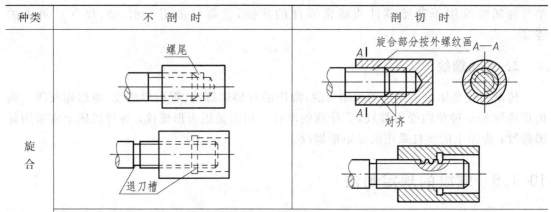	

(1) 内、外螺纹旋合一般用剖视图表示,在剖视图中,内、外螺纹的旋合部分应按外螺纹画法绘制,其余部分仍按各自的画法表示;
(2) 画图时注意,大、小径的粗、细线应对齐,这与倒角大小无关,它表明内、外螺纹具有相同的大径和相同的小径,按规定,当实心螺杆通过轴线剖切时按不剖处理

10.1.6 螺纹结构画法

螺纹局部结构的画法与标注、螺纹牙型的表示和螺纹相贯的画法如表10.3所示。

表10.3 螺纹结构画法及说明

种类	画法及说明
螺纹局部结构的画法与标注	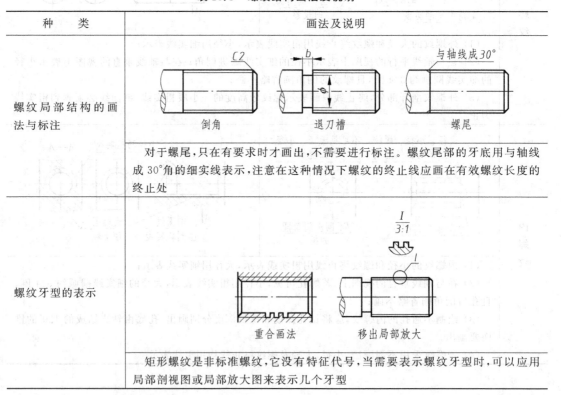
	对于螺尾,只在有要求时才画出,不需要进行标注。螺纹尾部的牙底用与轴线成30°角的细实线表示,注意在这种情况下螺纹的终止线应画在有效螺纹长度的终止处
螺纹牙型的表示	
	矩形螺纹是非标准螺纹,它没有特征代号,当需要表示螺纹牙型时,可以应用局部剖视图或局部放大图来表示几个牙型

续表

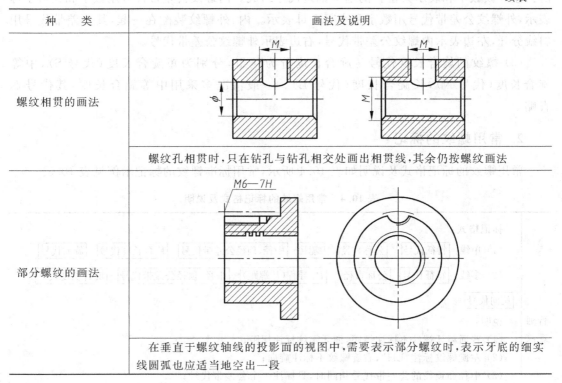

种 类	画法及说明
螺纹相贯的画法	螺纹孔相贯时,只在钻孔与钻孔相交处画出相贯线,其余仍按螺纹画法
部分螺纹的画法	在垂直于螺纹轴线的投影面的视图中,需要表示部分螺纹时,表示牙底的细实线圆弧也应适当地空出一段

10.1.7 螺纹的标记

由于螺纹的规定画法不能表示螺纹的种类和螺纹要素,因此为了区别不同的螺纹,必须用规定的标记和相应代号进行标注。

1. 螺纹标记的构成

螺纹的标记由螺纹代号、螺纹公差带代号、螺纹旋合长度代号组成的字符串来表示,字符串之间用"—"隔开,如图 10.10 所示。

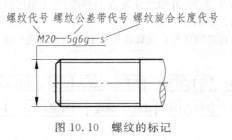

图 10.10 螺纹的标记

(1) 螺纹代号 由三部分组成,其顺序如下:

| 特征代号 | 公称直径 | × | 螺距 | 或 | 导程(螺距) |

(2) 螺纹公差带代号 包括螺纹中径和顶径的公差带代号。公差带代号由表示其大小

的公差等级数字和表示其位置的基本偏差代号组成。内螺纹公差带代号用数字和大写字母表示,外螺纹公差带代号用数字和小写字母表示。内、外螺纹装配在一起,其公差带代号用斜线分开,左边表示内螺纹公差带代号,右边表示外螺纹公差带代号。

(3) 螺纹的旋合长度代号　旋合长度分为三组,分别为短旋合长度(代号 S)、中等旋合长度(代号 N)、长旋合长度(代号 L)。一般情况多采用中等旋合长度,其代号 N 省略。

2. 常用螺纹的标记

常用螺纹的标记格式及说明如表 10.4 所示,常用标准螺纹的标记示例见表 10.5。

表 10.4　常用螺纹的标记格式及说明

普通螺纹	标记格式: (1) 单线: 特征代号　公称直径×螺距—中径、顶径公差带代号—旋合长度代号—旋向代号 (2) 多线: 特征代号　公称直径×P_h导程(P螺距)—中径、顶径公差带代号—旋合长度代号—旋向代号 说明: (1) 普通粗牙螺纹不标注螺距,细牙螺纹标注螺距; (2) 左旋螺纹标注"LH",右旋螺纹不标注旋向; (3) 中径和顶径的公差带代号相同时,只标注一个公差带代号; (4) 旋合长度分为短(S)、中(N)、长(L)三种,中等旋合长度不标注; (5) 特殊的旋合长度可直接标注出长度数值; (6) 由内、外螺纹相互旋合而形成的连接称为螺纹副,螺纹副的标记为:M12—6H/6g
管螺纹	标记格式: (1) 55°密封管螺纹标注格式: 特征代号　尺寸代号　旋向代号 (2) 55°非密封管螺纹标注格式: 特征代号　尺寸代号　公差等级代号　旋向代号 说明: (1) 管螺纹尺寸代号是指管孔径英寸的近似值,不是螺纹大径,作图时可根据尺寸代号查出螺纹大径尺寸,如尺寸代号为 $1\frac{1}{2}$ 时,螺纹大径为 47.803mm; (2) 对 55°非密封管螺纹来说,外螺纹分为 A、B 两级,A 为精密级,B 为普通级,内螺纹的公差等级只有一种,故不必标注此项; (3) 管螺纹的标注内容必须注写在从螺纹大径引出的指引线的水平折线上
梯形和锯齿形螺纹	标记格式: (1) 单线: 特征代号　公称直径×螺距　旋向代号—中径公差带代号—旋合长度代号 (2) 多线: 特征代号　公称直径×导程(P螺距)　旋向代号—中径公差带代号—旋合长度代号 说明: (1) 左旋螺纹标注"LH",右旋螺纹不标注旋向; (2) 顶径公差带代号唯一,不标注; (3) 旋合长度只有中(N)、长(L)两种,当中等旋合长度时,N 省略不注

表 10.5　常用标准螺纹的标记示例

螺纹类别	特征代号	公称直径	标注示例	附注
粗牙普通螺纹	M	10	M10—7H—LH	7H 为中径和顶径公差带代号，中等旋合长度 N（不标注），左旋
细牙普通螺纹	M	8	M8×1—6g—S	1 为螺距，6g 为中径和顶径公差带代号，短旋合长度 S，右旋（不标注）
梯形螺纹	Tr	32	Tr32×6	6 为螺距，右旋（不标注）
梯形螺纹	Tr	40	Tr40×14(P7)LH	14(P7) 表示导程为 14，螺距为 7，LH 为左旋
锯齿形螺纹	B	32	B32×6	6 为螺距，右旋（不标注）
55°非密封管螺纹	G	1	G1A—LH	1 表示 55°非密封管螺纹的尺寸代号，A 表示公差等级为 A 级外螺纹，LH 为左旋
55°密封管螺纹	R_p	1/2	$R_p\frac{1}{2}$	R_p 是圆柱内螺纹的特征代号，尺寸代号为 1/2，右旋（不标注）

续表

螺纹类别	特征代号	公称直径	标注示例	附注
55°密封管螺纹	R_1	1/2		R_1是与圆柱内螺纹R_p配合的圆锥外螺纹的特征代号,尺寸代号为1/2,左旋
	R_c	3/4		R_c是圆锥内螺纹的特征代号,尺寸代号为3/4,左旋
	R_2	1/2		R_2是与圆锥内螺纹R_c配合的圆锥外螺纹的尺寸代号,尺寸代号为1/2,右旋

3. 特殊螺纹、非标准螺纹的标注

特殊螺纹的画法与标准螺纹相同,其标注是在螺纹代号前加注"特"字,并标注大径和螺距,如图10.11(a)所示。

非标准螺纹的画法除与标准螺纹相同外,还应采用局部剖视图或局部放大图表示其牙型,需要标注螺纹要素的全部尺寸,如大径、小径、螺距等(图10.11(b))。非标准螺纹如老解放牌汽车气门间隙的调整螺栓就是$M9 \times 1$,皇冠轿车刹车钳的放气螺栓是$M7 \times 1$,这都是非标准螺纹。

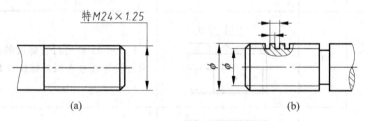

(a) (b)

图 10.11 特殊螺纹和非标准螺纹的标注方法
(a) 特殊螺纹;(b) 非标准螺纹

4. 螺纹副的标注

普通螺纹副的标记应直接标注在旋合段直径的尺寸上或其引出线上,如图10.12(a)所示;管螺纹副应采用引出线由旋合部分的大径处引出标注,如图10.12(b)所示。

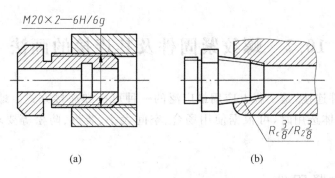

图 10.12 螺纹副的标注
(a)普通螺纹副；(b)管螺纹副

5. 螺纹在图样中的标注方法

(1) 普通注法　将规定的螺纹代号或标记注在大径的尺寸线处。通常多注在表示螺纹非圆的视图上，见图 10.13。一般所注的螺纹长度指不包括螺尾的完整牙型螺纹长度。

(2) 旁注法　如图 10.14 所示，适用于各种管螺纹。

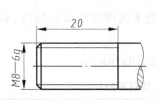　　　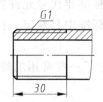

图 10.13　螺纹的普通注法　　　图 10.14　管螺纹的旁注法

表 10.6 为内螺纹的旁注法和普通注法。

表 10.6　内螺纹的注法

旁　注　法		普　通　注　法
3×M6—7H	3×M6—7H	3×M6—7H
3×M6—7H▼10	3×M6—7H▼10	3×M6—7H
3×M6—7H▼10 孔▼12	3×M6—7H▼10 孔▼12	3×M6—7H

10.2 螺纹紧固件及其连接的画法

用螺纹紧固件连接,是工程上应用最广泛的一种可拆卸连接方式。螺纹紧固件种类很多且已标准化,具体选用时,可根据使用场合、空间大小、装拆、防松等要求,查阅手册或标准,酌情选用。

10.2.1 螺纹紧固件

螺纹紧固件包括螺栓、双头螺柱、螺钉、螺母、垫圈等。这些零件一般都是标准件,不需要单独画零件图,只需按规定进行标记,根据标记可以从相应的国家标准中查到它们的结构形式和尺寸。螺纹紧固件的规定标记为:

| 名称 | 标准编号 | 螺纹规格、公称尺寸 | 性能等级及表面热处理 |

标记的简化原则:
(1) 名称和标准年代号允许省略;
(2) 当产品标准中只规定一种形式、精度、性能等级或材料及热处理、表面处理时,允许省略。

表 10.7 列举了一些常用的螺纹紧固件及其规定的标记。

表 10.7 螺纹紧固件及其规定的标记

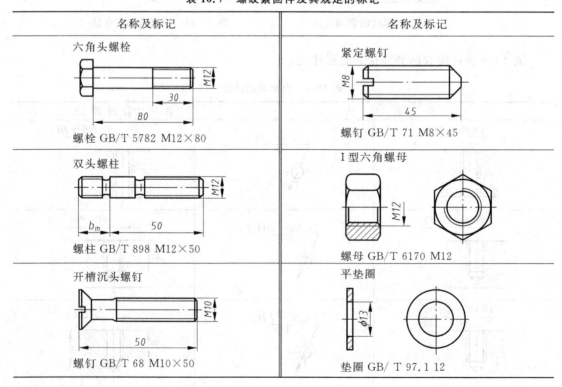

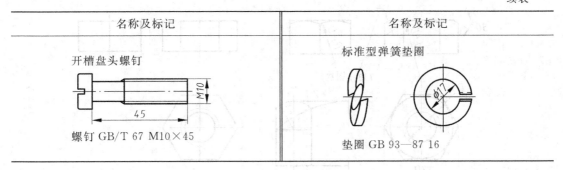

10.2.2 螺纹紧固件连接画法

螺纹紧固件的基本连接形式有螺栓连接、双头螺柱连接和螺钉连接。

1. 螺栓连接

螺栓连接由螺栓、螺母、垫圈组成,在被连接件上加工出通孔,装入螺栓与螺母旋合就实现了螺栓连接。它适用于被连接件不太厚或需要经常拆卸之处,如减速箱体和箱盖之间的连接等。其特点是制造简单,拆卸方便、可靠,应用较广。

绘制连接图时,螺栓、垫圈、螺母的尺寸可以从手册中查出,或按图 10.15(a)所示的尺寸比例关系绘制或按图 10.15(b)所示的简化画法绘制。六角螺栓头部和螺母倒角所形成的曲线通常用圆弧近似绘出,也可画成简化画法,如图 10.16 所示。

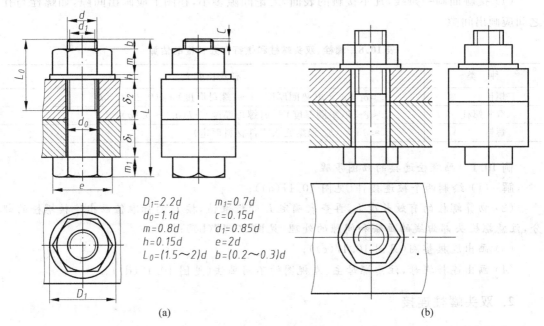

图 10.15 螺栓连接画法
(a) 比例画法;(b) 简化画法

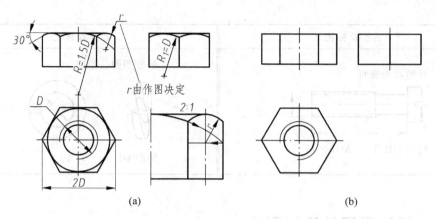

图 10.16 螺母和螺栓头部画法
(a) 比例画法；(b) 简化画法

画螺栓连接装配图时，需要注意以下几个问题：

（1）已知尺寸是螺纹的大径 d 和被连接件的厚度 δ_1 和 δ_2。螺栓的有效长度 L 的估算公式见表 10.8，根据估算长度在标准中查出相近的标准值。

（2）为了保证装配工艺合理，被连接件的孔径应比螺纹大径 d 大一些，按 $1.1d$ 画或查阅手册。螺纹长度 L_0 应画得低于光孔顶面，以便螺母调整、拧紧。

（3）当剖切平面通过螺杆的轴线时，螺栓、螺母、垫圈按不剖处理，仍画外形。两零件相邻时剖面线的方向相反，或方向一致，但间隔不等。同一零件在各视图中的剖面线方向必须一致，间隔相等。

（4）接触面画一条线，凡不接触的表面，无论间隙多小，在图上应画出间隙，如螺栓与孔之间应画出间隙。

表 10.8 螺栓、双头螺柱和螺钉有效长度的估算

种 类	有效长度 L
螺栓	$L \approx \delta_1 + \delta_2 + h(\text{垫圈厚度}) + m(\text{螺母厚度}) + b(0.2 \sim 0.3d)$
双头螺柱	$L \approx \delta + h(\text{垫圈厚度}) + m(\text{螺母厚度}) + b(0.2 \sim 0.3d)$
螺钉	$L \approx \delta + b_m$（b_m 根据旋入零件材料而定）

例 10.1 画螺栓连接的画图步骤。

解：（1）绘制两个被连接件（见图 10.17(a)）；

（2）初算螺栓的有效长度 L，再查表确定 L 的标准值，按 L 的标准值画出连接螺栓的部分，注意螺栓头部曲线的画法和间隙的处理（见图 10.17(b)）；

（3）画出连接垫圈（见图 10.17(c)）；

（4）画出连接螺母，注意螺母主、左视图的不同画法（见图 10.17(d)）。

2. 双头螺柱连接

双头螺柱连接由双头螺柱、螺母、垫圈组成。双头螺柱没有头部，两端均有螺纹，连接时，一端直接旋入被连接件，称为旋入端，另一端用螺母拧紧，称为紧固端。双头螺柱连接多

第10章 标准件和常用件　213

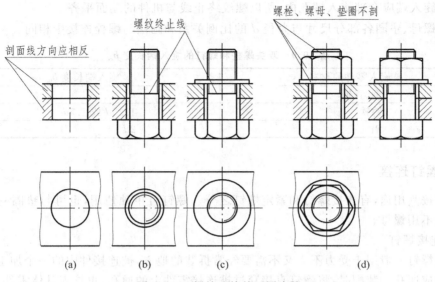

图 10.17　螺栓连接的画图步骤

用于被连接件之一较厚，或不宜做成通孔的情况。双头螺柱的比例画法见图 10.18(a)；也可以画成简化画法，如图 10.18(b)所示。

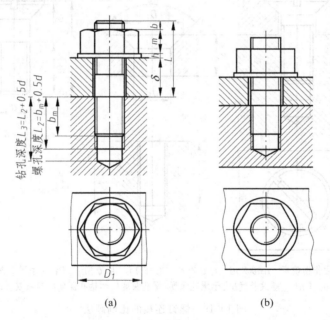

图 10.18　螺柱连接的比例画法
(a) 比例画法；(b) 简化画法

画双头螺柱连接装配图时，需要注意以下几个问题：

(1) 双头螺柱旋入机件一端的深度，称为旋入端长度，用 b_m 表示，它与机件的材料有关，旋入后应保证连接可靠，如表 10.9 所示。双头螺柱的有效长度 L 不包含旋入端长度 b_m。

(2) 双头螺柱的有效长度 L 的估算公式见表 10.8，根据估算长度在标准中查出相近的标准值。

(3) 旋入端应全部旋入螺孔内,所以螺纹终止线与机件的端面平齐。

(4) 螺母、垫圈各部分尺寸与大径 d 的比例关系和画法与螺栓连接中相同。

表 10.9 双头螺柱和螺钉的旋入端长度 b_m

被旋入零件的材料	旋入端长度 b_m
钢、青铜	d
铸铁	$1.25d$ 或 $1.5d$
铝	$2d$

3. 螺钉连接

螺钉按其用途,有连接螺钉和紧定螺钉之分。螺钉可单独使用,也可与垫圈一起使用。螺钉连接不用螺母。

1) 连接螺钉

连接螺钉一般用于受力不大又不需要经常拆装的地方,被连接件中的一个加工为螺孔,另一个做成通孔。装配时,将螺钉直接穿过被连接零件上的通孔,再拧入基体零件上的螺孔中,靠螺钉头部压被连接零件。螺钉连接画法可查手册或按比例画法绘制,见图 10.19。

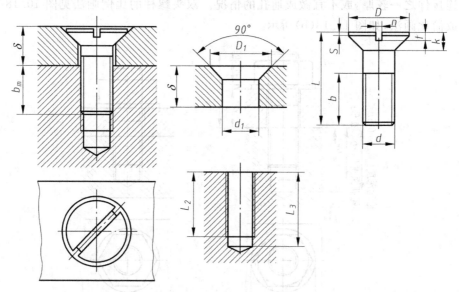

D 由作图确定; $n=0.25d$; $t=0.25d$; $S=0.1d$; $k=0.5d$; D_1 由手册中查出; $d_1=1.1d$; 螺纹长度 b 大于螺孔深度,螺孔深度 L_2 和钻孔深度 L_3 参照双头螺柱

图 10.19 螺钉连接的比例画法

画螺钉连接装配图时,需要注意以下几个问题:

(1) 螺钉的有效长度 L 的估算公式见表 10.8,根据估算长度在标准中查出相近的标准值。

(2) 可取螺纹长度 $b \approx 2d$,终止线伸出螺纹孔端面,以保证螺纹连接时能使螺钉旋入、压紧。

(3) 螺钉头部的起子槽在俯视图上的投影画成与图形对称中心线成 45° 倾斜角,见图 10.19。

2) 紧定螺钉

紧定螺钉连接是把紧定螺钉拧入被连接件之一的螺孔中,并用它的末端顶紧另一零件的表面或顶入另一零件的相应凹坑中,用以固定两零件的相对位置,可传递不大的转矩。开槽锥端紧定螺钉连接结构和画法如图10.20所示。

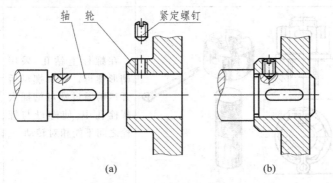

图 10.20 开槽锥端紧定螺钉连接
(a) 连接前;(b) 连接后

需要说明的是,图10.20(b)所示的装配结构中,紧定螺钉的作用是防止齿轮从轴的右端脱落。欲使轴与齿轮能同时负载转动,尚需借助键来传递扭矩。

10.2.3 螺纹连接的防松

在螺纹连接中,螺母虽然可以拧得很紧,在静载荷作用下,不会产生连接松动的现象。但在冲击、振动和变载荷下,螺母往往也会逐渐松脱下来。为防止这种情况出现,重要场合应采取防松措施。常用的防松方法如表10.10所示。

表 10.10 螺纹连接的防松装置

类型		典型结构	防松原理	应用范围
靠摩擦力的防松装置	弹簧垫圈		拧紧螺母时,弹簧垫圈被压平产生一定弹力,用以保持螺纹间有一定的压紧力。同时垫圈切口处的尖角也有阻止螺母松脱的作用,所以安装时要注意垫圈切口方向	结构简单,工作可靠,应用广泛。但在冲击、振动很大的情况下,防松效果不十分可靠
	双螺母		副螺母拧紧后,螺纹牙间的接触情况如左图所示。主、副螺母对顶,在两螺母间的一段螺栓内产生附加拉力,即使外载荷消失,该拉力仍存在,有利于阻止松脱现象发生。由图可知副螺母受主要外载荷,故副螺母理应取厚一些。但为避免装错,通常两螺母取等厚者为多	结构简单,可用于一般无剧烈振动的机器上,但因多采用了一个螺母,增加了连接的外廓尺寸和重量,且不适宜有剧烈振动的高速机器,所以现在双螺母的应用已大大减少

续表

类 型		典型结构	防松原理	应用范围
机械方法防松	开口销		在螺栓上钻孔,采用槽形螺母。旋紧螺母后开口销通过螺母槽插入螺栓孔中,使螺母与螺栓之间不能相对转动	安全可靠,应用较广。但安装较费工时,不经济,故只在承受较大振动、冲击的连接中使用
	单耳及外舌止动垫圈		单耳止动垫圈的防松是将垫圈一侧弯折,贴紧在被连接件的侧面上。而外舌止动垫圈是将外舌插入被连接件的预钻孔中,然后将这两种垫圈的另一侧折弯并紧贴在已拧紧的螺母的侧面上,以达到防松作用	方法简单可靠,经济性也好,应用较广
	圆螺母用止动垫圈		将垫圈内翅插入轴上的槽内,而将垫圈的数个外翅之一弯折入螺母的沟槽中,使螺母与螺栓不能相对转动	简单可靠,多用于轴端固定的防松
	金属丝		螺栓紧固后,可在螺栓头部钻孔再用金属丝捆扎。捆扎时必须注意金属丝的穿绕方向,即某一螺栓要自松时,金属丝却将其余螺栓向旋紧方向转动	防松可靠,结构轻便。但螺钉加工费较高,安装也较费工时
其他方法防松	黏结		使用厌氧性黏结剂涂敷在螺纹上,旋紧螺母即黏为一体,如欲拆卸需加温到 200~300℃,使黏结剂分解后方可拆卸	安全可靠,但不适用于高温下工作

10.3 键和销

键与销都是标准件,它们的结构、尺寸和形式国家标准都有规定,使用时可查阅相关标准。

10.3.1 键

键主要用来实现轴上零件(如齿轮、带轮)的周向固定,以传递转矩,如图10.21所示。

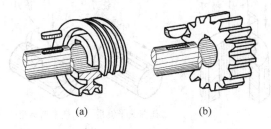

(a)　　　　　　　(b)

图 10.21　键连接

1. 键的种类和标记

常用的键有普通平键、半圆键和楔键,普通平键又分为 A 型(圆头)、B 型(平头)和 C 型(单圆头)三种。平键作为标准件,其规定标记如下:

标准号　键　类型代号　$b \times h \times L$

表 10.11 列出了键及其标记示例。键和轴上键槽、轮毂上键槽的尺寸可查阅附录 A.17。

表 10.11　常用的键类型和标记

名称及标准号	图　例	标记和说明
普通平键 GB/T 1096—2003		GB/T 1096—2003 键 8×7×32 A 型圆头普通平键,键宽 $b=8$mm,高度 $h=7$mm,长度 $L=32$mm
半圆键 GB/T 1099—2003		GB/T 1099—2003 键 6×10×25 半圆键,直径 $d_1=25$mm,键宽 $b=6$mm,高度 $h=10$mm
钩头型楔键 GB/T 1565—2003		GB/T 1565—2003 键 16×100 钩头型楔键,宽度 $b=16$m,高度 $h=10$mm,长度 $L=100$mm

2. 键槽的画法及尺寸标注

键槽分为轴上的键槽和轮毂上的键槽。键槽的加工方法很多,轮毂上的键槽可在插床或拉床上加工,而轴上的键槽可由不同的铣刀进行加工,其常用的加工方法如图 10.22 所示。键槽的宽度 b 可根据轴的直径 d 查表确定,轴上的槽深 t_1 和轮毂上的槽深 t_2 可以分别从键的标准中查得。键槽的画法和尺寸标注如图 10.23 所示。键槽的宽度 b、轴上的键深 t_1 和轮毂上的槽深 t_2 以及键的长度 L,可查附录 A.17。

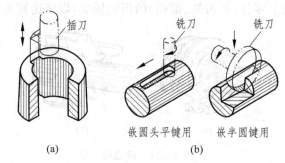

图 10.22 键槽的常用加工方法
(a) 轮毂上的键槽;(b) 轴上的键槽

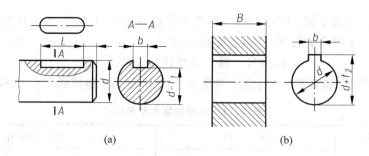

图 10.23 键槽的画法及尺寸标注

3. 键的连接

(1) 普通平键连接 普通平键的两侧面是工作面,与键槽配合较紧,键的顶面与轮毂的底面之间有间隙。在剖视图中,当剖切平面通过键的纵向对称面时,键按不剖处理,当剖切平面垂直于轴线时,键仍然按剖切处理,见图 10.24。键的长度 L 一般比轮毂长度短 5~10mm,再查表取标准长度。

(2) 半圆键连接 半圆键的装配图与普通平键装配图类似,见图 10.25。

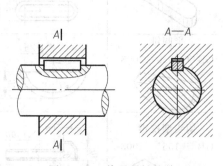

图 10.24 普通平键连接

(3) 钩头型楔键连接 楔键的上下两面是工作面,依靠键的顶面和底面与轮和轴之间挤压的摩擦力而连接,故画图时,上下接触面应画一条线,见图 10.26。

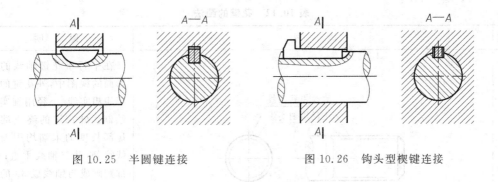

图 10.25　半圆键连接　　　　　图 10.26　钩头型楔键连接

10.3.2　花键

花键是在轴或孔的表面上等距分布的相同键齿，一般用于需沿轴线滑动（或固定）的连接，传递转矩或运动。花键的齿形有矩形和渐开线形等，其中矩形花键应用较广。花键的结构形式和尺寸大小、公差均已标准化。在外圆柱（或外圆锥）表面上的花键称为外花键，在内圆柱（或内圆锥）表面上的花键称为内花键，如图 10.27 所示。

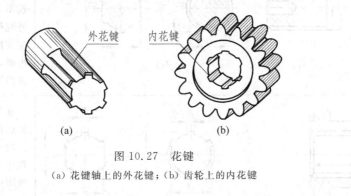

图 10.27　花键
(a) 花键轴上的外花键；(b) 齿轮上的内花键

不同类型的花键可由其图形符号来区别。表示矩形花键的图形符号如图 10.28(a) 所示；表示渐开线花键的图形符号如图 10.28(b) 所示。其中，h 为图形符号高，符号线宽度 $d=h/10$。

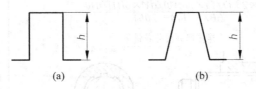

图 10.28　花键的图形符号
(a) 矩形花键的图形符号；(b) 渐开线花键的图形符号

1. 花键的画法

花键的画法如表 10.12 所示。

表 10.12 花键的画法

种类	画　法	说　明
外花键的画法	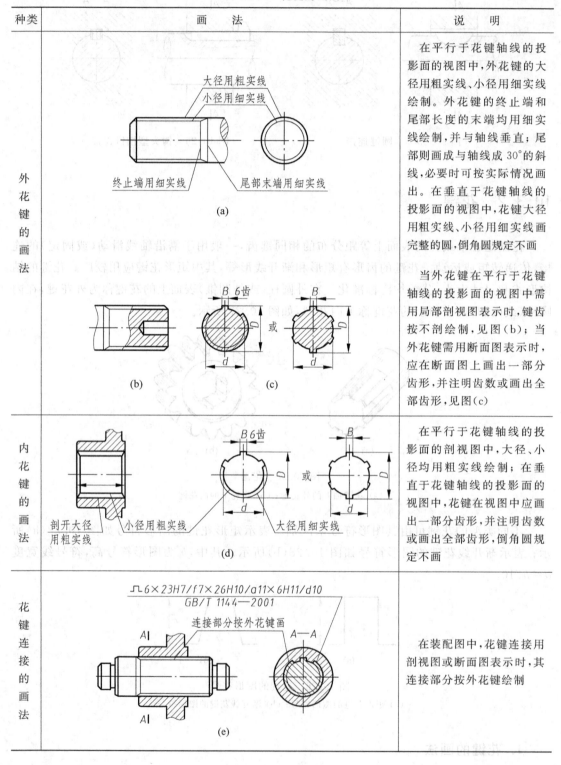	在平行于花键轴线的投影面的视图中，外花键的大径用粗实线、小径用细实线绘制。外花键的终止端和尾部长度的末端均用细实线绘制，并与轴线垂直；尾部则画成与轴线成30°的斜线，必要时可按实际情况画出。在垂直于花键轴线的投影面的视图中，花键大径用粗实线、小径用细实线画完整的圆，倒角圆规定不画。 当外花键在平行于花键轴线的投影面的视图中需用局部剖视图表示时，键齿按不剖绘制，见图(b)；当外花键需用断面图表示时，应在断面图上画出一部分齿形，并注明齿数或画出全部齿形，见图(c)
内花键的画法		在平行于花键轴线的投影面的剖视图中，大径、小径均用粗实线绘制；在垂直于花键轴线的投影面的视图中，花键在视图中应画出一部分齿形，并注明齿数或画出全部齿形，倒角圆规定不画
花键连接的画法		在装配图中，花键连接用剖视图或断面图表示时，其连接部分按外花键绘制

2. 花键的尺寸标注

花键在零件图中的尺寸标注有两种方法：一种是在图中采用一般标注法，注出花键的大径 D、小径 d、齿宽 B 和工作长度 L 等各部分的尺寸及齿数 N，如表 10.12 中的图(c)和图(d)所示。另一种是在图中采用标记标注法，注出表明花键类型的图形符号、花键的标记和工作长度 L 等，如图 10.29 所示。

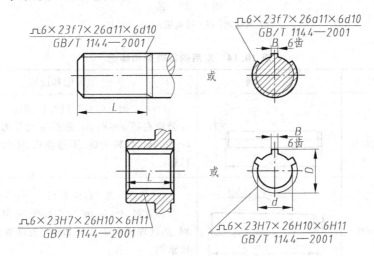

图 10.29 花键尺寸的标记标注法

在装配图中的尺寸标注如表 10.12 中的图(e)所示。图中 6×23H7/f7×26H10/a11×6H11/d10 GB/T 1144—2001 为矩形花键副在装配图上的标记。若对内花键则标记为 6×23H7×26H10×6H11 GB/T 1144—2001，而外花键则标记为 6×23f7×26a11×6d10 GB/T 1144—2001。矩形花键的标注含义如表 10.13 所示。

表 10.13 矩形花键的标注含义

参数类型	齿数 N	小径 d/mm	小径公差带代号	大径 D/mm	大径公差带代号	齿宽 B/mm	齿宽公差带代号
内花键	6	23	H7	26	H10	6	H11
外花键	6	23	f7	26	a11	6	d10

10.3.3 销

工程上常用的销有圆柱销、圆锥销和开口销，如图 10.30 所示。圆柱销和圆锥销常用于固定零件间的相互位置，并可以传递不大的载荷。有时可以作为安全装置中的切断元件。开口销用在带孔螺栓和带槽螺母上，将其插入槽形螺母的槽口和带孔螺栓的孔，并将销的尾部叉开，以防止螺母与螺栓松脱。销的规定标记如下：

销　标准号　类型代号　$d×L$

其常用的销类型和标记见表10.14。

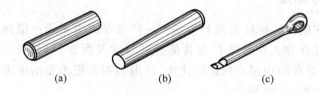

图 10.30　销
(a) 圆柱销；(b) 圆锥销；(c) 开口销

表 10.14　常用的销类型和标记

名称及标准号	图　例	标记和说明
圆柱销 GB/T 119.1—2000	$\phi 6m6$；30	销　GB/T 119.1　6m6×30 公称直径 $d=6$mm、公差带代号为 m6、公称长度 $l=30$mm、材料为钢、不经淬火、不经表面处理的圆柱销
圆锥销 GB/T 117—2000	1:50；$\phi 6$；30	销　GB/T 117　6×30 公称直径 $d=6$mm、公称长度 $l=30$mm、材料为 35 钢、热处理硬度 28～38HRC、表面氮化处理的 A 型圆锥销
开口销 GB/T 91—2000	50；$\phi 10$	销　GB/T 91　10×50 公称规格 $d=10$mm、公称长度 $l=50$mm、材料为 Q215 或 Q235、不经表面处理的开口销

注：圆锥销和圆锥销孔均标注销的小端尺寸。

图 10.31 是圆柱销和圆锥销的连接画法。在剖视图中，当剖切平面通过销的轴线时，销按不剖处理；当剖切平面垂直于轴线时，销仍应画出剖面线。图 10.32 是用开口销来防止螺母松脱的结构。

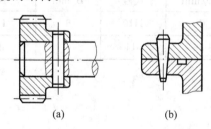
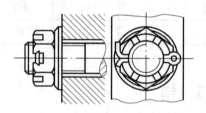

图 10.31　圆柱销和圆锥销的连接画法　　图 10.32　开口销连接
(a) 圆柱销连接；(b) 圆锥销连接

▎资料查询与调研

从网上、五金建材市场、生产厂家搜索教材中未出现的标准件彩页图片，特别关注国内外一些有特色的螺钉、螺母、垫片，例如膨胀螺栓、子母螺钉、防滑垫片等，开阔视野。

10.4 滚动轴承

滚动轴承是用来支承轴的标准组件,具有摩擦力小、结构紧凑等优点,已在机器中得到广泛使用,如图10.33所示。滚动轴承的种类很多,一般由外圈、内圈、滚动体和保持架组成。外圈装在机座的孔内(也称座圈),内圈套在轴上(也称轴圈),在大多数应用场合是外圈固定不动而内圈随轴转动。

图 10.33 传动系统中的滚动轴承

本节简要介绍常见的深沟球轴承、圆锥滚子轴承和推力球轴承的标记和画法。

10.4.1 滚动轴承的代号

按国家标准规定,滚动轴承的结构尺寸、公差等级、技术性能等特性由滚动轴承代号来表示。代号由基本代号和补充代号(包括前置代号和后置代号)组成,其排列见表10.15。基本代号是轴承代号的基础,由轴承类型代号、尺寸系列代号和内径代号构成。

表 10.15 滚动轴承代号

前置代号	基本代号(滚针轴承除外)					后置代号(组)						
	五	四	三	二	一	1	2	3	4	5	6	7	8
成套轴承部件代号	组合代号			内径代号	内部结构	密封与防尘套圈类型	保持架及材料	轴承材料	公差等级	游隙	配置	其他
	类型代号	尺寸系列代号										
		宽度系列	直径系列										

轴承类型代号用数字或字母表示,深沟球轴承、圆锥滚子轴承和推力球轴承的类型代号见表10.16。为适应不同的受力工况,在内径一定的情况下,轴承有不同的宽(高)度和外径大小,它们成一定的系列,称为轴承的尺寸系列。尺寸系列代号由轴承的宽(高)度系列代号和直径系列代号组合而成。部分轴承内径代号见表10.17。其他有关规定可查阅相应手册。

表 10.16　常用滚动轴承的画法及标注示例

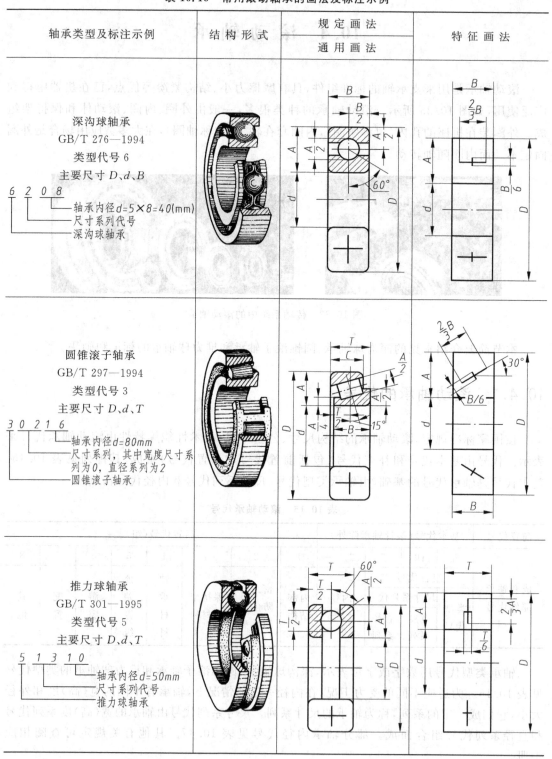

表 10.17　部分轴承内径代号

轴承公称直径/mm	内径代号	示例
10～17	10　　00 12　　01 15　　02 17　　03	深沟球轴承 6200 $d=10$mm
20～480 （22、28、32 除外）	公称内径除以 5 的商数，商数为个位数时，须在商数左边加"0"，如 08	推力球轴承 53208 $d=40$mm
≥500 以及 22、28、32	用公称内径（毫米）直接表示，但在其与尺寸系列代号之间用"/"分开	圆锥滚子轴承 330/500 $d=500$mm 深沟球轴承 62/22 $d=22$mm

10.4.2　滚动轴承的画法

1. 规定画法和特征画法

滚动轴承是标准部件，不需要画零件图，只需在装配图中根据给定的轴承代号，从国家标准中查出外径 D、内径 d、宽度 B 或 T 等几个主要尺寸，按规定画法或特征画法画出。常用滚动轴承的画法及标注示例见表 10.16。

2. 通用画法

当不需要确切地表示轴承的外形轮廓、载荷特性、结构特征时，可将轴承按通用画法画出，如图 10.34 所示。

装配图中，需要较详细地表达滚动轴承的主要结构时，可采用规定画法，仅需要简单地表达时，可采用特征画法。图 10.35 中的圆锥滚子轴承上一半按规定画法画出，轴承的内圈和外圈的剖面线方向和间隔均要相同，而另一半可按通用画法画出，即用粗实线画出正十字。

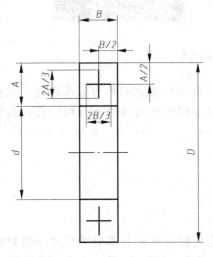

图 10.34　滚动轴承的通用画法

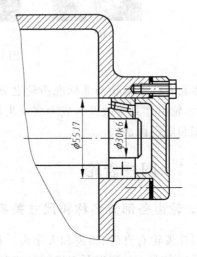

图 10.35　装配图中滚动轴承的画法

10.5 齿　　轮

齿轮是机械传动中广泛应用的传动零件(见图 10.36),用于传递动力、改变转速和方向。

图 10.36　种类繁多的齿轮

齿轮的种类繁多,常见的齿轮有:
(1) 圆柱齿轮　一般用于两平行轴之间的传动(见图 10.37(a))。
(2) 锥齿轮　常用于两相交轴之间的传动(见图 10.37(b))。
(3) 蜗轮蜗杆　常用于两交叉轴之间的传动(见图 10.37(c))。

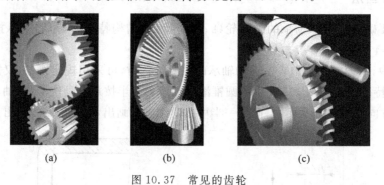

(a)　　　　　　　　(b)　　　　　　　　(c)

图 10.37　常见的齿轮

齿轮有标准齿轮与非标准齿轮之分,凡轮齿符合国标规定的称为标准齿轮。在标准的基础上,轮齿作某些改变后成为变位齿轮。本节仅介绍齿廓曲线为渐开线的标准齿轮的基本知识和规定画法。

10.5.1　圆柱齿轮

1. 轮齿各部分名称和尺寸关系

圆柱齿轮有直齿、斜齿和人字齿三种。标准直齿圆柱齿轮各部分的尺寸与模数有一定的关系。表 10.18 列出了直齿圆柱齿轮各部分的名称(见图 10.38)、主要参数及其几何尺寸计算。一对相互啮合的齿轮,模数、压力角必须相等。标准齿轮的压力角(对单个齿轮而言即为齿形角)为 20°。

表 10.18　标准直齿圆柱齿轮各部分名称、主要参数和几何尺寸计算

名称及代号	说　明	公　式
齿顶圆直径 d_a	通过齿轮顶部的圆周直径	$d_a = m(z+2)$
齿根圆直径 d_f	通过齿轮根部的圆周直径	$d_f = m(z-2.5)$
分度圆直径 d	对标准齿轮而言为齿厚等于齿槽宽处的圆周直径	$d = mz$
齿顶高 h_a	分度圆至齿顶圆的径向距离	$h_a = m$
齿根高 h_f	分度圆至齿根圆的径向距离	$h_f = 1.25m$
齿高 h	齿顶高与齿根高之和	$h = 2.25m$
齿距 p	分度圆上相邻两齿间对应点的弧长(齿槽宽+齿厚)	$p = \pi m$
节圆直径 d'	连心线 O_1O_2 上两相切的圆称为节圆,其直径分别为 d_1'、d_2'(见图 10.38(b))	
齿数	齿轮上轮齿的个数	
模数 m	$d = (p/\pi)z$,令 $p/\pi = m$,则 $d = mz$	
中心距 a	$a = (d_1 + d_2)/2 = m(z_1 + z_2)/2$	

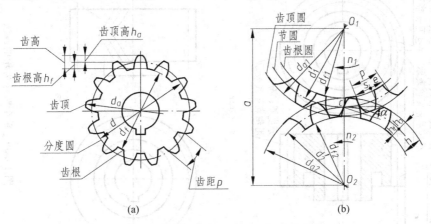

图 10.38　直齿圆柱齿轮各部分名称及其代号
(a) 直齿圆柱齿轮;(b) 啮合图

模数 m 是设计、制造齿轮的一个重要参数。模数愈大,轮齿就愈大,表示齿轮的承载能力愈大。为减少加工齿轮刀具的数量,国家标准对齿轮的模数作了统一规定。模数的标准数值如表 10.19 所示。

表 10.19　标准模数(摘自 GB/T 1357—1987)　　　　　　　　　　　mm

第一系列	1	1.25	1.5	2	2.5	3	4	5	6
	8	10	12	16	20	25	32	40	50
第二系列	1.75	2.25	2.75	(3.25)	3.5	(3.75)	4.5	5.5	(6.5)
	7	9	(11)	14	18	22	28	36	45

2. 单个圆柱齿轮的画法

齿轮的轮齿一般不需要画出其真实投影。GB/T 4459.2—2003 对齿轮的画法作了统一规定,单个圆柱齿轮的画法如图 10.39 所示。

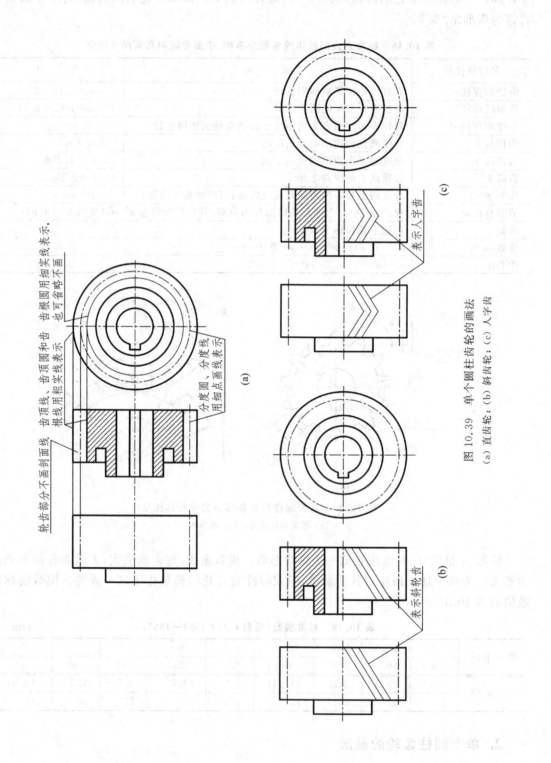

图 10.39 单个圆柱齿轮的画法
(a) 直齿轮；(b) 斜齿轮；(c) 人字齿

(1) 齿顶圆和齿顶线用粗实线表示；分度圆和分度线用细点画线表示；在剖视图中的齿根线用粗实线，在端视图中的齿根圆用细实线表示(见图 10.39(a))，也可省略不画(见图 10.39(b)、(c))。

(2) 在剖视图中，当剖切平面通过齿轮的轴线时，轮齿一律按不剖绘制。

(3) 对于斜齿或人字齿，还需在外形图上画出三条平行的细实线用以表示齿向和倾角(见图 10.39(b)、(c))。

3. 两啮合圆柱齿轮的画法

两啮合齿轮的画法如图 10.40 所示。

(1) 在平行于圆柱齿轮轴线的视图中，当剖切平面通过两啮合齿轮的轴线时，在啮合区内，通常将主动轮的轮齿用粗实线绘制，从动轮的轮齿被遮挡部分用虚线绘制(见图 10.40(b))，也可省略不画(见图 10.40(a))。当剖切平面不通过两啮合齿轮的轴线时，齿轮一律按不剖绘制。

(2) 在投影为圆的视图中，两个齿轮啮合区的齿顶圆用粗实线绘制(见图 10.40(c))，也可省略不画(见图 10.40(d))。

(3) 啮合区的放大画法如图 10.40(e)所示。

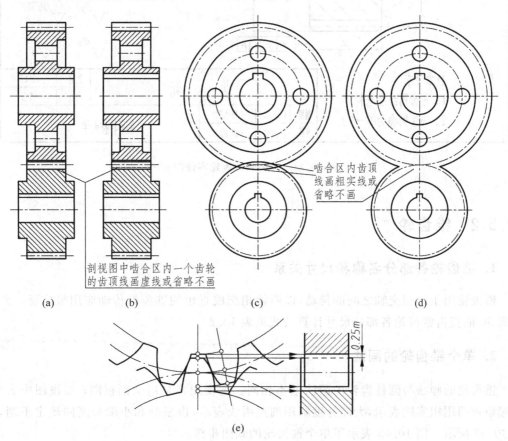

图 10.40 两啮合圆柱齿轮的画法

4. 圆柱齿轮零件图

图 10.41 是直齿圆柱齿轮零件图,供画图时参考。

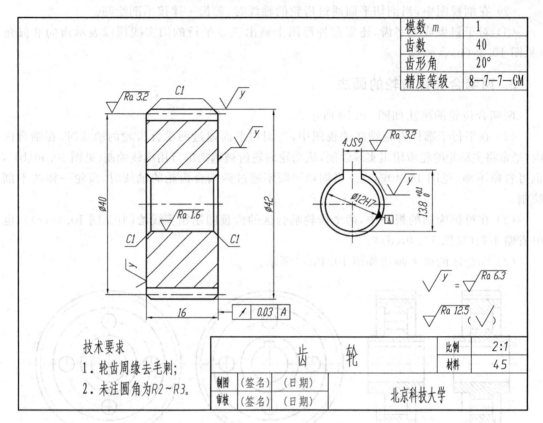

图 10.41　直齿圆柱齿轮零件图

10.5.2　锥齿轮

1. 锥齿轮各部分名称和尺寸关系

锥齿轮用于两相交轴之间的传动,以两轴相交成直角的锥齿轮传动应用最广泛。两轴线成 90°的直齿锥齿轮各部分尺寸计算公式见表 10.20。

2. 单个锥齿轮的画法

锥齿轮的画法与圆柱齿轮的画法基本相同。主视图多采用全剖视图;端视图中大端、小端齿顶圆用粗实线表示,大端分度圆用细点画线表示,齿根圆和小端分度圆规定不画,如图 10.42 所示。图 10.43 表示了单个锥齿轮的画图步骤。

表 10.20 标准直齿锥齿轮几何尺寸计算公式

基本参数：大端模数 m，齿数 z 和分度圆锥角 δ

名称	代号	公式	说明	图例
齿顶高	h_a	$h_a = m$	均用于大端	
齿根高	h_f	$h_f = 1.2m$		
齿高	h	$h = h_a + h_f = 2.2m$		
分度圆直径	d	$d = mz$		
齿顶圆直径	d_a	$d_a = m(z + 2\cos\delta)$		
齿根圆直径	d_f	$d_f = m(z - 2.4\cos\delta)$		
锥距	R	$R = \dfrac{mz}{2\sin\delta}$		
齿顶角	θ_a	$\tan\theta_a = \dfrac{2\sin\delta}{z}$		
齿根角	θ_f	$\tan\theta_f = \dfrac{2.4\sin\delta}{z}$	"1"表示小齿轮 "2"表示大齿轮 适用于 $\delta'_1 + \delta'_2 = 90°$	
分度圆锥角	δ_1	$\tan\delta'_1 = z_1/z_2$		
	δ_2	$\tan\delta'_2 = z_2/z_1$		
顶锥角	δ_a	$\delta_a = \delta + \theta_a$		
根锥角	δ_f	$\delta_f = \delta - \delta_j$		
齿宽	b	$b \leqslant R/3$		

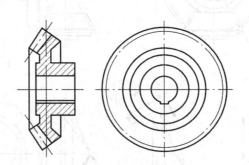

图 10.42 单个锥齿轮的画法

3. 两个啮合锥齿轮的画法

锥齿轮啮合时,两轮的齿顶交于一点,节锥相切,轴交角常为 90°,主视图一般采用全剖视图。

(1) 剖视图及外形图上啮合区画法与圆柱齿轮相同,投影为圆的视图基本上与单个锥齿轮画法一样,但被小圆锥齿轮所挡的部分图线一律不画(见图 10.44(a)、(b))。

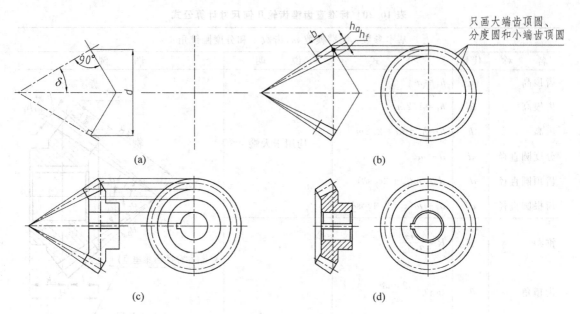

图 10.43 单个锥齿轮的作图步骤

(a) 根据分度圆锥角 δ 和大端分度圆直径 d，画出分度圆锥和背锥；(b) 根据齿顶高 h_a、齿根高 h_f 和齿宽 b，画出轮齿；(c) 画全主、左视图的对应投影线；(d) 擦去作图线，画出剖面线，加深

（2）啮合画法的作图步骤如图 10.44(c) 所示。

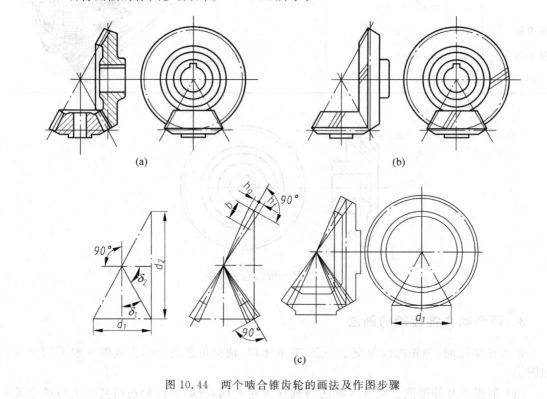

图 10.44 两个啮合锥齿轮的画法及作图步骤

4. 圆锥齿轮零件图

图 10.45 是锥齿轮零件图,供画图时参考。

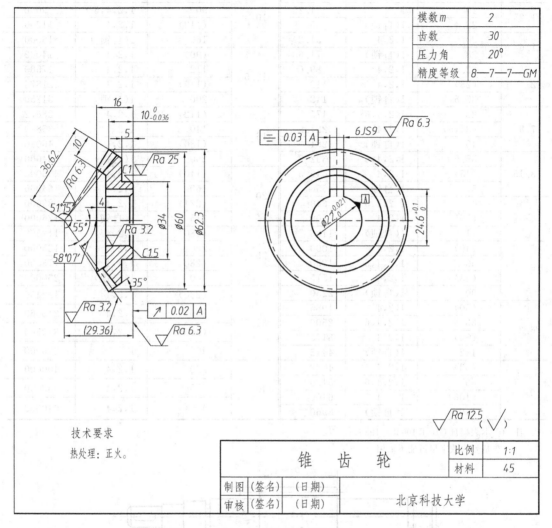

图 10.45 锥齿轮零件图

10.5.3 蜗杆蜗轮

1. 蜗杆蜗轮各部分名称和尺寸关系

蜗杆蜗轮各部分名称和基本参数与圆柱齿轮基本相同,只是多了一个蜗杆的直径系数 q。圆柱蜗杆模数和分度圆直径见表 10.21,蜗杆蜗轮各部分名称和相互关系及基本尺寸计算公式可参看图 10.46 和表 10.22。

表 10.21 圆柱蜗杆模数 m 和分度圆直径 d_1

模数 m /mm	分度圆直径 d_1 /mm	蜗杆线数 z_1	$m^2 d_1$ /mm³	模数 m /mm	分度圆直径 d_1 /mm	蜗杆线数 z_1	$m^2 d_1$ /mm³
1	18	1(自锁)	18		(71)	1,2,4	7100
1.25	20	1	31.25	10	90	1,2,4,6	9000
	22.4	1(自锁)	35		(112)	1,2,4	11200
1.6	20	1,2,4	51.2		160	1(自锁)	16000
	28	1(自锁)	71.68		(90)	1,2,4	14062
2	22.4	1,2,4	89.6	12.5	112	1,2,4	17500
	(28)	1,2,4	112		(140)	1,2,4	21875
	35.5	1(自锁)	142		200	1(自锁)	31250
	28	1,2,4,6	175		(112)	1,2,4	28672
7.5	(35.5)	1,2,4	221.9	16	140	1,2,4	35840
	45	1(自锁)	281		(180)	1,2,4	46080
	35.5	1,2,4,6	352.2		250	1(自锁)	64000
3.15	(45)	1,2,4	446.5		(140)	1,2,4	56000
	56	1(自锁)	556		160	1,2,4	64000
	40	1,2,4,6	640	20	(224)	1,2,4	89600
4	(50)	1,2,4	800		315	1(自锁)	126000
	71	1(自锁)	1136		(180)	1,2,4	112500
	(40)	1,2,4	1000	25	200	1,2,4	125000
5	50	1,2,4,6	1250		(280)	1,2,4	175000
	(63)	1,2,4	1575		400	1(自锁)	250000
	90	1(自锁)	2250		(200)	1,2,4	198450
	(50)	1,2,4	1985	31.5	250	1,2,4	248060
6.3	63	1,2,4,6	2500		(315)	1,2,4	312560
	(80)	1,2,4	3175		400	1	396900
	112	1(自锁)	4445		250	1,2,4	400000
	(63)	1,2,4	4032	40	355	1,2,4	568000
8	80	1,2,4,6	5120		400	1,2,4	640000
	(100)	1,2,4	6400				
	140	1(自锁)	8960				

注:① 本表摘自 GB/T 10088—1988。
② 括号内数字尽可能不采用。

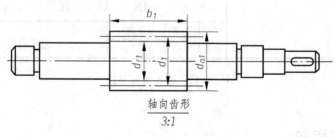

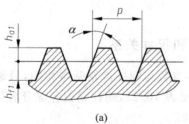

(a)

图 10.46 蜗杆蜗轮各部分名称代号
(a) 蜗杆；(b) 蜗轮

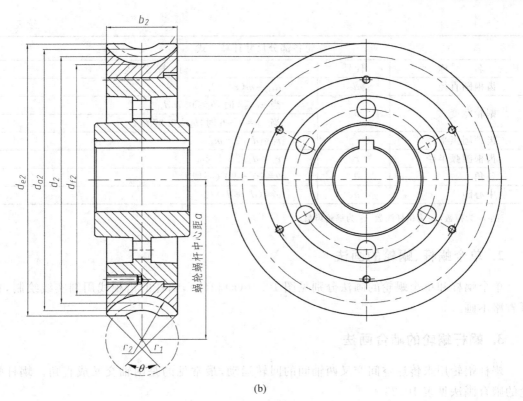

(b)

图 10.46(续)

表 10.22 蜗杆蜗轮基本几何尺寸关系

蜗杆各部分尺寸计算公式		
名 称	代号	计 算 公 式
分度圆直径	d_1	d_1 应按表 10.21 取标准值
齿顶圆直径	d_{a1}	$d_{a1} = d_1 + 2m$
齿根圆直径	d_{f1}	$d_{f1} = d_1 - 2.4m$
齿顶高	h_a	$h_a = m$
齿根高	h_f	$h_f = 1.2m$
齿高	h	$h = 2.2m$
轴向齿距	p_x	$p_x = m\pi$
导程角	γ	$\tan\gamma = mz_1/d_1$
导程	p_z	$p_z = z_1 p_x$
齿宽	b_1	当 $z_1=1\sim 2$ 时,$b_1 \approx (12+0.1z_2)m$ 当 $z_1=3\sim 4$ 时,$b_1 \approx (13+0.1z_2)m$
蜗轮各部分尺寸计算公式		
名 称	代号	计 算 公 式
分度圆直径	d_2	$d_2 = mz_2$
喉圆直径	d_{a2}	$d_{a2} = m(z_2+2)$
齿顶外圆直径	d_{e2}	当 $z_1=1$ 时,$d_{e2} \leqslant d_{a2}+2m$ 当 $z_1=2\sim 3$ 时,$d_{e2} \leqslant d_{a2}+1.5m$ 当 $z_1=4$ 时,$d_{e2} \leqslant d_{a2}+m$

续表

蜗轮各部分尺寸计算公式

名 称	代号	计算公式
齿根圆直径	d_{f2}	$d_{f2}=m(z_2-2.4)$
蜗轮宽度	b_2	当 $z_1\leqslant 3$ 时,$b_2\leqslant 0.75d_{a1}$
		当 $z_1=4\sim 6$ 时,$b_2\leqslant 0.67d_{a1}$
齿顶圆弧半径	r_1	$r_1=d_1/2-m$
齿根圆弧半径	r_2	$r_2=d_1/2+1.2m$
包角	θ	$\theta=70°\sim 90°$(一般)
中心距	a	$a=(d_1+d_2)/2$

注:m 为模数,z_1 为蜗杆线数,z_2 为蜗轮齿数。

2. 单个蜗杆、蜗轮的画法

单个蜗杆和单个蜗轮的画法分别见图 10.46(a)和(b),蜗杆的齿根线用细实线绘制,也可省略不画。

3. 蜗杆蜗轮的啮合画法

蜗杆蜗轮用来传递空间交叉两轴间的回转运动,最常见的是两轴交叉成直角。蜗杆蜗轮的啮合画法见表 10.23。

表 10.23 蜗杆蜗轮的啮合画法

剖 视 图	外 形 图
(1) 主视图啮合区内,只画蜗杆,不画蜗轮; (2) 在蜗轮投影为圆的局部剖视图中,啮合区内,蜗轮的外圆和蜗杆的齿顶线均不画出,节圆和节线相切	(1) 在垂直蜗杆轴线的视图上,蜗杆与蜗轮啮合部分,只画蜗杆,不画蜗轮; (2) 在蜗轮投影为圆的视图上,啮合区内蜗轮外圆和蜗杆齿顶线均画出,且节圆和节线相切

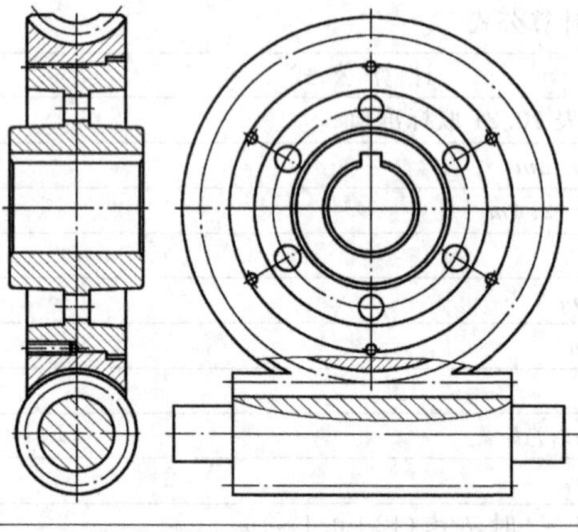

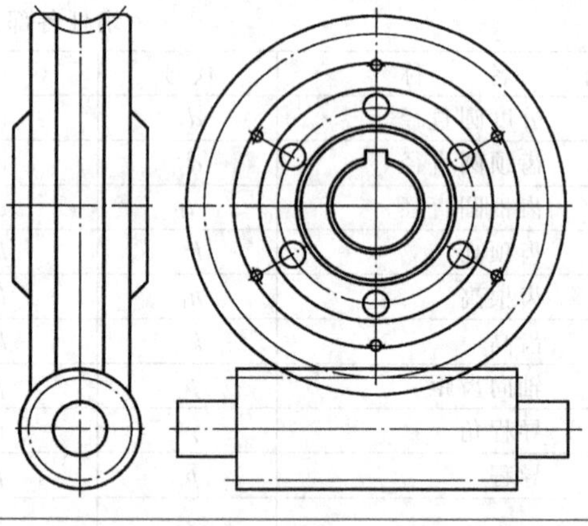

4. 蜗轮零件图

图 10.47 是蜗轮零件图,供画图时参考。

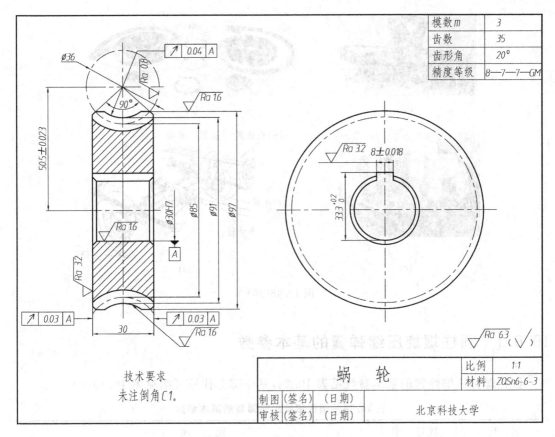

图 10.47 蜗轮的零件图

10.6 弹　　簧

　　弹簧是利用材料的弹性和结构特点,通过变形和储存能量工作的一种机械零(部)件,可用于减振、夹紧、测力等。弹簧种类很多,按其外形可分为螺旋弹簧、板弹簧、涡卷弹簧、片弹簧等,在现代工业中应用很广泛(见图10.48)。其中最常用的是圆柱螺旋弹簧,按其受载情况不同,可分为压缩弹簧、拉伸弹簧和扭转弹簧三种。本节重点介绍应用最广的圆柱螺旋压缩弹簧的画法。

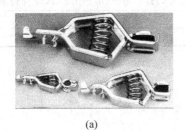
(a)

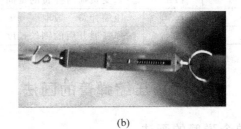
(b)

图 10.48 弹簧的应用
(a) 工具夹(螺旋压缩弹簧);(b) 弹簧秤(螺旋拉伸弹簧);(c) 发夹(螺旋扭转弹簧);
(d) 钟表里的发条(涡卷弹簧);(e) 手机充电器(片弹簧);(f) 汽车行驶装置(板弹簧)

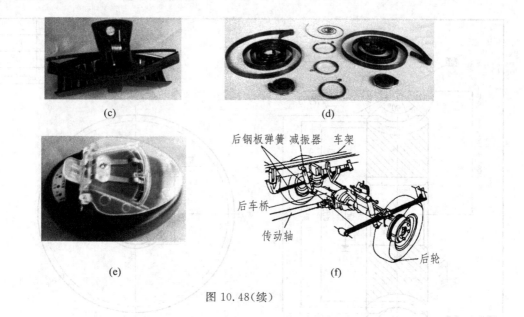

图 10.48(续)

10.6.1 圆柱螺旋压缩弹簧的基本参数

圆柱螺旋压缩弹簧的基本参数见表 10.24,其中部分代号说明见图 10.49(a)。

表 10.24 圆柱螺旋压缩弹簧的基本参数

名 称	代号	说 明
弹簧丝直径	d	制造弹簧的钢丝直径
弹簧外径	D_2	弹簧的最大直径
弹簧内径	D_1	弹簧的最小直径
弹簧中径	D	弹簧内、外径的平均值 $D=D_2-d=D_1+d$
支承圈数	n_2	弹簧两端并紧磨平,只起支承作用,不参与工作变形的圈称为支承圈,一般取 2.5 圈
有效圈数	n	在工作时承受外力作用,参与工作变形的圈,圈数由计算确定,应符合系列值
总圈数	n_1	$n_1=n+n_2$
节距	t	相邻两个有效圈对应点间的轴向距离
自由高度	H_0	未受负荷时弹簧的轴向尺寸,$H_0=nt+(n_2-0.5)d$,应符合系列值
螺旋升角	α	压缩弹簧一般取 5°~9°
展开长度	L	弹簧展开后的钢丝长度

10.6.2 圆柱螺旋压缩弹簧的画法

1. 单个弹簧的画法

圆柱螺旋压缩弹簧的规定画法如图 10.49 所示。
(1) 螺旋压缩弹簧在平行于轴线的投影面的视图中,其各圈的轮廓线应画成直线。

(2) 有效圈数为 4 圈以上的螺旋弹簧可以只画成两端的 1~2 圈(支承圈除外),中间各圈可省略不画,用通过弹簧钢丝中心的两条点画线表示,并可适当地缩短图形的长度。

(3) 右旋弹簧一定要画成右旋;左旋或旋向不作规定的螺旋弹簧也可画成右旋,但左旋弹簧不论是画成左旋或右旋,必须加注"LH"字样。

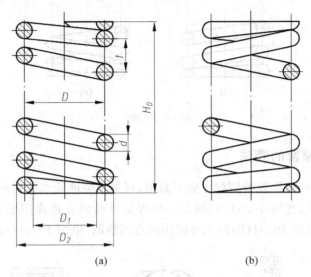

图 10.49　圆柱螺旋压缩弹簧的规定画法
(a) 剖视图;(b) 视图

圆柱螺旋压缩弹簧的作图步骤见图 10.50。

(1) 根据弹簧中径 D 和自由高度 H_0 作出矩形 $ABCD$(见图 10.50(a))。

(2) 画支承圈部分,画出直径与弹簧丝直径相等的圆和半圆(见图 10.50(b))。

(3) 画有效圈部分,根据 t 和 d,按图中数字顺序画弹簧丝断面(见图 10.50(c))。

(4) 按右旋方向作弹簧丝断面相应圆的公切线和画剖面线,即可完成作图(见图 10.50(d)和(e))。

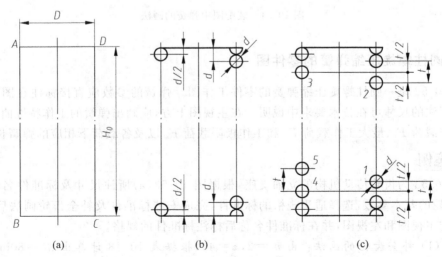

图 10.50　圆柱螺旋压缩弹簧的作图步骤

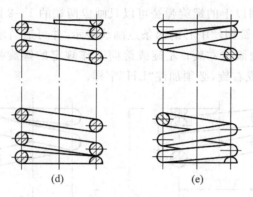

图 10.50(续)

2. 装配图中弹簧的画法

在装配图中,被弹簧挡住的结构一般不画出,可见部分的轮廓线只画到弹簧钢丝断面的外轮廓线或中心线上,如图 10.51(a)所示。当弹簧丝断面直径在图形上等于或小于 2mm 时,可以涂黑表示(见图 10.51(b)),也可以用示意图绘制(见图 10.51(c))。

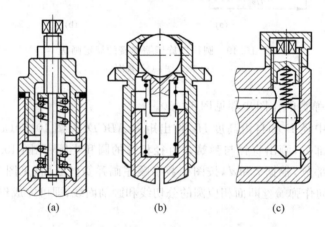

图 10.51　装配图中弹簧的画法

3. 圆柱螺旋压缩弹簧的零件图

图 10.52 是一圆柱螺旋压缩弹簧的零件工作图。弹簧的参数应直接标注在图形上,难以直接标注的尺寸可在技术要求中说明。在主视图上方,应画出弹簧的工作特性曲线,标出最小工作载荷 F_1、最大工作载荷 F_2 和工作极限载荷 F_s 以及各载荷下相应的弹簧长度。

▎应用案例

图 10.53 为齿轮传动机构的立轴支座,根据图 10.53(a)所注尺寸及标准件名称、国标代号、齿轮的基本参数,选择适当规格的标准件,完成安装标准件及补全齿轮画法后完整的装配图的主视图和左视图,并在标准件名称后标注标准件的规格。

解:(1) 补全齿轮的画法:由 $m=2, z=40$,根据表 10.18 计算出 $d_1=80$mm, $d_a=84$mm, $d_f=75$mm,画出轮齿。

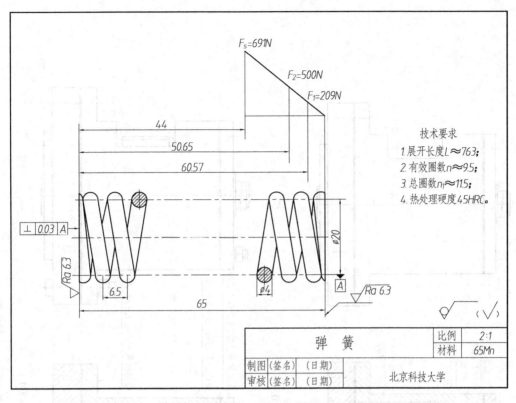

图 10.52 圆柱螺旋压缩弹簧的零件图

(2) 双头螺柱连接：由 $\phi 7$ 可知螺纹公称直径为 M6，查 GB/T 93—1987 得弹簧垫圈的厚度为 1.3mm，查 GB/T 6170—2000 得螺母的厚度为 5.2mm，根据被连接件的厚度 12mm，计算双头螺柱的参考长度 $l(l=12+5.2+1.3+0.3d=12+5.2+1.3+0.3\times 6=20.3)$，查 GB/T 898 得螺柱的公称长度为 20mm。

(3) 六角头螺栓连接：由 $\phi 9$ 可知螺纹公称直径为 M8，查 GB/T 93—1987 得弹簧垫圈的厚度为 1.6mm，查 GB/T 6170—2000 得螺母的厚度为 6.8mm，根据被连接件的厚度 12mm 和 20mm，计算螺栓的参考长度 $l(l=20+12+6.8+1.6+0.3d=20+12+6.8+1.6+0.3\times 9=42.8)$，查 GB/T 5780—2000 得螺栓的公称长度为 45mm。

(4) 内六角圆柱头螺钉连接：由 $\phi 7$ 可知螺纹公称直径为 M6，查出该螺钉头部尺寸 $k=6$，根据被连接件的厚度 12mm 及旋入长度 $b_m=1.5d=1.5\times 6=9(\text{mm})$，计算螺钉的参考长度 $l(l=[12-(k+1)]+1.5d=[12-(6+1)]+1.5\times 6=14)$，查 GB/T 70.1—2008 得螺钉的公称长度为 16mm。

(5) 键连接：由轴的公称直径 $\phi 40$ 及齿轮轮毂长度 35mm，查 GB/T 1096—2003 得普通型平键规格为 $12\times 8\times 25$。

(6) 滚动轴承：由轴的公称直径 $\phi 30$ 及 GB/T 297，可知轴承内径为 30mm，查 GB/T 297—1994（见附录 A.19），选型号为 30206 的圆锥滚子轴承，记录绘图所需尺寸：$D=62$，$T=17.25$，$B=16$，$C=14$。

(7) 结果如图 10.53(b)所示。

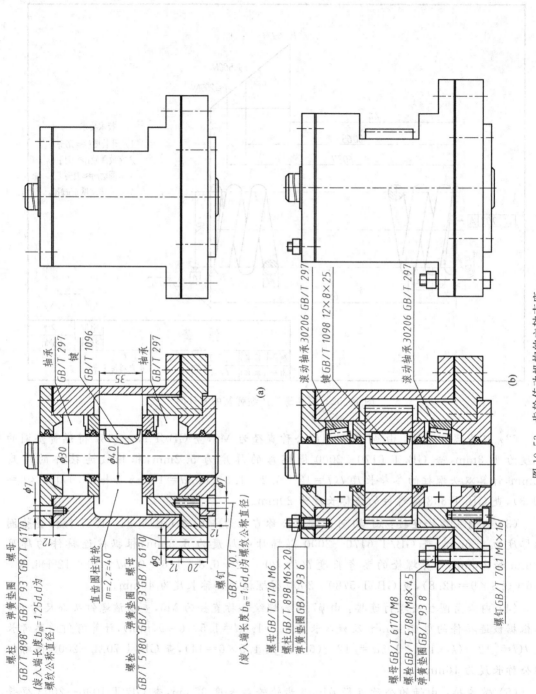

图 10.53 齿轮传动机构的立轴支座

▶ **课堂测试练习**

1. 填空题

(1) 螺纹按用途可分为连接螺纹和传动螺纹。常见的连接螺纹有（　　）和（　　）；常见的传动螺纹有（　　）、（　　）和（　　）。千斤顶的丝杠采用的是（　　）螺纹；各种机床上常采用（　　）螺纹；虎钳上的丝杠采用的是（　　）螺纹。

(2) 普通螺纹的特征代号为（　　），55°非密封管螺纹的特征代号为（　　），梯形螺纹的特征代号为（　　），锯齿形螺纹的特征代号为（　　）。

(3) 螺纹的五要素是（　　）。只有五要素完全一致时，它们才能完全旋合。

(4) 已知螺纹标记是 M20×1.5—6H，此标记的含义是（　　）。

(5) 常用键的种类有（　　）、（　　）、（　　）和（　　）。

2. 选择题

(1) 旋合长度代号分短、中、长三组，分别用字母代替，其中中等旋合长度用（　　）。
    A. N 代替　　　　B. S 代替　　　　C. L 代替

(2) 一般用于受力不大且不常拆卸的场合的连接方法是（　　）。
    A. 螺栓连接　　　B. 双头螺柱连接　C. 螺钉连接

(3) 标准直齿圆柱齿轮的齿顶高尺寸计算公式为（　　）。
    A. $h_a = mz$　　B. $h_a = m$　　　C. $h_a = 1.25m$

(4) 普通螺纹的公称直径为螺纹的（　　）。
    A. 大径　　　　　B. 中径　　　　　C. 小径

(5) 普通螺纹的牙型为（　　）。
    A. 三角形　　　　B. 梯形　　　　　C. 锯齿形

(6) 一对齿轮啮合时，（　　）。
    A. 模数相等　　　B. 压力角相等　　C. 模数和压力角相等

(7) 螺栓连接画法中，下列说法错误的是（　　）。
    A. 板上孔的直径大于螺纹大径　　　B. 螺母上有倒角
    C. 螺栓是不剖的　　　　　　　　　D. 上下板剖面线方向平行

(8) 螺栓连接的组成中共有标准件数是（　　）个。
    A. 2　　　　　　B. 3　　　　　　C. 4　　　　　　D. 5

第 11 章

零 件 图

本章重点内容

(1) 零件图的内容和零件图的视图选择;
(2) 零件图的尺寸标注与技术要求;
(3) 零件结构工艺性介绍与合理构形;
(4) 零件测绘和零件图阅读;
(5) 典型零件的计算机三维建模与零件工程图创建。

能力培养目标

(1) 掌握零件图的视图选择和尺寸标注的原则;
(2) 培养绘制和阅读零件图的基本能力。

案例引导

零件是机器或部件中那些只有加工过程而无任何装配过程的机件,是不可再拆分的独立单元体。根据零件的形状和功用可将其分为轴类、盘盖类、叉架类、箱体类,如图 11.1 所示。表示单个零件的结构形状、大小和技术要求的图样,称为零件图。在设计生产过程中,它是表达设计信息的主要载体,是加工制造和检验零件的基本技术文件。

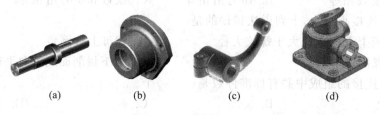

(a)　　　　　(b)　　　　　(c)　　　　　(d)

图 11.1　零件分类
(a) 轴类;(b) 盘盖类;(c) 叉架类;(d) 箱体类

11.1　零件图的内容

图 11.2 是端盖的零件图。由图可知,零件图应包括以下 4 个方面的内容:

(1) 一组图形　用视图、剖视、断面图等一组图形来完整、清晰地表达出零件的内、外各部分结构形状。

(2) 尺寸　标注出零件的全部尺寸,用以确定零件各部分结构形状的大小和相对位置。

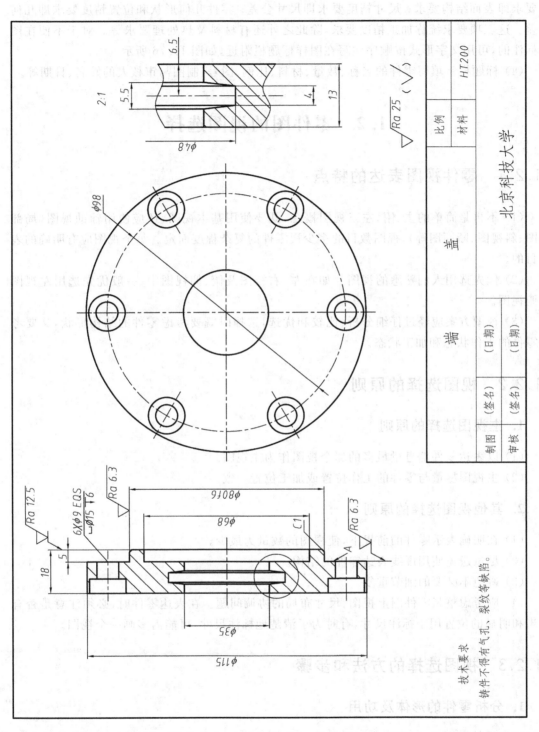

图 11.2 端盖零件图

(3) 技术要求　制造或检验零件时应达到的技术方面的要求,一般包括：零件表面加工要求即表面结构要求；尺寸精度要求即尺寸公差；零件几何形状和位置精度要求即几何公差。这三项要求统称加工精度要求,除此之外还有材料及热处理要求等。对于不便在图中标注的,可用文字形式按顺序注写在图样标题栏附近,如图 11.76 所示。

(4) 标题栏　填写零件的名称、数量、材料、比例、图号、制图与审核人的姓名、日期等。

11.2　零件图的视图选择

11.2.1　零件视图表达的特点

(1) 不再是简单的主、俯、左三视图概念,既要使用基本视图,还应使用辅助视图（局部视图、斜视图、断面图等）,视图数目的多少视零件的复杂程度而定。每个视图应有明确的表达目的。

(2) 优先选用人们熟悉的视图。如在左、右视图及俯、仰视图中,一般优先选用左视图及俯视图。

(3) 视图方案应经过仔细分析、比较和优选,选择时既要考虑零件的结构形状,又要考虑零件的工作状态和加工状态。

11.2.2　视图选择的原则

1. 主视图选择的原则

(1) 以表达零件信息量最多的那个视图作为主视图。

(2) 主视图尽量与零件的工作位置或加工位置一致。

2. 其他视图选择的原则

(1) 在明确表示零件的前提下,使视图的数量为最少。

(2) 尽量避免使用虚线表达零件的结构。

(3) 避免不必要的细节重复。

(4) 应考虑整张零件图上视图、尺寸布局的协调问题。在表达零件时,必须注意是否有适当和明显的位置用于标注尺寸,有时为了清楚地标注尺寸,可能需多画一个视图。

11.2.3　视图选择的方法和步骤

1. 分析零件的形体及功用

选择零件视图之前,首先应对零件进行形体分析和功能分析。分析零件的整体功能和在部件中的安放状态,分析零件各组成部分的形状及作用,进而确定零件的主要结构。

2. 选择零件主视图

主视图是一组视图的核心。从易于读图这一基本要求出发,主视图的选择应遵循下列两个原则:

(1) 合理位置原则　其原则是尽量符合零件的主要加工位置和工作(安装)位置,这样便于加工和安装。一般情况下,轴、套、盘等回转体零件主要是在车床、磨床上加工,为了加工时读图方便,主视图应将其主要轴线水平放置,符合其加工位置;支座、箱体等类零件一般按工作位置安放,因为这类零件结构形状通常比较复杂,在加工不同的表面时往往其加工位置也不同。

(2) 形状特征原则　其原则是能明显地反映零件的形状特征和各部分之间的相对位置关系。从构形观点分析,零件的工作部分是最基本的结构组成部分,为此,零件主视图应清晰地表达工作部分的结构以及与其他部分的联系。

3. 确定其他视图

根据对零件的构形分析,为了表达清楚每个组成部分的形状和相互位置,先选择一些基本视图或在基本视图上采取剖视,表达零件的主要结构,再用一些辅助视图,如局部视图、斜视图、断面图等,作为基本视图的补充,以表达次要结构、细部或局部形状。注意采用的视图数目不宜过多,以免繁琐、重复,导致表达零乱,主次不分。

11.2.4　视图表达方案的选择

零件的表达方案与数学计算不同,不会是唯一的,但有优劣之分。在视图方案选择时灵活性较大,初学时要多读图例,学会如何突出重点,便于看图。一个好的零件表达方案可使看图者快速、明确地看懂其结构;而不正确的视图表达方案可能使看图者产生错误的理解,甚至不能确定零件的形状。下面讨论几个在视图表达方案选择中常见的问题。

1. 零件的内、外形状表达问题

为了表达零件的内、外结构形状,当零件有对称面时,可采用半剖视;当零件无对称面,且内外结构一个简单、一个复杂时,在表达中就要突出重点,外形复杂以视图为主,内形复杂以剖视为主;对于无对称平面而内外形都比较复杂的零件,当投影不重叠时,可采用局部剖视,当投影重叠时,可分别表达,如图 11.3 所示,主视图采用全剖视,用 C 向视图表达主视图的外形。

2. 集中与分散表达的问题

所谓集中与分散,是指将零件的各部分形状集中于少数几个视图来表达,还是分散在若干单独的图形上表达。当分散表达的图形(如局部视图、斜视图、局部剖视图等)处于同一个方向时,可以将其适当地集中或结合起来,并优先选用基本视图。若在一个方向只有一部分结构未表达清楚,则采用分散图形可使表达更为简便。

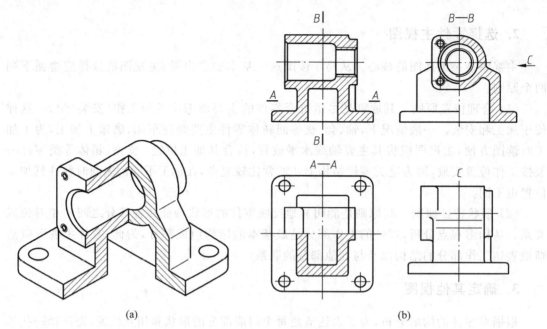

图 11.3 零件内、外形状表达问题

图 11.4 和图 11.5 是泵体的两种表达方案,对零件形状结构的表达都是完全的,但方案（二）表达内容分散,方案（一）表达目的明确、清晰,易于读图。

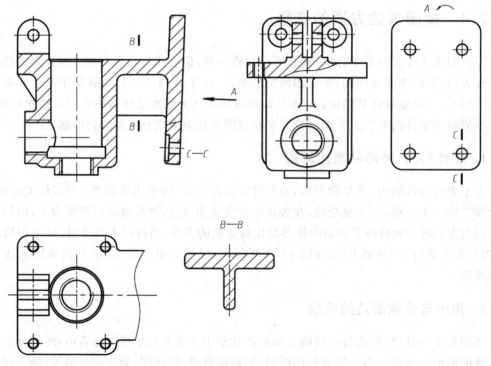

图 11.4 泵体表达方案（一）

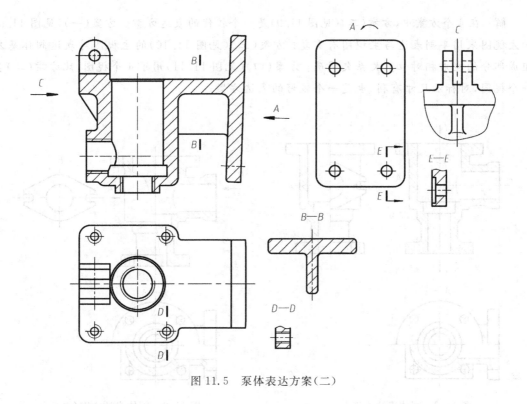

图 11.5　泵体表达方案(二)

3. 虚线的使用问题

为了便于读图和标注尺寸,一般不用虚线表达。当在一个视图上画少量的虚线不会造成看图困难和影响视图清晰,而且可以省略另一个视图时,才用虚线表达,如图 11.6 所示。

4. 视图(包括剖视、断面)的标注省略问题

标注的目的是使读图和投影关系的分析更为清楚。视图的标注是以基本视图及基本视图的基本配置为参照的,凡与此不相符者,均需进行标注;凡与其相符者,则可省略。

例 11.1　图 11.7 为阀体的立体图,试比较阀体的 4 种表达方案(见图 11.8～图 11.11)。

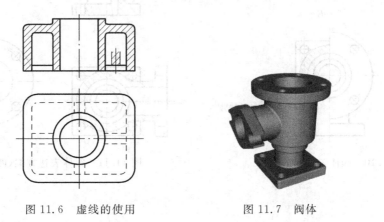

图 11.6　虚线的使用　　　　图 11.7　阀体

解：在4个方案中，方案(二)(见图11.9)是一个较优的表达方案。方案(一)(见图11.8)的左视图采用半剖表达与主视图有重复；方案(三)(见图11.10)的主视图对表达阀体基本组成部分的左右相对位置关系欠明确；方案(四)(见图11.11)用了4个视图，比方案(二)多一个视图，对标注尺寸有利，也是一个较好的表达方案。

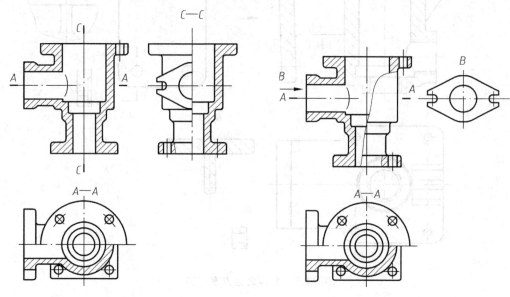

图 11.8　阀体表达方案(一)　　　　　图 11.9　阀体表达方案(二)

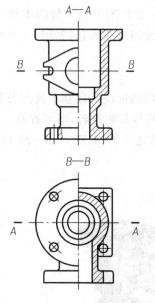 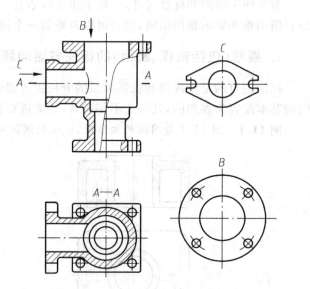

图 11.10　阀体表达方案(三)　　　　　图 11.11　阀体表达方案(四)

11.3 零件图的尺寸标注

零件图上的尺寸是加工和检验的重要依据,要求完整、清晰、合理。在组合体一章中已介绍了用形体分析法完整、清晰地标注尺寸的问题,这里主要介绍合理标注尺寸的问题。

所谓合理标注尺寸,就是一方面要使所注尺寸满足零件的设计要求,能够保证零件的质量和使用性能要求;另一方面又能符合工艺要求,便于加工、测量和装配,降低制造成本。合理性涉及设计、制造和生产实际经验等许多专业知识,这里仅介绍两个基本问题和合理标注尺寸的一般准则。

11.3.1 合理标注尺寸的两个基本问题

1. 装配尺寸链、主要尺寸

图 11.12 是铣刀头轴测图。它通过电机轴输入的转矩由皮带传动(图中未画)带动皮带轮 4 转动,并通过键连接传送到铣刀盘 11。铣刀头的轴系部件由轴承 10、座体 9 等支承。

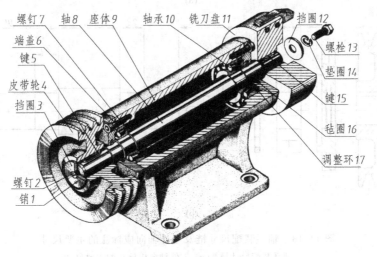

图 11.12 铣刀头轴测图

图 11.13 说明座体长度与端盖、轴、轴承和调整环轴向尺寸之间的关系。理论上 255 (座体长度)=5(端盖凸缘尺寸)+23(轴承尺寸)+194(轴段尺寸)+23(轴承尺寸)+5(端盖凸缘尺寸)+5(调整环尺寸)。这组零件尺寸,它们彼此关联,按一定顺序排列,构成封闭回路,称为装配尺寸链。其中任一尺寸均受其余尺寸的影响。轴在滚动轴承的支承下应灵活转动,并在轴向不能窜动,实际装配后座体与相关零件之间应有间隙,由于任何一个尺寸在加工过程中都会产生误差,为了保证间隙在设计要求的范围内变化,就需控制各相关零件轴向尺寸精度。为降低加工精度成本,考虑加工方便,在装配时采用改变调整环厚度尺寸 5 的方法来最终实现间隙的设计要求。这里属于不同零件(端盖、轴承、轴、座体)的轴向尺寸 5、

23、194、255 在装配尺寸链中称为组成环,而调整环厚度尺寸 5 称为装配尺寸链中的封闭环。一般装配尺寸链中的组成环即为相应零件的主要尺寸,它们直接影响部件或机器的性能、零件在机器中的准确位置等。而零件上那些不直接影响部件主要性能的尺寸称为非主要尺寸,通常按工艺要求和形体分析进行标注。

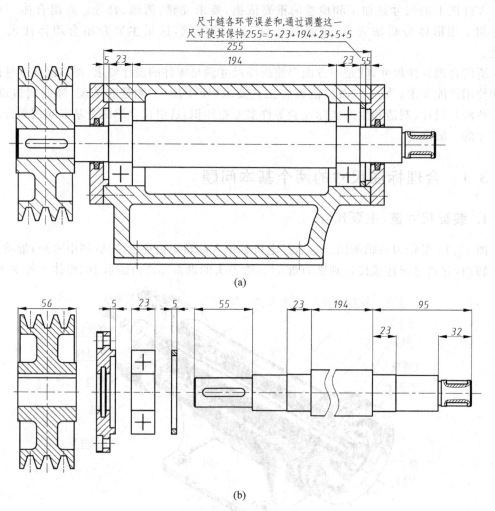

图 11.13　轴系装配尺寸链及零件轴向应标注的主要尺寸
(a)轴系装配尺寸链；(b)零件轴向应标注的主要尺寸

2. 尺寸基准

零件的尺寸基准,是在零件上选定的一组几何元素(点、线、面)作为确定其他几何元素相互位置关系的依据。根据基准的作用不同,可分为设计基准和工艺基准。

1) 设计基准

用以确定零件在机器中准确位置的基准,称为设计基准。如图 11.14(a)所示,依据轴线及右轴肩确定齿轮轴在机器中的位置(标注尺寸 A),因此该轴线和右轴肩端平面分别为齿轮轴的径向和轴向的设计基准。

2) 工艺基准

根据零件加工制造、测量和检测等工艺要求所选定的基准,称为工艺基准,常作为尺寸标注时的辅助基准,如定位基准、测量基准、装配基准等。它是在满足设计要求的前提下,服从工艺简单、方便、成本低的工艺要求而确定的基准。如图11.14(b)所示的齿轮轴,加工、测量时是以轴线和左右端面分别作为径向和轴向基准,因此该零件的轴线和左右端面为工艺基准。

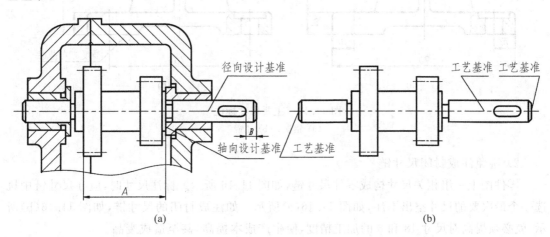

图 11.14 设计基准与工艺基准

零件的重要底面、端面,结构的对称面,装配时的结合面,主要孔或轴的轴线均可选作尺寸基准。选择尺寸基准的原则是:零件的重要尺寸必须从设计基准出发直接注出,对其余尺寸,考虑到加工、测量的方便,一般应由工艺基准出发标注。在零件的长、宽、高三个方向应分别确定尺寸基准,当同一方向有几个基准时,其中之一为主要基准,即设计基准,其余为辅助基准,并且基准之间应有联系尺寸。从设计基准出发标注尺寸,能保证设计要求;从工艺基准出发标注尺寸,则便于加工和测量。因此,选择基准时应尽量使工艺基准和设计基准重合,以减少尺寸误差,便于加工、测量和提高产品质量,此即所谓基准重合原则。如图11.14所示齿轮轴的轴线既是径向设计基准,也是径向工艺基准,即工艺基准与设计基准是重合的。当设计基准和工艺基准不重合时,所注尺寸应在保证设计要求的前提下,满足工艺要求。

11.3.2 合理标注尺寸的一般准则

1. 按设计要求标注尺寸

1) 主要尺寸应直接注出

为保证设计要求,主要尺寸应在零件图上相应部位直接注出,不允许由其他尺寸推算得出,通常还应提出精度要求。如图11.15(b)中的尺寸 50 ± 0.02 和 70 是主要尺寸,应直接注出,图11.15(a)的注法是错误的。这类尺寸不能仅从一个零件图上分析,而需结合部件或产品设计的装配图进行分析。

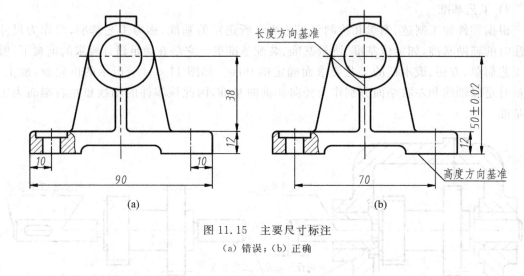

图 11.15 主要尺寸标注
(a) 错误；(b) 正确

2) 避免注成封闭尺寸链

零件图上一组相关尺寸构成零件尺寸链，如图 11.16 所示。标注尺寸时，应在尺寸链中挑选一个最次要的尺寸空出不注，如图 11.16(a) 所示。如注成封闭的尺寸链，如图 11.16(b) 所示，就必须提高对尺寸 18 和 6 的加工精度，使生产成本提高，甚至造成废品。

若因某种需要必须将其注出时，应加括号，称为参考尺寸，加工时不作检测，如图 11.16(c) 中的尺寸(6)。

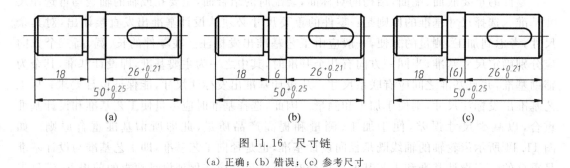

图 11.16 尺寸链
(a) 正确；(b) 错误；(c) 参考尺寸

3) 尺寸协调问题

所有零件都不是孤立存在的，它总是与其他零件装配在一起，构成一个装配体，因此零件的形状和大小必须满足零件间的装配关系。在标注零件尺寸时，只有保证零件间这种装配关系的正确性，才能满足设计和装配要求。以图 11.17 所示的滑轮支架为例，采用开口销使心轴在轴向定位，这样，心轴上开口销孔的中心位置 $L_1 > L_2 + \phi/2$，ϕ 为开口销孔直径。

4) 注意标准化问题

零件的长度、直径、锥度、角度以及它们的偏差，都应按标准选择和标注。认真贯彻标准，既便于加工，又有利于提高产品质量和劳动效率。对此，应给予足够重视。

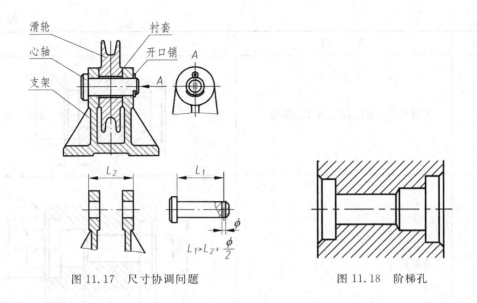

图 11.17 尺寸协调问题　　　图 11.18 阶梯孔

2. 按工艺要求标注尺寸

非主要尺寸的标注应考虑加工工艺要求。

1) 按加工顺序标注尺寸

按加工顺序标注尺寸符合加工过程要求，方便测量，从而易于保证工艺要求。例如轴套类零件的非主要尺寸或阶梯孔等应按加工顺序标注尺寸。图 11.18 所示阶梯孔，其轴向按加工顺序标注尺寸的过程见表 11.1。

表 11.1　按加工顺序标注阶梯孔的尺寸

序号	说　　明	图　　例
1	先加工 ϕ_1 孔深 L_1，后加工 ϕ_2 孔深 L_2，再倒角	
2	加工 ϕ_3 孔	

序号	说　明	图　例
3	工件调头，加工 ϕ_4 孔深 L_4、倒角	
4	全部尺寸	

2) 不同工种加工的尺寸应尽量分开标注

如图 11.19 所示阶梯轴上的键槽是在铣床上加工的，标注键槽尺寸应与其他的车削加工尺寸分开，以便看图。图中将键槽长度尺寸及其定位尺寸注在主视图下方，车削加工的各段长度尺寸注在上方，键槽的宽度和深度集中标注在断面图上，这样配置尺寸，清晰易找，加工时看图方便。

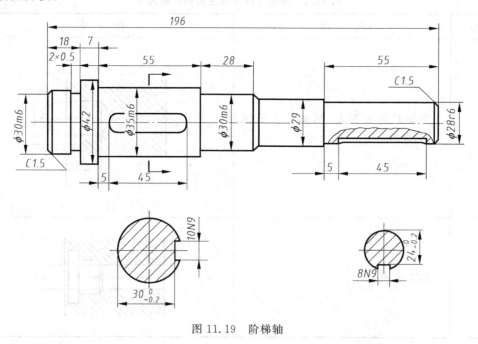

图 11.19　阶梯轴

3) 标注尺寸应尽量方便测量

在没有结构或其他重要的要求时,标注尺寸应尽量考虑测量方便,如图 11.20 所示。

在满足设计要求的前提下,所注尺寸应尽量做到使用普通量具就能测量,以减少专用量具的设计和制造。

4) 加工面与非加工面只能有一个尺寸相联系

因为铸件、锻件的不加工面(毛坯面)的尺寸精度只能由铸造、锻造时来保证,如果同一加工面与多个非加工面都有尺寸联系,则以同一加工基准来同时保证这些非加工面的尺寸是不合理的。所以零件在同一方向上的加工面与非加工

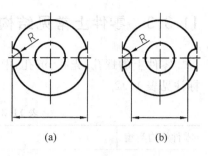

图 11.20 考虑测量方便标注尺寸
(a) 不便于测量;(b) 便于测量

面之间一般只能有一个尺寸相联系,这样不仅加工面的尺寸精度要求容易保证,而且非加工面的尺寸精度也能从工艺上保证设计要求。图 11.21(b)中,同一加工面 A(底面)同时与非加工面 B、C、D 由尺寸 10、35、45 相联系,在加工 A 面时很难(甚至不可能)同时保证这些尺寸的精度,故不合理。图 11.21(a)是合理的,非加工面 B、C、D 中只有 B 面与加工面 A 有尺寸联系(尺寸 10)。

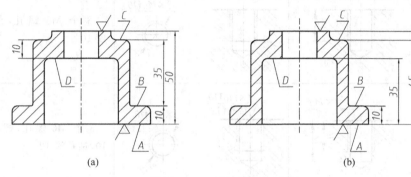

图 11.21 毛坯面的尺寸标注
(a) 合理;(b) 不合理

5) 标注尺寸应考虑加工方法和特点

如图 11.22 所示零件上有用铣刀加工成形的结构,除应注出有关尺寸之外,由刀具保证的尺寸,即铣刀直径也应注出(铣刀用双点画线画出),以便选用刀具。

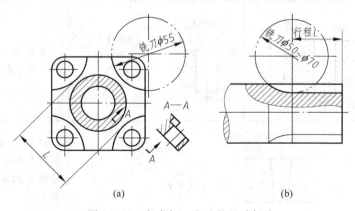

图 11.22 考虑加工方法的尺寸标注

11.3.3 零件上常见结构要素的尺寸标注

零件上的螺孔、光孔、沉孔、中心孔、锥轴、锥孔、键槽、倒角尺寸、退刀槽等结构,其尺寸标注见表11.2。

表 11.2 零件上常见结构要素的尺寸标注

零件结构类型		标注方法			说 明
螺孔	通孔	3×M6	3×M6	3×M6	3个M6螺孔
	不通孔	3×M6, 深10	3×M6▼10	3×M6▼10	3个M6螺孔,螺孔深度10
		3×M6, 深10, 钻12	3×M6▼10 钻孔▼12	3×M6▼10 钻孔▼12	3个M6螺孔,螺孔深度10,钻孔深12
光孔	一般孔	4×φ5, 深10	4×φ5▼10	4×φ5▼10	4个直径为φ5光孔,钻孔深10
	精加工孔	4×φ5$^{+0.012}_{0}$, 深10, 钻12	4×φ5▼10$^{+0.012}_{0}$ 钻孔▼12	4×φ5▼10$^{+0.012}_{0}$ 钻孔▼12	光孔深为12,精加工至φ5$^{+0.012}_{0}$,深度为10
	锥销孔	锥销孔φ5 配作		锥销孔φ5 配作	φ5为与锥销孔相配的圆锥销小头直径。锥销孔通常是相邻两零件装配后一起加工

续表

零件结构类型		标注方法	说明
沉孔	锥形沉孔		6个孔,直径 $\phi 7$,大口直径 $\phi 13$,沉孔锥顶角 $90°$
	柱形沉孔		4个孔,直径 $\phi 6$,柱形沉孔直径 $\phi 10$,深3.5
	锪平孔		4个孔,直径 $\phi 7$,锪平直径 $\phi 16$,锪平深度一般不注,锪平到不出现毛面为止

续表

零件结构类型	标注方法	说明
中心孔尺寸注法	A型、B型、C型、R型（图示） 标注示例 (a)、(b)、(c)：A3.15/6.7	中心孔分为 A 型、B 型、C 型、R 型等。B 型、C 型为有保护锥面的中心孔，且 C 型为带螺纹的中心孔 图(a)为完工零件上要求保留中心孔； 图(b)为完工零件上不要求保留中心孔； 图(c)为完工零件上是否保留中心孔均可。 标注示例中 A3.15/6.7 表明采用 A 型中心孔，$d=3.15$mm、$D=6.7$mm
锥轴、锥孔尺寸注法	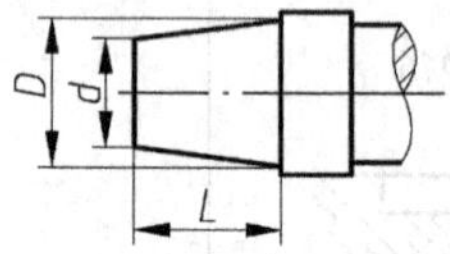 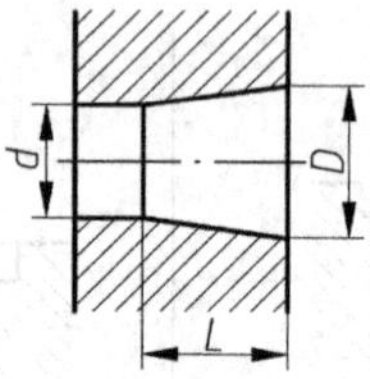 锥轴、锥孔图示，锥度 1:5	

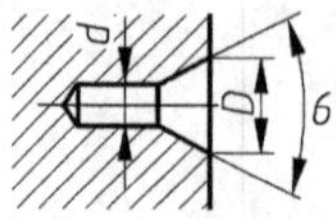

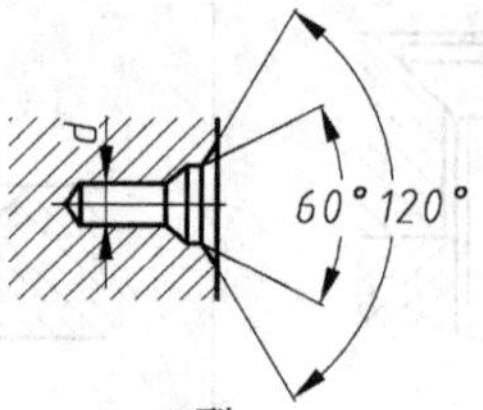

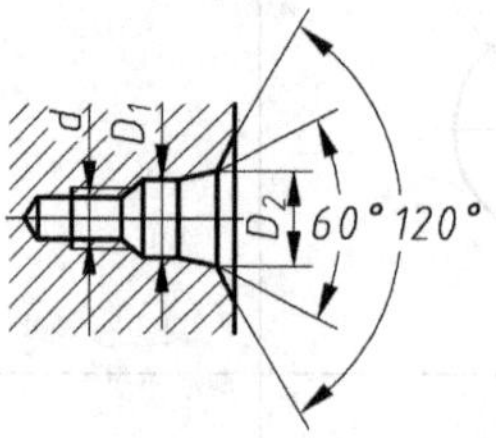

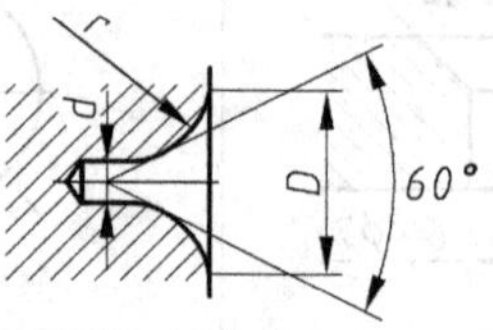

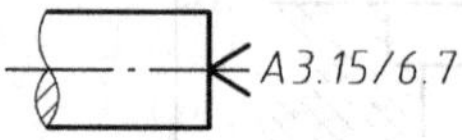

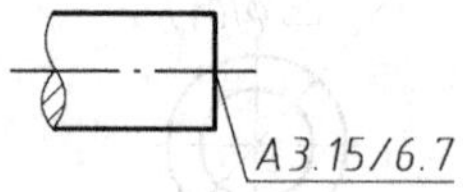

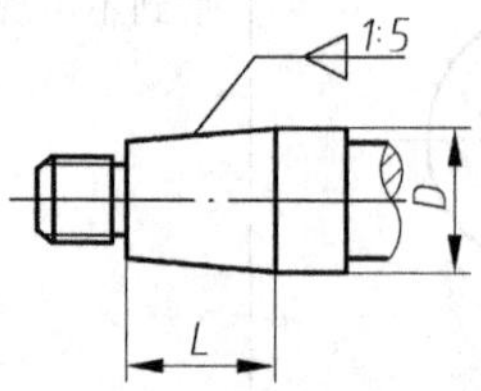

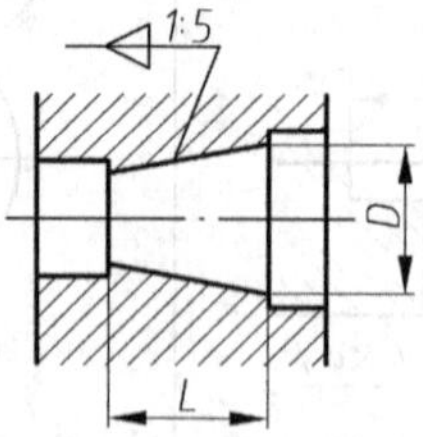

续表

零件结构类型		标注方法	说明
键槽尺寸注法	平键键槽	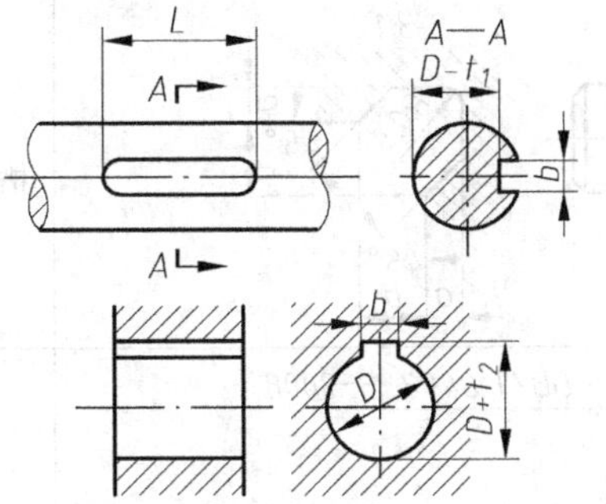	
	半圆键键槽	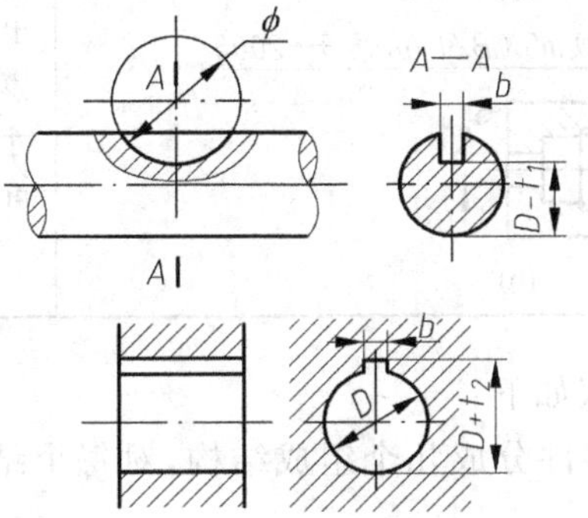	
倒角尺寸注法		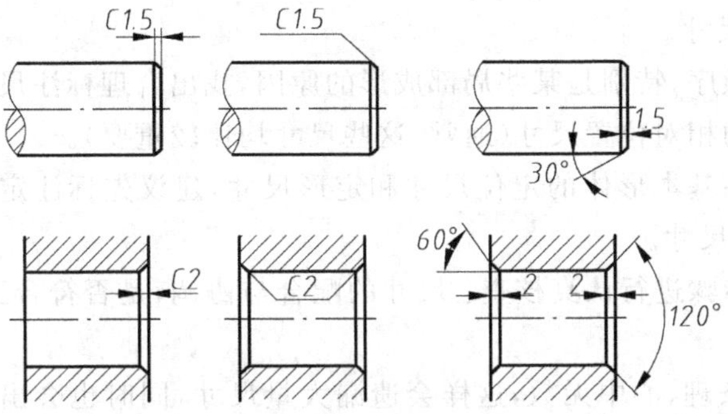 (a)　　　　　(b)	45°倒角用 C 表示,按如图(a)所示的形式标注;非45°倒角按图(b)所示的形式标注
退刀槽尺寸注法		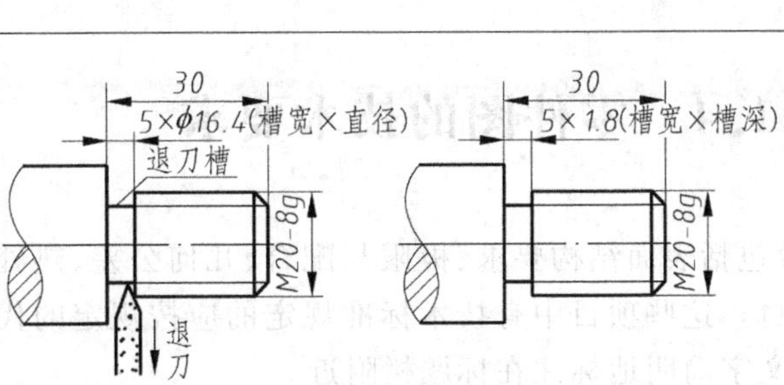	一般退刀槽的尺寸按"槽宽×直径"或"槽宽×槽深"标注,目的是便于选择切槽刀具

续表

零件结构类型	标注方法	说　　明
砂轮越程槽尺寸注法		砂轮退刀槽又称砂轮越程槽,尺寸大小应查有关手册
滚花尺寸注法	网纹 m5 GB/T 6403.3—2008 (a) 直纹 m5 GB/T 6403.3—2008 (b)	滚花有直纹和网纹两种标注形式。绘图时不必画出,用图(a)所示的简化画法注出即可。其中 m5 表示滚花模数,它是表示滚花规格、尺寸的参数,模数查相关手册可得

综上所述,零件图尺寸标注步骤如下：

(1) 对零件进行构形分析,将零件分成几个组成结构,对每个结构部分进行形体分析,了解它们的形状,并分析成形原因。

(2) 从装配体或装配图上弄清该零件与其他零件的装配关系,找出零件上的主要尺寸及需要与其他零件协调的尺寸。

(3) 考虑零件的加工顺序,特别是某些局部成形的原因,找出合理标注尺寸的方式。

(4) 标注零件各部分的相对位置尺寸(通常,这些尺寸均比较重要)。

(5) 标注每一结构中各基本形体的定位尺寸和定形尺寸,建议先标注定位尺寸后再标注定形尺寸,以免遗漏定位尺寸。

(6) 按照标注尺寸的步骤进行认真核查：尺寸的配合与协调,是否符合工艺要求,是否有遗漏、多余重复的尺寸。

尺寸标注时切忌缺乏条理,心中无数,这样会遗漏大量尺寸,同时也会出现不少重复多余尺寸,造成零件无法加工或造成废品。

11.4　零件图的技术要求

零件图的技术要求一般包括表面结构要求、极限与配合、几何公差、热处理及表面镀涂层、零件制造检验要求等项目。这些项目中有技术标准规定的应按规定的代号或符号标注在图纸上,没有规定的可用文字简明地标注在标题栏附近。

本节主要介绍表面结构要求、极限与配合、几何公差等的标注。

11.4.1 表面结构要求

在机械图样上,为保证零件装配后的使用要求,应根据功能需要对零件的表面质量——表面结构提出要求。GB/T 131—2006《产品几何技术规范(GPS)技术产品文件中表面结构的表示法》中规定,表面结构是表面粗糙度、表面波纹度、表面缺陷、表面纹理和表面几何形状的总称。下面仅介绍常用的表面粗糙度表示法。

1. 基本概念

1) 表面粗糙度

零件表面上所具有的较小间距和峰谷所组成的微观几何形状特性,称为表面粗糙度。零件的表面粗糙度与零件的加工方法等因素有关,是评定零件表面质量的一项重要技术指标,它的大小会直接影响零件的配合性质、耐磨性、抗腐性、密封性和外观等。

2) 评定表面结构常用的轮廓参数

零件表面结构的状况可由三组参数评定:①轮廓参数(GB/T 3505—2000);②图形参数(GB/T 18618—2002);③支承率曲线参数(GB/T 18778.2—2003 和 GB/T 18778.3—2003)。其中轮廓参数是我国机械图样中目前最常用的评定参数。下面仅介绍评定粗糙度轮廓(R 轮廓)中的两个高度参数 Ra 和 Rz,使用时优先选用 Ra(单位:μm)。

(1) 轮廓算术平均偏差 Ra:在一个取样长度 l(用于判别被评定轮廓不规则特征的 X 轴上的长度)内,纵坐标 $Z(x)$ 绝对值的算术平均值(见图 11.23)。可近似表示为

$$Ra = \frac{1}{l} \int_0^l |Z(x)|\, \mathrm{d}x$$

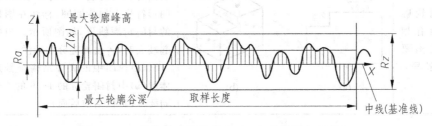

图 11.23 轮廓算术平均偏差 Ra 和轮廓最大高度 Rz

注:

① 在每一个取样长度内的测量值通常是不等的,为了取得表面粗糙度最可靠的值,一般取几个连续的取样长度进行测量,并以各取样长度内测量值的平均值作为测得的参数值。这段在 X 轴方向上用于评定轮廓的、包含一个或几个取样长度的测量段称为评定长度。当参数代号后未注明时,评定长度默认为 5 个取样长度,否则应注明个数。例如:$Ra\ 0.8$、$Ra\ 3\ 3.2$ 表示评定长度为 5 个、3 个取样长度。

② 中线:在取样长度内,将轮廓分成上、下面积相等的两部分的基准线,即图 11.23 中的 X 轴。

(2) 轮廓的最大高度 Rz:在一个取样长度内,最大轮廓峰高和最大轮廓谷深之和的高度(见图 11.23)。

2. 表面结构图形符号

1) 标注表面结构要求时的图形符号、名称及说明（见表 11.3）

表 11.3　表面结构图形符号

名　　称	图形符号	意 义 及 说 明
基本图形符号	✓	基本图形符号仅用于简化代号标注，没有补充说明时不能单独使用。如果基本图形符号与补充的或辅助的说明一起使用，则不需要进一步说明为了获得指定的表面是否应去除材料或不去除材料
扩展图形符号	∀	表示指定表面是用去除材料的方法获得的，如通过机械加工获得的表面
	⌀	表示指定表面是用不去除材料的方法获得的
完整图形符号	✓―	允许任何工艺，在报告和合同的文本中用文字表达该符号时使用 APA
	∀―	去除材料，在报告和合同的文本中用文字表达该符号时使用 MRR
	⌀―	不去除材料，在报告和合同的文本中用文字表达该符号时使用 NMR
构成封闭轮廓的各表面有相同表面结构要求的图形符号	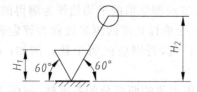	当在图样某个视图上构成封闭轮廓的各表面有相同的表面结构要求时，应在完整图形符号上加一圆圈，标注在图样中工件的封闭轮廓线上，如图所示。当标注会引起歧义时，各表面应分别标注。 图(a)视图中的表面结构符号是指对立体图(b)中封闭轮廓的1～6的6个面的共同要求(不包括前后面)

2) 图形符号的画法（见图 11.24）
3) 表面结构完整图形符号的组成

在完整符号中，对表面结构的单一要求和补充要求应注写在图 11.25 所示位置。

图 11.24　图形符号的画法　　　　　图 11.25　补充要求的注写位置

$H_1 = 1.4h$；$H_2 \geq 2.8h$（取决于标注内容）

h 为零件图中字体的高度

符号与字体线宽 $d' = 0.1h$

图 11.25 中 $a \sim e$ 注写内容见表 11.4。

表 11.4　表面结构补充要求的注写位置

位置	注写内容
a	注写表面结构的单一要求
b	注写第二个表面结构要求。还可以注写第三个或更多个表面结构要求，此时，图形符号应在垂直方向扩大，以空出足够的空间。扩大图形符号时，a 和 b 的位置随之上移
c	注写加工方法、表面处理、涂层或其他加工工艺要求等，如车、磨、镀等加工表面
d	注写所要求的表面纹理和纹理的方向
e	注写所要求的加工余量，以 mm 为单位给出数值

3. 表面结构符号、代号在图样上的标注

表面结构代号由完整图形符号、参数代号（Ra、Rz）和参数值组成，必要时应标注补充要求。表 11.5 是默认定义时的表面结构代号及其含义。

表 11.5　默认定义时的表面结构代号及其含义

代号示例(GB/T 131—2006)	说　明
∜ $Ra\ 3.2$	用不去除材料方法获得的表面粗糙度，Ra 上限值为 $3.2\mu m$
√ $Ra\ 3.2$	用去除材料方法获得的表面粗糙度，Ra 上限值为 $3.2\mu m$
√ $URa\ 3.2$ $LRa\ 1.6$	用去除材料方法获得的表面粗糙度，Ra 上限值为 $3.2\mu m$，Ra 下限值为 $1.6\mu m$
√ $Rz\ 3.2$	用去除材料方法获得的表面粗糙度，Rz 的上限值为 $3.2\mu m$

注意：参数代号 Ra、Rz 为大小写斜体、平排，而旧标准中 a、z 为下角标，代号和参数值之间应插入空格。

新的国家标准(GB/T 131—2006)规定了表面结构要求在图样上的注法，见表 11.6。

表 11.6　表面结构要求在图样上的注法

标注示例	说　明
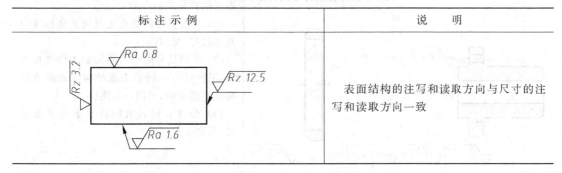	表面结构的注写和读取方向与尺寸的注写和读取方向一致

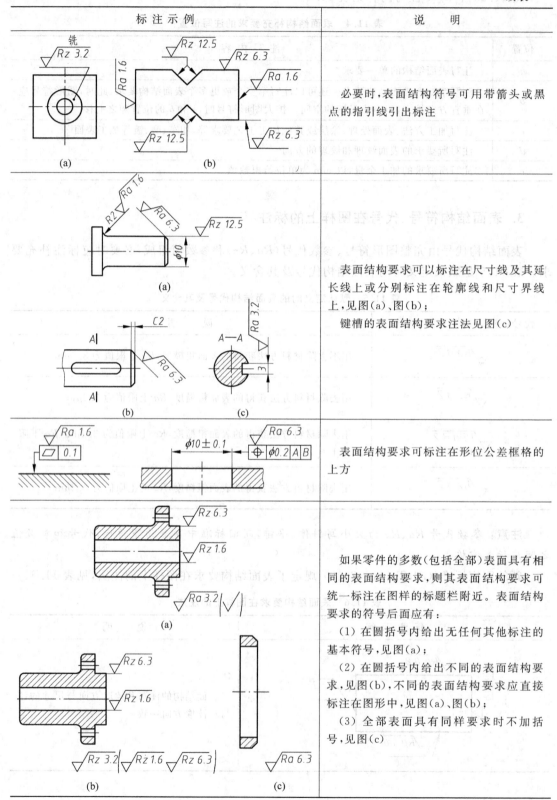

标注示例	说 明
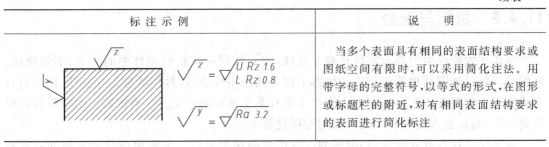	当多个表面具有相同的表面结构要求或图纸空间有限时，可以采用简化注法。用带字母的完整符号，以等式的形式，在图形或标题栏的附近，对有相同表面结构要求的表面进行简化标注

4. 表面粗糙度参数的选用

Ra 值越小，零件被加工表面越光滑，但加工成本越高。因此，在满足零件使用要求的前提下，Ra 值应合理选用。表 11.7 列出了常用切削加工表面的 Ra 值及相应的表面特征和应用实例。一般机械中常用的 Ra 值为：$25\mu m,12.5\mu m,6.3\mu m,3.2\mu m,1.6\mu m,0.8\mu m$ 等。

表 11.7 常用切削加工表面的 Ra 值及相应的表面特征和应用实例

$Ra/\mu m$	表面特征	加工方法	应用实例
50	明显可见刀痕	粗加工面	一般很少使用
25	可见刀痕	粗车,粗刨,粗铣,钻孔等	钻孔表面,倒角,端面,穿螺纹用的光孔,沉孔,要求较低的非接触面
12.5	微见刀痕		
6.3	可见加工痕迹		要求较低的静止接触面,如轴肩、螺栓头的支承面、一般盖板的结合面；要求较高的非接触表面,如支架、箱体、离合器、皮带轮、凸轮的非接触面
3.2	微见加工痕迹	半精加工面 精车,精刨,精铣,精镗,铰孔,刮研,粗磨等	要求紧贴的静止结合面以及有较低配合要求的内孔表面,如支架、箱体上的结合面
1.6	看不见加工痕迹		一般转速的轴、孔,低速转动的轴颈；一般配合用的内孔,如衬套的压入孔、一般箱体的滚动轴承孔；齿轮的齿廓表面,轴与齿轮、皮带轮的配合表面等
0.8	可见加工痕迹的方向	精加工面 精磨,精铰,抛光,研磨,金刚石车刀精车、精拉等	一般转速的轴颈；定位销、孔的配合面；要求保证较高定心与配合的表面；一般精度的刻度盘；需镀铬抛光的表面
0.4	微辨加工痕迹的方向		要求保证规定的配合特性的表面,如滑动导轨面、高速工作的滑动轴承,凸轮的工作表面
0.2	不可辨加工痕迹的方向		精密机床的主轴锥孔；活塞销和活塞孔；要求气密的表面和支承面

11.4.2 极限与配合

现代化大规模生产要求零件具有互换性,即一批同一规格的零件中的一个,不经挑选、修配或调整就能顺利地装到部件或机器上保证其使用性能,这种性质称为互换性,例如自行车或汽车上的零件。互换性对提高生产水平有非常重要的意义。一台机器上的零件可同时分别加工,对批量大的单一产品可采用专用设备生产。

为了使零件具有互换性,必须限制零件尺寸的误差范围。下面简单介绍它们的基本概念和在图样上的标注方法。

1. 极限与配合的有关术语

（1）公称尺寸 设计时根据零件的结构、力学性质等方面的要求确定的尺寸。一般应尽量选用标准直径或标准长度。

（2）实际尺寸 通过测量获得的尺寸。

（3）极限尺寸 允许实际尺寸变化的两个极限值。其中较大的一个尺寸称为上极限尺寸,较小的一个尺寸称为下极限尺寸。零件尺寸合格的条件为

下极限尺寸≤实际尺寸≤上极限尺寸

（4）极限偏差 上极限偏差和下极限偏差称为极限偏差。国家标准规定：孔和轴的上极限偏差分别以 ES 和 es 表示；孔和轴的下极限偏差分别以 EI 和 ei 表示。

上极限偏差 = 上极限尺寸 − 公称尺寸

下极限偏差 = 下极限尺寸 − 公称尺寸

注意：上、下极限偏差可以是正值、负值或零。

（5）尺寸公差(简称公差) 允许尺寸的变动量。

公差 = 上极限尺寸 − 下极限尺寸 = 上极限偏差 − 下极限偏差

注意：尺寸公差是一个绝对值。

（6）公差带图 图 11.26 为极限与配合示意图,它表明了上述各术语之间的关系；在研究极限与配合时,为了简化表达,将示意图简化为公差带图,如图 11.27 所示。在公差带图中,通常用沿水平方向绘制的零线表示公称尺寸,它是正、负偏差的基准线,方框的上边代表上极限偏差,下边代表下极限偏差；方框的左右长度可根据需要任意确定。

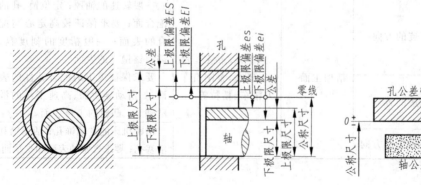

图 11.26 极限与配合示意图   图 11.27 公差带图

2. 标准公差与基本偏差

在国家标准《极限与配合》中，公差带是由"公差带大小"和"公差带位置"两个要素组成的。国标对这两个独立要素分别进行了标准化，即为标准公差系列和基本偏差系列。

1）标准公差

标准公差是用来决定公差带大小的，用代号 IT 表示。标准公差分为 20 级，依次用 IT01，IT0，IT1，IT2，IT3，…，IT18 表示。其中数字 01，0，1，2，…，18 表示公差等级，从 IT01 至 IT18 等级依次降低，相应的标准公差依次加大。

2）基本偏差

基本偏差是用来确定公差带位置的。所谓基本偏差，是指用以确定公差带相对于零线位置的上极限偏差或下极限偏差，一般是指靠近零线的那个极限偏差，如图 11.28 所示。

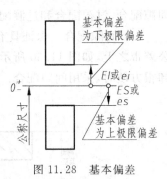

图 11.28　基本偏差

根据实验统计资料，国标按一定规律规定了包含 28 个基本偏差的轴、孔基本偏差系列，用拉丁字母表示，大写字母表示孔，小写字母表示轴，如图 11.29 所示。

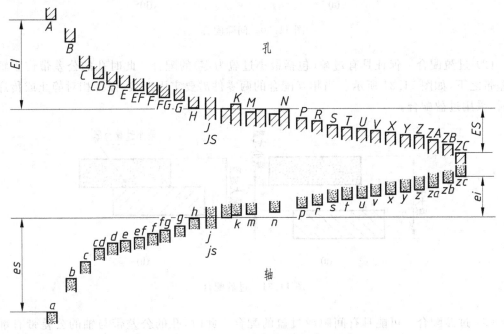

图 11.29　基本偏差系列

基本偏差与公差等级之间原则上是彼此独立的，但有些偏差对于不同的公差等级使用不同的数值，例如 K、M、N，因此它们对零线有两种不同的位置。

3. 配合与配合制

1）配合

公称尺寸相同的孔和轴（泛指包容面与被包容面）的公差带之间的关系，称为配合。通俗地讲，配合就是孔和轴结合时的松紧程度。

配合中可能会有间隙或过盈。孔的尺寸减去相配合的轴的尺寸所得的代数差称为间隙或过盈。当孔的尺寸大于轴的尺寸时,此差值为正,成为间隙,二者形成可动结合;当孔的尺寸小于轴的尺寸时,此差值为负,成为过盈,二者形成刚性结合。

根据孔、轴公差带的关系,或者说按形成间隙或过盈的情况,国标规定配合分为三类,即间隙配合、过盈配合和过渡配合。

(1) 间隙配合　保证具有间隙(包括最小间隙为零)的配合。此时孔的公差带位于轴的公差带之上,如图11.30所示。当相互配合的两零件有相对运动或虽无相对运动但要求拆卸很方便时,采用间隙配合。

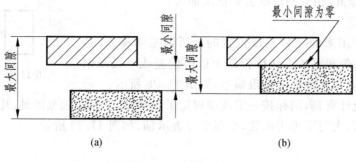

图 11.30　间隙配合

(2) 过盈配合　保证具有过盈(包括最小过盈为零)的配合。此时孔的公差带位于轴的公差带之下,如图11.31所示。当相互配合的两零件需要牢固连接、保持相对静止或传递动力时,采用过盈配合。

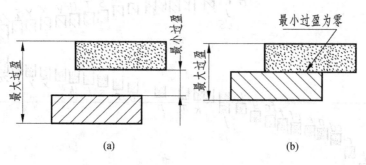

图 11.31　过盈配合

(3) 过渡配合　可能具有间隙或过盈的配合。此时,孔的公差带与轴的公差带有部分或全部相互重叠,如图11.32所示。对于不允许有相对运动,轴与孔的对中性要求比较高,且又需要拆卸的两零件的配合,采用过渡配合。

2) 配合制

根据零件的工作情况,对零件之间的配合提出了不同松紧程度的间隙和过盈要求。而在制造相互配合的零件时,把其中一个零件作为基准件,使其基本偏差不变,而改变另一个非基准件的基本偏差来达到不同的配合。为此,国家标准规定了两种配合制度,即基孔制与基轴制。采用基准制是为了统一基准件的极限偏差,从而减少刀具、量具的规格数量,获得最大的技术经济效益。

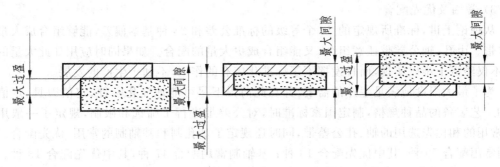

图 11.32 过渡配合

(1) 基孔制配合　孔的基本偏差为一定的公差带,与基本偏差不同的轴的公差带形成各种配合的一种制度。基孔制配合的孔为基准孔。国标规定,基准孔的下极限偏差为零,基准孔的基本偏差代号为 H。

(2) 基轴制配合　轴的基本偏差为一定的公差带,与基本偏差不同的孔的公差带形成各种配合的一种制度。基轴制配合的轴为基准轴。国标规定,基准轴的上极限偏差为零,基准轴的基本偏差代号为 h。

在基孔制(基轴制)配合中,基本偏差从 a~h(A~H)用于间隙配合,从 j~zc(J~ZC)用于过渡配合和过盈配合。

国家标准规定,在一般情况下优先采用基孔制。

基孔制配合和基轴制配合都有三种类型,其公差带间的关系如图 11.33 所示。

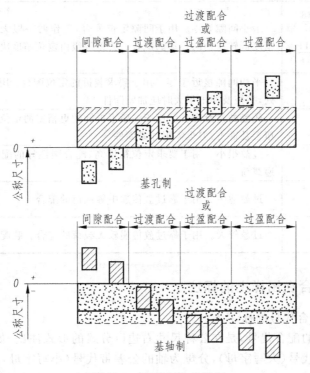

图 11.33　基孔制和基轴制

3）常用及优先配合

从理论上讲，标准所规定的 20 个等级的标准公差和 28 种基本偏差，能够组合成大量的公差带。由孔、轴公差带任意组合，又能组合成更大量的配合。如果同时应用如此大量的配合，不仅经济上难以实现，而且发挥不了标准化应有的作用，不利于生产的发展。

为了最大限度地满足生产的需要，并在此前提下尽可能地简化零件、定值刀具、定值量具和工艺装备的品种规格，制定国家标准时，对公差带进行了筛选和限制，规定了一般用途的、常用的和优先选用的轴、孔公差带，同时还规定了基孔制和基轴制的常用、优先配合。基孔制常用配合 59 种，其中优先配合 13 种；基轴制常用配合 47 种，其中优先配合 13 种。对于一般的机械设备，这些推荐的配合已基本能满足要求。

表 11.8 为尺寸小于等于 500mm 的优先配合及其选用说明。

表 11.8　优先配合及其选用说明

优先配合		选用说明
基孔制配合	基轴制配合	
$\dfrac{H11}{c11}$	$\dfrac{C11}{h11}$	间隙极大。用于转速很高，轴、孔温差很大的滑动轴承；要求大公差、大间隙的外露部分，要求装配极方便的场合
$\dfrac{H9}{d9}$	$\dfrac{D9}{h9}$	间隙很大。用于转速较高、轴颈压力较大、精度要求不高的滑动轴承
$\dfrac{H8}{f7}$	$\dfrac{F8}{h7}$	间隙不大。用于中等转速、中等轴颈压力、有一定精度要求的一般滑动轴承；要求装配方便的中等定位精度配合
$\dfrac{H7}{g6}$	$\dfrac{G7}{h6}$	间隙很小。用于低速转动或轴向移动的精密定位配合；需要精密定位又经常装拆的不动配合
$\dfrac{H7}{h6}\dfrac{H8}{h7}$ $\dfrac{H9}{h9}\dfrac{H11}{h11}$	$\dfrac{H7}{h6}\dfrac{H8}{h7}$ $\dfrac{H9}{h9}\dfrac{H11}{h11}$	最小间隙为零。用于间隙定位配合，工作时一般无相对运动；也用于高精度低转速轴向移动的配合。公差等级由定位精度决定
$\dfrac{H7}{k6}$	$\dfrac{K7}{h6}$	平均间隙接近于零。用于要求装拆的定位配合；用于受不大的冲击载荷处，扭矩及冲击很大时应加紧固件
$\dfrac{H7}{n6}$	$\dfrac{N7}{h6}$	较紧的过渡配合。用于一般不拆卸的更精密的定位配合。可承受很大的扭矩及冲击，但也需附加紧固件
$\dfrac{H7}{p6}$	$\dfrac{P7}{h6}$	过盈很小。用于要求定位精度高、配合刚性好的配合。不能只靠过盈传递载荷
$\dfrac{H7}{s6}$	$\dfrac{S7}{h6}$	过盈适中。用于靠过盈传递中等载荷的配合
$\dfrac{H7}{u6}$	$\dfrac{U7}{h6}$	过盈较大。用于靠过盈传递较大载荷的配合。装配时需加热孔或冷却轴

4. 极限与配合在图样上的标注

1）装配图中配合代号的标注

装配图中标注的配合代号，是在公称尺寸右边以分式的形式注出，如图 11.34(a)所示。分子为孔的公差带代号（大写字母），分母为轴的公差带代号（小写字母），其标注格式如下：

$$公称尺寸\dfrac{孔的公差带代号}{轴的公差带代号}$$

也可用"/"代替分号,将孔和轴的公差带代号写在同一水平线上,如图 11.34(b)所示。

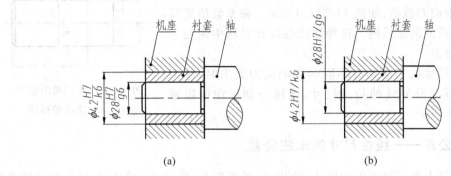

图 11.34 配合代号在装配图中的一般标注

2) 滚动轴承与孔、轴配合的标注

滚动轴承是由专业厂家生产的标准组件,其内圈孔和外圈(轴)的公差带已经标准化,因此,在装配图中只需标注自身设计的零件中与之相配合的轴和孔的公差带代号即可,如图 11.35 所示。

3) 零件图中的标注

现以图 11.34 中轴与衬套的配合尺寸 $\phi28H7/g6$ 为例,说明在零件图上标注的三种形式。

(1) 标注公称尺寸和公差带代号,如图 11.36(a)所示。这种注法和采用专用量具检验零件统一起来,适合大批量生产。

(2) 标注公称尺寸和极限偏差数值,如图 11.36(b)所示。这种注法用于少量或单件生产。当上、下极限偏差数值相等时,注写形式如 $\phi40\pm0.25$。

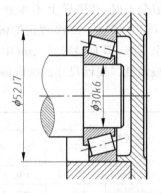

图 11.35 滚动轴承与孔、轴配合的标注

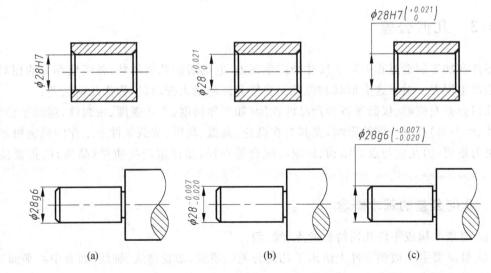

图 11.36 零件图中极限偏差数值的注法

（3）混合标注，在零件图上同时注出公称尺寸、公差带代号和上、下极限偏差数值，如图11.36(c)所示。偏差数值要写在公差带代号后面的括号内。这种注法在设计过程中因便于审图，故使用较多。

同一公称尺寸的表面具有不同的极限偏差要求时，应用细实线分开，标注分界线的位置尺寸，各段分别标注极限偏差，如图11.37所示。

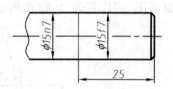

图11.37 不同极限偏差要求的标注

5. 一般公差——线性尺寸的未注公差

对机器零件上各要素提出的尺寸、形状、位置等要求，取决于它们的功能。无功能要求的要素是不存在的，因此所有尺寸都有一定的公差，未注公差的尺寸并不是没有公差。GB/T 1804—1992《一般公差线性尺寸的未注公差》对此专门做了说明。当零件上的要素采用一般公差时，在图样上不单独注出公差，而是在图样上、技术文件或标准中做出总的说明。GB/T 1804—1992规定的极限偏差适合于非配合尺寸。对线性尺寸的一般公差，规定了4个等级，即f(精密级)、m(中等级)和c(粗糙级)及v(最粗级)。其中f级最高，逐渐降低，v级最低。线性尺寸的极限偏差数值见表11.9。

表11.9 线性尺寸的极限偏差数值　　　　　　　　　　　　　　　　mm

公差等级	公称尺寸分段							
	0.5~3	>3~6	>6~30	>30~120	>120~400	>400~1000	>1000~2000	>2000~4000
f(精密级)	±0.05	±0.05	±0.1	±0.15	±0.2	±0.3	±0.5	—
m(中等级)	±0.1	±0.1	±0.2	±0.3	±0.5	±0.8	±1.2	±2
c(粗糙级)	±0.2	±0.3	±0.5	±0.8	±1.2	±2	±3	±4
v(最粗级)	—	±0.5	±1	±1.5	±2.5	±4	±6	±8

11.4.3 几何公差

零件在加工制造过程中除了尺寸会产生误差，它的表面几何形状、各组成部分的相对位置也会产生误差。对于这类形状和位置误差所允许的最大变动量，称作几何公差。

几何公差对机器、仪器等各种产品的性能（如工作精度、连接强度、密封性、运动平稳性、耐磨性、噪声等）都有一定的影响，尤其对在高速、高温、高压、重载条件下工作的精密机器与仪器更为重要，因此它与表面结构、极限与配合等一样，是评定产品质量（品质）的重要技术指标。

1. 几何公差的基本概念

（1）要素　构成零件几何特征的点、线、面。

（2）被测要素　被测零件上给出了几何公差的要素，如轮廓线、轴线、面及中心平面等。

（3）基准要素　用来确定被测要素方向或（和）位置的要素。理想基准要素简称基准。

（4）形状公差　被测零件实际要素的几何形状相对于理想要素的几何形状所允许的变

动量,如图 11.38 所示。

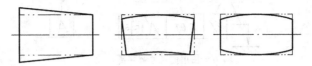

图 11.38 形状公差

(5) 方向、位置公差 被测零件实际要素的方向或位置相对于基准要素的方向或位置所允许的变动量,如图 11.39 所示。

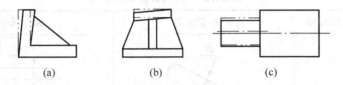

图 11.39 方向、位置公差
(a) 方向公差(垂直度);(b) 方向公差(平行度);(c) 位置公差(同轴度)

(6) 公差带 限制实际要素变动的区域。公差带的主要形式有:圆内、球内、圆柱面内的区域,两平行直线之间、两等距曲线之间的区域,两平行平面之间、两等距曲面之间的区域,两同心圆之间、两同轴圆柱面之间的区域等。

2. 几何公差的分类和符号

几何公差细分为 4 类:形状公差、方向公差、跳动公差和位置公差。每类几何公差所包含的特征项目及其符号如表 11.10 所示。

表 11.10 几何公差特征项目及符号

公差	特征项目	符号	有无基准要求	公差	特征项目	符号	有无基准要求	公差	特征项目	符号	有无基准要求
形状公差	直线度	⎯	无	方向公差	平行度	∥	有	跳动公差	全跳动	⌰	有
	平面度	▱	无		垂直度	⊥	有	位置公差	位置度	⌖	有或无
	圆度	○	无		倾斜度	∠	有		同轴度	◎	有
	圆柱度	⌭	无		线轮廓度	⌒	有		对称度	⌯	有
	线轮廓度	⌒	无		面轮廓度	⌓	有		线轮廓度	⌒	有
	面轮廓度	⌓	无	跳动公差	圆跳动	↗	有		面轮廓度	⌓	有

3. 几何公差标注

在图样中标注几何公差,用公差框格表示被测要素的公差要求;用带箭头的指引线将公差框格与被测要素相连;相对于被测要素的基准,用基准符号表示,如图 11.40 所示。

几何公差标注见表 11.11。

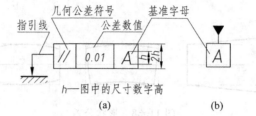

h—图中的尺寸数字高
(a)　(b)

图 11.40　几何公差代号与基准符号
(a) 几何公差代号；(b) 基准符号

表 11.11　几何公差标注示例

分类	项目符号	公差带定义	标注示例及说明
形状公差	— 直线度	如公差值前加 φ，则公差带是直径为 φt 的圆柱面内的区域	(a) 指引线与尺寸线对齐，表示被测圆柱面的轴线必须位于直径为公差值 φ0.01mm 的圆柱面内
		在给定方向上公差带是距离为 t 的两平行平面之间的区域	(b) 指引线与尺寸线错开，表示被测圆柱面的任一素线必须位于距离为公差值 0.01mm 的两平行平面内
	▱ 平面度	公差带是距离为公差值 t 的两平行平面之间的区域	被测表面必须位于距离为公差值 0.08mm 的两平行平面内
	○ 圆度	公差带是在同一正截面上，半径差为公差值 t 的两同心圆之间的区域	被测圆柱面任一正截面的圆周，必须位于半径差为公差值 0.03mm 的两同心圆之间
	⌭ 圆柱度	公差带是半径差为公差值 t 的两同轴圆柱面之间的区域	被测圆柱面必须位于半径差为公差值 0.1mm 的两同轴圆柱面之间

续表

分类	项目符号	公差带定义	标注示例及说明
方向公差	// 平行度	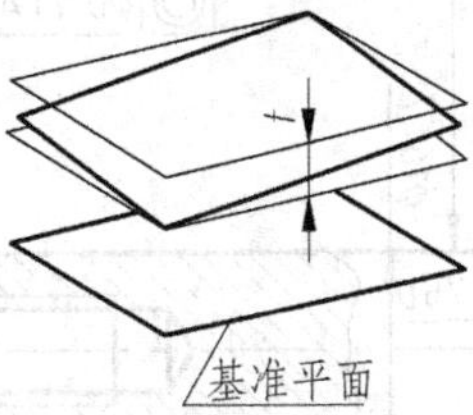 公差带是距离为公差值 t 且平行于基准面的两平行平面之间的区域	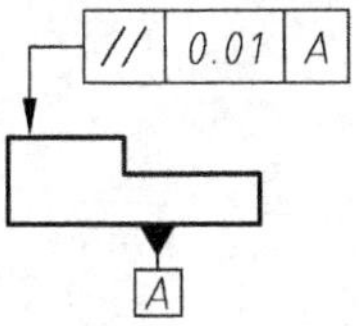 被测面必须位于距离为公差值 0.01mm 且平行于基准平面 A 的两平行平面之间
方向公差	⊥ 垂直度	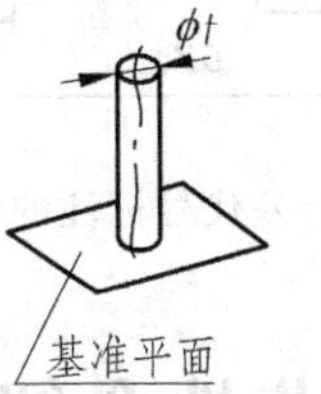 如公差值前加 ϕ，则公差带是直径为 ϕt 且垂直于基准面的圆柱面内的区域	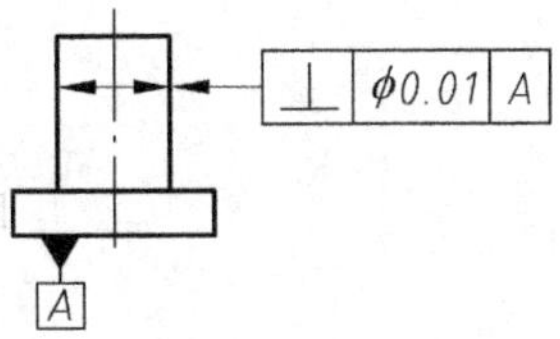 (c) 线对面垂直：被测轴线必须位于直径为公差值 $\phi 0.01$mm 且垂直于基准平面 A 的圆柱面内
方向公差	⊥ 垂直度	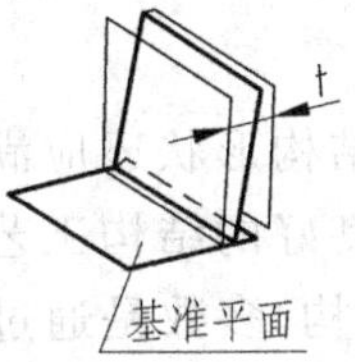 公差带是距离为公差值 t 且垂直于基准面的两平行平面之间的区域	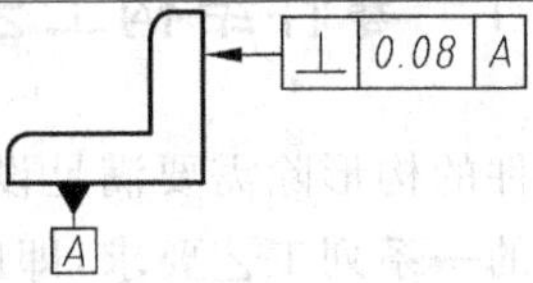 (d) 面对面垂直：被测面必须位于距离为公差值 0.08mm 且垂直于基准平面 A 的两平行平面之间的区域
位置公差	◎ 同轴度	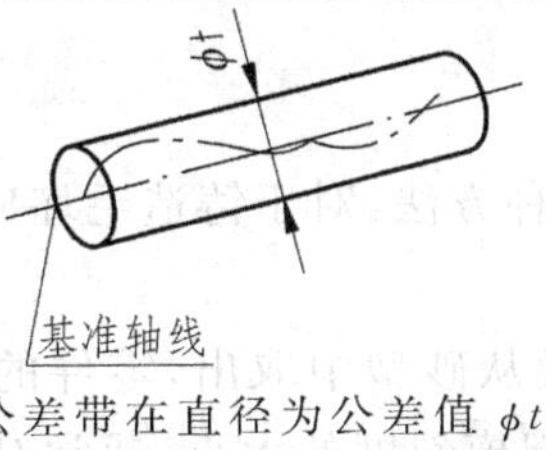 公差带在直径为公差值 ϕt 的圆柱面区域内，该圆柱面的轴线与基准轴线同轴	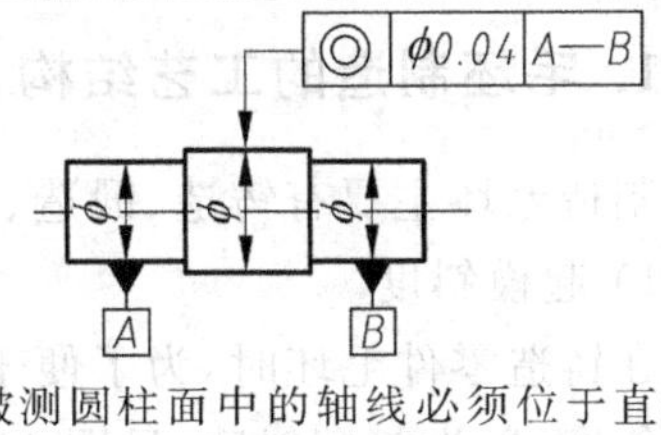 被测圆柱面中的轴线必须位于直径为公差值 $\phi 0.04$mm 且与公共基准线 $A-B$ 同轴的圆柱面内
标注说明	(1) 当被测要素的公差涉及轴线、中心平面时，则带箭头的指引线应与该要素尺寸线的延长线重合（如上图中的直线度（见图(a)）、垂直度（见图(c)）、同轴度等）； (2) 当被测要素的公差涉及轮廓线或表面时（如上图的直线度（见图(b)）、平面度、圆度、平行度等），将箭头置于该要素的轮廓线或轮廓线的延长线上（但必须与尺寸线明显地错开）； (3) 当基准要素是轮廓线或表面时（如上图中的平行度、垂直度（图(d)）等），基准符号应放置在该要素的轮廓线上或它的延长线上（但必须与尺寸线明显地错开）； (4) 当基准要素是轴线、中心平面时，则基准符号必须与该要素的尺寸线对齐（如上图中的同轴度）		

图 11.41 是几何公差代号标注的实例,供标注时参考。

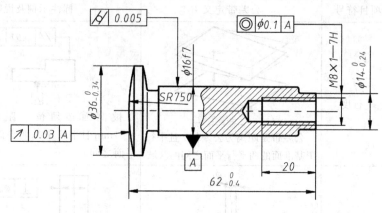

图 11.41　几何公差代号标注的实例

11.5　零件结构工艺性介绍与合理构形

11.5.1　零件结构工艺性介绍

零件的构形除需要满足设计要求外,其结构形状还应满足加工、测量、装配等制造过程所提出的一系列工艺要求,即应使零件具有良好的结构工艺性,否则将使制造工艺复杂化,甚至无法制造或造成废品。零件上的常见结构,多数是通过铸造(或锻造)和机械加工获得的,了解零件上常见的工艺结构是学习零件图的基础。

工艺过程对零件的构形要求主要有以下几种。

1. 毛坯制造的工艺结构

制造毛坯主要有铸造、锻造、焊接三种方法,对于铸造毛坯应考虑以下几个要素。

1) 起模斜度

在铸造零件毛坯时,为了便于将木模从砂型中取出,零件的内、外壁沿起模方向应有一定的斜度,称为起模斜度,见图 11.42。起模斜度的大小,通常对于木模造型取 1°～3°;对金属模用手工造型时取 1°～2°,机械造型时取 0.5°～2°。

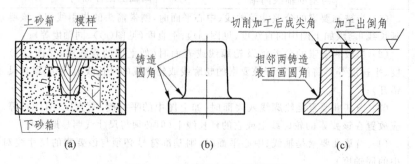

图 11.42　起模斜度与铸造圆角

对模锻零件,也同样要设计出起模斜度,相关的起模斜度值应参考手册查出。

起模斜度在绘制零件图中一般不必画出,可在技术要求中用文字说明。当需要表示时,如在一个视图中起模斜度已表示清楚,则其他视图中只按其小端画出,如图 11.43 所示。

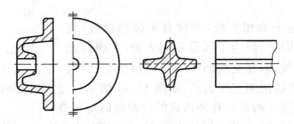

图 11.43　起模斜度画法

2) 铸造圆角

为了防止铸件冷却时产生裂纹或缩孔,防止浇注时冲坏砂型,在铸件各表面的相交处都应做出圆角,称为铸造圆角,如图 11.42(b)所示。铸造圆角的半径一般取壁厚的 0.2~0.4,亦可从手册中查取。同一铸件铸造圆角的种类应尽可能少,圆角半径可在技术要求中统一注写,如"未注的铸造圆角 $R1～R3$"。

铸件经机械加工的表面,其毛坯上的圆角被切削掉,转角处呈尖角或加工出倒角,如图 11.42(c)所示。

3) 铸件壁厚

为防止浇铸零件时,由于冷却速度不同而产生缩孔和裂纹,在设计铸件时,壁厚应尽量均匀或逐渐过渡,如图 11.44 所示。若壁厚不均匀,则由于厚薄部分的冷却速度不一样,在壁厚处容易产生缩孔,如图 11.45(a)所示。为补偿厚度减薄后对强度和刚度的影响,可增设加强肋,如图 11.45(b)所示。

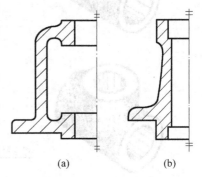

图 11.44　铸件壁厚(一)
(a) 壁厚均匀;(b) 逐渐过渡

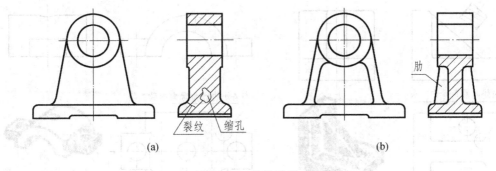

图 11.45　铸件壁厚(二)
(a) 壁厚不匀;(b) 消减壁厚增设加强肋

为了便于制模、造型、清砂、去除浇冒口和机械加工，铸件形状应尽量简化，外形尽可能平直，内壁应减少凹凸结构，如图 11.46 所示。

2. 过渡线

零件的铸造、锻造表面相交处，常常有小圆角过渡，使两表面的交线变得不明显，但为了区分不同表面，在图样上仍画出表面的理论交线，但在交线两端或一端留出空白，这种线称为过渡线，过渡线用细实线表示，如图 11.47 所示。过渡线的画法与没有圆角情况下的相贯线画法基本相同。画常见几种形式的过渡线时应注意：

(1) 曲面相交的过渡线，不应与圆角轮廓线接触，要画到理论交点处为止，如图 11.47 所示。

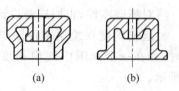

图 11.46　铸件内外结构
形状应简化

(a) 不合理；(b) 合理

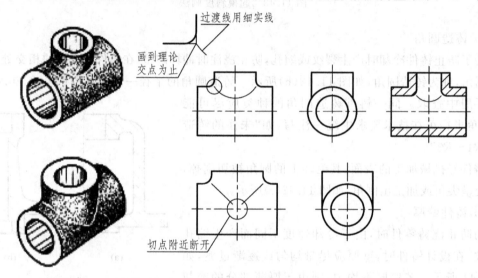

图 11.47　两曲面相交的过渡线画法

(2) 平面与平面或平面与曲面相交的过渡线，应在转角处断开，并加画小圆弧，其弯向应与铸造圆角的弯向一致，如图 11.48 所示。

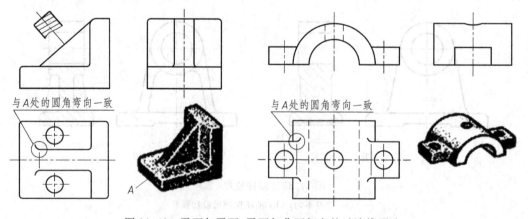

图 11.48　平面与平面、平面与曲面相交的过渡线画法

（3）肋板与圆柱面相交的过渡线，其形状取决于肋板的断面形状及相切或相交的关系，如图 11.49 所示。

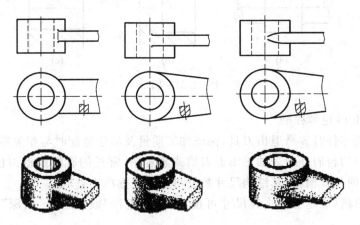

图 11.49　肋板与圆柱面相交、相切的过渡线画法

3．切削加工的工艺结构

1）倒角

零件经切削加工后，在表面的相交处出现了尖角，为了操作安全和便于装配常在该处制成倒角。常见的倒角是 45°，也有 30°和 60°的。倒角为 45°时，代号为 C；倒角不是 45°时，要分开标注。倒角的尺寸标注见图 11.50。重要的倒角宽度 C 数值可根据轴径或孔径查有关标准确定。

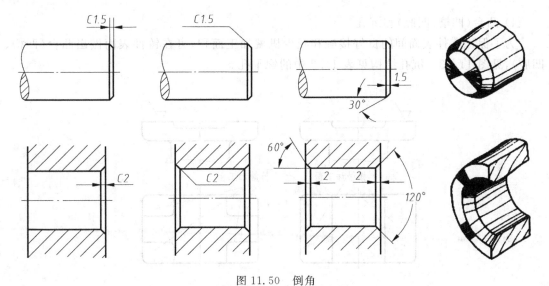

图 11.50　倒角

2）圆角

为避免在零件的台肩等转折处由于应力集中而产生裂纹，常加工出圆角，如图 11.51 所示。圆角半径 r 的数值可根据轴径或孔径查有关标准确定。

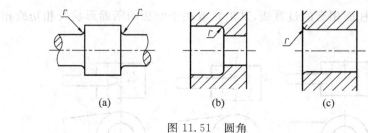

图 11.51 圆角

3) 退刀槽和砂轮越程槽

为了在切削零件时容易退出刀具,保证加工质量及易于装配时与相关零件靠紧定位,常在零件加工表面的台肩外预先加工出退刀槽或越程槽,常见的有螺纹退刀槽、插齿空刀槽、砂轮越程槽、刨削越程槽等,其结构尺寸数值可从有关标准中查取。

一般的退刀槽(或越程槽),其尺寸可按"槽宽×直径"或"槽宽×槽深"的方式标注,如图 11.52 所示。

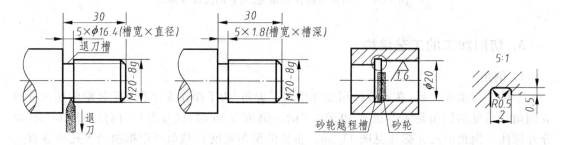

图 11.52 退刀槽和砂轮越程槽

4) 凸台(凹槽、凹腔)和沉孔

为了保证零件表面间的良好接触和减少机械加工面积,可在铸件表面做出凸台(凹槽、凹腔),见图 11.53。沉孔结构见表 11.2 中的锪平孔。

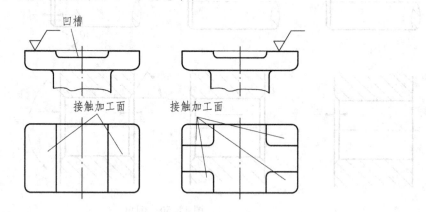

图 11.53 凸台(凹槽、凹腔)

5) 钻孔结构

用钻头钻孔时,要求钻头尽量垂直于被钻孔的端面,以保证钻孔准确和避免钻头折断,如遇有斜面或曲面,应预先做出凸台或凹坑,并且设置的位置应避免钻头单边受力产生偏斜或折断,如图11.54所示。

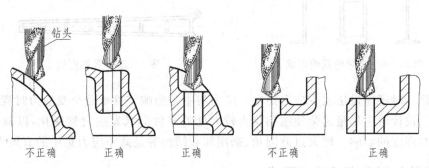

图11.54 钻头要尽量垂直于被钻孔的端面

钻头的端部是一个接近120°的钻头角,但不用标注尺寸,见图11.55(b)。对于直径不同的两级钻孔,在直径变化的过渡处也应画出120°的钻头角。120°的钻头角纯属工艺结构,钻孔深度不包括这部分,见图11.55(d)。

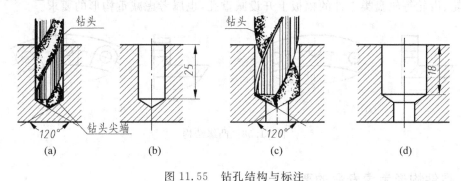

图11.55 钻孔结构与标注

11.5.2 零件合理构形

1. 零件构形需考虑强度等方面的要求

足够的强度和刚度是构形设计必须满足的要求。恰当的构形设计可以减少载荷引起的应力和变形量,提高零件的承载能力。

考虑强度要求时,应考虑材料的性质。钢材受拉和受压时力学性质基本相同,因此钢结构多为对称机构;铸铁材料的抗压强度远大于抗拉强度,因此承受弯矩的铸铁结构的截面多为非对称形状,如T字形等上、下不对称的截面。

选择合理的截面形状可用最少的材料获得最大的抗弯截面模量。原则是当截面面积一定时,应将尽可能多的材料配置在远离中性轴的部位。合理的截面形状有工字形、盒形和槽形等截面,见图11.56。

图11.57所示的梁,梁内不同截面的弯矩不同,因此对于按最大弯矩设计的等截面梁,在弯矩较小的截面内材料均有多余,所以在实际工程中,为了减轻重量和节省材料,常常根据弯矩沿梁的变化情况,将梁设计成变截面的等强度梁。又如轴通常是阶梯轴,应力大的中间部分较粗,应力小的两端较细,既便于轴的加工和轴上零件的装拆,又接近等强度结构。

图 11.56 合理的截面形状

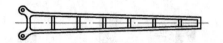
图 11.57 等强度梁

构形设计时还应设法减少应力集中。应力集中是影响零件承受交变应力时疲劳强度的重要因素。设计时应尽量避免使结构受力较大处的零件形状发生突然变化，以减免或减小应力集中对强度的影响。增大过渡圆角、采用卸载结构等是减小应力集中的有效方法。

2. 零件构形考虑减重的要求

图 11.58 是一个圆筒形机匣的凸缘，凸缘上有许多均布的螺栓通孔，为了保证其具有足够的刚度和强度，凸缘必须有足够的厚度。由于螺栓附近受力最大，为了减少其重量，这个凸缘可按图 11.58(b) 所示构形设计，即将螺栓孔附近局部加厚，而其余部分减薄。

带轮、齿轮等轮盘类零件的幅板上开设减重孔，也属考虑减重构形的要求。

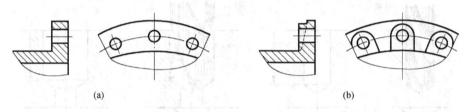
图 11.58 凸缘结构

3. 零件构形考虑寿命的要求

机器中有些零件经常磨损，如何提高这类零件的寿命是提高整机寿命的关键问题。如图 11.59(a) 所示的调压阀，由于阀瓣在工作中经常跳动，与阀体撞击，使阀体易于损坏，寿命较短。为此，在阀体内嵌入一小阀座，如图 11.59(b) 所示，当阀座损坏时，只需更换一个小阀座即可，这意味着提高了阀体的寿命。阀座如选用耐磨性材料，又可提高阀座寿命。

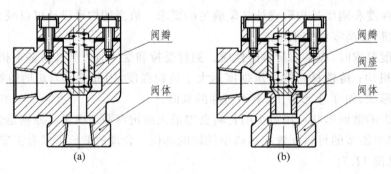
图 11.59 调压阀

有时，为了使零件耐磨，提高寿命，还可先在零件上加工出一个槽，然后在此槽上浇注上一层耐磨合金，如图 11.60 所示。

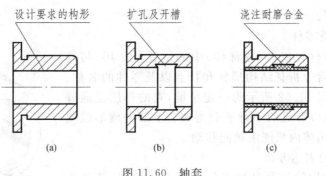

图 11.60 轴套

4. 零件的构形与加工时留下的痕迹

零件表面有时呈现出截交线、相贯线等许多不完整形体,实际上是加工时留下的痕迹,应该从刀具的几何形状和运动轨迹来理解。图 11.61 是常见的在铸造表面上铣出一个平端面的情况,图 11.61(a)为加工前的形状,图 11.61(b)为加工后的情况。

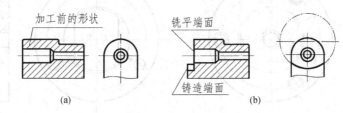

图 11.61 加工痕迹

5. 零件构形的其他要求

零件构形设计不仅要满足其功能、工艺方面的要求,还应使它适合人的生理特点和心理特点,造型美观、结构人性化的产品将会对人产生吸引力,使人心情愉快,不易疲劳。

构形设计时,应注意各部分尺寸比例协调、匀称、形状、色彩和谐统一,简洁明快。

11.6 零件测绘

测绘是对已有机器或零件进行分析和测量,并绘制其制造所需的零件图和装配图的过程。根据测绘的目的不同,测绘可分为设计测绘、机修测绘、仿制测绘。设计测绘的目的是为新设计获取参考或依据;机修测绘的目的是因零部件损坏不能正常工作,又无图样可查,需对有关零件进行测绘,以定出制造零件的实际尺寸或修理尺寸;仿制测绘的目的是针对较先进的设备,进行整机测绘,得到生产所需的图样和有关技术资料。通常,许多产品是通过测绘仿制后改进而实现本土化的。

1. 测绘方法和步骤

零件测绘,是对零件以目测的方法,徒手绘制草图,然后进行测量、记录尺寸,最后根据草图整理成正规零件图。零件草图虽是徒手绘制,但决不意味着可以草率从事,它应具有与零件图相同的内容。

1) 了解和分析零件

首先要分析零件在机器(或部件)中的位置及作用、与其他零件的关系,然后分析其结构形状和特点以及零件的名称、材料、用途等。如图 11.62 所示为一定位键,它的作用是通过圆柱体上的两个切口形成的平行平面与轴套上的键槽形成间隙配合,使轴套在箱体内只能沿轴向移动。

2) 确定零件的表达方案

根据零件的结构特征及其加工位置或工作位置,选择适当的视图表达方案,绘制所需要的视图(包括剖视图、断面图等)。图 11.63 是定位键的两种表达方案,图 11.63(b)所示的方案较图 11.63(a)所示的方案更佳,最终选择图 11.63(b)。思考:是否有更优的表达方案?

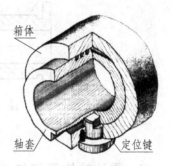

图 11.62 定位键的作用

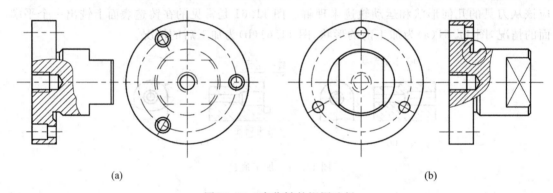

图 11.63 定位键的视图选择

3) 绘制零件草图

零件测绘工作一般多在生产现场进行,不便于用绘图工具和仪器画图。因此草图是以目测估计图形与实物的比例,按一定画法要求徒手(或部分使用仪器)绘制的。

绘制零件草图的步骤如下(见图 11.64):

(1) 根据零件尺寸大小选定绘图比例。

(2) 布置视图确定各视图位置,画出各视图的基准线(中心线、轴线、端面线等),注意预留标注尺寸的空间。

(3) 用细实线画出各视图的主体部分,注意各部分的投影对应关系、比例关系。

(4) 画出细节部分,完成全部视图表达。

(5) 检查加深各图线。

(6) 根据所需标注的尺寸,画出尺寸界线、尺寸线。

(7) 按所画尺寸线,利用测量工具逐个地测量尺寸,填写尺寸数值。

(8) 标注表面结构要求,对有配合要求或几何公差要求的部位要仔细测量,参考有关资料加以确定,并进行注写。

(9) 对草图进行全面检查。对表达方案、尺寸标注再次进行校对审核,对标准结构要素应查找有关标准核对。

(10) 填写标题栏。

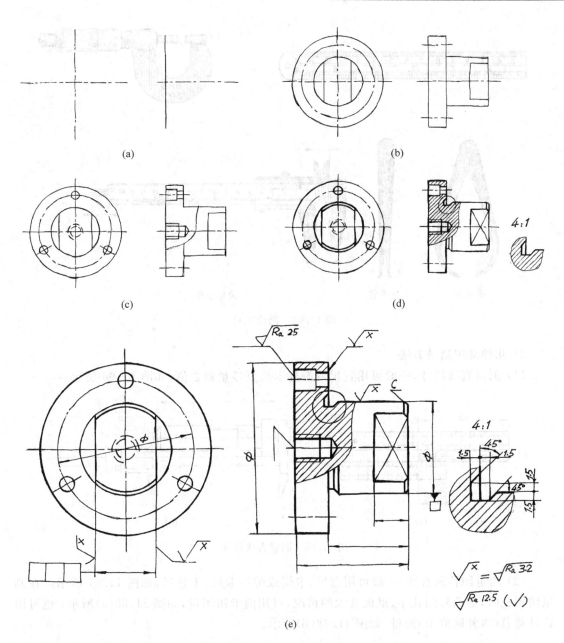

图 11.64 草图绘图步骤

(a) 确定各视图位置,画出各视图的基准线;(b) 画出各视图的主体部分;(c) 画主体上其他结构,作剖视;
(d) 画出细节部分;(e) 检查、加深、注尺寸、标注表面结构要求和几何公差

2. 常用测绘工具及其使用

1) 测绘工具

测量尺寸用的简单工具有直尺、外卡钳和内卡钳;测量较精密的零件时要用游标卡尺、千分尺或其他工具,如图 11.65 所示。

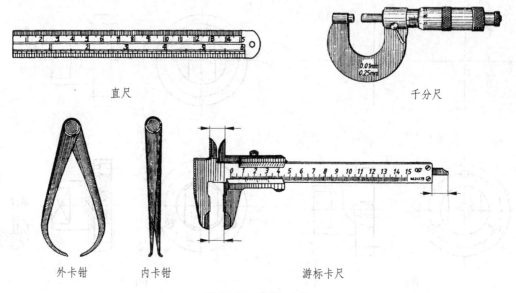

图 11.65 测绘工具

2) 几种常用测量方法

(1) 测量直线尺寸，一般可用直尺或游标卡尺直接量得数值，如图 11.66 所示。

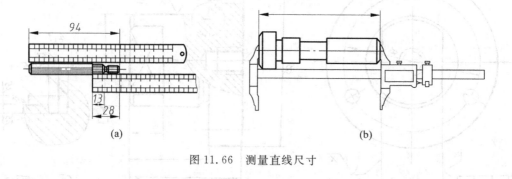

图 11.66 测量直线尺寸

(2) 测量回转面直径，一般可用直尺、卡钳或游标卡尺、千分尺，如图 11.67 所示。在测量阶梯孔时，如遇外面孔小、里面孔大的情况，可用内卡钳测量，如图 11.68(a) 所示；也可用特殊量具（内外同值卡）测量，如图 11.68(b) 所示。

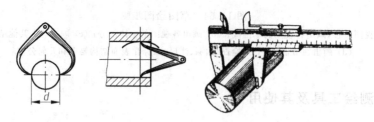

图 11.67 测量回转面直径（一）

(3) 测量壁厚，可用直尺、游标卡尺或卡钳组合测量，如图 11.69 所示。
(4) 测量孔间距，内、外卡钳配合使用，如图 11.70 所示。

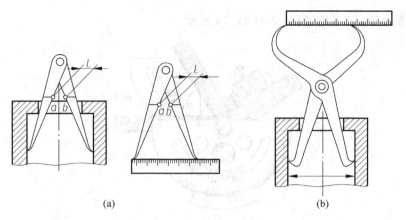

图 11.68 测量回转面直径(二)

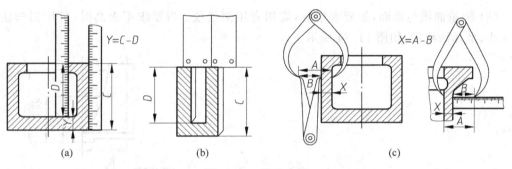

图 11.69 测量壁厚

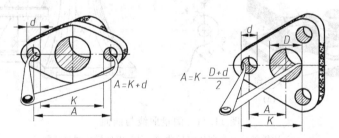

图 11.70 测量孔间距

(5) 测量中心高,可用直尺和卡钳或游标卡尺测量,如图 11.71 所示。

(6) 测量圆角,一般用圆角规测量,如图 11.72 所示。

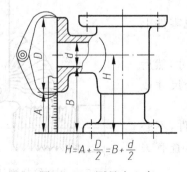

图 11.71 测量中心高

图 11.72 测量圆角

（7）测量角度，可用角度仪，如图11.73所示。

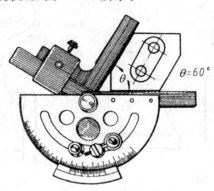

图11.73 测量角度

（8）测量曲线与曲面，如要求精确，需用专用测量仪；当要求不太高时，可用铅丝法和拓印法、坐标法测量，如图11.74所示。

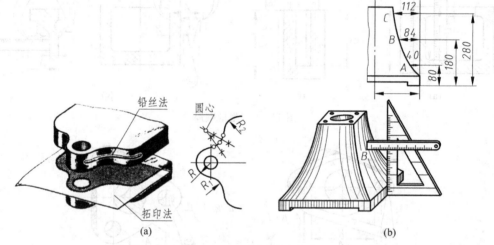

图11.74 测量曲线与曲面
(a) 用铅丝法和拓印法测量曲面；(b) 用坐标法测量曲线

（9）测量螺纹，可用螺纹规，如图11.75所示。

3. 测绘注意事项

（1）零件上的缺损、磨损等不应画出。不要忽视零件上的工艺结构，如圆角、倒角、退刀槽等。

（2）有配合关系的尺寸，测量后应圆整到公称尺寸，然后根据分析从极限偏差表中查出偏差值。对于非配合尺寸或不重要的尺寸，应将测得的尺寸进行圆整。

（3）零件测绘对象主要指一般零件。凡属标准件，不必画它的零件草图和零件工作图，只需测量主要尺寸，查有关标准写出规定标记，并注明材料、数量。

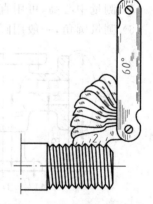

图11.75 用螺纹规测量螺距

11.7　典型零件图识图要点

在进行零件设计、制造、检验时不仅要有绘制零件图的能力,还应具备读零件图的能力。本节结合典型零件图图例介绍看图要点。

1. 轴套类零件(见图 11.76)

1) 结构特点

轴的主要功能是安装、支承轴上零件(齿轮、皮带轮等),传递运动和动力。轴类零件包括各种轴、丝杠等,常用的形状为细长(即具有较大长径比)的阶梯轴。轴之所以设计成阶梯状,一是为了轴上零件的轴向定位,二是为了便于轴上零件的装配。根据设计和工艺要求,轴上常有轴肩、键槽、螺纹、退刀槽、销孔、中心孔等结构,如图 11.76 所示。

2) 视图表达

轴类零件一般在车床和磨床上加工,其表达方案一般只用一个基本视图(主视图)表达主要结构。为了绘图和加工看图方便,选择主视图时,一般将其轴线水平放置并将小直径一端朝右,如图 11.76 所示,通常可将平键槽朝前、半圆键槽朝上,以利于表达形状特征。

轴上的孔、槽常用断面图表达,为使图形清晰,一般不采用重合断面而采用移出断面。某些细部结构如退刀槽、砂轮越程槽等,必要时可采用局部放大图,以便确切表达其形状和标注尺寸。对形状简单且较长的轴段,常采用折断的方法表示。轴端中心孔不作剖视,可用规定标准代号表示,如图 11.76 所示。

3) 尺寸标注特点

轴套类零件有径向和轴向两个方向的尺寸。径向的尺寸表示轴上各段回转体的直径,以轴线为基准;轴向的尺寸表示轴上各段回转体的长度,其基准要根据零件在机器中的作用和工艺要求来选择。通常选择轴的轴肩面或端面作为尺寸基准,考虑到加工顺序和测量方便,轴向尺寸可能会出现多个基准。图 11.76 中是以轴肩 P 作为轴向主要尺寸基准。

2. 盘盖类零件(见图 11.2)

1) 结构特点

盘盖类零件主要包括端盖、透盖、法兰盘、各种轮子等。这类零件的主体部分一般为同轴线不同直径的回转体且具有较小长径比的扁平状体,一般有一个端面是与其他零件连接的重要接触面。这类零件上常有轮毂、轮缘、肋、轮辐、均布小孔、止口及键槽等结构。

2) 表达方法

大多数盘盖类零件主要在车床上加工,所以应按其形状特征和加工位置来选择主视图,将轴线水平放置。通常用主、左(或右)两个视图,外加局部视图或局部放大图等来表示。主视图采用全剖视,左视图(或右视图)则用来表示其侧面外形和盘上的孔、轮辐等的分布情况,如图 11.2 所示。

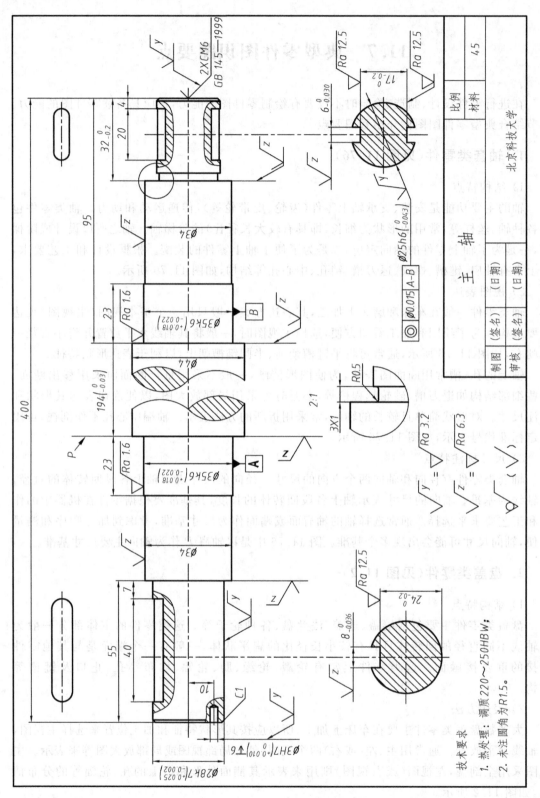

图 11.76 轴套类零件图

3) 尺寸标注特点

盘盖类零件通常选用通过轴孔的轴线作为径向设计基准,轴向将重要的端面作为设计基准。图 11.2 中轴向设计基准为右端面 A。

3. 叉架类零件（见图 11.77）

1) 结构特点

叉架类零件通常用在变速机构、操纵机构和支承机构中,用于拨动、连接和支承传动零件,如拨叉、连杆、摇臂和支架等。它们的结构形状虽千差万别,但其形状结构按功能可分为安装部分、工作部分和连接部分。连接部分多是断面有变化的肋板结构,形状弯曲、扭斜的较多。安装部分和工作部分也有较多的细小结构,如油槽、油孔、螺孔等。

2) 表达方法

由于叉架类零件的结构形状较为复杂,各道加工工序往往在不同机床上进行,因此,主视图应按工作位置和结构形状特征来选定。若工作位置处于倾斜状态,可将其位置放正。一般需用两个以上的基本视图表达。由于叉架类零件倾斜、扭曲结构较多,还常选择斜视图、局部视图、局部剖视图及断面图等表达,如图 11.77 所示。

3) 尺寸标注特点

对于该类零件,通常选用安装基面或零件的对称面作为主要基准。在图 11.77 中,长度和高度方向以右侧轴线为主要基准,宽度方向以前后对称面为主要基准。

4. 箱体类零件（见图 11.78）

1) 结构特点

箱体类零件是用来支承、包容和保护运动零件或其他零件的,其结构形状一般比较复杂,例如泵体、阀体、减速器箱体以及气、液压缸体等,这类零件都是部件的主体零件,许多零件要装在其上面,它们多是中空的壳或箱,组成结构有壁,连接固定用的凸缘,支承用的轴孔、肋板,固定用的底板等。箱体类零件大部分是铸造而成的,也有焊接而成的,部分结构要经机械加工而成。

2) 表达方法

箱体类零件加工位置较多,但箱体在机器中的工作位置是固定的,所以一般以零件工作位置和能较多反映形状特征及各部分相对位置的视图作为主视图。一般需用三个或三个以上的基本视图,并常取剖视,表示其内、外结构形状。对细小的结构可采用局部视图、局部剖视图和断面图来表示。此外,由于铸件上圆角较多,还应注意过渡线的画法。

3) 尺寸标注特点

对箱体类零件的尺寸标注时,其上各部分的定位尺寸很重要,它关系到装配质量的好坏,为此必须选好基准面,通常选安装面、主要孔的轴线和重要端面为基准。图 11.78 中长度方向的主要尺寸基准是通过壳体内腔轴线的侧平面;宽度方向的主要尺寸基准是通过壳体内腔轴线的正平面;高度方向的主要尺寸基准是壳体的下底面。$\phi 30H7$ 和 $\phi 48H7$ 是配合尺寸,精度要求较高。

读图过程中,对零件各部分形体结构尺寸应按定形尺寸和定位尺寸全面分析清楚。

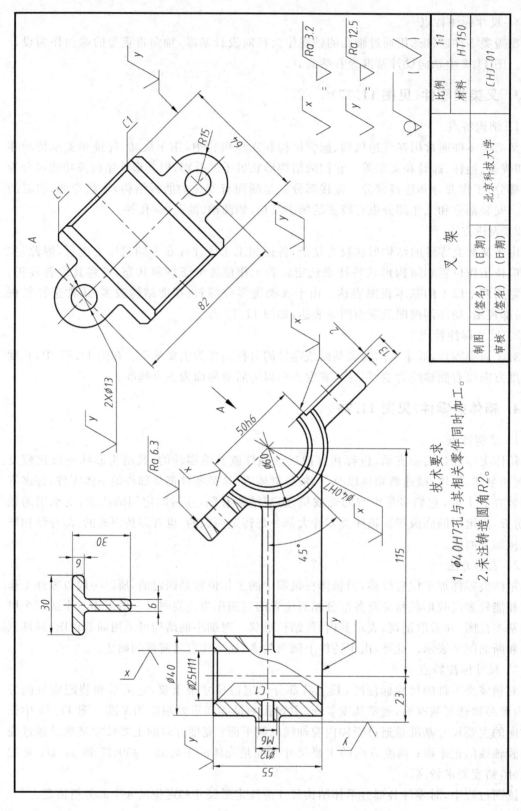

图 11.77 叉架零件图

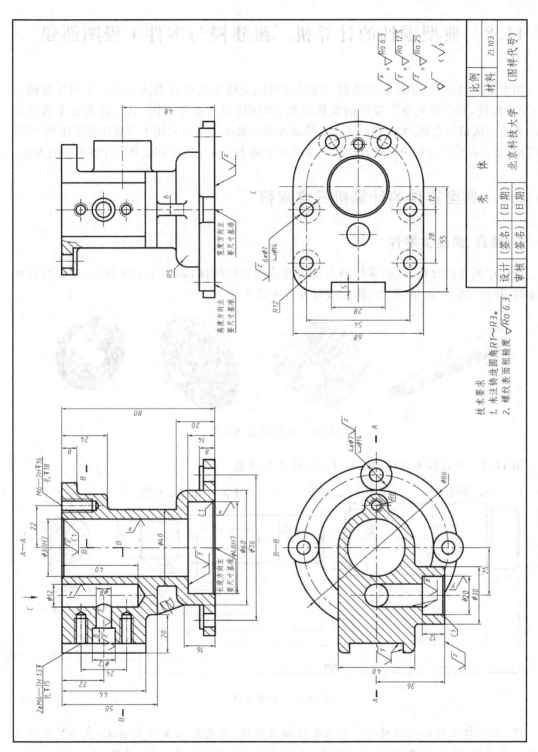

图 11.78 壳体零件图

11.8　典型零件的计算机三维建模与零件工程图创建

用手工绘制或用CAD软件绘制二维的零件图是传统的设计表达方法。采用先进的三维CAD软件,则是首先建立零件的实体模型,再转化为二维工程图,其设计表达手段较传统的表达方法快速直观,大大提高了设计质量和设计效率。由于采用了参数化特征建模,零件的结构、大小在建模过程中可随时修改。本节介绍用Inventor软件创建典型零件模型的方法。

11.8.1　典型零件的计算机三维建模

1. 轴套、盘盖类零件

从构形的角度分析,此类零件的主要结构是同轴回转体,如图11.79所示,建模方法常用旋转、拉伸、阵列、圆角、倒角、螺纹或打孔等方式生成。

图11.79　轴套、盘盖类零件

例 11.2　创建轴类零件(见图11.80)的三维模型。

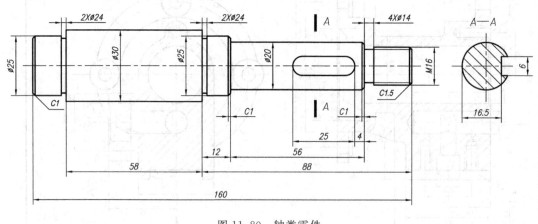

图11.80　轴类零件

解：(1) 建立轴的主体模型。进入零件模板环境,固定原始坐标系原点,在XY平面上绘制轴的草图,添加尺寸,进行尺寸约束,通过旋转方式得到轴的主体,见图11.81。

(2) 键槽的建模。创建工作平面(利用与曲面相切并平行平面的方式),在此工作平面上开启草图平面并绘制键槽草图,通过拉伸(切削方式)得到键槽,如图11.82所示。

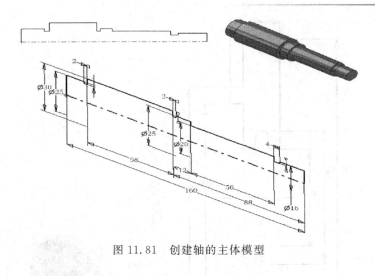

图 11.81 创建轴的主体模型

（3）完成附加结构。添加螺纹及倒角，完成轴的建模（见图 11.83）。

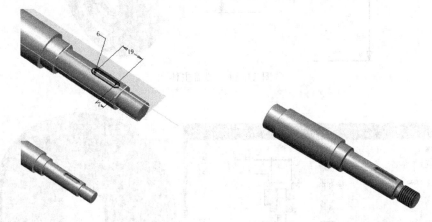

图 11.82 键槽的建模　　　　　图 11.83 添加螺纹及倒角

例 11.3 以端盖（见图 11.2）为例，介绍建模过程。

解：(1) 端盖主体成形。在 XY 平面上定义草图平面，过坐标原点作轴线，画草图截面，再作旋转，见图 11.84。

（2）打台阶孔。在零件左端面上定义草图平面，放置草图点，并将此草图点约束在 $\phi 98$ 的构造线上，再约束该点在 Y 轴的投影线上，然后退出此草图。利用打孔特征，生成 $\phi 15$ 深 6 和 $\phi 9$ 的台阶孔，如图 11.85 所示。

（3）作环形阵列。以 X 轴为旋转轴，对上述台阶孔进行环形阵列，如图 11.86 所示。

（4）添加倒角。利用倒角特征，按零件图要求，制作倒角结构，如图 11.87 所示。至此，端盖三维建模完成。

2. 叉架、箱体类零件

此类零件的结构形状一般比较复杂，常有弯曲、歪斜构形，因此在使用三维设计软件建模时，应特别注意工作平面、工作轴、投影几何图元、几何与尺寸约束的灵活应用，下面举例说明。

例 11.4 踏架零件建模，零件图见图 11.88。

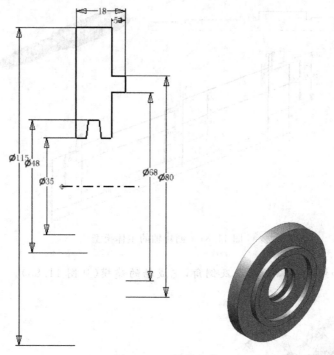

图 11.84 端盖主体

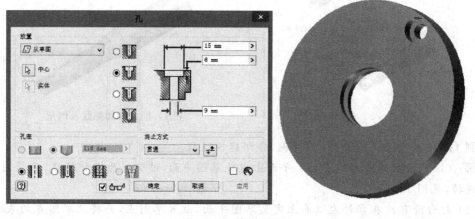

图 11.85 打台阶孔

图 11.86 环形阵列　　　　　　　　　　图 11.87 端盖三维模型

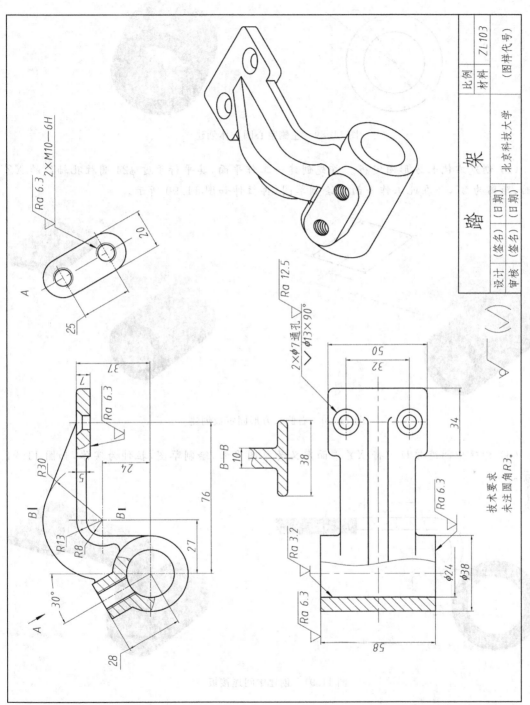

图 11.88 踏架零件图

解：(1) 利用拉伸造型，创建左侧空心圆柱体，见图 11.89。

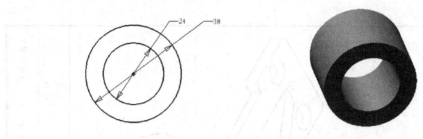

图 11.89　左侧空心圆柱体创建

(2) 创建右侧长方形固定板。首先创建一工作平面，其平行于过 $\phi 24$ 圆柱孔轴线的 XZ 平面，距离为 37，并在此工作平面上绘制草图，再拉伸如图 11.90 所示。

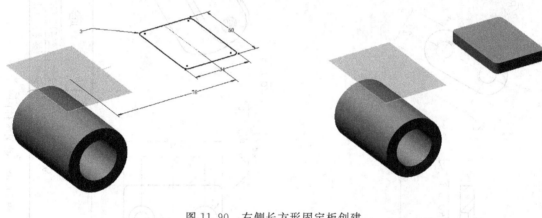

图 11.90　右侧长方形固定板创建

(3) 构建中间连接板。将 XY 平面定义为草图平面，绘制草图，拉伸为实体，如图 11.91 所示。

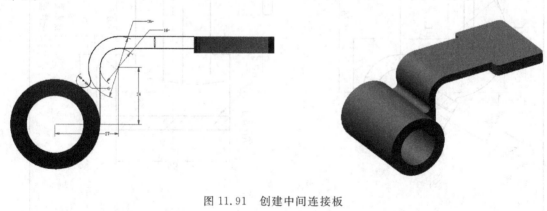

图 11.91　创建中间连接板

(4) 创建斜凸台结构。为此应首先建立满足零件图要求的倾斜工作平面，在此工作平面上绘制草图，再拉伸，终止方式为"到表面或平面"，见图 11.92。

(5) 创建肋板，见图 11.93。

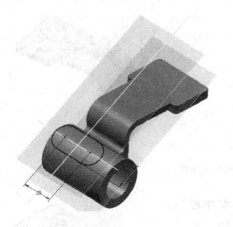

图 11.92　斜凸台造型

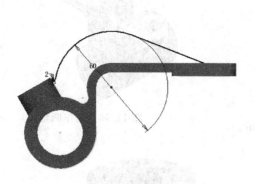

图 11.93　创建肋板

（6）斜凸台上螺孔结构建模。在斜面上定义草图平面，放置草图点，利用打孔特征在其上打孔，作螺纹，如图 11.94 所示。

图 11.94　斜凸台上螺孔结构建模

（7）固定板上埋头孔结构建模。在固定板上表面定义草图平面，放置草图点，利用打孔特征在其上打孔，如图 11.95 所示。

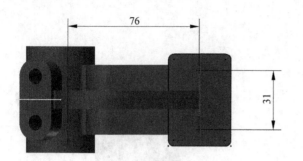

图 11.95　固定板上埋头孔建模

(8) 完成踏架上圆角制作。利用圆角特征,按零件图要求,对需进行倒圆角的局部制作圆角,见图 11.96。至此,完成踏架的三维建模,保存文件名为踏架.ipt。

例 11.5　壳体建模(见图 11.78)。

解:(1) 壳体主体建模,如图 11.97 所示。

(2) 顶板建模,如图 11.98 所示。

(3) 构建左侧凸台,如图 11.99 所示。

(4) 创建前方圆台,如图 11.100 所示。

(5) 切槽打孔,如图 11.101 所示。

(6) 创建底板上的安装孔,如图 11.102 所示。

图 11.96　制作圆角

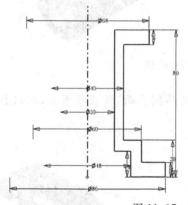

图 11.97　壳体主体建模

图 11.98　顶板建模

图 11.99　构建左侧凸台

(7) 生成顶板上的对称沉孔,如图 11.103 所示。
(8) 创建肋板,如图 11.104 所示。
(9) 创建圆角,如图 11.105 所示。
(10) 创建倒角,完成壳体建模,如图 11.106 所示。

图 11.100 创建圆台　　　　图 11.101 切槽打孔

图 11.102 创建底板上的安装孔　　图 11.103 生成顶板上的对称沉孔

图 11.104 创建肋板　　　图 11.105 创建圆角　　　图 11.106 壳体三维模型

11.8.2 零件工程图创建

利用三维设计软件生成工程图是由三维实体模型自动投影为各种平面视图,且生成的二维工程图和三维实体模型之间的数据是相互关联的,并可建立 CAD/CAM 一体化所需的数据源,大大地提高了绘图效率又便于修改。但应注意,零件的视图表达方案确定,尺寸标注的完整、正确、合理性等仍决定于设计者的设计表达能力。下面以11.8.1节中已建立的踏架实体模型为例,说明该零件工程图的创建过程。

例 11.6 根据踏架(见图11.96)的三维实体模型,创建其二维工程图。

解:(1)进入"工程图"工作环境,打开踏架实体模型文件踏架.ipt,用"基础视图"命令 创建主视图,见图11.107。主视图的投影方向可用"改变视图方向"命令 进行重新设置。

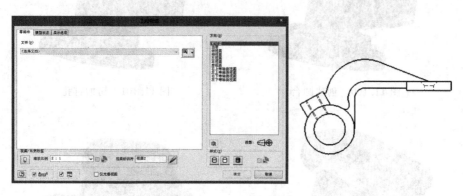

图 11.107 创建主视图

(2)用"投影视图"命令 创建俯视图和轴测图,见图11.108。

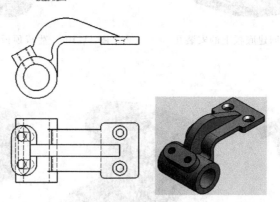

图 11.108 创建俯视图和轴测图

(3)利用"斜视图"命令 创建斜视图,隐藏其中多余线,见图11.109。

(4)创建局部剖视图。现以作俯视图上的局部剖为例,说明创建局部剖视图的过程。为作与俯视图关联的草图,首先选定俯视图(俯视图周围出现红色虚线表示选中),在标准工具栏中单击"草图",此时进入到草图编辑状态,再用样条曲线画局部剖的边界草图线(一般为封闭曲线)见图11.110(a),结束草图。启用"局部剖视图"命令 ,选定俯视图,弹

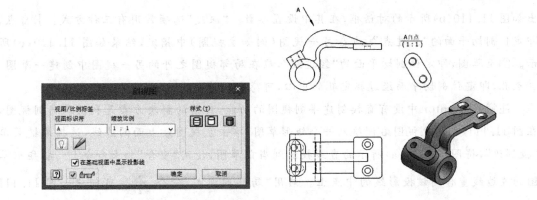

图 11.109 创建斜视图

图 11.110 创建局部剖视图

出如图 11.110(b)所示的对话框,在其中设置参数。"深度"选项常用有三种方式:①自点,即定位剖切平面的"经过点",应在另一视图(例如主视图)中指定,结果如图 11.110(c)所示。②至草图,即定位剖切平面的"经过线",应在局部视图之外的另一视图中创建一草图。③至孔,即定位剖切平面经过指定孔的中心,可感应孔特征。

注意:Inventor 中没有直接创建半剖视图的功能,目前的解决方案是利用局部剖视图,在图 11.111(a)的主视图右侧绘制一个矩形草图,单击主视图最上面的边线,选择右键菜单"投影边",将图 11.111(a)所示的直线投影到当前草图,使用"重合"约束命令 ⊥ ,将矩形草图的左边线重合到该投影线的中点上。启用"局部剖视图"命令 ,可创建如图 11.111(b)所示的半剖视图,但不符合机械制图关于肋板剖切画法的要求,对此利用右键菜单选择"隐藏剖面线",再投影所需边界并补画缺少的剖面线区域边界,作与边界投影线之间的必要的几何约束,如图 11.111(c)所示,用工程图草图面板中的"填充"命令,填充剖面线,如图 11.111(d)所示。

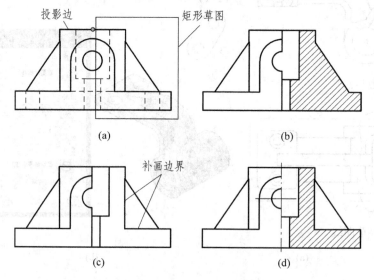

图 11.111 创建半剖视图
(a) 作符合要求的矩形草图;(b) 自动生成的半剖视图;
(c) 隐藏剖面线重新构造填充边界;(d) 填充剖面线

(5) 利用"剖视图"命令 可创建全剖视图、移出断面图。本例用此命令生成 $B—B$ 移出断面图,隐藏其中多余线,见图 11.112。

(6) 在"工程图标注面板"中,使用"中心标记"命令 ┼ 、"尺寸"命令 ,添加所有中心线、轴线、尺寸,见图 11.113。

(7) 启用"工程图标注面板",使用"表面粗糙度符号"命令 √ 、"文本"命令 A ,标注表面粗糙度等技术要求,再插入适当的图框及标题栏,本例采用的是自定义标题栏,见图 11.114,保存文件名为"踏架.idw"。

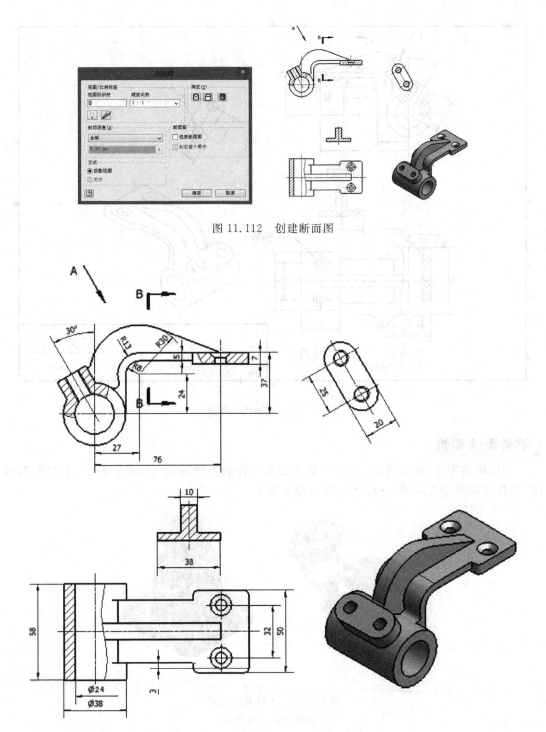

图 11.112 创建断面图

图 11.113 添加中心线、轴线、尺寸

因目前三维设计软件对二维工程图的自动处理仍达不到人们期待的水准,对图中不符合国家制图标准及工程图实际需求的局部可利用 AutoCAD 软件进行修饰处理(例如图中的视图名称、尺寸等),修饰后的工程图见图 11.88。

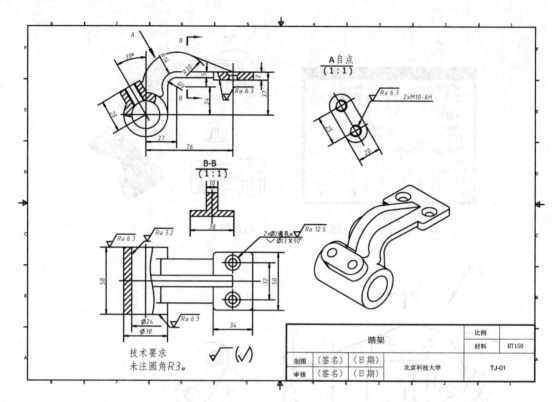

图 11.114 添加技术要求

▎零件测绘实验

选用典型零件（例如图 11.115）→徒手绘制零件的工程图表达（训练视图、剖视图、断面图、简化画法等综合应用）→尺寸标注→技术要求。

图 11.115 零件测绘实验
(a) 阀体；(b) 千斤顶底座

▎课堂讨论

(1) 零件图阅读过程中遇到的疑难问题是什么？
(2) 尺寸标注中常见的错误有哪些？
(3) 尺寸基准怎样选择？

▶ 课堂测试练习

1. 填空题

（1）零件图一般应包括如下 4 个方面：_____、_____、_____、_____。

（2）当零件大部分表面具有相同的表面粗糙要求时，则其表面粗糙度要求可统一标注在图样的_____附近。

（3）尺寸公差带中，_____确定公差带位置，_____确定公差带大小。

（4）配合种类有_____、_____、_____。配合有_____和_____两种基准制。

（5）基孔制的孔（基准孔）用符号_____表示，其基本偏差值为_____；基轴制的轴（基准轴）用符号_____表示，其基本偏差值为_____。

（6）配合是指相互结合的孔和轴公差带之间的关系，两者的_____必须相同。

2. 选择题

（1）某图样标题栏中的比例为 1∶10，该图样中有一个图形是局部剖切后单独画出的，其上方标有 1∶2，则该图形(　　)。

　　A. 因采用了缩小比例 1∶2，因此不是局部放大图

　　B. 是采用剖视画出的局部放大图

　　C. 既不是局部放大图，也不是剖视图

　　D. 不是局部放大图，是采用缩小比例画出的局部视图

（2）对于公差的数值，下列说法正确的是(　　)。

　　A. 必须是正值

　　B. 必须大于等于零

　　C. 必须为负值

　　D. 可以为正、为负、为零

（3）下列尺寸公差注法正确的是(　　)。

　　A. $\phi 50^{+0.018}_{+0.002}$　　B. $\phi 50^{-0.03}_{-0.01}$　　C. $\phi 50^{+0.008}_{-0.008}$　　D. $\phi 50^{0.007}_{-0.018}$

（4）下列一组公差带代号，哪一个可与基准孔 $\phi 42H7$ 形成间隙配合？(　　)

　　A. $\phi 42g6$　　B. $\phi 42n6$　　C. $\phi 42m6$　　D. $\phi 42s6$

第 12 章

装 配 图

▎本章重点内容
(1) 装配图的规定画法和特殊画法；
(2) 装配图的尺寸标注、技术要求和零部件序号及明细栏；
(3) 部件测绘与装配图的画法；
(4) 与装配有关的构形；
(5) 读装配图和拆画零件图；
(6) 计算机辅助三维实体装配设计与表达。

▎能力培养目标
(1) 掌握装配图的规定画法、特殊表达方法；
(2) 具备绘制和阅读装配图的基本能力。

▎案例引导

用来表达机器或部件的图样称为装配图。在设计过程中,设计者为了表达产品的性能、工作原理及其组成部分的连接、装配关系,首先需要画出装配图(见图 12.1),以此确定各零件的结构形状和协调各零件的尺寸等,然后再绘制零件图。在生产过程中,生产者要根据装配图制订装配工艺规程；装配图是机器装配、检验、调试和安装工作的依据。在使用和维修过程中,使用者要通过装配图了解机器或部件的工作原理、结构性能,从而确定操作、保养、拆装和维修方法。此外,在进行技术交流、引进先进技术或更新改造原有设备时,装配图也是不可缺少的资料。因此装配图是设计、制造、使用、维修以及技术交流的主要技术文件。

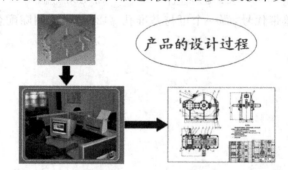

图 12.1 设计师将自己的设计思想用装配图表达出来

12.1 装配图的内容

图 12.2 为柱塞泵装配图,从图中看出,装配图应包括以下内容:
(1) 一组视图 以表达机器或部件的工作原理、结构特征、零件之间的连接和装配关系。

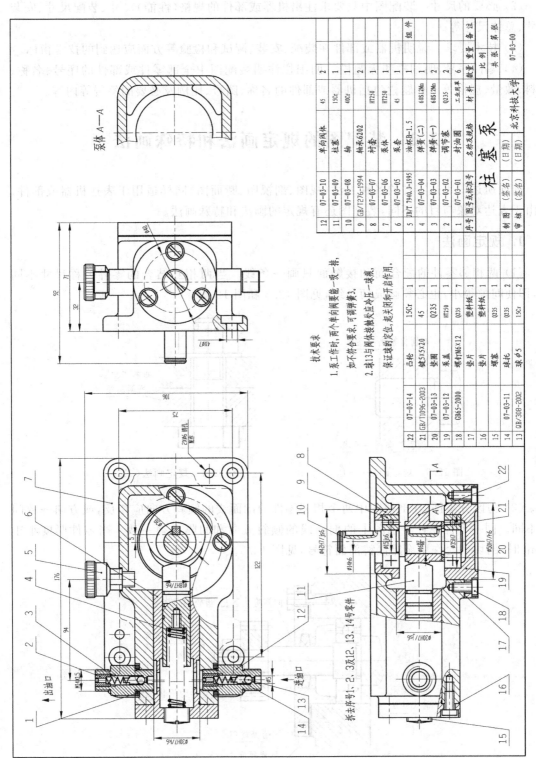

图 12.2 柱塞泵装配图

(2) 必要的尺寸　装配图中只要求注出机器或部件的规格(性能)尺寸、装配尺寸、安装尺寸、总体尺寸等。

(3) 技术要求　说明机器或部件在装配、安装、调试和检验等方面应达到的技术指标。

(4) 零件序号、明细栏和标题栏　明细栏注明装配图中全部零件或部件的序号、名称、材料、数量、规格等。标题栏包括机器或部件的名称、图号、比例及必要的签署等内容。

12.2　装配图的规定画法和特殊画法

前面所述的表达零件的各种方法(视图、剖视图、断面图)同样适用于表达机器或部件。但由于表达对象与目的不同,装配图还有规定的画法和特殊画法。

1. 规定画法

(1) 两相邻零件的配合面和接触面只画一条线。当两相互结合的零件公称尺寸不同时,即使间隙很小,也必须画成两条线,见图12.3和图12.4。

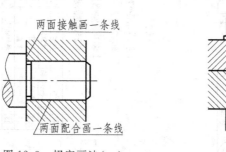
图12.3　规定画法(一)

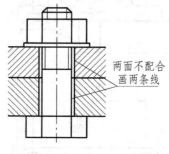
图12.4　规定画法(二)

(2) 为区分零件,在剖视图中两个相邻零件的剖面线的倾斜方向应相反,或方向一致间隔不同。同一零件在各个视图上的剖面线的倾斜方向和间隔必须一致。当零件厚度小于2mm时,剖切后允许用涂黑代替剖面符号,见图12.5。

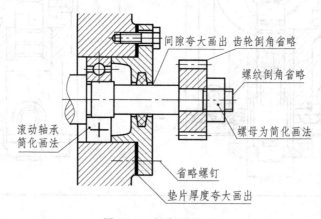
图12.5　规定画法(三)

(3) 为了简化作图,对标准件(如螺栓、垫圈、螺母等)和实心件(如轴、手柄、球等),若按纵向剖切,且剖切平面通过其对称中心线或基本轴线时,则这些零件按不剖绘制,如图 12.5 所示。当剖切平面垂直于这些零件的轴线时,则应画出剖面线,如图 12.6 所示。

2. 特殊画法

1) 沿结合面剖切

在装配图上,为了清楚地表达部件的内部构造,可以假想沿某些零件的结合面剖切。如图 12.6 所示俯视图,假想沿轴承座与轴承盖的结合面剖切,结合面上不画剖面线,但被切断的螺栓等连接件的断面要画出剖面线。

2) 拆卸画法

在装配图中,当某个或几个零件遮住了需要表达的其他结构或装配关系时,或者为了减少不必要的画图工作,而它(们)在其他视图中又已表示清楚时,可假想拆去某些零件后画出该视图。需说明的应在该视图上方加注"拆去××等",这种画法称为拆卸画法,如图 12.2 俯视图所示。

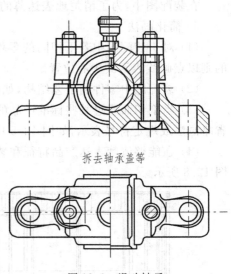

拆去轴承盖等

图 12.6 滑动轴承

3) 假想画法

在装配图中,如果要表达运动零件的极限位置,可用双点画线画出其轮廓。另外,若要表达与相邻辅助零件(部件)的安装连接关系时,也可采用双点画线画出其轮廓,如图 12.7 所示。

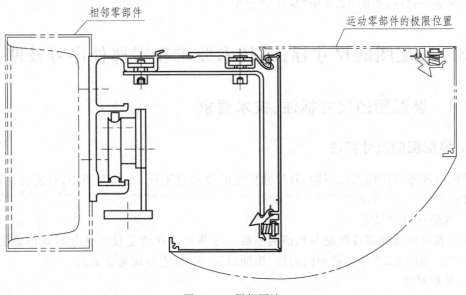

图 12.7 假想画法

4) 夸大画法

在装配图中,为了清楚地表达薄的垫片或较小的间隙,允许将其夸大画出,见图12.5。

5) 简化画法

(1) 对于装配图中若干相同的零件组,如螺栓连接等,可详细地画出一处或几处,其余的则以点画线表示其中心位置。

(2) 装配图中零件的工艺结构,如倒角、圆角、退刀槽等可不画出,见图12.5。

(3) 当剖切面通过某些标准产品的组合件时,允许仅详细画出一处或几处,其余则可按省略画法或规定符号表示,如图12.5中的滚动轴承的画法。

(4) 在能够清楚表达产品特征和装配关系的条件下,装配图可仅画出其简化的轮廓,如图12.8所示。

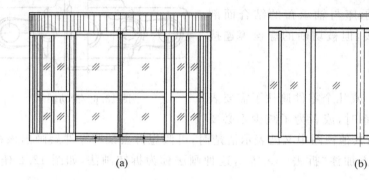

图12.8 装配图可仅画出两翼自动旋转门简化后的轮廓
(a) 简化前;(b) 简化后

6) 单独表示某个零件

在装配图中,当某个零件的形状未表达清楚而又对理解装配关系有影响时,可单独画出该零件的某一视图,如图12.2中"泵体$A—A$"。

12.3 装配图的尺寸标注、技术要求和零部件序号及明细栏

12.3.1 装配图的尺寸标注、技术要求

1. 装配图的尺寸标注

装配图和零件图的作用不同,对尺寸标注的要求也不同,在装配图中,只需标注以下几类尺寸。

1) 规格(性能)尺寸

它是表示机器或部件性能与规格的参数。这些尺寸在拟定设计任务时就已确定,一般数量很少。如图12.2中两单向阀的进、出油口孔径$\phi 5$(它与流量有关)。

2) 外形尺寸

它是表示机器或部件外形轮廓的尺寸,即总长、总宽、总高。它是机器或部件在包装、运输、安装以及厂房设计等工作过程中必需的尺寸,如图12.2中的176。

3) 装配尺寸

(1) 配合尺寸　表示零件间有配合要求的配合尺寸,如图 12.2 俯视图中 $\phi50H7/h6$、$\phi42H7/js6$ 等。

(2) 相对位置尺寸　零件在装配时,需要保证的相对位置尺寸,如图 12.2 左视图中的 $\phi40$。

4) 安装尺寸

它是将机器安装在基础上或部件装配在机器上所使用的尺寸,如图 12.2 中 122、75。

5) 其他重要尺寸

包括设计时经计算确定的尺寸或根据某种需要而确定,但又不属于上述几类尺寸的一些重要尺寸,如图 12.2 中的凸轮偏心距尺寸 5、凸轮直径 $\phi38$。

应当指出,上述几类尺寸并不是彼此孤立的。实际上同一尺寸往往具有多重意义。所以装配图中应标注的尺寸总体上来说数量并不很多。因为装配图并不用来指导零件的加工制造,所以加工、检验各零件所需的那些大量的几何尺寸,在装配图上是无需标注的。

2. 技术要求

装配图中的技术要求主要包括部件的装配、调试方法,应达到的技术指标以及验收条件和使用规则等。这些要求一般是参阅同类产品的图样,结合具体要求制定的。一般包含以下几方面的内容:

1) 装配要求

(1) 需要在装配时加工的说明;

(2) 指定的装配方法;

(3) 安装时应满足的运动要求、密封要求、噪声或环保要求等。

2) 检验要求

(1) 基本性能的检验方法和条件;

(2) 检验操作指示、检验工具的规定;

(3) 检验结果的判定条件等。

3) 使用要求

(1) 对产品基本性能的维护、保养的要求;

(2) 使用操作时注意事项;

(3) 大、中、小修的规范等。

12.3.2　装配图的零、部件序号和明细栏

1. 序号的编排方法

(1) 装配图中所有的零、部件都必须编写序号。相同零件或部件只编写一个序号。

(2) 序号注写在指引线的水平线上或圆内。序号的字高比图中的尺寸数字高度大一号或二号,指引线或圆均为细实线。指引线应由零件的可见轮廓线内引出,并在末端画一小圆点,若所指零件很薄或为涂黑的剖面,在指引线的末端可画出指向轮廓的箭头,见图 12.9。

(3) 指引线不能相交,当通过有剖面线的区域时,指引线不能与剖面线平行,必要时指

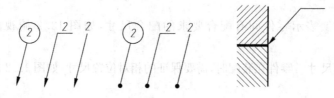

图 12.9 序号注写形式(一)

引线可画成折线,但只能曲折一次,如图 12.10 所示。

(4) 一组紧固件或装配关系清楚的零件组,可采用公共的指引线进行编号,如图 12.11 所示。

(5) 序号或代号在图样上应按水平或垂直方向排列整齐,按顺时针或逆时针依次排列。在整个图上无法连续时,可分别在几个水平或垂直方向上排列。

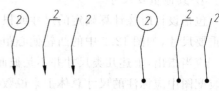

图 12.10 序号注写形式(二)

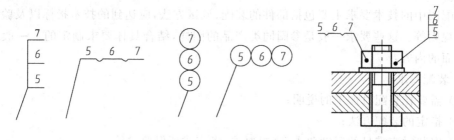

图 12.11 公共指引线

(6) 标准化的组件,如油杯、滚动轴承、电机等,在装配图中被看成一个组件,只编一个号。

2. 明细栏和标题栏

明细栏在紧靠标题栏的上方,其内容和格式(教学、学生作业推荐用,企业用格式请遵循国家标准或相关企业已定制的式样)如图 12.12 所示。明细栏中的序号应与图中零件序号一致,并按由下而上的顺序填写。当由下而上延伸不够时,可将其分段并紧靠标题栏的左边,如图 12.12 所示。

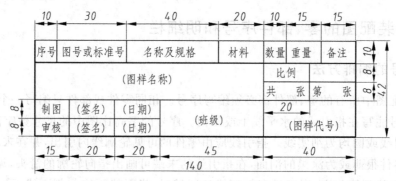

图 12.12 作业推荐用明细栏

12.4 部件测绘与装配图的画法

12.4.1 部件测绘的方法与步骤

根据现有部件进行测绘,画出零件草图,再整理绘制成装配图和零件图的过程称为部件测绘。下面以滑动轴承为例,说明部件测绘的一般步骤与方法。

1. 了解、分析测绘对象

通过对实物观察,查阅产品说明书、同类产品图样等资料,初步了解装配体的用途、性能、工作原理、结构特点及装配关系等。

滑动轴承是支承轴及轴上转动零件的一种装置。中间的轴孔直径代表其规格尺寸。滑动轴承本身由轴承座、轴承盖、上轴瓦、下轴瓦、螺栓、螺母、油杯和轴瓦固定套组成,如图 12.13 所示。其中螺栓、螺母、油杯是标准件。轴瓦两端的凸缘卡在座与盖两边的端面上,防止其轴向移动。为了避免座与盖在左右方向上有偏差,它们之间利用止口配合。为了不使轴瓦在座和盖孔中出现转动,用一个固定套在轴承盖与上轴瓦顶部的孔中定位。用螺栓连接整个轴承,每个螺栓上采用双螺母防松。在油杯中填满油脂,拧动杯盖,便可将油脂挤入轴瓦内。轴承底板两边的通孔用于安装滑动轴承。

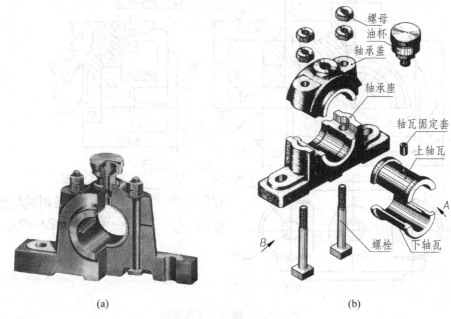

(a)   (b)

图 12.13 滑动轴承

2. 拆卸零件并绘制装配示意图

在了解部件的基础上,将部件中零件按一般零件、常用件和标准件进行分类。为便于拆卸后重装和为画装配图提供参考,在拆卸过程中应同时画出装配示意图,并在图上标出各零件的名称、数量和需要记录的数据。滑动轴承的装配示意图如图12.14所示。

8	下轴瓦	1
7	上轴瓦	1
6	油杯 JB/T 7940.3—1995	1
5	轴瓦固定套	1
4	螺栓 M10×100 GB/T 8	2
3	螺母 M10 GB/T 41	4
2	轴承盖	1
1	轴承座	1
序号	名　　称	数量

图 12.14　滑动轴承的装配示意图及零件编号

3. 画零件草图

组成部件的每一个零件，除标准件外，都应画出草图，草图应具备零件图的所有内容。但测绘工作由于受工作现场条件的制约，一般是以目测估计图形与实物的比例，徒手绘制后再测量并标注尺寸和技术要求。标准件应在测量后与标准手册核对，记录下规格尺寸。图12.15为轴承盖零件草图。

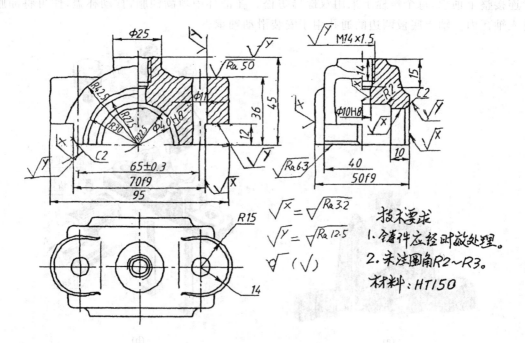

图 12.15　轴承盖零件草图

4. 绘制零件图和装配图

根据所绘制的零件草图绘制正式的部件装配图，装配图要画得准确，如采用计算机绘图应1∶1绘制。画装配图的过程是一次检验、校对零件形状、尺寸协调的过程。在画装配图的过程中,如发现有问题的零件草图必须做出修改。有了正式的装配图后,再根据它和零件草图画出正式的零件图,如图 12.16 所示。

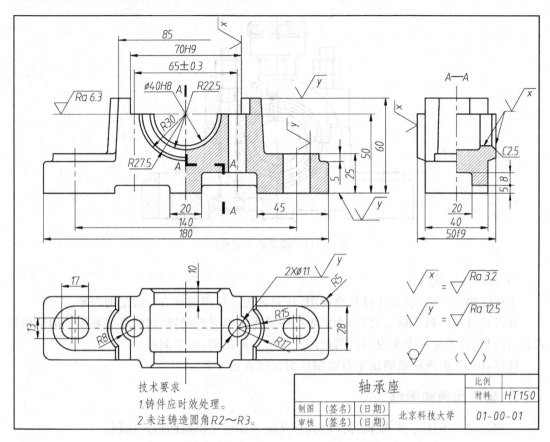

图 12.16　轴承座的零件图

12.4.2　装配图的画法和步骤

现仍以图 12.13 所示的滑动轴承为例,说明装配图的画法和步骤。

1. 确定表达方案

画装配图时,首先要确定表达方案,主要考虑如何更好地表达机器或部件的装配关系、工作原理和主要零件的结构形状。表达方案包括主视图的选择、视图数量的确定和表达方法。

1) 主视图的选择

选择视图时,应首先选择主视图,选择原则是:
(1) 符合部件的工作状态和安装状态;
(2) 能较清楚地表达部件的工作原理、装配关系及结构特征。

图 12.13 所示的滑动轴承位置固定后,有 A、B 两个方向的视图可选作主视图。主视图的投射方向若选 B 向,经剖切后主要的装配关系比较清楚,也能说明一部分功用,但对滑动

轴承的结构特征反映欠佳,特别是俯视图很宽。而选 A 向,则其主视图如图 12.17 所示。通过螺栓轴线剖切,因滑动轴承是对称的,主视图采用半剖视。

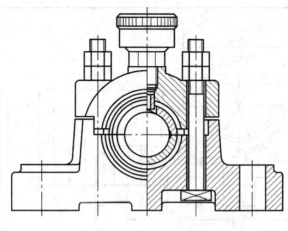

图 12.17　滑动轴承主视图

2) 选择其他视图

主视图确定之后,还要选择其他视图,补充表达主视图没有表达清楚的内容。

如滑动轴承主视图确定之后,为了表明一些零件的对称配置,同时将主要零件的结构形式表示清楚,再增加一个俯视图。俯视图上沿结合面剖切,取半剖视。

这样,由主、俯视图就确定了滑动轴承的视图表达方案。

2. 确定比例和图幅

按照选定的表达方案,根据部件的大小及复杂程度来确定图形的比例。

确定图幅时,除了要考虑图形所占的面积外,还要留出注写尺寸和技术要求、明细栏和标题栏等的位置,并选用标准图幅。

3. 画装配图的步骤

1) 布置视图

布图是根据视图的数量及其轮廓尺寸,画出各视图的中心线、轴线或基准线,同时,各视图之间要留出适当的位置,以便标注尺寸和编写零件序号,并将明细栏和标题栏的位置定好,如图 12.18(a)所示。

2) 画部件的主要结构

一般可有两种方法:

(1) 由内向外画,按装配干线进行,先画干线上主要零件的主要结构,再画和它有装配关系的零件,逐步扩展到壳体。

(2) 由外向内画,从壳体或机座画起,将其他零件按次序逐个装上去。

一般从主视图开始,再到其他视图,逐个地进行。但对某些零件必须在其他视图画出后才能画出主视图,也要及时地联系几个视图来画。滑动轴承采用由底座画起的方法,先画底座,再把下轴瓦、上轴瓦装上,最后装轴承盖,其步骤如图 12.18(b)、(c)、(d)所示。

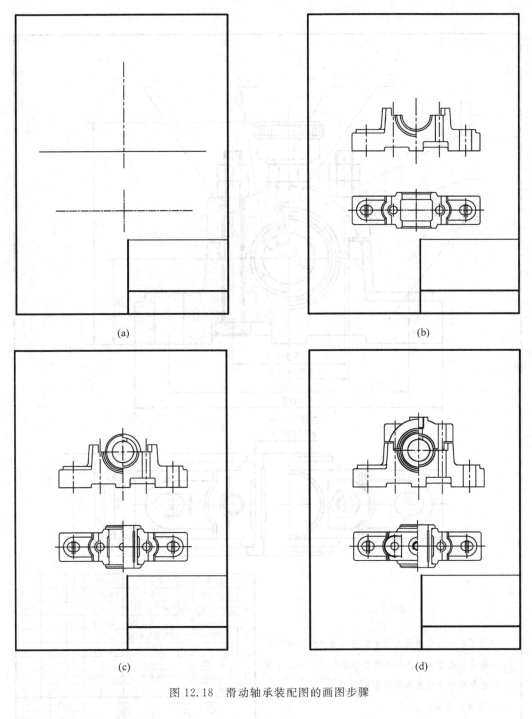

图 12.18 滑动轴承装配图的画图步骤

3) 画部件次要结构

画出各零件的细节,如固定套、螺纹紧固件、轴承盖上的螺纹等。

4) 完成装配图

画剖面线,注尺寸,加深图线。然后,对零件进行编号、填写明细栏、标题栏、技术要求。最后检查、修饰,完成装配图。滑动轴承的装配图如图 12.19 所示。

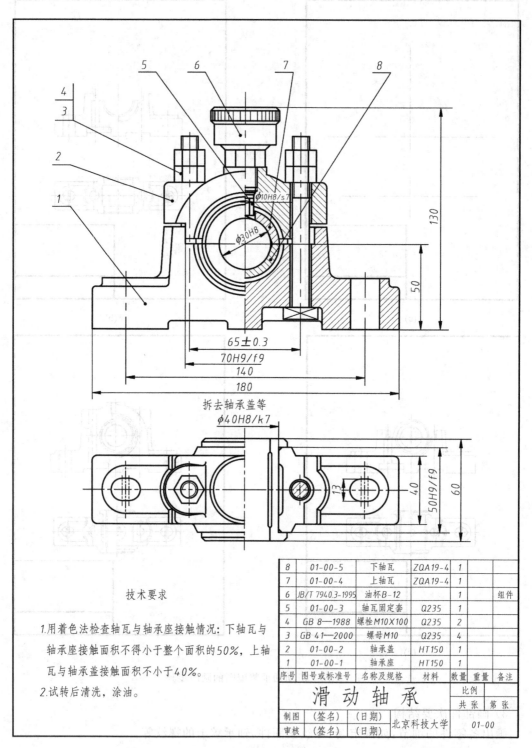

图 12.19 滑动轴承的装配图

12.5 与装配有关的构形

1. 零件的配合关系与构形

（1）为了保证设计要求，在同一方向，两零件一般只允许有一对接触面，如图12.20所示。圆锥的配合，其轴向相对位置即被确定，因此不应要求圆锥面和端面同时接触，如图12.21所示。

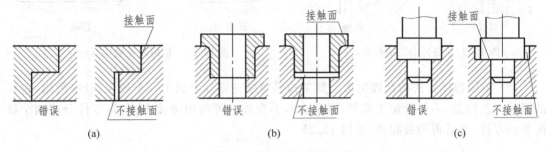

图12.20 同方向接触面只有一对

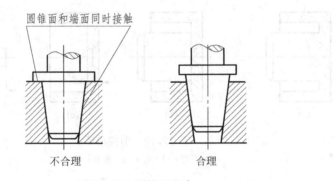

图12.21 圆锥面配合

（2）为了保证轴肩与孔的端面接触，孔口或轴根应作出相应的圆角、切槽或倒角，如图12.22所示。

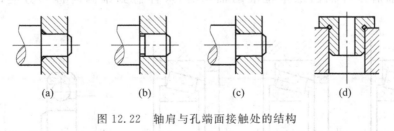

图12.22 轴肩与孔端面接触处的结构

2. 零件的连接与构形

零件间的连接分为可拆连接（例螺纹连接、键连接）、不可拆连接（例焊接、铆接）。

（1）考虑装拆的可能性，对于螺纹连接装置，一是要保证有足够的装拆空间，见图12.23；

二是要留出扳手的转动空间，见图12.24。

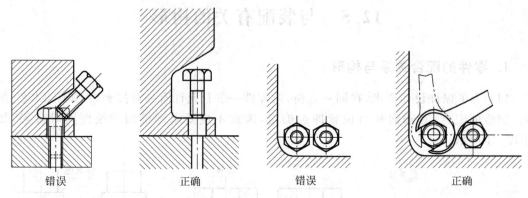

图 12.23　装拆的正确构形（一）　　　图 12.24　装拆的正确构形（二）

（2）采用铆接方法的合理构形。如果构形要求在零件上加工一个较深、较窄的槽，这样的形状工艺性差，不符合加工需要，因此构形不合理。可改用铆接方法，将零件分成两个极简单的零件，然后再铆接起来，见图12.25。

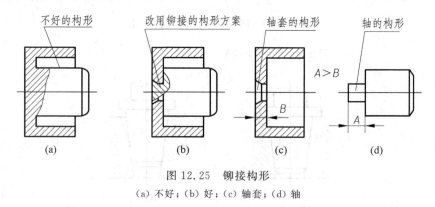

图 12.25　铆接构形
(a) 不好；(b) 好；(c) 轴套；(d) 轴

3. 零件的定位与构形

最常见的零件定位是轴系中每个零件的定位。

（1）用轴肩或孔的凸缘定位滚动轴承时，应注意到维修时拆卸方便，如图12.26所示。

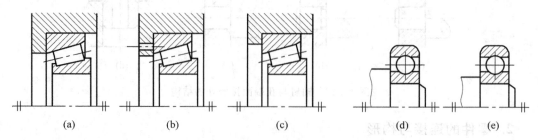

图 12.26　滚动轴承用轴肩或孔的凸缘定位的结构
(a)、(d) 不合理；(b)、(c)、(e) 合理

(2)间隙调整。考虑到轴受热伸长,对于轴承盖与外圈端面之间需留出 0.2~0.3mm 的热补偿间隙。间隙量大小的调整方法有更换厚度不同的垫片、用螺钉调整止推盘等,如图 12.27 所示。

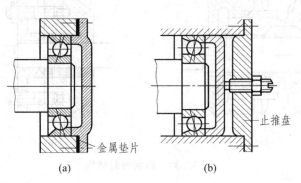

图 12.27　间隙调整

(3)为了保证定位可靠,轮毂、轴颈和轴套的长度需协调好,间隙 δ 是为了保证可靠的轴向压紧,如图 12.28 所示。

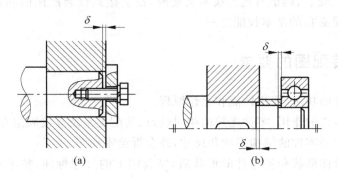

图 12.28　轴系零件轴向定位

4. 与装配可能性有关的构形

图 12.29 为轴系装配图。从图中可以看出,这些零件无法装进箱体零件中,因此,应将箱体沿轴线剖分为上、下两部分进行构形设计。

5. 防漏密封装置

为了防止机器或部件内部液体外漏,同时也避免外部灰尘、杂质等侵入,要采用防漏密封措施。图 12.30 为两种典型的防漏装置,通过压盖和螺母将填料压紧而起到防漏的作用。注意,此时压盖要画在开始压填料的位置,表示填料刚刚加满。

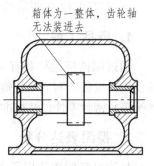

图 12.29　轴系装配错误构形

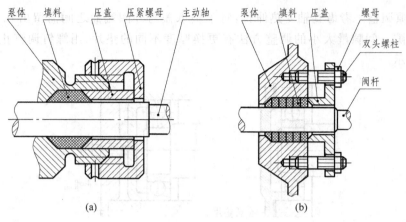

图 12.30 防漏密封结构

12.6 读装配图和拆画零件图

在设计、装配、安装、调试及进行技术交流时，都会碰到读装配图的问题。因此，读装配图是工程技术人员必备的基本技能之一。

12.6.1 读装配图的要求

（1）了解部件的功用、使用性能和工作原理。
（2）弄清各零件的作用、零件之间的相对位置、装配关系及连接固定方式等。
（3）看懂各主要零件的结构形状和尺寸，并会拆绘零件图。
（4）在得出总体形状和各零件的形状后，结合图上的尺寸标注、技术要求，对装配体形成整体认识。

12.6.2 看装配图的方法和步骤

下面以图 12.2 所示的柱塞泵装配图为例说明读装配图的方法和步骤。

1．概括了解

通过阅读标题栏和有关资料（设计说明书、产品使用说明书等），可知柱塞泵是向机床或其他机械设备的润滑系统输送润滑油的一个部件，它由泵体、泵套、运动零件（轴、凸轮、柱塞、弹簧等）、密封零件以及标准件所组成。对照序号及明细表可知其共由 22 种零件装配而成。

2．视图表达分析

柱塞泵装配图选用了主、俯、左三个基本视图和一个辅助表达"泵体 $A—A$"的剖视图。其中主视图为用正平面（过柱塞 11、单向阀体 12、油杯 5 的轴线）剖切的局部剖视图；俯视图为用水平面（过柱塞 11、凸轮轴 10 的轴线）剖切的局部剖视图；左视图为仅对泵体底板上安装孔进行剖切的局部剖视图。在俯视图上标明了剖视图"泵体 $A—A$"的剖切位置和投射方向。

3. 了解装配关系及工作原理

1) 装配关系

在主视图中表达了两条主要装配干线,分别是柱塞装配干线(柱塞 11、弹簧 4、泵套 6 及螺塞 15)和单向阀体装配干线(单向阀体 12、调节塞 2、弹簧 3、球托 14、球 13)。俯视图上有一条凸轮轴装配干线(衬套 8、轴承 9、轴 10、凸轮 22、键 21 等),并反映了用螺钉 18 将泵套 6、泵盖 19 与泵体 7 连接为一体的装配关系,如图 12.31 所示。

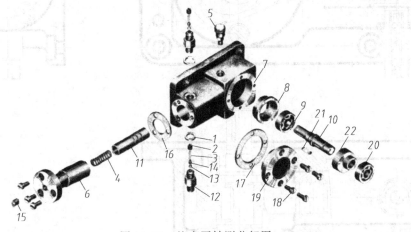

图 12.31 柱塞泵轴测分解图

2) 工作原理

由装配图 12.2 可以看出,运动从轴 10 传入,带动凸轮 22 转动,驱动柱塞 11 在泵套 6 内左右作直线往返运动,并引起泵腔容积的变化,压力也随之变化。这样就不断产生吸油和排油,以供润滑。具体工作过程是:

(1) 当凸轮 22 在图 12.2 所示位置时,弹簧 4 的弹力使柱塞 11 在泵套 6 内运动到右端极限位置,此时泵腔容积增大,压力减小(小于大气压),油箱内的油在大气压力作用下流入管道,顶开进油口处的球进入泵腔,此时出油口的单向阀是关闭的(球在弹簧的作用下封闭阀门)。

(2) 当凸轮 22 继续回转半圈时,迫使柱塞 11 在泵套 6 内向左到达左端极限位置,泵腔容积逐步减小到最小,压力也随之增至最大,高压油冲出排油口的单向阀门,经管道送至使用部位。在此过程中,吸油的阀门是关闭的,以防油回流。

(3) 凸轮这样连续旋转,则柱塞 11 就不断地作往复移动,从而实现吸、排润滑油向系统间歇供油的目的。

4. 分析零件,想象各零件的结构形状

零件的结构形状主要由零件的作用、与其他零件的关系以及制造工艺等因素决定。分析比较复杂的非标准零件时,关键是要能够从装配图中将零件的投影轮廓从各视图中分离出来。常涉及以下几方面:

(1) 看明细栏,由序号从装配图中找到该零件所在的位置。

(2) 按同一零件在不同视图上剖面线的方向与间隔一致的规定,对照投影关系确定零件在各视图中的轮廓范围,并可大致了解该零件的主要结构形状。例如柱塞泵泵体在装配图中的轮廓范围如图 12.32 所示。

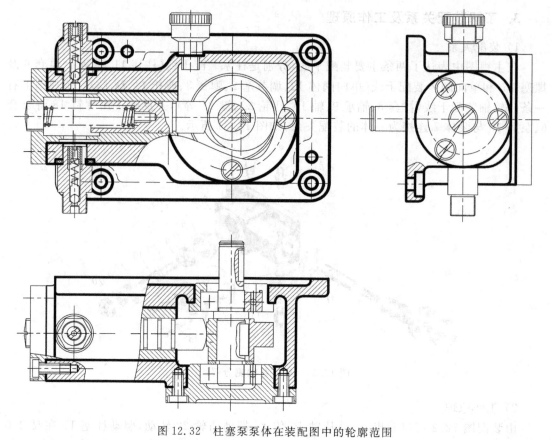

图 12.32 柱塞泵泵体在装配图中的轮廓范围

（3）根据视图中配对连接结构相同或类似的特点、尺寸符号及箱体（壳体）类零件由内定外的构形原则，确定零件的相关结构形状。例如，从图 12.2 的主、俯视图可以看出泵盖（件 19）为一圆柱形回转体结构与泵体（件 7）相连，所以在泵体上与其配对连接的结构也应为圆柱形凸台。通过装配图中的尺寸 $\phi 30 H7/k6$ 可知泵件（件 7）左侧空腔为 $\phi 30$ 的圆柱体。根据由内定外、内外一致的构形原则，可确定泵体（件 7）中央主体的方形柱内、外均为方形体。泵体形体如图 12.33 所示。

图 12.33 泵体形体

（4）利用投影分析，借助绘图工具（三角板、分规等），根据线、面、体的投影特点，确定装配图中某一零件被其他零件遮挡部分的结构形状，将所缺的投影补画出来。如图 12.34 俯视图中心处的几个圆,应与主视图中相关结构的投影相对应,另外在主视图上需补画安装油杯的 M10 螺孔投影。

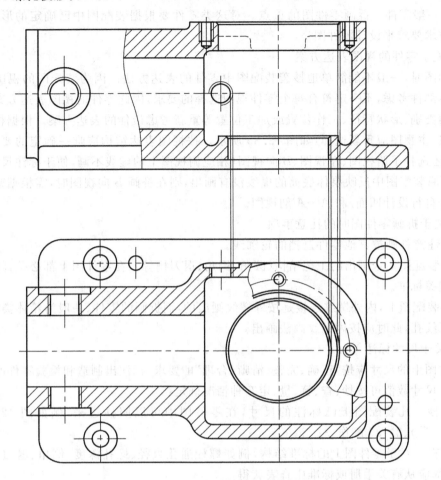

图 12.34　相关结构的投影相对应

5. 拆画零件图

在设计过程中,首先要画出装配图,然后需根据装配图画出零件图,通常称之为拆图。它是设计工作中的一个重要环节。拆图必须在完全读懂装配图的基础上进行,其关键是如何正确地分离零件,以便找出需拆画零件的全部投影。但装配图与零件图的作用和内容不同,它没有必要、也不可能把各个零件的结构形状、尺寸、技术要求等全部表达清楚,因此拆图过程也是根据零件图的内容、要求继续设计零件的过程。下面以拆画图 12.2 柱塞泵装配图中的泵体(序号 7)的零件图为例说明拆图过程和方法。

1) 关于零件的分类

拆图中,需要确定拆画哪些零件的零件图,应先将零件分类:

(1) 标准件　属外购件,一般不需画出零件图,只需按照标准件的规定标记代号列出标准件的汇总表即可。

(2) 借用零件　指借用其他定型产品的零件。对这些零件,可利用已有的图样,而不必另行画图。只需要在装配图的备注栏中填写借用图样的图号,供查找。

(3) 一般零件　拆画零件图的重点。对这类零件要根据装配图中已确定的形状、大小和相关技术要求来设计零件图。

2) 关于零件的视图表达方案

在拆图时,一般不能简单地抄袭装配图中零件的表达方法。因为装配图的视图选择主要从整体部件考虑,不一定符合每个零件视图选择的要求,因此零件的视图表达方案必须根据零件的类别、形状特征、工作位置或加工位置等重新考虑最佳的表达方案。根据柱塞泵泵体的特点,主视图应重新选择,如图 12.35 所示。按视图表达结构应唯一确定的要求,除主视图外,还选择了俯视图、左视图、B 向视图(相应俯视图上的虚线不画,便于标注尺寸,需要指出：若原装配图中反映泵体底面的虚线没有画出,则在补画 B 向视图时,需根据减少加工面的要求自行设计凹面)和 A—A 剖视图。

3) 关于拆画零件图时的注意事项

(1) 注意补画被其他零件遮挡的轮廓线。

(2) 装配图上未画出的工艺结构(圆角、倒角、退刀槽等),在零件图上都必须详细画出,并符合相关标准。

(3) 装配图上,内外螺纹连接是按外螺纹画出的,而拆画的零件(一般为箱体类零件)上如果是螺纹孔,此时应按内螺纹画法画出。

4) 关于尺寸标注

零件图上的尺寸应按"正确、完整、清晰、合理"的要求,标注出制造和检验零件所需的全部尺寸。尺寸数值可按抄、查、算、量、定 5 种情况确定：

(1) 抄　凡装配图上已标注的尺寸,在零件图中可以照抄过来,例如图 12.2 中的 $\phi 42H7(^{+0.025}_{0})$、$2\times\phi 6$ 配作、32 等。

(2) 查　对于零件图上的标准结构,例如螺栓通孔直径、螺孔深度、倒角、退刀槽、键槽等尺寸,都应从有关手册或标准中查表获得。

(3) 算　例如齿轮的分度圆、齿顶圆直径等,要根据装配图明细栏中所给的齿数、模数进行计算,然后标注在零件图上。

(4) 量　装配图上未标注的尺寸需在装配图上按比例直接量取,量得的数值注意圆整和符合标准化数据,如底板尺寸 156、94、10 等。

(5) 定　对于铸造圆角等工艺结构尺寸,可根据工艺要求自行确定,如图中的铸造圆角 $R2\sim R3$(技术要求中),此外泵体底板底面的凹面深度 4 及一些工艺凸台的高度尺寸也可凭工艺知识和经验自行确定。

注意：相邻零件接触面的相关尺寸及连接件的定位尺寸要协调一致,如阀体左视图上的 $\phi 40$ 应与泵盖上安装螺栓的光孔的定位尺寸协调一致。

5) 关于零件图的技术要求

技术要求在零件图中占有重要的地位,它直接影响零件的加工质量。正确制定技术要求涉及许多专业知识,本书不作进一步介绍。注写时,可查阅有关机械设计手册或参照同类产品的图纸来加以比较确定。

图 12.35 给出了泵体的零件图。

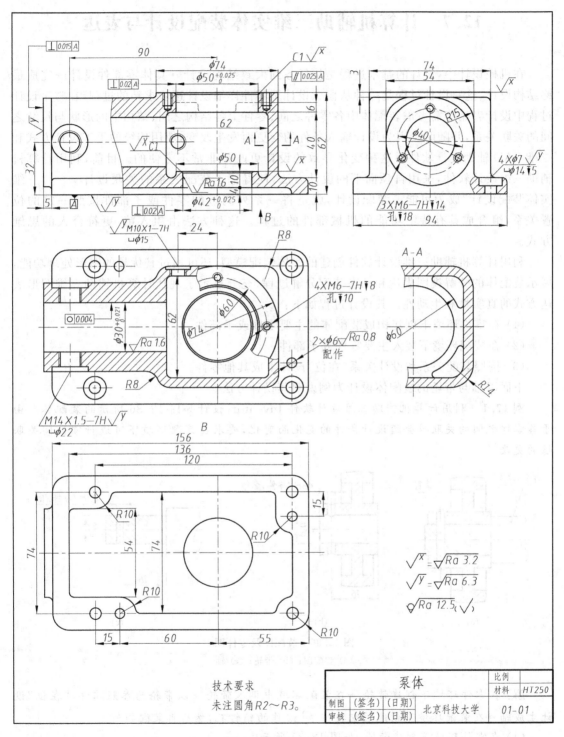

图 12.35 泵体零件图

12.7 计算机辅助三维实体装配设计与表达

在机械设计中,设计的基本过程是从任务到大致结构设计→具体零部件设计→完成最终结构设计,这一设计过程是一种从概念设计至零件详细设计逐步求精的过程,在整个设计过程中设计者始终需考虑装配体中各零件之间、零件上各结构之间、结构中的形状与尺寸之间的关联关系,并随时会因为设计输入条件的变更而发生改变,使用传统的手工设计方式和二维 CAD 辅助设计软件对这种变化导致的设计更改是非常不方便的。目前,利用计算机辅助三维设计软件,采用自顶向下的设计方法,使得基于装配关系的关联设计——"三维实体装配设计"成为可能。装配设计,就是将一系列离散的零件或子部件按照一定的位置关系,组合成具有特定功能的机械部件的过程。这种方法由粗入精,更符合人的思维方式。

利用计算机辅助三维设计软件创建的实体装配模型,还可通过其优越的图形处理功能,展示装配体的分解视图表达和动态装配分解过程,充分显示了现代计算机辅助三维图形表达方式的真实性和生动性。其设计过程如下:

(1) 在零件环境下创建构成装配体的主要零件或子部件;
(2) 在装配环境下装入主要零件或子部件;
(3) 按照装配关系和设计关系"在位"设计生成其他零件。

下面以轴与带轮的装配体设计为例说明其设计方法。

例 12.1 利用计算机辅助三维设计软件 Inventor,设计如图 12.36 所示的装配体。由于各零件之间的关联性会随设计条件的变化而变化,要求在装配环境下可进行零件间关联性的更改。

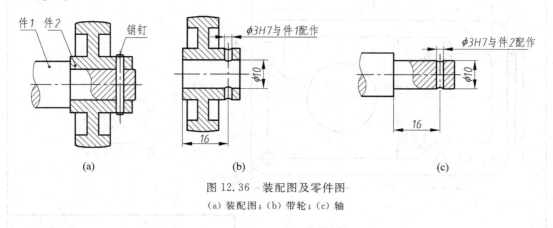

图 12.36 装配图及零件图
(a) 装配图;(b) 带轮;(c) 轴

解:在零件环境下创建带轮→在装配环境中调入带轮→以带轮为参照零件,"在位"设计生成轴→在装配环境下创建装配特征 $\phi 3$ 配作的销钉孔,然后再装配销钉。

(1) 在零件环境下创建带轮,如图 12.37 所示。
(2) 通过参数面板命令 f_x 将带轮设计为参数化三维实体模型,如图 12.38 所示。
(3) 进入装配工作环境,装入基础零件带轮。

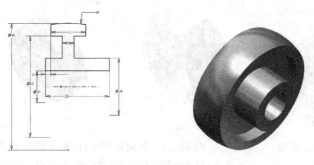

图 12.37　三维实体零件——带轮

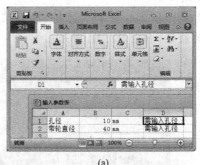

(a)

(b)

图 12.38　带轮模型参数

(a) 输入参数表；(b) 模型参数

(4) 在装配工作环境中,通过单击部件面板中的"创建"命令,进入二维草图设计环境,以带轮为参照零件,利用"投影几何图元"命令获得轴的草图轮廓,并通过"拉伸"特征创建轴,如图 12.39 所示。新创建的零件——轴——在形状和尺寸上均与参照零件带轮之间保持关联与协调,并能同时保持两者的装配关系。

(5) 退出零件(轴)的在位创建状态,返回装配工作环境中,通过单击部件面板中的"开始创建二维草图"命令,进入二维草图设计环境,创建装配特征(销孔),如图 12.40 所示。装配特征在零件上不存在,仅在这个零件处于装配环境下才存在(图 12.40(b))。这种设计方法恰当地表达了"装配后配作"的机械设计制造技术方法。

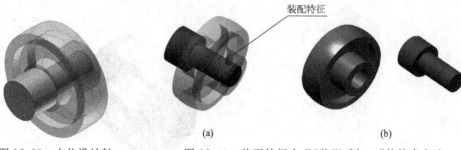

图 12.39　在位设计轴　　　　图 12.40　装配特征实现"装配后加工"的技术方法

(a) 装配特征仅存在于装配模型上；(b) 零件模型上不存在

（6）安装圆柱销，如图 12.41 所示。

（7）变更设计输入条件（改变带轮轴孔孔径和带轮轮径）和装配特征，整个装配体可作出相应变化，并保持原设计中的关联性，如图 12.42 所示。

图 12.41　完成基于装配关系　　　　图 12.42　变更设计输入条件
　　　　　的关联设计

（8）创建表达视图。表达视图是基于装配模型分解生成的，用于展示部件装配关系。它将部件中的零件沿装配路线分解开来，以清楚地展示部件中零件之间的相互关系和装配顺序。表达视图既可以生成动态演示装配过程的 avi 文件，也可以是静态展示装配体结构的分解装配视图。

利用 模板创建表达视图，进入"表达视图"工作环境，在"表达视图"面板中，单击"创建视图"按钮 ，打开"选择部件"对话框，如图 12.43 所示，单击 打开要分解表达的装配图，单击"确定"，装入带轮装配图。在"表达视图"面板中，单击"调整零部件位置"按钮 ，打开"调整零部件位置"对话框，指定移动方向，选择要分解移动的轴、带轮及圆柱销，按需要移动零部件到适当位置，完成装配模型分解，如图 12.44 所示。

（9）创建装配分解动画演示文件

创建的表达视图还可以生成通用的动画文件格式，便于在脱离 Inventor 的环境下演示部件中零件的位置和拆、装顺序。

在"表达视图"面板中，单击"动画制作"按钮 ，打开"动画"对话框，如图 12.45 所示，单击 ，预览动态演示效果。再单击 ，在"另存为"对话框中指定文件名和保存的位置，录制完成后，将生成 .avi 文件。在"另存为"对话框中单击"保存"，将出现"视频压缩"对话

图 12.43 "选择部件"对话框

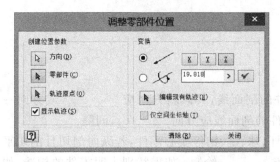
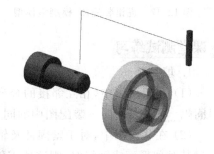

图 12.44 完成装配模型分解

框,如图 12.46 所示,在此对话框中选择 .avi 文件的压缩程序和压缩质量。最后单击"动画"对话框中的 ▶ ,即可开始录制,生成 .avi 文件。

图 12.45 "动画"对话框　　　　　　图 12.46 "视频压缩"对话框

▲实验题目

(1) 虎钳(图 12.47)成套图纸(零件图参见与本书配套的《机械制图习题集(第 2 版)》)阅读与理解,在读图过程中加强设计关联性的思考与理解→利用 Inventor 软件上机进行虎钳零件三维建模(分组完成,体验实际工程设计环境中协同设计过程,思考成员合作中的设计接口如何处理)→进行三维装配,完成三维虎钳装配实体建模(可参照模型室实物模型)。

(2) 齿轮泵(图 12.48)拆装、测绘→根据测绘图纸,利用 Inventor 软件上机进行零件三维建模(验证测绘图纸)→再利用 Inventor 软件创建零件的二维工程图,可利用 AutoCAD

软件对 Inventor 软件生成的二维零件工程图进行修饰处理(综合运用视图、剖视图、断面图、简化画法等多种方法进行设计表达)→尺寸标注→技术要求→完成齿轮泵的零件、装配工程图。

图 12.47　虎钳装配体(模型室模型)

图 12.48　齿轮泵装配体(模型室模型)

▲课堂测试练习

1. 填空题

(1) 在装配图中,相互邻接的金属零件的剖面线,其倾斜方向应_____,或方向一致但间隔_____;同一装配图中的同一零件的剖面线应方向_____,间隔_____。

(2) 在装配图中,对于紧固件及轴、连杆、球、键、销等实心零件,若纵向剖切且剖切平面通过其对称平面或轴线时,则这些零件均按_____绘制;如需特别表明零件的构造,如凹槽、键槽、销孔等,可用_____表示。

(3) 装配图一般应标注以下几种尺寸:_____尺寸、_____尺寸(配合尺寸及相对位置尺寸)、_____尺寸、_____尺寸和其他重要尺寸。

(4) 在装配图中,可假想沿某些零件的结合面剖切或假想将某些零件_____,需要说明时可标注"拆去××等"。

(5) 在装配图中,当剖切平面通过某些部件为标准产品或该部件已由其他图形表达清楚时,可按_____绘制。

2. 选择题

(1) 明细栏一般配置在装配图中标题栏上方,其序号栏目的填写顺序是(　　)。

　　A. 由上而下,顺次填写

　　B. 由下而上,顺次填写

　　C. 不必符合图形上的编排顺序

(2) 装配图中,若干相同的零、部件组,可仅详细地画出一组,其余只需用下列线型中的(　　)表示其位置。

　　A. 粗实线

　　B. 细实线

　　C. 细点画线

　　D. 细双点画线

3. 是非题(正确的画"√",错误的画"×")

(1) 因装配图主要用来表达机器或部件的装配关系、工作原理和使用情况,故不能在装配图中单独画出某一零件图形。(　　)

(2) 装配图中,宽度小于或等于2mm的狭小剖面区域,可用涂黑代替剖面符合。(　　)

(3) 一套完整的产品图样中,除了画出装配图外,还必须画出该产品中每个零件的零件图。(　　)

第 13 章

焊接件的表示法

本章重点内容
(1) 焊缝接头形式和图示法；
(2) 焊缝代号；
(3) 焊缝的尺寸符号及其标注示例；
(4) 焊缝画法及标注举例。

能力培养目标
(1) 焊接件的表达；
(2) 焊接图阅读。

案例引导

焊接是不可拆连接，系通过加热或加压来连接不同零件，具有连接可靠、质量轻、工艺简单、易于现场操作等优点，在工业上被广泛应用。图 13.1 所示为焊接构件示例。

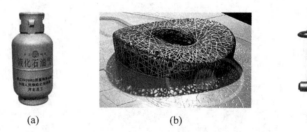

图 13.1 焊接构件
(a) 液化气钢瓶；(b) 鸟巢(国家体育场，焊接钢结构)；(c) 阀门

13.1　焊缝接头形式和图示法

工件被焊接熔合在一起，其焊接熔合处即为焊缝。

1. 焊缝接头形式

常见的焊缝接头有对接接头、搭接接头、T 形接头、角接接头等，如图 13.2 所示。

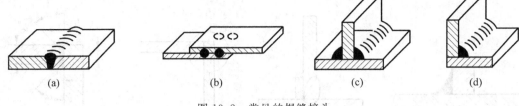

图 13.2　常见的焊缝接头

(a) 对接接头；(b) 搭接接头；(c) T形接头；(d) 角接接头

2. 焊缝图示法

1) 视图上表示焊缝

(1) 以一系列短平行细实线（简称栅线）表示，如图 13.3 所示。圆周上封闭焊缝图示法如图 13.4 所示。

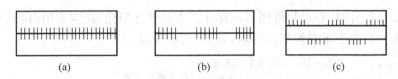

图 13.3　以栅线表示焊缝

(a) 连续焊缝；(b) 断续焊缝；(c) T形接头交错断续焊缝

(2) 以粗实线（线宽为 $2d\sim 3d$）表示可见焊缝，如图 13.5 所示。这种画法比画栅线简单。

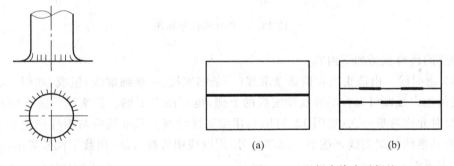

图 13.4　圆周封闭焊缝　　　　图 13.5　以粗实线表示焊缝

(a) 连续焊缝；(b) T形接头交错断续焊缝

在一张图样上，只允许采用上述两种图示法中的一种。

2) 剖视图和断面图上表示焊缝

在剖视图和断面图上，焊缝的金属熔焊区通常以涂黑表示，如图 13.6(a) 所示。若同时需要表示坡口形状时，则可不涂黑而以图 13.6(b) 所示方法表示。

3) 轴测图上表示焊缝

在技术文件上，常形象地画出轴测图，其上的焊缝可用图 13.2 所示方法表示。

4) 局部放大图表示焊缝

为了在图样上显示焊缝局部详细结构和便于标注尺寸，可采用局部放大图，如图 13.7 所示。

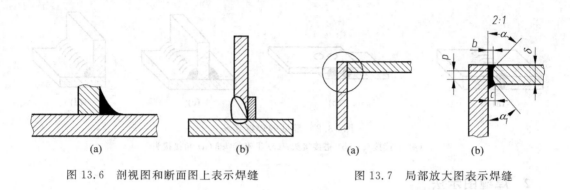

图 13.6　剖视图和断面图上表示焊缝　　　图 13.7　局部放大图表示焊缝

13.2　焊缝代号

绘制焊接结构件时，要对焊缝图示或标注。为使图样简化，通常采用由若干个焊接符号组成的代号来确切地表示对焊缝的要求，如图 13.8 所示。

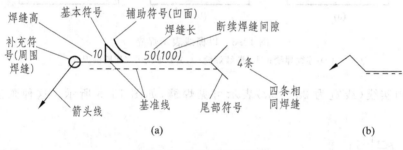

图 13.8　焊缝的代号标注

焊缝的代号包括如下内容：

(1) 指引线　由箭头线和两条基准线(一条细实线、一条细虚线)组成，如图 13.8 所示。基准线的细虚线既可画在基准线细实线的上侧，也可画在下侧。箭头线的箭头应指向焊缝处，必要时允许弯折一次(见图 13.8(b))，用细实线绘制。基准线应与图样底边平行。需要时，可在基准线的细实线末端加一尾部符号，用以说明焊接方法(用数字代号表示，例 111 表示手工电弧焊)。

(2) 基本符号　用于表示焊缝横截面形状的符号，用粗实线绘制。常见焊缝的基本符号及标注见表 13.1。

表 13.1　常见焊缝的基本符号及标注示例

名 称	符 号	图 示 法	标 注 方 法
I形焊缝	‖		
V形焊缝	V		

续表

名　称	符　号	图　示　法	标注方法
单边 V 形焊缝	V		
角焊缝	⊿		
点焊缝	○		

(3) 辅助符号　表示焊缝表面的形状特征，用粗实线绘制，常用焊缝的辅助符号及标注示例见表 13.2。

表 13.2　常用焊缝的辅助符号及标注示例

名　称	符　号	焊缝形式	标注示例	说　明
平面符号	—			表示 V 形对接焊缝表面平齐（一般通过加工）
凹面符号	⌣			表示角焊缝表面凹陷
凸面符号	⌢			表示双面 V 形对接焊缝表面凸起

(4) 补充符号　用于补充说明焊缝的某些特征，用粗实线绘制，见表 13.3。

表 13.3　常用焊缝的补充符号及标注示例

名　称	符　号	焊缝形式	标注示例	说　明
带垫板符号	▭			表示 V 形焊缝的背面底部有垫板
三面焊缝符号	⊐			工件三面施焊，为角焊缝
周围焊缝符号	○			表示在现场沿工件周围施焊，为角焊缝
现场施工符号	▶			
尾部符号	<		5⎵100 <111 4条	"111"表示用手工电弧焊，"4 条"表示有 4 条相同的角焊缝，焊缝高为 5，长为 100

(5) 基本符号注写位置的规定 注写基本符号时,如箭头与焊缝的施焊面同侧,则基本符号注写于基准线的细实线侧;如箭头与焊缝的施焊面异侧,则基本符号注写于基准线的细虚线侧,如图 13.9(a)、(b)所示。当为对称焊缝或双面焊缝时,基准线中的细虚线可省略不画,如图 13.9(c)、(d)所示。

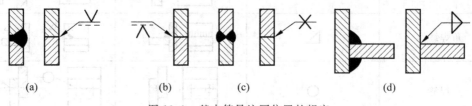

图 13.9 基本符号注写位置的规定
(a)箭头与焊缝同侧;(b)箭头与焊缝异侧;(c)对称焊缝;(d)双面焊缝

13.3 焊缝的尺寸符号及其标注示例

焊缝的尺寸需根据焊接方法、焊件的厚度及材质来确定。常见焊缝的尺寸符号及标注示例见表 13.4。

表 13.4 常见焊缝的尺寸符号及标注示例

接头形式	焊缝形式	标注示例	说　　明
对接接头			表示 V 形焊缝的坡口角度为 α,根部间隙为 b,有 n 段长度为 l 的焊缝
T 形接头			表示单面角焊缝,焊角高度为 K
			表示有 n 段长度为 l 的双面断续角焊缝,间隔为 e,焊角高为 K
			表示有 n 段长度为 l 的双面交错断续角焊缝,间隔为 e,焊角高为 K
角接接头			表示双面焊接,上边为单面 V 形焊缝,下面为角焊缝
搭接接头			表示有 n 个焊点的点焊,焊接直径为 d,焊点的间隔为 e

焊缝尺寸符号及数据的标注原则如下：
(1) 焊缝横截面上的尺寸标在基本符号的左侧；
(2) 焊缝长度方向尺寸标在基本符号的右侧；
(3) 坡口角度、根部间隙等尺寸标在基本符号的上侧或下侧；
(4) 相同焊缝数量符号标在尾部。

在图样上，焊缝一般只用焊缝代号直接标注在视图的轮廓上，如图 13.10(a) 所示。需要时也可在图样上采用图示法画出焊缝，并同时标注焊缝代号，如图 13.10(b) 所示。

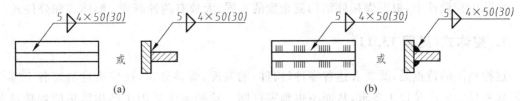

图 13.10　焊缝在图样上的表达
(a) 直接标注；(b) 画出焊缝并标注

13.4　焊缝画法及标注举例

工程上常用的焊缝画法及示例见表 13.5。

表 13.5　焊缝画法及标注举例

画法及标注	说　明
	当焊件上焊缝简单时，如图所示，标出焊缝形式、有关尺寸和焊缝数量等，焊缝不用特别表示。图中〇表示环绕工件周围焊缝；<3 尾部符号中的数字表示相同焊缝数量
	当焊缝复杂时，除标注焊缝代号外，还应在焊缝处用加粗线表示可见焊缝，用栅线表示不可见焊缝
	在剖视图中，焊缝的断面应涂黑，在垂直于焊缝的投影面上，焊缝也和焊缝断面一样画
	焊缝断面也可以不画，只要进行标注即可

13.5 金属焊接图

焊接工作图(简称焊接图)是焊接加工时所用的一种图样。它必须把构件的结构形状、焊缝形式、尺寸、技术要求等完整清晰地予以表达。

实际工程设计中,根据焊接件结构复杂度的不同,大致有两种画法:整体式和分件式。

1. 整体式(见图 13.11)

这种画法的特点是,既要表达各零件(构件)的装配、焊接要求,还应表达清楚各个零件的形状和尺寸大小及加工要求,从而不再画零件图。这种画法适用于结构简单的焊接件及修配和小批量生产,优点是集中表达、出图快。

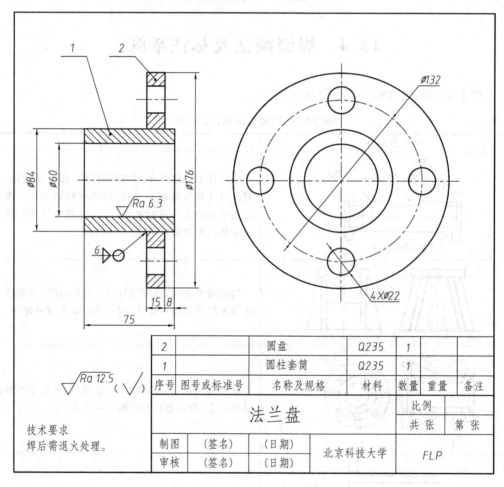

图 13.11 整体式焊接图

2. 分件式（见图 13.12）

焊接图着重表达装配连接关系、焊接要求等，而各个零件需另画零件图表达。这种画法适用于结构比较复杂的焊接件和大批量生产，其优点是图形清晰、重点突出、看图方便。

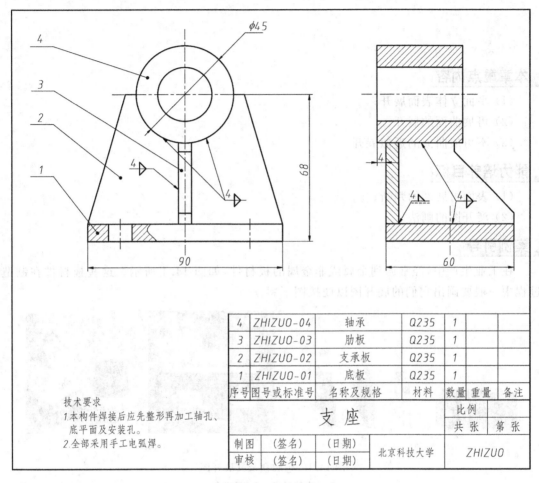

图 13.12　分件式焊接图

课堂讨论

焊接图的表达特征是什么？

课堂测试练习

1. 焊缝符号一般由_____组成，必要时还可以加上_____。
2. 常见的焊缝接头有_____等。
3. 焊接工作图（简称焊接图）是焊接加工时所用的一种图样。它必须把构件的_____等完整清晰地予以表达，因此焊接件图样与一般零件图样内容基本相同。但由于焊件是由若干构件焊接而成的，故焊接件图样除具有一般零件图样的内容外，尚需用_____列写出构件的名称、规格、数量及材料。

第 14 章

展 开 图

本章重点内容
（1）平面立体表面展开；
（2）可展曲面的展开；
（3）不可展曲面的近似展开。

能力培养目标
（1）表面可展性的判断；
（2）展开图的画法。

案例引导
在工业生产中，经常遇到金属或非金属的板材件，如图 14.1 所示。这些板材件在制造过程中一般要画出它们的展开图以便按图下料。

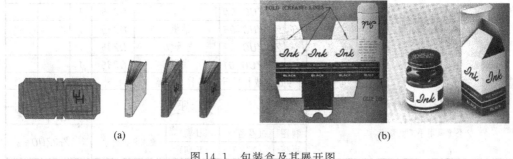

图 14.1 包装盒及其展开图
(a) 书的封皮；(b) 墨水盒

将立体表面按其真实形状和大小，依次连续地摊平在一个平面上，称为立体表面的展开。展开所得的平面图形称为展开图。立体表面按其性质的不同，分为可展面和不可展面两类。凡表面是平面或连续两素线是平行或相交的曲面（例如柱面、锥面）都是可展面，不属于上述范围的曲面（如球面、环面、螺旋面）都是不可展面。

展开图的作图方法关键是设法求出立体表面上的一些线段实长，从而画出立体表面的实形。

14.1 平面立体的展开

将组成平面立体的各个平面的实形求出，依次排列在一个平面上，即得平面立体的表面展开图。

图 14.2 所示方口管接头，其表面均为平面，AB 与 EF 是交叉二直线不共面，即 ABEF 是由△ABF 和△AEF 两个三角形平面组成的，展开过程如下：

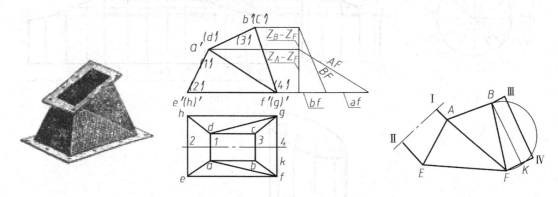

图 14.2 方口管接头的表面展开

(1) 利用直角三角形法求 AF 及 BF 的实长。

(2) 水平投影 $1a$、$2e$、ef、$3b$、$4f$ 以及正面投影 $a'b'$、$e'f'$、$1'2'$、$3'4'$ 均反映相应边的实长。

(3) 画对称中心线，取ⅠⅡ＝$1'2'$，过Ⅰ、Ⅱ点分别作垂线，取ⅠA＝$1a$，ⅡE＝$2e$，求出 A、E 两点，得到四边形ⅠⅡEA。

(4) 以 AE 为一边，以 AF 和 EF（＝ef＝$e'f'$）为另两边作出△AEF 的实形。

(5) 以 AF 为一边，以 BF 和 AB（＝$a'b'$）为另两边作出△ABF 的实形。

(6) 由于△BKF 是一直角三角形，BK⊥KF，可作以 BF 为直径的半圆，自 F 点以 FK（＝fk）为半径画弧，交半圆于 K 点，连接 KF 并延长，取 FⅣ＝$f4$，得Ⅳ点，从 B 点作 FⅣ的平行线 BⅢ＝$b3$，得Ⅲ点，连线得四边形 BFⅣⅢ实形，用同样方法可求出另一半的展开图。

14.2 可展曲面的展开

1. 带斜截口的圆柱管的展开

图 14.3(a)为一带斜截口的圆柱管的投影图，图 14.3(b)为其展开图。

展开图的作法如下：

(1) 画出底圆圆周展开的直线段 $L=\pi D$。

(2) 为了将各条素线画到展开图上去，需要将圆周及其展开的直线分成同样的等分，现取 12 等分，于是在圆周上得到等分点 1、2、3、…，在展开的直线 L 上得等分点 1_0、2_0、3_0、…。过点 1_0、2_0、3_0、…作 L 的垂线，即得各分点素线在展开图上的位置。

(3) 将正面投影中各素线的长度，如 $1'a'$、$2'b'$、$3'c'$、…，移到展开图的相应素线的位置上，则可得各素线的另一端点 a_0、b_0、c_0、…。

实际作图时，可把底圆展开的直线画在圆管正面投影的延长线上，过 a'、b'、c'、…作水

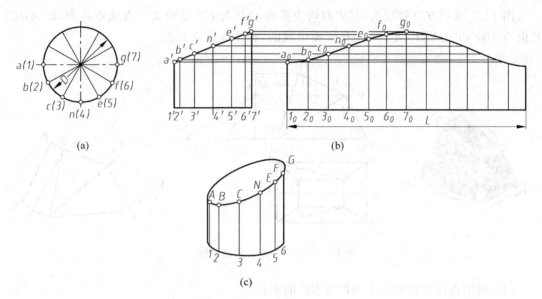

图 14.3 带斜截口的圆柱管的展开
(a) 投影图；(b) 展开图；(c) 立体图

平线，与展开图上相应的垂直线相交，即得各素线的另一端点，图 14.3(b) 表示了这个作图过程，图 14.3(c) 为其立体图。

（4）用曲线板光滑地连接各素线的端点 a_0、b_0、c_0、…，所得的曲线即为截口椭圆展开后的形状，如图 14.3(b) 所示。

2. 等径直角弯管展开

在通风管道中，如要垂直地改变风道的方向，多用图 14.4(a) 所示的等径直角弯管。根据通风要求，一般将直角弯管分成若干节（图示为 4 段，3 节，两端各为半节），每节即为一斜截正圆柱面，可按图 14.3 的展开画法得到半节的展开图。

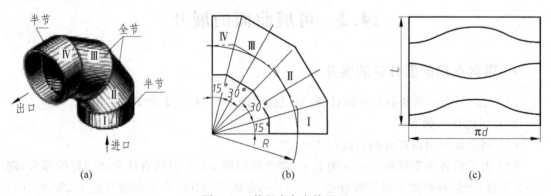

图 14.4 等径直角弯管展开

图 14.4(b) 表示分节和分段的方法。进出口必为半节，中间为全节。分为 3 节时，每节对应角度为 30°，半节对应角度为 15°。

图 14.4(c) 是将各段展开后拼接在一起的图形，正好为一长方形。

3. 变形接头的展开

图 14.5(a)所示的变形接头(上圆下方)可以看作是由 4 个锥面和 4 个三角形平面组成的,而锥面又可看成由许多三角形组成。从图 14.5(b)可以看出,顶部的圆和底部的矩形都平行于水平面,它们的水平投影反映实形。在水平投影上分圆周为 12 等分,得到 a、b、c、…点,并求出正面投影 a'、b'、c'、…,又因为接头的前后左右是对称的,只需求出 ⅠA、ⅠB、ⅠC 及 ⅠD 的实长,就能画出整个展开图(见图 14.5(d))。

现在以 ⅠA 为例来求实长(见图 14.5(c))。这时可用直角三角形法,即用 ⅠA 的 z 坐标差为一直角边,以水平投影为另一直角边,斜边即为 ⅠA 的实长。其他素线的实长都可以类似地求得。求出所有素线的实长之后,可按已知三边作三角形的方法依次拼接,圆口光滑连成曲线,方口为折线,即为变形接头展开图,如图 14.5(d)所示。

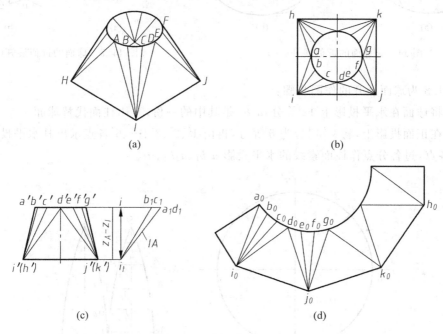

图 14.5 变形接头的展开

(a) 立体图;(b) 变形接头水平投影;(c) 变形接头正面投影;(d) 展开图

14.3 不可展曲面的近似展开

1. 球面的展开

球面是不可展曲面,只能用近似展开法,即将每一部分近似地看成是可展的平面、柱面或锥面。

图 14.6 所示为柱面法的作图方法。在图中将球面分为若干瓣(见图 14.6(a)),而每一瓣仍为球面,可将其近似地看作柱面的一部分(见图 14.6(b)),把各瓣展开后组合在一起即为球面的近似展开图。

图 14.7 表示了用柱面代替一瓣球面的作图原理,将弧 S6 分为 6 等分,得 1、2、3、4、5、6 各点,并过各点作弧线 A_1B_1、A_2B_2、…、A_6B_6。图 14.7(b)表示以部分柱面代替图 14.7(a) 中的一瓣球面,弧 S6 不变,过各分点作直线,并使每一线段的长度等于相应的弧长(或以弦长代替弧长)。

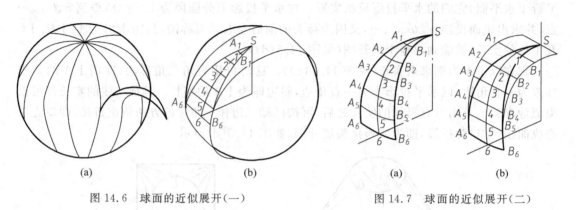

图 14.6 球面的近似展开(一)   图 14.7 球面的近似展开(二)

图 14.8 为球面展开的作图步骤:

(1) 将球面在水平投影上 12 等分,a_6b_6 是其中的一份,并用柱面代替球面。

(2) 在正面投影上,将 $s'6'$ 分为 6 等分,再由 $1'$、$2'$、$3'$、…、$6'$ 各点求出其水平投影 1、2、3、…、6 各点,过各分点作柱面素线的水平投影 a_1b_1、a_2b_2、…。

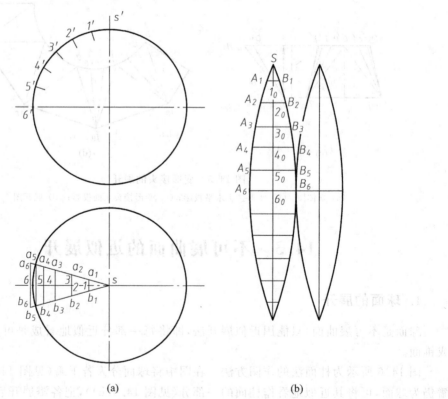

图 14.8 球面的近似展开(三)

(3) 在图 14.8(b)中，过 S 点作垂线，在垂线上量取 $S1_0=s'1'$、$1_02_0=1'2'$、…，过 1_0、2_0、3_0、…作 $A_1B_1=a_1b_1$、$A_2B_2=a_2b_2$、…。

(4) 光滑连接 S、A_1、A_2、A_3、…及 S、B_1、B_2、B_3、…各点，所得到的平面图形 SA_6B_6 即为 1/24 球面的近似展开图，用类似的作图法可得到球面其他部分的展开图。图 14.8(b)只画出了球面两瓣的展开图。画出相同的 12 瓣，即为球面的近似展开图。

2. 马蹄形接头的近似展开

图 14.9 为一马蹄形接头。接头上下均为圆口但两圆口所在平面不平行，直径也不相等。其表面上连续两素线不在同一平面内，因此是一不可展曲面。其展开步骤如下：

(1) 将上、下两圆口划分成相同等分（图中为 12 等分），画出各条素线，相邻的两素线之间再用对角线相连，这样可把曲面分成若干三角形（图中为 24 个）。

(2) 用直角三角形法求出各三角形的边长。

(3) 依次作出各个三角形△OⅠⅡ、△ⅠⅡⅢ、…、△ⅪⅫⅩⅢ的实形，依次连线即得马蹄形接头的近似展开图。图中仅画出一半，另一半与它对称。

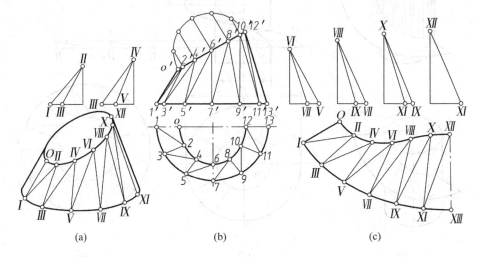

图 14.9 马蹄形接头的近似展开

3. 圆柱螺旋面的近似展开

圆柱螺旋面常用于送料机构中，它是螺旋面上与轴线垂直相交的母线（直线）沿外侧螺旋线运动而形成的曲面，其相邻的两素线是不共面的异面直线，所以是不可展曲面。

图 14.10 是利用三角形法画出一个导程近似展开图的方法。

作图步骤：

(1) 在图 14.10(c)上，将水平投影 12 等分，再将相对应正面投影的导程也作 12 等分。过各等分点作螺旋面的素线，可得 12 个相等的四边形曲面，如 ABⅡⅠ。

(2) 画出四边形曲面的一条对角线，把一个四边形曲面近似地分为两个三角形平面，以直线 AB、ⅠⅡ 取代螺旋线。

(3) 求这些三角形各边的实长。方法是：过Ⅰ、Ⅱ的正面投影 $1'$、$2'$ 画水平线，在下方水

平线上取 $AB_0=ab$，则三角形斜边 AB 即为实长；同理，可求实长 $\text{I}\,\text{II}$、$A\,\text{II}$。

（4）在图 14.10(d)展开图上，画出 $\triangle A\,\text{I}\,\text{II}$ 和 $\triangle A\,\text{II}\,B$，依次用相同方法画出各个四边形，最后把各端点连成光滑曲线，即为螺旋面一个导程的近似展开图。

在可展面中，由弦代弧作图展开，展开是近似的，但不称为近似展开，而称为展开的近似结果，此种结果的误差是可以消除的（当 $n\to\infty$ 时）。在不可展面中，近似展开的误差是不可以消除的，所以展开的近似结果和近似展开是不同的，要加以区别。

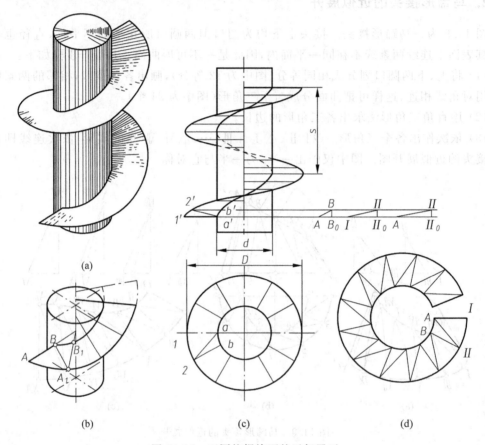

图 14.10　正圆柱螺旋面的近似展开

第 15 章

AutoCAD 和 Inventor 简介

▌本章重点内容

（1） AutoCAD；
（2） Inventor。

▌能力培养目标

（1） 二维图形的绘制；
（2） 三维物体的建模。

▌案例引导

计算机辅助设计（computer aided design，CAD）是利用计算机的计算功能和图形处理能力，辅助设计者进行产品设计、分析与修改的一种技术和方法。CAD 技术的应用提高了企业的设计效率，减轻了技术人员的劳动强度，并大大缩短了产品的设计周期。

计算机辅助设计技术主要是利用 CAD 软件来实现的。目前，在我国的科研院校及企业、设计院中，使用的计算机辅助设计软件主要有以绘图为主的二维 CAD 软件和以设计为主的三维 CAD 软件两类。本章介绍美国 Autodesk 公司的 AutoCAD 和 Inventor 软件。图 15.1 为利用 Inventor 软件创建的铣床尾架三维模型。

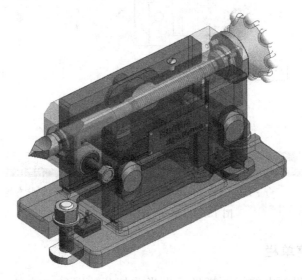

图 15.1　用 Inventor 软件创建的铣床尾架三维模型

15.1　AutoCAD 简介与实例

AutoCAD 是一种功能强大的交互式绘图软件,可以使用它迅速而准确地绘制图形。它有强大的编辑功能,能够容易地对图形进行修改;它有许多辅助绘图功能,可以使图形的绘制和修改变得灵活而方便。另外,它的编程功能可以使绘图工作程序化。

AutoCAD 的主要功能包括:

(1) 绘图功能　绘制二维图形、尺寸标注、填充剖面线、写文字、构造三维实体和三维曲面、渲染模型等。

(2) 编辑功能　对所绘制图形进行移动、旋转、复制、擦除、修剪、镜像、倒角等修改。

(3) 辅助功能　包括图层控制、显示控制、对象捕捉等。

(4) 输入输出功能　包括图形的导入和输出、对象链接等。

本节将着重介绍二维图形的绘制和编辑功能。

15.1.1　AutoCAD 的工作界面

启动 AutoCAD 后,屏幕上就会出现 AutoCAD 的工作界面,如图 15.2 所示。

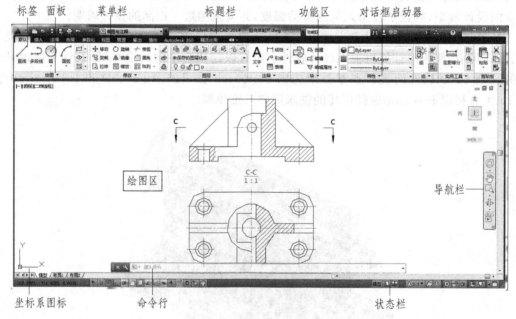

图 15.2　AutoCAD 的工作界面

1. 标题栏和菜单栏

AutoCAD 工作界面中的标题栏显示出当前打开的图形文件名。菜单栏提供包括默认、插入、注释、布局、参数化、视图、管理、输出、插件等菜单。单击各个菜单项,会显示不同的选项卡集合。

2. 功能区

功能区提供了一个简洁紧凑的选项板，其中包括创建或修改图形所需要的所有工具。功能区由一系列标签组成，这些标签被组织到面板（即选项卡）上，其中包含很多工具栏中可用的工具和控件。一些功能区面板提供了与该面板相关的对话框的访问。要显示相关的对话框，请单击面板右下角处由箭头图标表示的对话框启动器。

3. 绘图区和命令行

绘图区和命令行是使用 AutoCAD 绘图时的主要区域。绘图区相当于手工绘图时的图纸，所有的绘图操作和编辑工作都在这个区域中进行。

当命令行窗口的提示为"键入命令"时，可以在这个提示下输入 AutoCAD 的命令。如果命令行的最后一行不是"键入命令："，则必须先按"Esc"键 1~2 下，使命令行的最后一行出现"键入命令："后，才可以输入新命令。

命令开始执行后，命令行窗口将显示相应的提示，可以根据提示进行操作。同时，AutoCAD 正在执行的命令及其运行过程也在此显示。

绘图命令可以通过以下两种方式执行：
(1) 由键盘直接输入命令并回车；
(2) 单击功能区的各个选项卡中的图标按钮。

4. 状态栏

状态栏位于 AutoCAD 工作界面的最底部，显示了光标位置、绘图工具以及会影响绘图环境的工具。状态栏提供对某些最常用的绘图工具的快速访问。可以切换设置，例如捕捉、栅格、极轴追踪、对象捕捉和正交模式，或从快捷菜单中访问其他设置，它们的操作方法详见相关章节。显示在状态栏左侧的坐标值表示光标的当前位置。

15.1.2 图层、线型和颜色的设定

每一个图形对象都有颜色、线型、线宽等特征属性。在绘制较为复杂的图形时，为了使图形的结构更加清晰，通常可以将图形分布在不同的层上。比如，图形实体在一层，尺寸标注在一层，而文字说明又在另一个层上，这些不同的层就叫图层。我们可以把图层想象为没有厚度的透明纸，将不同性质的图形内容绘制在不同的透明纸上，然后将这些透明纸重叠在一起就会得到完美的图形。每个图层可以有自己的颜色、线型、线宽等特征，并且可以对图层进行打开、关闭、冻结、解冻等操作。图形的绘制在当前层上进行，在"随层"(Bylayer)的情况下，在某一图层中生成的图形对象都具有这个图层定义的颜色、线型和线宽等特征。通过对图层进行有序的管理，可以提高绘图效率。

从"图层"选项卡上可以设置将要绘制的图线的图层、颜色、线型和线宽等特性，如图 15.3 所示。

图 15.3 "图层"选项卡

1. 设置图层

启动 AutoCAD 后,系统自动建立一个名为"0"的图层,单击"图层"选项卡左上角的"图层特性"按钮,打开如图 15.4 所示的"图层特性管理器"对话框,在其中可以设置新的图层。

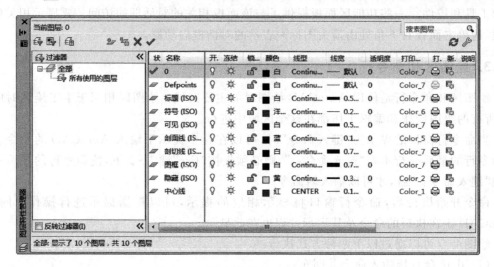

图 15.4 "图层特性管理器"对话框

在该对话框中可进行如下设置:

(1) 设置新图层　单击"新建"按钮,在图层列表中出现一个名为"图层 1"的新图层,单击该图层的名字之后,可以修改为所需的图层名。

(2) 设置当前层　图形的绘制只能在当前层上进行。选中某一图层后,单击"当前"按钮 ✓ 即可将该图层设置为当前层。或者单击"图层"选项卡中的第一行第二个按钮,或者在"图层"选项卡中第三行的"图层"下拉列表中单击该图层的名字。

(3) 删除图层　选中某一图层后,单击"删除"按钮 ✗ 即可将其删除。

(4) 关闭、冻结和锁定图层　层名右边的小灯泡图标 表示该图层是否关闭,太阳图标 表示该图层是否冻结,锁图标 表示该图层是否锁定,单击即可切换层的状态。

关闭和冻结的图层上的对象都是不可见的。区别在于:冻结图层上的对象不进行显示运算,这样使用"重生成"命令时,节省了系统的计算时间。图层被锁定后,可以在该层上绘图,但无法编辑该层上的对象。

2. 设置图层的颜色、线型和线宽

1) 设置图层的颜色

在"图层特性管理器"对话框中,先选中一个图层,然后单击该图层的"颜色"栏,弹出"选择颜色"对话框,通过该对话框可以设置图层的颜色。

在"图层"选项卡中第三行的"图层"下拉列表中,单击某图层的颜色标志,也可以弹出"选择颜色"对话框。

可以通过"特性"选项卡第一行的"对象颜色"下拉列表,控制图形对象的颜色是否随层,如图 15.5 所示。在"特性"选项卡的"对象颜色"下拉列表中,如果选中"随层"(ByLayer),

则在该图层上绘制的图形都具有该图层的颜色。如果希望图形的颜色有别于其所属的图层,可以在"对象颜色"下拉列表中选择适当的颜色。

2) 设置图层的线型和线型比例

在绘制图形的过程中,常常需要采用不同的线型,如实线、虚线、点画线等。在"图层特性管理器"对话框中,先选中一个图层,然后单击该图层的"线型"栏,弹出"选择线型"对话框,如图 15.6 所示。在该对话框的线型列表中选择需要的线型,单击"确定"按钮。

如果在已加载的线型列表中没有需要的线型,可单击"加载…"按钮,在弹出的"加载或重载线型"对话框(图 15.7)中选择需要的线型。一般的图形只需加载图 15.6 所示的"点画线"(CENTER)、"虚线"(DASHED)和"双点画线"(PHANTOM)即可。

可以通过"特性"选项卡第三行的"线型"下拉列表,控制图形对象的线型是否随层。

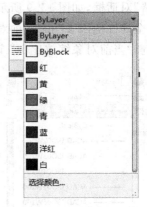

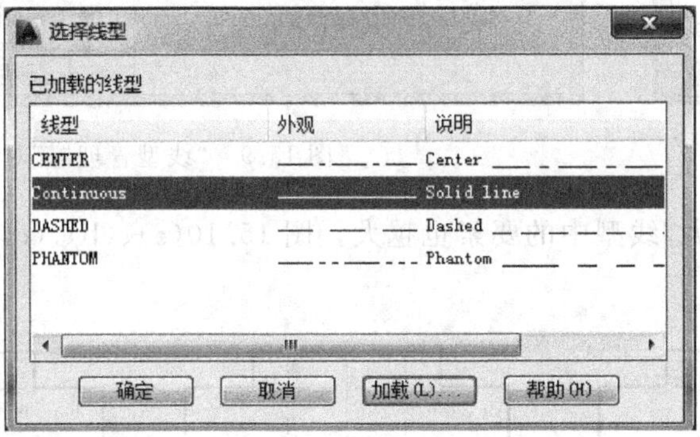

图 15.5 "特性"选项卡

图 15.6 "选择线型"对话框

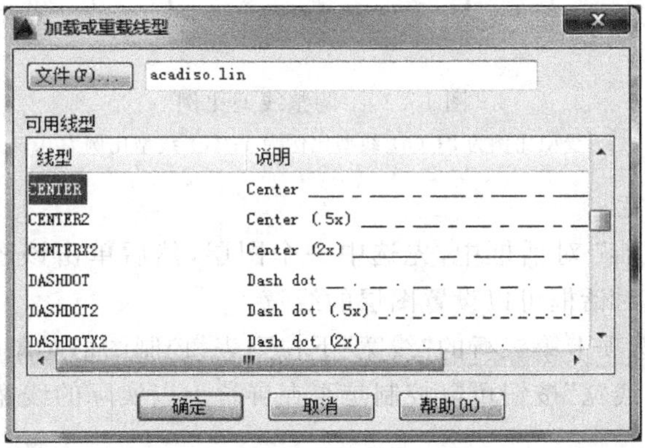

图 15.7 "加载或重载线型"对话框

当用户设置的图形界限与默认的差别较大时,在屏幕上的虚线和点画线可能会不符合工程制图的要求,此时需要调整线型比例。

单击"特性"选项卡的"线型"下拉列表的最后一行"其他"(见图 15.8),出现"线型管理器"对话框,如图15.9所示。该对话框中的"详细信息"栏内有两个调整线型比例的编辑框:"全局比例因子"和"当前对象缩放比例"。"全局比例因子"将调整新建和现有对象的线型比例,"当前对象缩放比例"调整新建对象的线型比例。

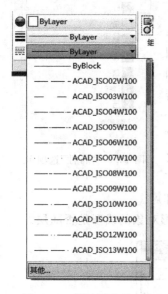

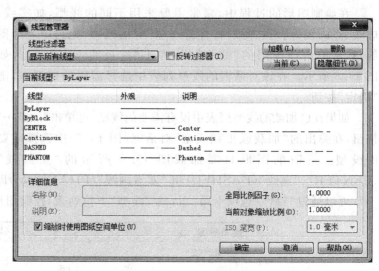

图15.8 "特性"选项卡　　　　　　图15.9 "线型管理器"对话框

线型比例的值越大,线型中的要素也越大。图15.10(a)、(b)、(c)显示了线型比例为2、1和0.5的结果。

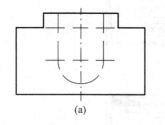
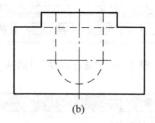
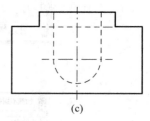

(a)　　　　　　　　　　(b)　　　　　　　　　　(c)

图15.10 调整线型比例

(a)线型比例为2;(b)线型比例为1;(c)线型比例为0.5

3) 设置图层的线宽

在"图层特性管理器"对话框中,先选中一个图层,然后单击该图层的"线宽"栏,弹出"线宽"对话框,通过该对话框可以设置图层的线宽。

可以通过"特性"选项卡第二行的"线宽"下拉列表,控制图形对象的线宽是否随层。

"状态栏"中间的"线宽"按钮可以控制是否在屏幕上以实际的线宽显示图形对象。

15.1.3 基本绘图功能

1. 输入点的坐标的常用方法

(1)在绘图窗口中移动光标到适当的位置,单击,在屏幕上拾取一点。

(2) 通过键盘输入点的绝对直角坐标。例如 20,30。坐标原点在图形屏幕的左下角。

(3) 输入相对于前面一点的相对直角坐标。例如输入一个相对于前面一点在 X 方向偏移 30,在 Y 方向偏移 20 的点：@30,20,如图 15.11(a)所示。X 坐标向右为正,Y 坐标向上为正。

(4) 输入相对于前面一点的相对极坐标。例如输入相对极坐标@40<45,则新点与前一点的连线距离为 40,连线与 X 轴正向的夹角为 45°,如图 15.11(b)所示。角度的方向逆时针为正。

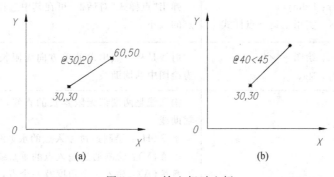

图 15.11 输入相对坐标
(a) 输入相对直角坐标；(b) 输入相对极坐标

2. 基本的绘图功能

常用的绘图命令一般从功能区的"绘图"面板上调用,见图 15.2。绘图命令的主要功能见表 15.1。在命令行提示及说明栏中,仿宋体字为命令行提示。

表 15.1 常用的绘图命令

绘图功能	执行方式	命令行提示及说明
直线	功能区：绘图→ 命令行：Line	指定第一点：输入点作为直线的第一个端点。若按 Enter 键,则使用上一次绘制直线的最后一个端点作为起点 指定下一点[闭合(C)/放弃(U)]： 闭合(C)：将最后输入的一点与直线的起点连起来,形成封闭的多边形 放弃(U)：删除最后绘制的那段线
圆	功能区：绘图→ 命令行：Circle	三点(3P)：绘制一个通过三个点的圆 两点(2P)：输入两个点,以此两点的连线为直径绘制圆 相切、相切、半径(T)：绘制与两个已有对象相切,且半径为指定值的圆 注意：拾取切点的位置不同,绘制圆的形状也不同。一般在与拾取点最接近的位置寻找切点。同时应注意半径的值,确保相切圆存在

续表

绘图功能	执行方式	命令行提示及说明
圆弧	功能区：绘图→⌒ 命令行：Arc	圆弧的绘制有许多方式。通过指定弧心角来绘制圆弧时，角度输入正值，则按照逆时针方向绘制；角度输入负值，则按照顺时针方向绘制
等分点	功能区：绘图→ 命令行：Divide	先选择要等分的对象，再输入对象的等分数
设置点样式	命令行：Ddptype 功能区：实用工具→点样式	弹出"点样式"对话框，可在其中选择点的样式，并设定点的大小
射线	功能区：绘图→ 命令行：Ray	射线是从一点出发的单方向无限长的直线，一般可作为绘图中的辅助线
构造线	工具栏：绘图→ 命令行：Xline	构造线是两端都无限延长的直线，主要作为绘图中的辅助线 水平(H)：绘制通过输入点的水平线 垂直(V)：绘制通过输入点的垂直线 角度(A)：输入一个角度及一个点，绘制一条通过该点并与 X 轴的夹角为该指定角度的构造线 二等分(B)：依次输入一个角的顶点和两个端点，绘制该角度的平分线 偏移(O)：输入偏移距离，在屏幕上拾取一条线并指定偏移的方向，则绘制出与该线平行的构造线，可连续绘制，按 Enter 键结束命令
多段线	工具栏：绘图→ 命令行：Pline	多段线（又称多义线）由各种不同宽度、不同线型的直线或者圆弧构成，用该命令一次绘制出来的多段线作为一个图形对象，按 Enter 键结束命令 圆弧(A)：由绘制直线方式改为绘制圆弧方式。在圆弧方式下输入"直线"选项，即可返回到绘制直线方式 闭合(C)：连接起点和终点，形成封闭曲线 半宽(H)：确定多段线的半宽度 长度(L)：输入长度值，则以最后一次绘制的直线或者圆弧段的终点为起点，沿直线或圆弧的切线方向画线 宽度(W)：确定多段线起点和终点的宽度
样条曲线	工具栏：绘图→ 命令行：Spline	样条曲线是通过一组指定点的光滑曲线，可用来绘制图中的波浪线 输入一组指定点后，按 Enter 键结束点的输入，此时按照提示移动光标确定样条曲线起点和终点的切线方向
矩形	工具栏：绘图→ 命令行：Rectangle	以输入的两个点的连线为矩形的对角线绘制矩形 倒角(C)：输入倒角的距离，绘制带倒角的矩形 圆角(F)：输入半径，绘制带圆角的矩形 宽度(W)：输入线宽，绘制指定线宽的矩形

续表

绘图功能	执行方式	命令行提示及说明
正多边形	工具栏：绘图→⬠ 命令行：Polygon	绘制与圆内接的或者外切的正多边形，也可以通过指定一条边的长度绘制多边形 边(E)：依次输入两个点，以两点的连线为一条边绘制多边形 内接于圆(I)：绘制与圆内接的正多边形 外切于圆(C)：绘制与圆外切的正多边形

15.1.4 精确绘图的辅助工具

1. 对象捕捉

1) 对象捕捉功能

在执行绘图命令时，经常要输入指定位置的点。前面提到，点的输入可以通过在屏幕绘图区域内用光标拾取或者通过键盘输入坐标值的方法实现。在屏幕内拾取点的时候，常常希望精确地拾取到一些特殊位置的点，如直线的交点、圆的切点等。AutoCAD 中提供了点的捕捉功能，可以帮助我们快速而准确地绘制图形。单击状态栏中的"捕捉"按钮▣，打开"对象捕捉"右键菜单，如图 15.12 所示，其中各个按钮的捕捉功能如表 15.2 所示。

图 15.12 "对象捕捉"右键菜单

表 15.2 捕捉功能

菜单项	功 能 说 明
端点	捕捉直线或圆弧上离光标最近的端点
中点	捕捉直线或圆弧的中点
圆心	捕捉圆弧、圆或椭圆等图形对象的圆心

续表

菜单项	功 能 说 明
节点	捕捉用 Point、Divide 等命令生成的点的对象
象限点	捕捉圆弧、圆或椭圆上最近的象限点(即 0°、90°、180°、270°的点)
交点	捕捉图形对象的交点,但不能用于捕捉三维实体的边或角点。对于两个对象的虚拟交点,会自动使用延伸交点的捕捉
范围	如果两个图形对象实际上不相交,但其延长线相交,则捕捉延长后的交点
插入	捕捉图块、文字、属性定义等的插入点
垂足	在图形对象上捕捉相对于某一点的垂足
切点	在圆或圆弧上捕捉与上一连线相切的点
最近点	捕捉图形对象上距离指定点最近的点
外观交点	包括两种不同的捕捉方式:外观交点和延伸外观交点。外观交点捕捉可以捕捉在三维空间中不相交但是屏幕上看起来相交的图形交点;延伸外观交点捕捉可以捕捉两个图形对象沿着图形延伸方向的虚拟交点
平行	捕捉与某直线平行且通过前一点的线上的一点
启用	该菜单项的前面有"√"时,表示启用捕捉模式
使用图标	该菜单项的前面有"√"时,表示使用图标按钮,否则会显示文字
设置	激活"草图设置"对话框,设置捕捉方式
显示	该菜单项的下面还有一级菜单,显示了状态栏上各按钮的快捷键

2) 设置连续捕捉方式

可以预先设置好某些对象的捕捉方式,这样,AutoCAD 可以自动捕捉这些特殊点。

单击状态栏中的"捕捉"按钮，打开"对象捕捉"右键菜单,选中需要自动捕捉的特殊点的类型,这些菜单项旁边的图标会突出显示,例如在图 15.13 中,选中了"端点"、"中点"、"圆心"、"交点"等类型,在绘图中这种方式总起作用。不需要自动捕捉某些特殊点时,只需在"对象捕捉"右键菜单中再次单击该特殊点的类型,使其旁边的图标不再突出显示即可。

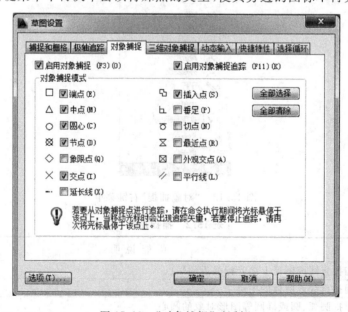

图 15.13 "对象捕捉"对话框

3) 单点优先方式

在绘图过程中,当命令提示需要进行点的输入时,按住键盘上的 Shift 键,同时单击鼠标右键,打开一个右键菜单,如图 15.14 所示,在其中单击相应的按钮,捕捉所需要的特殊点。此时,将光标移向捕捉点的附近,捕捉框自动捕捉到该特殊点,并在该点上显示相应的符号,单击即可完成特殊点的拾取。这种方式操作一次后就退出该"对象捕捉"状态。

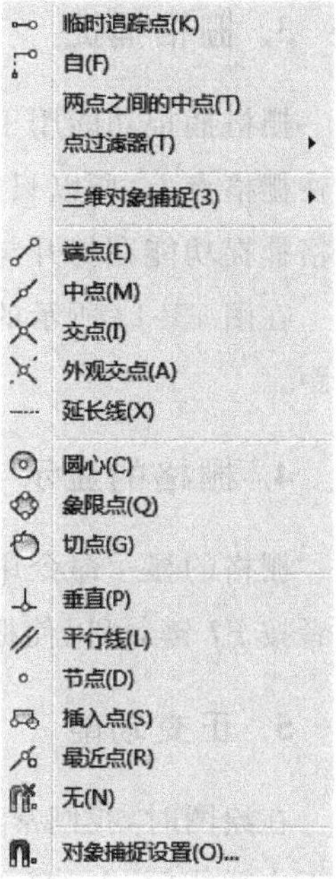

2. 极轴追踪

使用极轴追踪,光标将沿极轴角度按指定增量进行移动。创建或修改对象时,可以使用"极轴追踪"来显示由指定的极轴角度所定义的临时对齐路径。

光标移动时,如果接近指定的极轴角度,将显示对齐路径和工具提示,以用于绘制对象。默认的极轴追踪角度为 90°,此时可以精确地绘制水平线和垂直线。与"交点"或"外观交点"对象捕捉一起使用极轴追踪,可以找出极轴对齐路径与其他对象的交点。

例如在图 15.15 中,需要绘制一条与水平线成 45°,且与圆相交的直线,如果打开了极轴追踪功能,并把极轴角增量设置为 45°,同时启用"交点"对象捕捉功能,则当光标跨过 0°或 45°角时,将显示对齐路径和工具提示,该直线的另一个端点也会直接显示出来。当光标从该角度移开时,对齐路径和工具提示消失。

图 15.14 单点优先的右键菜单

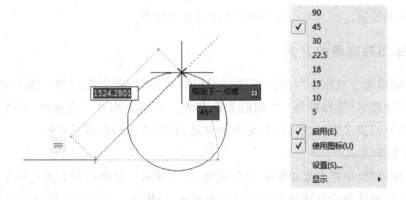

图 15.15 使用极轴追踪和"交点"对象捕捉功能

可以使用极轴追踪沿着 90°、60°、45°、30°、22.5°、18°、15°、10°和 5°的极轴角度增量进行追踪,也可以指定其他角度。单击状态栏中的"极轴"按钮,打开"对象捕捉"右键菜单,选中需要的极轴角增量,该项旁边的图标会突出显示,例如在图 15.15 中,选中了"45",在绘图中这种方式总起作用。不需要极轴追踪功能时,只需单击状态栏中的"极轴"按钮,使之不突出显示即可。

3. 栅格捕捉

栅格捕捉功能用于产生隐含分布于绘图区域的栅格。打开栅格捕捉功能时,光标只能落在栅格点上,所以只能捕捉栅格点。单击状态栏中的"捕捉"按钮,或者按 F9 键,可以使栅格捕捉功能在打开与关闭之间切换。

在图 15.13 所示的"对象捕捉"对话框中的"捕捉和栅格"选项卡中,设定显示的栅格间距。

4. 栅格的显示

栅格的显示命令用于控制栅格是否在屏幕上显示出来。单击状态栏中的"栅格"按钮,或者按 F7 键,可以使栅格显示功能在打开与关闭之间切换。

5. 正交功能

在绘图时,我们常常需要绘制水平线或者垂直线,因此,正交功能就显得十分重要。打开正交功能后,AutoCAD 将限制绘图方向,只能绘制水平线或者垂直线。单击状态栏中的"正交"按钮,或者按 F8 键,可以使正交功能在打开与关闭之间切换。

15.1.5 基本编辑功能

AutoCAD 提供了许多实用的编辑功能。利用这些编辑功能,可以对图形对象进行编辑和修改,从而绘制出较为复杂的图形,并且提高绘图率。

1. 选择图形对象的方式

在运用编辑命令对所绘制的图形进行编辑和修改时,首先要选择待编辑的图形对象。此时,命令出现提示"选择对象:",同时光标变成一个小方框——拾取框,等待拾取图形对象。AutoCAD 提供了多种选择图形对象的方式,其中常用的有以下 4 种。

1) 单点拾取方式

移动光标,使拾取框与要拾取的对象相交,单击即可。单点拾取方式是一个一个地拾取对象,图形对象被选中后以虚线显示,在"选择对象:"提示下按 Enter 键结束选择。

2) 窗口方式

将光标移入绘图区域,按住光标左键不放并拖动光标,此时将拉出一个矩形窗口作为拾取框,该拾取框随光标的移动而变化,在适当的位置再拾取一点,从而确定拾取框的大小。

如果拾取框是由光标从左向右移动拉成的,拾取框是实线框,则只有全部位于拾取框之内的对象才能被选中;如果拾取框是由光标从右向左移动拉成的,拾取框是虚线框,则位于拾取框内及与拾取框边界相交的对象都能被选中。

3）全部选择

在“选择对象：”提示下输入 All，则选中所有的图形对象。

4）取消对象的选择

在“选择对象：”提示下输入 Undo，可以取消最后进行的选择操作。

2. 常用编辑命令

常用编辑命令可以从功能区的“修改”面板上调用（见图 15.2）。编辑命令的说明及图例见表 15.3。

表 15.3 常用的编辑命令

命令执行方式	命令说明及图例
功能区：修改→ 命令行：Erase	选择待删除的图形对象，按 Enter 键后，结果将选中的对象删除 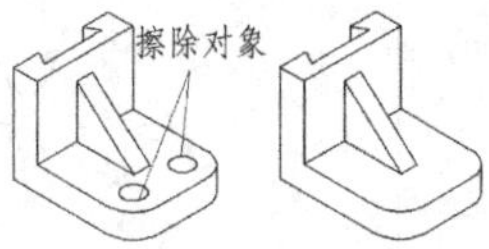
功能区：修改→ 命令行：Copy	选择要复制的图形对象，输入基点 $P1$ 和基点的新位置 $P2$，在新位置上复制一个与选中的对象完全相同的对象 输入选项 M，可以多重复制 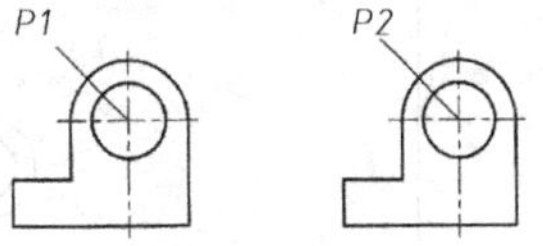
功能区：修改→ 命令行：Mirror	将对象按给定的对称轴作反向复制，适用于对称图形 镜像线可以是已有的直线，也可以是指定的两点 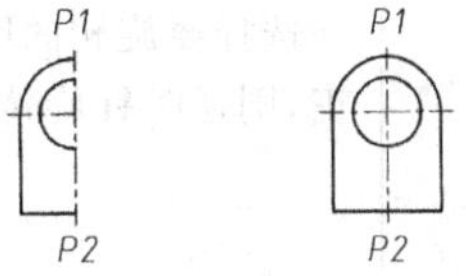
功能区：修改→ 命令行：Offset	将对象沿指定的方向和距离进行复制 先输入偏移距离，或者用选项 T 来确定偏移之后的对象将通过的一点。选择要偏移的对象后，在屏幕上拾取一点，则对象将向该点一侧偏移 对直线类对象的偏移产生平行线，对圆和圆弧则是同心复制 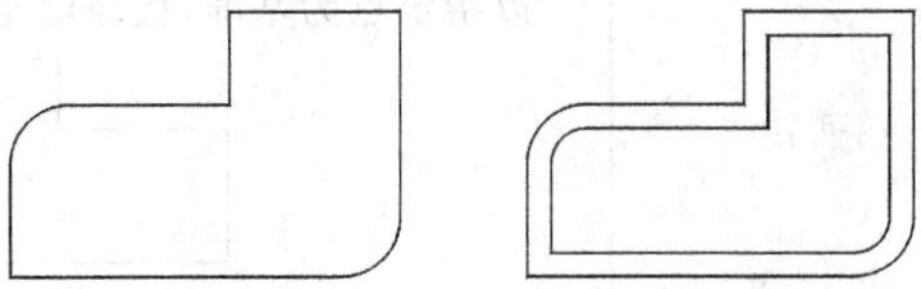 将图线连成一条多段线　　将多段线向内偏移

命令执行方式	命令说明及图例
功能区：修改→🔲 命令行：Array	将对象按矩阵或环形阵列的方式进行复制。矩形阵列要输入阵列的行数、列数、行间距和列间距；环形阵列要输入阵列中心的位置、阵列个数、阵列的覆盖角度，以及阵列时对象是否旋转 原图　　　　　　　矩形阵列后 原图　　　　　　　环形阵列后
功能区：修改→✥ 命令行：Move	选择要移动的对象后，输入基点 1 和基点的新位置 2，将要移动的对象从当前位置，按照由指定的两点确定的位移矢量移到新位置 将圆从1点移动到2点　　　移动后
功能区：修改→↻ 命令行：Rotate	选择要旋转的图形对象后，输入旋转基点和旋转角度。如果角度值为正，则逆时针旋转；如果角度值为负，则顺时针旋转 原图　　　　　　　绕点1旋转90°后
功能区：修改→◱ 命令行：Scale	以指定点为基准，按照给定的比例缩放实体对象 原图　　　　　　　缩放0.6倍后

续表

命令执行方式	命令说明及图例
功能区：修改→ ✂ 命令行：Trim	将某对象位于由其他对象所确定的裁剪边界之外的部分剪切掉 先拾取作为裁剪边界的图形对象，按 Enter 键结束拾取边界后，再拾取要剪切掉的对象
功能区：修改→ ⟶ （这个图标与 ✂ 在同一个下拉列表中） 命令行：Extend	将对象延长到由其他对象所确定的边界上 先拾取作为延伸边界的图形对象，按 Enter 键结束拾取边界后，再拾取要延伸的对象
功能区：修改→ ▭ 命令行：Break	选择要截断对象上的第一断点 P1 和第二断点 P2，则将两点之间的部分截断 对圆进行打断操作时，从圆上第一点到第二点之间按逆时针方向打断
功能区：修改→ ▭	将对象从某处一点剪断为两个对象
功能区：修改→ ⌐ 命令行：Chamfer	启动倒角命令后，先输入两个倒角距离，再拾取要倒角的两条直线，即按照设定的倒角距离进行倒角 当两个倒角距离为零时，该命令使选定的两条直线相交 修剪方式：该命令会将相交的直线修剪至倒角直线的端点 不修剪方式：该命令将创建倒角而不修剪选定的直线

命令执行方式	命令说明及图例
功能区：修改→ ⌒ （这个图标与 ⌒ 在同一个下拉列表中） 命令行：Fillet	启动倒圆角命令后，输入圆角半径，按照新设定的半径进行倒圆角 修剪方式：该命令会将相交的直线修剪至圆角的端点 不修剪方式：该命令将创建圆角而不修剪选定的直线 当圆角半径为零时，该命令使选定的两条直线相交 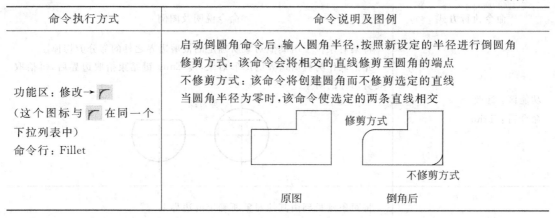

15.1.6 图形的显示控制

当绘制很大或者很复杂的图形时，因屏幕上的绘图区域有限，所以运用显示控制功能，如视图的缩放、平移、重画、重新生成等，就能够方便、迅速地在屏幕上显示图形的不同部分。

1. 视图的缩放

利用"导航栏"上的"视图缩放"命令(Zoom)，如图 15.16 所示，可以放大观察图形的一个细节部分，也可以缩小观察整个图形。但视图的缩放命令并没有改变图形本身的尺寸，就好像是透过一个放大镜来观察图纸，虽然视觉效果显得图形变大了，但实际图形本身并没有变。视图的缩放与编辑命令"比例缩放(Scale) ▫"是完全不同的操作。

"导航栏"中的第三个图标"视图缩放"（图 15.16）提供的几种主要的图形缩放方法如下：

图 15.16 "导航栏"和"视图缩放"下拉菜单

（1）范围缩放：在屏幕上以最大比例显示整个图形。

（2）窗口缩放：在绘图区域内拾取两个点，以该两点作为角点确定矩形窗口，将窗口内的图形缩放，使之占满整个屏幕。

（3）缩放上一个：恢复上一次显示的图形。

（4）实时缩放：是交互式的缩放功能，光标变成放大镜形状 ⊕⁺，此时按下鼠标左键并拖动，即可对图形进行实时的缩放。单击右键，在弹出的菜单中选择"退出"，结束缩放。

（5）全部缩放：在屏幕上显示整个图形。

Zoom 命令是一个"透明"命令，可以在执行其他命令的过程中进行视图的缩放，但并不会中断原有命令。

2. 视图的平移

"导航栏"上的第二个按钮 ✋ 是视图平移图标(Pan)，它仅仅移动视图，从而观察图形的不同部分,但并不改变图形的显示比例,也不改变图形的位置,就好像是在移动图纸一样。Pan 命令也是一个"透明"命令。

单击"导航栏"上的"实时平移"按钮,光标变为手的形状,此时按下鼠标左键并拖动,即可对视图进行移动。单击鼠标右键,在弹出的菜单中单击"退出",结束视图的平移。

3. 视图的重生成

在对视图进行缩放之后,有些曲线(例如圆),可能在屏幕上显示为不光滑的小折线。在命令行上输入"re"(regenerate),即可使这些对象恢复光滑。

15.1.7 在图形中输入文字

在工程图纸中,除了图形之外,还常常需要添加一些文字,在 AutoCAD 中可以用不同的方法满足这个要求,见图 15.2 中的"文字"标签。

1. 单行文本的输入

命令格式为:

功能区:文字→A→A

命令行:Text

菜单:绘图→文字→单行文字

输入文本的起始点、文字高度、文字偏转角度后,输入文本的内容,按 Enter 键结束本行的输入。当前文本的样式和对齐方式都可以在输入文本的起始点之前设置。

有些符号无法从键盘上直接输入。为此 AutoCAD 提供了一些控制码。在键盘上输入控制码时,即可在屏幕上输入相应的字符。常见的控制码有:%%d 代表角度符号,%%c 代表直径 ϕ,%%p 代表±,%%%代表百分号%。

2. 多行文本的输入

单击"文字"功能区上的"多行文字"按钮 A,输入两个角点,则以这两点为对角线形成一个矩形,该矩形的宽度即为文本行的宽度,且第一个点为文本行起始点。同时,功能区会显示"文字编辑器"上下文菜单,如图 15.17 所示。

在该对话框的文本框中,可以同时输入多行文本。选择文本字体的样式和设置文本高度的操作与 Word 等文字处理软件类似。

图 15.17 输入多行文本

3. 文本的编辑

单击要编辑的文字,再右击,从右键菜单中选择"编辑多行文字",则功能区会再次显示"文字编辑器"上下文菜单,可在其中修改文本的内容、字体样式等。如果选中的是用 Text 命令输入的单行文本,则从右键菜单中选择"编辑"对话框,接着就可以编辑文字了。

15.1.8 剖面线的绘制

1. 剖面线的绘制

在 AutoCAD 中,可以用图案填充的方法绘制剖面线。

单击"绘图"选项卡上的"图案填充"按钮,功能区会显示"图案填充创建"上下文菜单,如图 15.18 所示。可依下列步骤进行剖面线的绘制。

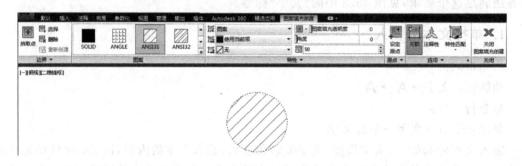

图 15.18 "图案填充创建"上下文菜单

绘制剖面线时,应先在"图案"选项卡中单击"图案"列表中需要的图案,再在需要绘制剖面线的封闭区域内的任意位置单击鼠标,系统将自动寻找封闭区域的边界,并在该封闭区域内部显示剖面线,如果区域不封闭,系统将给出提示。根据需要在"角度"和"比例"栏中分别输入图案的旋转角度和适当的缩放比例。最后单击"关闭"选项卡中的"关闭图案填充创建"按钮。

2. 剖面线的编辑

如果需要编辑剖面线,可以选择该剖面线,则功能区会再次显示"图案填充创建"上下文菜单,可对剖面线的设置进行修改。

15.1.9 尺寸标注

AutoCAD 提供了丰富的尺寸标注功能,在"默认"菜单下的"注释"选项卡中,"标注"下拉列表提供了常用尺寸的标注图标,如图 15.19 所示。但在标注尺寸之前,需要先设定尺寸的样式。

1. 尺寸标注样式的设置

针对不同的工程应用，尺寸标注的样式也各有不同。使用设置尺寸标注样式的功能，可以根据需要，对尺寸线、尺寸界线、尺寸数字、尺寸箭头等内容进行设置。

在"注释"菜单中，单击"标注"选项卡右下角的对话框启动器，如图 15.20 所示，弹出"标注样式管理器"对话框，如图 15.21 所示。其中左侧的"样式"框中显示出已有的尺寸样式的名称，右侧的"预览"框中是对选中样式的预览。对话框中显示当前样式"ISO-25"是公制图纸的默认样式，但该样式的尺寸数字和尺寸箭头为 2.5，不符合我国的国家标准，需要重新设置。

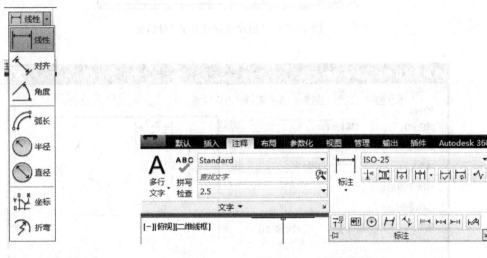

图 15.19 "标注"下拉列表　　　　图 15.20 "标注"面板

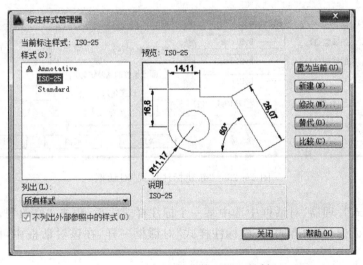

图 15.21 "标注样式管理器"对话框

在"标注样式管理器"对话框中单击"新建"按钮，弹出"创建新标注样式"对话框（图 15.22）。在"新样式名"框中输入新的样式名称，在"用于"下拉列表中确定新的样式适用于哪类尺寸。单击"继续"按钮后,将弹出"新建标注样式"对话框,如图 15.23 所示,在其中对样式进行设置。

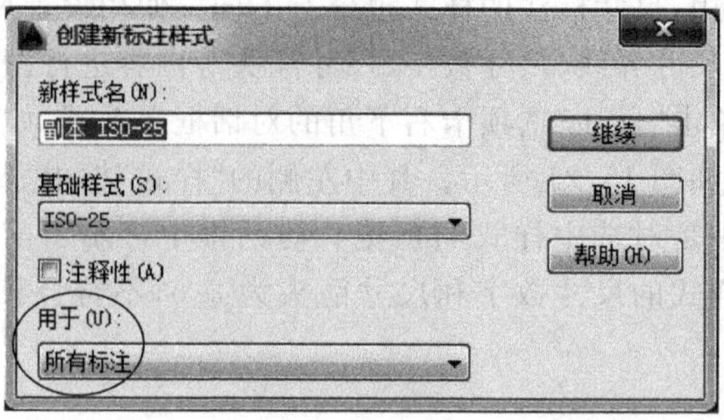

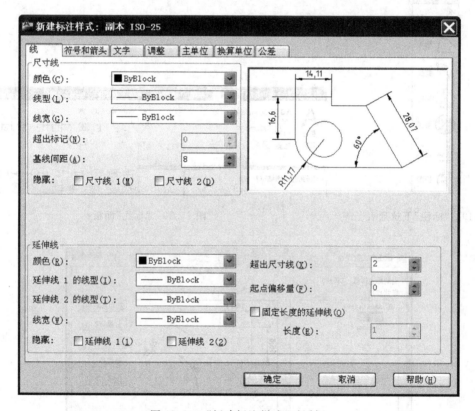

图 15.22 "创建新标注样式"对话框

图 15.23 "新建标注样式"对话框

在"标注样式管理器"对话框中选中某一个标注样式之后,单击"修改"按钮,弹出的"修改标注样式"对话框,其内容同"新建标注样式"对话框一样,在该对话框中可对尺寸样式进行修改。

对尺寸样式的设置和修改主要包括以下内容:
1)"线"选项卡
将"基线间距"由默认的 3.75 改为 8。

将"超出尺寸线"由默认的 1.25 改为 2。

将"起点偏移量"由默认的 0.625 改为 0。

2)"符号和箭头"选项卡

将"箭头大小"由默认的 2.5 改为 3.5。

3)"文字"选项卡

将"文字高度"由默认的 2.5 改为 3.5。

将"从尺寸线偏移"由默认的 0.625 改为 1.5。

"文字对齐"选项组中的各个单选按钮用于确定文本的对齐方式,"ISO 标准"为按国际标准标注。

4)"调整"选项卡

在"调整选项"选项组中,确定当尺寸界线之间的距离不足以放下文本和箭头的时候,将文本和箭头放在尺寸界线之内还是之外。

在"文字位置"选项组中,确定文本的放置位置。

在"标注特征比例"选项组中,设定尺寸标注的比例因子。

"调整"选项卡中的内容一般情况下不必更改。

5)"主单位"选项卡

"主单位"选项卡中的选项用于确定尺寸的单位格式、尺寸数字的精度和线性尺寸的比例因子等,一般情况下不必更改。

2. 尺寸的标注方法

1) 水平尺寸和垂直尺寸

水平尺寸和垂直尺寸的尺寸线分别沿水平和垂直方向放置,如图 15.24 所示。

拾取第一条和第二条尺寸界线的起点后,拖动光标确定尺寸线的位置,在适当的位置单击,即可完成水平尺寸的标注。

如果希望自行定义尺寸文本,则在拾取尺寸界线的起点后输入[多行文字(M)]或[文字(T)]选项,输入新的文本。

2) 对齐尺寸的标注

对齐尺寸的尺寸线始终与两条尺寸界线的起点的连线平行,如图 15.25 所示。若输入[角度(A)]选项,则可将尺寸文本旋转一定的角度。

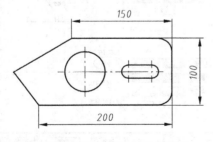

图 15.24 水平标注和垂直标注

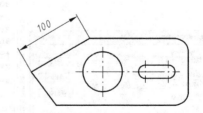

图 15.25 对齐标注

给轴测图标注尺寸时,可利用对齐方式标注,得到如图 15.26(a)的结果,再使用编辑标注按钮中的"倾斜"选项对尺寸线进行角度倾斜,使图 15.26(a)中的尺寸 15 倾斜 30°,尺寸

26 倾斜 30°，尺寸 18 倾斜 −30°，得到图 15.26(b)所示的结果。

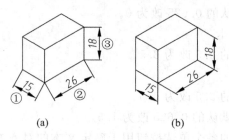

图 15.26　轴测图尺寸标注

3) 角度尺寸的标注

角度尺寸的标注包括两条直线的夹角、圆弧的圆心角，并可通过指定对象顶点来标注尺寸。

依次拾取两条直线，则可以标注两直线的夹角，如图 15.27(a)所示。

可以新建一个专门标注角度的尺寸样式，如图 15.28 所示，在"文字"选项卡中将"文字对齐"改为"水平"，将"文字垂直位置"改为"外部"，这样就标注成符合国家标准规定的形式，如图 15.27(b)所示。

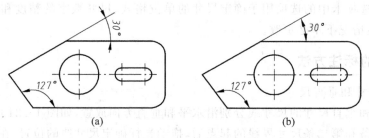

图 15.27　角度标注
（a）角度标注；(b) 符合国标的角度标注

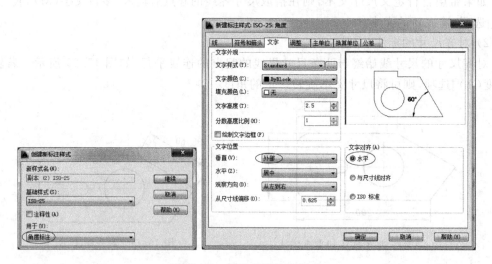

图 15.28　新建角度标注样式

4) 半径尺寸和直径尺寸的标注

半径和直径尺寸的标注如图 15.29(a)所示。

可以新建一个专门标注半径的尺寸样式,如图 15.30 所示,在"文字"选项卡中将"文字对齐"改为"ISO 标准",这样当半径尺寸标注在图形外面时,文字水平书写,如图 15.29(b)所示。

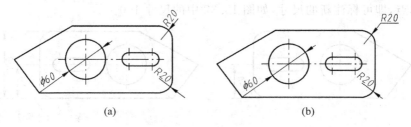

图 15.29　半径和直径标注

(a) 半径和直径标注;(b) 符合国标的半径标注

图 15.30　新建半径标注样式

5) 连续尺寸和基线尺寸的标注

"连续尺寸"命令以最近一次标注的线性尺寸(如图 15.31 中的尺寸 30)作为基准尺寸,

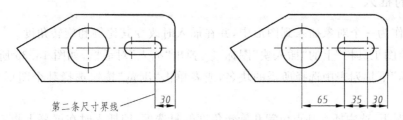

图 15.31　连续标注

以该尺寸的第二条尺寸界线作为新的尺寸的第一条尺寸界线,连续标注,如图 15.31 中的尺寸 35 和 65。

"基线尺寸"命令以最近一次标注的线性尺寸(如图 15.32 中的尺寸 50)作为基准尺寸,以该尺寸的第一条尺寸界线作为新的尺寸的第一条尺寸界线,直接拾取新尺寸的第二条尺寸界线的起点,即可标注新的尺寸,如图 15.32 中的尺寸 100。

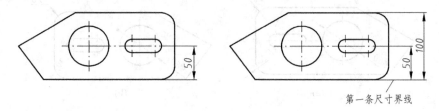

图 15.32　基线标注

15.1.10　图块的操作

所谓"图块",就是将一组对象定义为一个整体。这些对象可以具有自己的图层、颜色和线型。图块的主要作用在于便于图形的重复利用。在绘图过程中经常有一些图形会重复出现,如常用的螺钉、螺母、粗糙度符号等。将这些重复的图形定义成图块,在需要的地方将图块插入,就可以避免大量重复的绘图工作,提高绘图效率。另外,图块的应用还可以节约存储空间,并且便于修改。由于块是作为一个整体出现的,所以在对块进行了修改之后,所有引用该图块的图形文件均随之作出相应的修改。

1. 图块的定义

如果要把粗糙度符号建成图块,需要首先画好粗糙度的符号(图 15.33)。单击"绘图工具栏"上"创建块"图标 ,弹出"块定义"对话框,如图 15.34 所示。

在"名称"框中输入块的名字。

"基点"选项用于确定块的基点,即插入块时的基准位置点,常常选图形中的某些特征点作为基点,如图 15.33 中的 A 点,单击"拾取点"按钮,在屏幕上拾取 A 点。

图 15.33　粗糙度符号

单击"选择对象"按钮,在屏幕上拾取用于确定组成块的对象,单击"确定"按钮完成块的定义。

2. 块的插入

可将块作为一个对象插入到图形中,并在插入时改变其比例和旋转角度。

单击"绘图工具栏"上的"插入块"图标 ,弹出"插入"对话框,如图 15.35 所示。

在"名称"下拉列表中选择所需的块名,或者单击"浏览"按钮选择某个图形文件作为块进行插入。

一般情况下,选中插入基点位置和旋转角度的复选框,即插入时在屏幕上指定。图 15.36 所示的是插入两个不同旋转角度的粗糙度符号。

图 15.34 "块定义"对话框

在"比例"选项组中确定块在插入时沿 X、Y、Z 三个方向的比例。

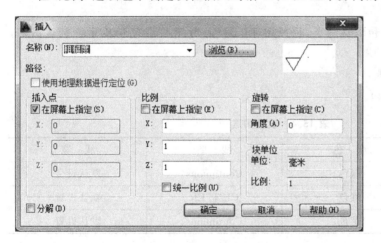

图 15.35 "插入"对话框

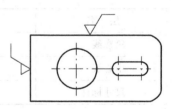

图 15.36 插入粗糙度符号

15.1.11 常用查询命令

在"默认"菜单的"实用工具"选项卡中,"定距等分"下拉列表是一个查询命令集,可用于快速求出距离、半径、角度、面积、周长和体积,如图 15.37(a)所示。例如,要查询图 15.37(b)中多边形的面积,应先打开"定距等分"下拉列表,单击"面积",再依次单击多边形的各顶点,最后按 Enter 键,屏幕上就会显示该多边形的面积和周长。在查询图 15.37(b)中圆的面积时,单击"面积"后应输入"o",表示要选择一个对象,再单击圆周上任一点,屏幕上就会显示该圆的面积和周长。

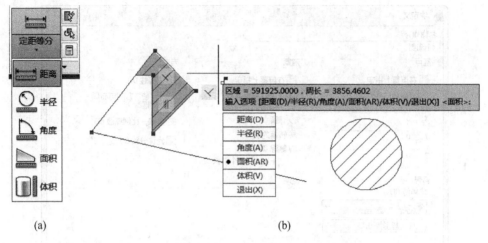

图 15.37 查询命令"定距等分"下拉列表和使用
(a) 查询命令；(b) 查询示例

15.1.12 实例

例 15.1 综合运用绘图和编辑命令，按照图 15.38(a)所示的图形和尺寸绘制该图形，要求区分线型，标注尺寸。

解：绘制该图形的步骤是：

(1) 设置图层(见表 15.4)。

表 15.4 设置图层

层 名	颜 色	线 型	线 宽
轮廓线	绿色	Continuous	默认设置
中心线	红色	CENTER	默认设置
尺寸标注	黄色	Continuous	默认设置

(2) 置"中心线"层为当前层，按照图形中的尺寸绘制全部点画线，如图 15.38(b)所示。

(3) 置"轮廓线"层为当前层，根据尺寸绘制圆，如图 15.38(c)所示。

(4) 绘制连接圆 $R18$，再绘制圆 $\phi 14$ 和圆 $R9$ 的切线，并复制到圆 $R9$ 的另一端，如图 15.38(d)所示。

(5) 将多余的图线剪掉，如图 15.38(e)所示。

(6) 利用圆角命令绘制 $R2$ 的圆角，完成图形的绘制，如图 15.38(f)所示。

(7) 设置标注样式，尺寸数字用 Isocp.shx 字型，箭头大小和数字高度为 3.5，其他按要求设置。

(8) 置"尺寸标注"层为当前层，标注全部尺寸。

例 15.2 绘制图 15.39 所示的零件图(省略了图框和标题栏)。

解：绘制步骤如下：

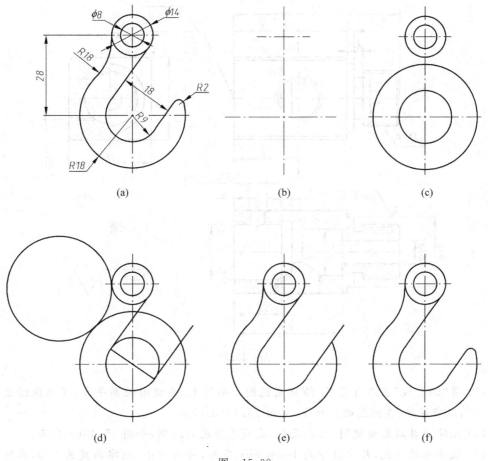

图 15.38

(1) 设置图层(见表15.5)。

表 15.5 设置图层

层 名	颜色	线 型	线 宽
轮廓线	绿色	Continuous	默认设置
中心线	红色	CENTER	默认设置
尺寸标注	黄色	Continuous	默认设置
剖面线	蓝色	Continuous	默认设置
细实线	紫色	Continuous	默认设置

(2) 置"中心线"层为当前层,根据零件图进行布局,绘制主、俯两视图中心线,如图15.40(a)所示。

(3) 置"轮廓线"层为当前层,根据尺寸绘制俯视图和主视图的主要轮廓线,打开"极轴"、"对象捕捉"和"对象追踪"功能,确保主、俯视图的长对正,再置"细实线"层为当前层,绘制螺纹线,如图15.40(b)所示。

(4) 置"轮廓线"层为当前层,根据零件图绘制俯视图上前后两个螺纹孔及相贯线,如图15.40(c)所示。

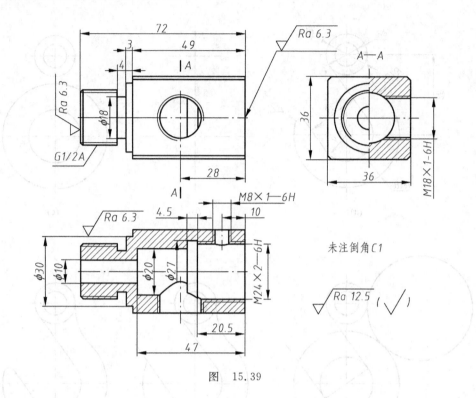

图 15.39

(5) 置"轮廓线"层为当前层,绘制左视图。确保主、左视图的高平齐,将俯视图复制并旋转90°,以确保俯、左视图的宽相等,如图15.40(d)所示。

(6) 删除旋转后的俯视图,画剖面线,完成零件图的绘制,如图15.40(e)所示。

(7) 设置标注样式,尺寸数字用 Isocp.shx 字型,箭头大小、数字高度为3.5,其他按要求设置。

(8) 置"尺寸标注"层为当前层,标注全部尺寸。

(9) 在图中空白处绘制表面粗糙度符号,并建成图块。按照零件图的要求插入表面粗糙度符号并填写表面粗糙度数值,插入图块时注意输入比例及角度。

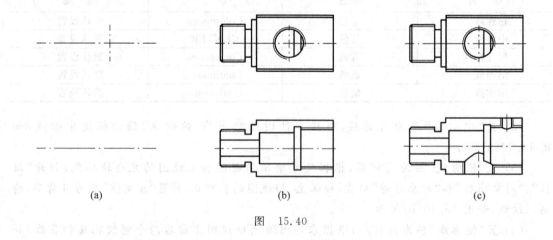

图 15.40

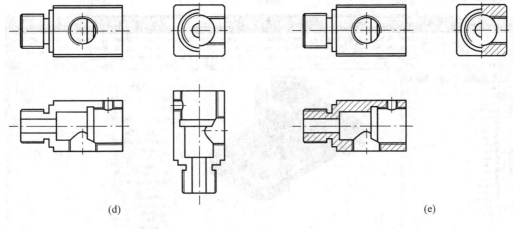

(d)   (e)

图 15.40（续）

15.2 三维机械设计软件 Inventor 简介

本节介绍 Autodesk 公司的 Inventor 2014 三维机械设计软件，其用户界面简单、使用方便、学习周期短，具有丰富而易读的帮助功能。其核心技术特点是：

(1) 实用智能化的草图设计；
(2) 部件装配和自适应设计；
(3) 支持由三维模型生成二维工程图；
(4) 与 AutoCAD 兼容好。

Inventor 2014 包括零件、钣金、装配、焊接、表达视图、工程图等模块。这些模块较好地表达了人的设计思维规则，适合于完成工程设计人员原始设计构思的表达和实现。

Inventor 的主要功能如下：

(1) 零件造型设计　可以建立拉伸体、旋转体、工程曲面等各种特征设计；
(2) 装配设计　修改装配体中的零件；零部件间的干涉检查；机构运动和产品装配过程动态演示；分解装配体，表达零件的装配顺序和零件间的装配关系。
(3) 焊接组件设计　能够在装配体上按焊接标准添加焊缝特征
(4) 钣金设计　可以做各种钣金件和冲压件的设计。
(5) 管路设计　可以进行空间管路设计，选择各种标准的管子、接头等。
(6) 二维工程图设计　由三维实体模型自动投影为二维工程图。当三维实体模型改变时，二维工程图会自动更新。

图 15.41 是 Inventor 的零件工作环境。

15.2.1　Inventor 界面简介

Inventor 中新文件创建界面如图 15.42 所示。根据所需创建的文件类型不同，选取相应的模板，即可进入此模板的工作环境。各图标表示的模板如表 15.6 所示。

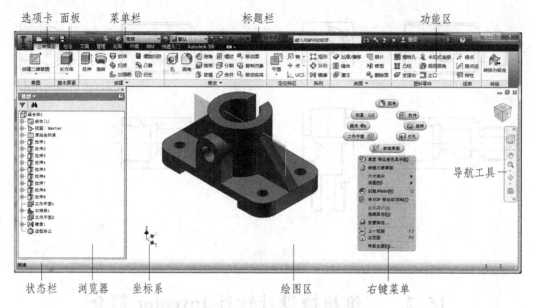

图 15.41 零件工作环境

图 15.42 "新建文件"对话框

表 15.6 Inventor 提供的模板

图标	模板	图标	模板	图标	模板	图标	模板
Sheet Metal.ipt	钣金件	Standard.ipt	零件	Standard.iam	部件	Weldment.iam	焊接件
Standard.dwg	AutoCAD 文件	Standard.idw	工程图	Standard.ipn	装配表达视图		

Inventor 中常用的菜单有以下几种：

(1)"草图"菜单(图 15.43) 大多数零件都是从绘制草图开始的。草图是创建零件所需的特征和任意几何图元(如扫掠路径或旋转轴)的截面轮廓。绘制草图必须进入草图环境。要在现有零件中进入草图环境，应找到属于某个特征的曾用草图(也叫退化草图)，单击"编辑草图"，即可重新进入草图环境。

图 15.43 "草图"菜单

(2)"三维模型"菜单 在零件造型中，一般需要先创建草图，再使用"三维模型"菜单中的特征命令创建三维特征，然后合并这些特征以创建零件，如图 15.44 所示。在草图环境下，单击右键，选择"结束草图"，或者单击"完成草图"，即可进入特征环境。

图 15.44 "三维模型"菜单

(3)"装配"菜单 零件建模完成后，就需要装配起来，即将零件和子部件通过装配关系互相连接在一起。新建一个部件，就会进入装配环境，显示"装配"菜单，见图 15.45。

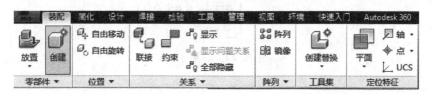

图 15.45 "装配"菜单

(4)浏览器 在零件环境下，利用浏览器可以通过模型树查看零件的特征组合，见图 15.46；在装配环境下，利用浏览器中的装配模型树，可以查看部件的零件组合，见图 15.47。

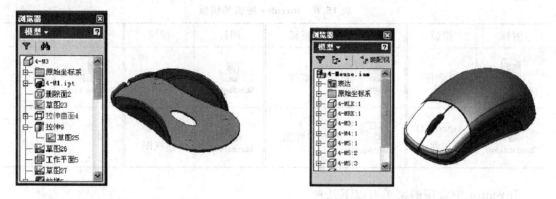

图 15.46 零件模型及其模型树　　　　　图 15.47 部件模型及其模型树

（5）导航工具　通过导航工具（见图 15.48）可以增大或减小对象的显示比例以及旋转模型，调整模型的显示。导航工具包括 ViewCube 和导航栏。ViewCube 用于在标准视图和等轴测视图间切换。在导航栏中，"全导航控制盘"可以在专用导航工具之间快速切换，"平移"工具可以平行于屏幕移动视图；"缩放"工具可以增加或减小模型当前视图的缩放比例；"动态观察"工具可以旋转模型的当前视图，"观察方向"可以从选定平面查看模型的面。

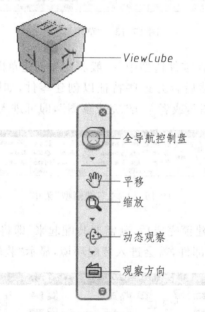

图 15.48 导航工具

15.2.2 Inventor 的草图设计

1. 草图绘制

草图是三维零件造型的基础，是一个特征的"截面轮廓"，该特征能够与其他特征组合成一个零件。

Inventor 常用草图绘图功能见表 15.7。

表 15.7　常用草图绘图功能

工具栏图标	功能与说明	图　　例
	功能：画直线和与直线相切的圆弧 绘制直线时，当单击直线端点并按住鼠标左键，沿所需的方向（圆周方向）滑动时，可画出与直线相切的圆弧	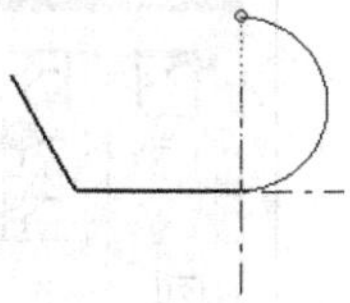
	功能：样条曲线是通过一系列给定点的光滑曲线 改变控制点的位置或改变控制点处曲线的切线方向，都可以改变曲线	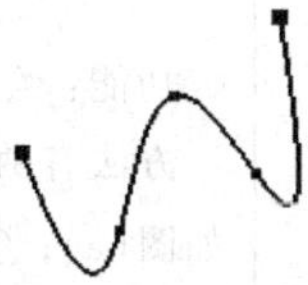
	功能：绘制圆 绘制圆的方法有两种：给定圆心和半径 ⊙； 与三个图元相切 ⊙	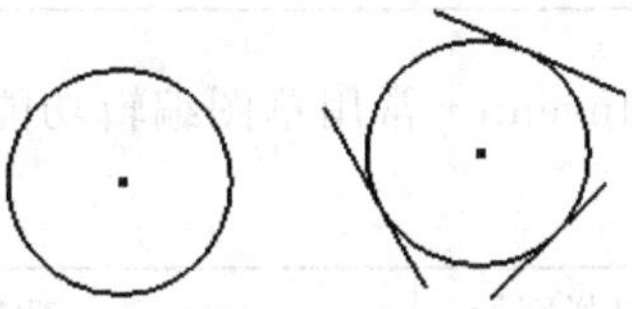
	功能：绘制椭圆	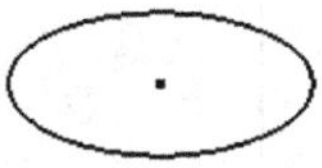
	功能：绘制圆弧 方法有三种：① 给定圆弧上三个点，如图(a)；② 给定圆心点和圆弧两端点，如图(b)；③ 与一个图元相切的圆弧，如图(c)	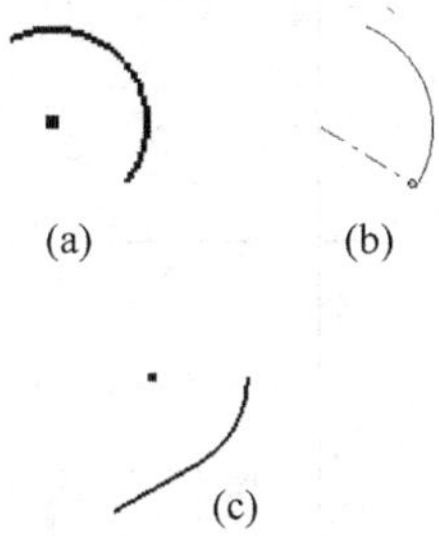 (a)　(b) (c)
	功能：绘制矩形 方法有两种：① 给定两对角点，如图(a)；② 给定三个点，如图(b)	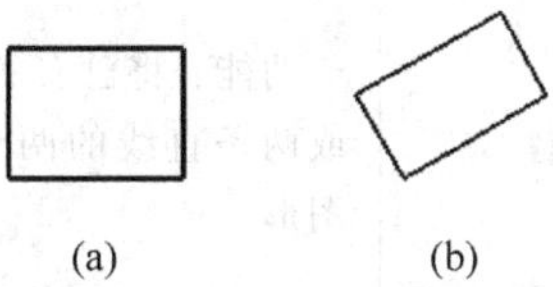 (a)　(b)
	功能：画圆角 	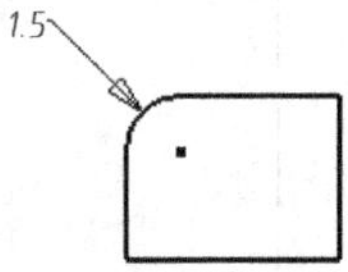 1.5

续表

工具栏图标	功能与说明	图例
	功能：画斜角 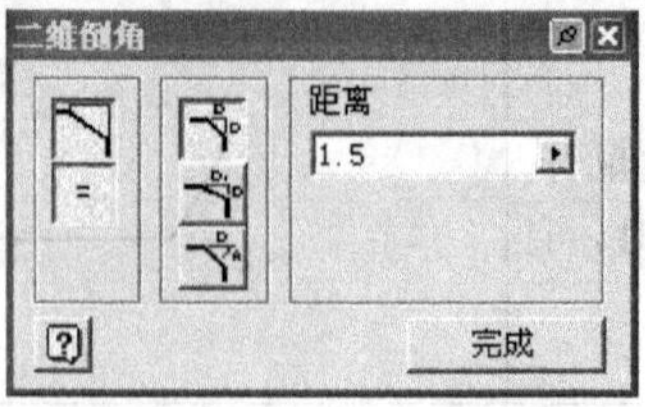	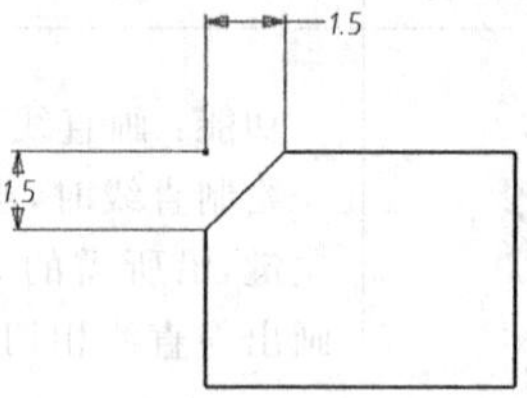
	功能：绘制正多边形 方法有两种：① ⬢ 为圆内接正多边形，如图(a)；② ⬢ 为圆外切正多边形，如图(b)	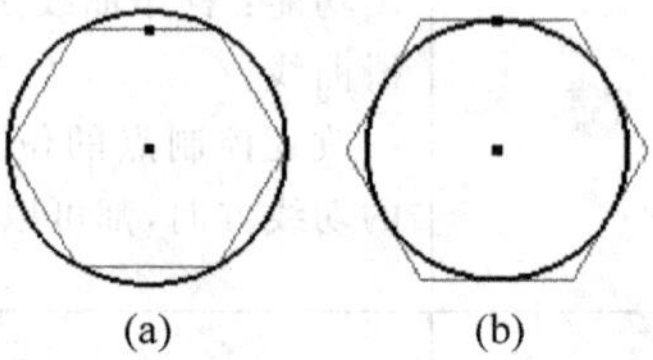 (a)　(b)

Inventor 常用草图编辑功能见表 15.8。

表 15.8　常用的编辑命令

工具栏图标	功能与说明	图例
	功能：由一侧草图作与镜像线对称的图形	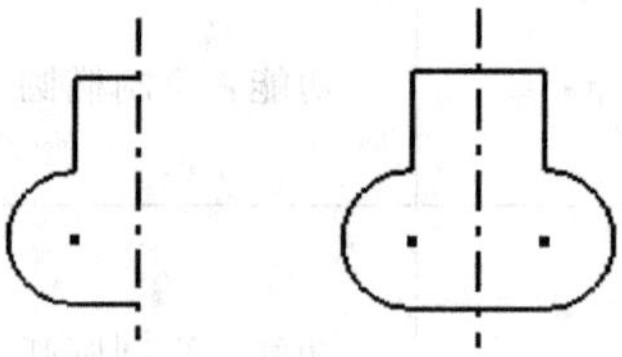 镜像前　镜像后
	功能：将已有的草图沿着直线的一个方向或两条直线的两个方向复制成规则排列的图形	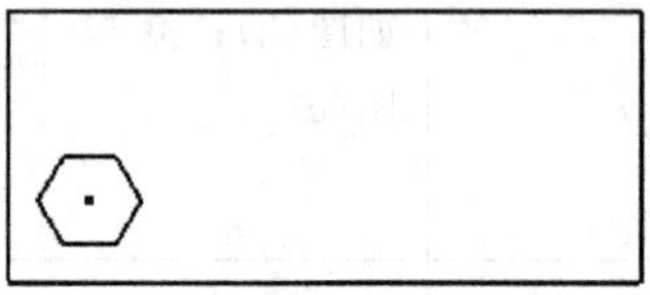 阵列前 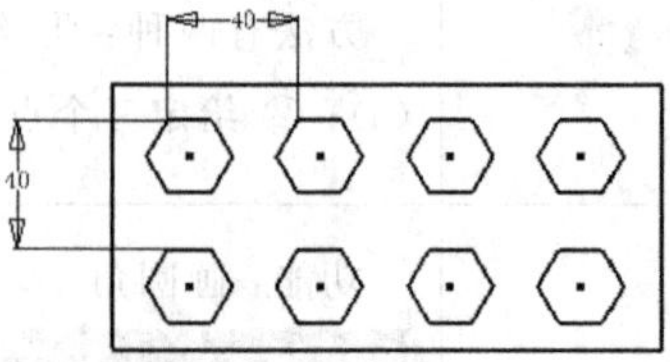 阵列后

续表

工具栏图标	功能与说明	图　　例
	功能：将已有的草图绕一点旋转复制成规则排列的图形	阵列前　　阵列后
	功能：偏移	
	功能：延伸直线到最近的相交线段	延伸前　　延伸后
	功能：选中的线段修剪到与最近线段的相交处	
	功能：将草图几何图元从起始点 P1 移动到终止点 P2。如果在"移动"对话框中选择"复制"，则可实现复制功能	P1　　P2
	功能：将所选草图图形绕指定的中心点进行旋转	旋转前　　旋转45°后

注：草图几何图元有三种样式：普通线、构造线和中心线。

(1) "普通"是默认的样式，用于绘制草图轮廓线。

(2) 在标准工具栏上单击图标 ，可将草图几何图元的样式指定为构造线（较细的橙黄色线），用构造线绘制的几何图元可作为几何约束和尺寸约束参照线，但不能用作创建特征的截面轮廓。

(3) 标准工具栏上中心线的图标是 ，利用它标注出带"ϕ"的直径尺寸。"旋转"命令会将中心线自动识别为旋转轴。

2. 草图约束

草图约束是限制草图的自由度，使草图具有确定的几何形状、大小和位置，使其在驱动草图时不能发生变形。

几何约束用来规整草图的几何形状。尺寸约束用来定义草图的大小和图元之间的相对位置。通常是先添加几何约束,后添加尺寸约束。

1) 几何约束

Inventor 的几何约束功能见表 15.9。

表 15.9 草图约束

图标	功能与说明	约束前	约束后
⌐	功能：重合 使两个图元上的指定点重合	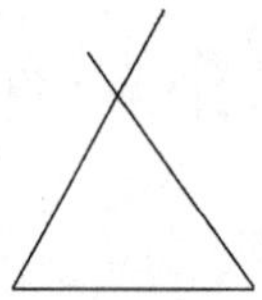	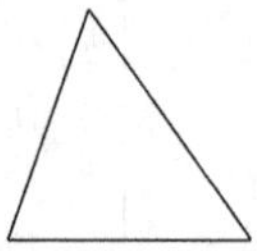
↘	功能：共线 使两直线共位于同一条线上	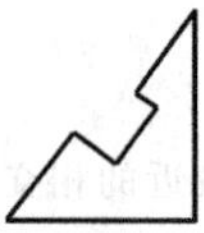	
◎	功能：同心 使两个圆（圆弧）同心		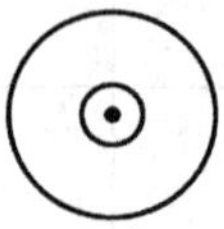
🔒	功能：固定 使图元相对草图坐标系固定	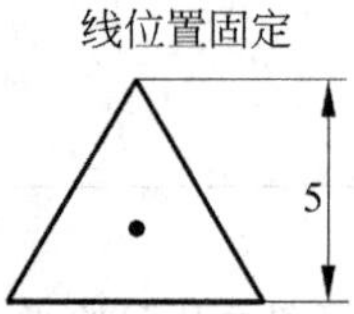 线位置固定 5	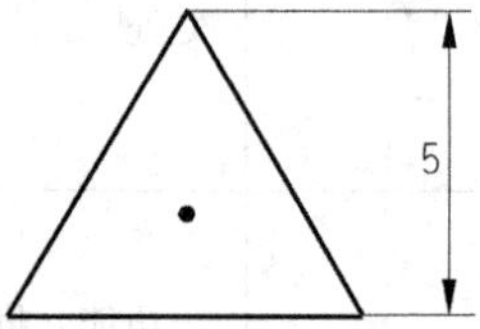 5
∥	功能：平行 使两直线相互平行	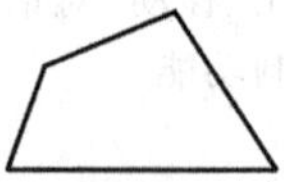	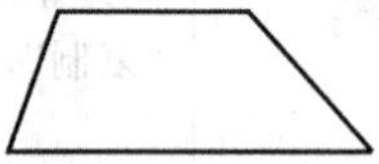
⊥	功能：垂直 使两直线相互垂直		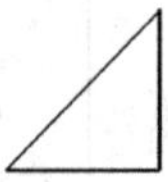
═	功能：水平 使一直线或两个点（线端点或圆心点）平行于坐标系的 X 轴	 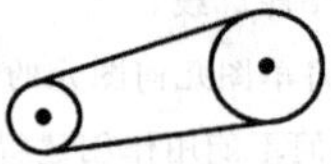	 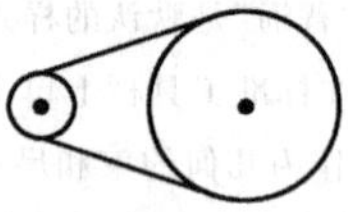
∥	功能：竖直 使直线或两点平行于坐标系的 Y 轴		

续表

图标	功能与说明	约束前	约束后
∂	功能：相切 使直线和圆（圆弧）或两圆（圆弧）相切		
⁓	功能：平滑 将曲率连续（G2）条件应用到样条曲线		
[ ]	功能：对称 使两图元相对于所选直线成对称布置		
=	功能：相等 使两圆（圆弧）或两直线具有相同半径或长度		

2）尺寸约束

尺寸约束的目的是确定草图的大小及位置，尺寸会驱动图形发生变化。

尺寸约束的方法有两种：

（1）通用尺寸　根据需要，由用户为草图一个一个地标注尺寸。

（2）自动标注尺寸　系统根据草图的情况自动添加全约束的尺寸，但常常标注得不尽合理，还需要个别修改。

线性尺寸标注用来标注长度和距离，单击直线上任一点，移动鼠标，在尺寸线的位置标注尺寸。对于如图 15.49 所示斜线，单击两圆心点后，在快捷菜单中选择"对齐"选项，在尺寸线的位置标注出长度尺寸。

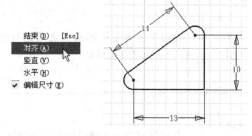

图 15.49　线性尺寸标注

添加直径或半径尺寸如图 15.50 所示。如果用普通线作为"旋转"命令的旋转轴，利用它标注出带"φ"的直径，则应先选择旋转轴，再选择直线，在快捷菜单中选择"线性直径"选项，如图 15.51 所示。

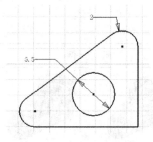

图 15.50　直径或半径标注

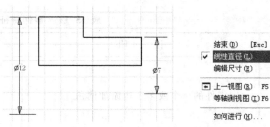

图 15.51　创建直径尺寸

15.2.3 Inventor 的三维零件设计

Inventor 的三维零件设计一般需要先设计零件的草图,再在草图的基础上生成三维实体。零件或部件上一组相关的具有特定形状和属性的几何实体,称为特征。一个零件可视为由一个或多个特征组成的。

根据建模方式不同,特征可分为草图特征、零件特征、定位特征三种。草图特征是主要的特征类型。要创建基础特征,首先要定义草图平面,在其上绘制几何草图,再按照指定的基础特征生成方式(例如拉伸、旋转、扫掠、放样和螺旋扫掠等),由草图轮廓创建实体。表 15.10 列出了 Inventor 中常用的草图特征。

表 15.10 草图特征

类别	说明	示例
拉伸	由二维草图沿直线方向拉伸为实体	
旋转	由二维草图沿某一指定的轴线旋转成实体	
放样	在两个或多个草图截面之间进行转换过渡,产生光滑复杂形状实体	
扫掠	草图截面沿一条路径而得到的特征	

零件特征是针对已建立好的特征实体进一步编辑和加工,如打孔、螺纹、倒角、圆角、阵列、镜像等。表 15.11 列出了 Inventor 中常用的零件特征。

表 15.11 零件特征

类别	说明	示例
倒角	向零件的一个或多个边添加倒角	

续表

类别	说 明	示 例
圆角	为零件的一条边或多条边添加内圆角或外圆角	
抽壳	从零件内部去除材料,创建一个具有指定厚度的空腔	
打孔	在现有特征或零件上创建孔特征	
螺纹	在孔或轴、螺柱、螺栓等圆柱面上创建螺纹特征	
加强肋	创建加强肋(封闭的薄壁支承形状)和隔板(开放的薄壁支承形状)	
环形阵列	复制特征,并在圆弧或圆中排列得到的特征	
矩形阵列	复制特征,并且在矩形阵列中或沿着路径排列得到的特征	
镜像	以等长距离在平面的另一侧创建一个或多个特征的反方向副本	

定位特征一般用于辅助定位和定义新特征,包括工作平面、工作轴和工作点,下面详细介绍前两个。

1. 工作平面

单击"零件特征"面板中的"工作面"命令 ,即可以建立各种工作平面。工作平面的主要作用如下：

(1) 作为草图平面；
(2) 作为特征的终止面；
(3) 作为将一个零件分割成两个零件的分割面；
(4) 作为装配的参考面；
(5) 作为剖切平面。

常用工作平面的创建条件及其应用见表 15.12。

表 15.12 常用工作平面的创建条件及其应用

创建工作平面的条件	参考模型	工作平面的应用
过两直线 直线：边或工作轴	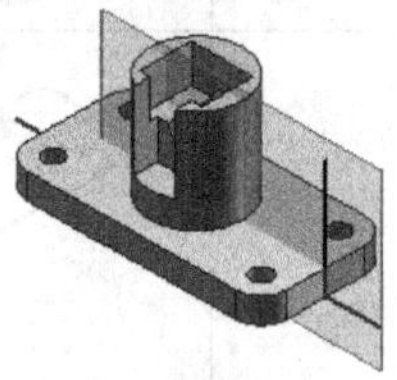	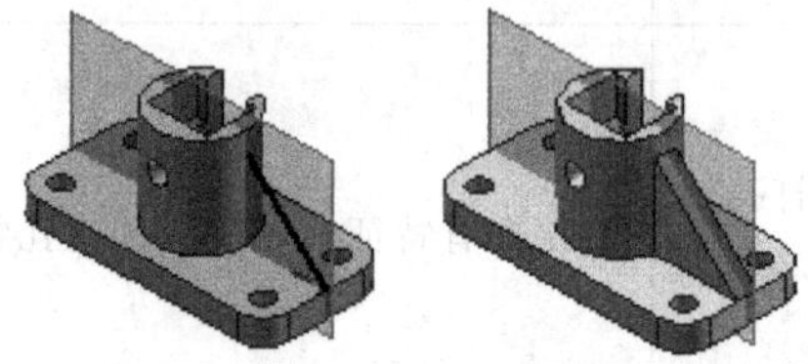
过直线与平面成夹角 直线：边或工作轴； 平面：坐标面、平面、工作面	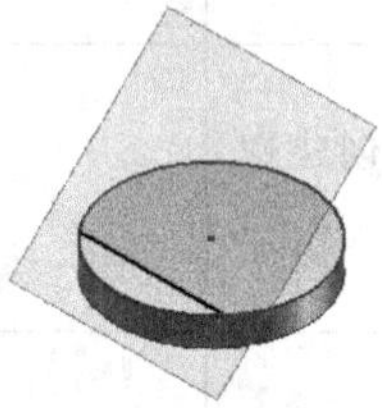	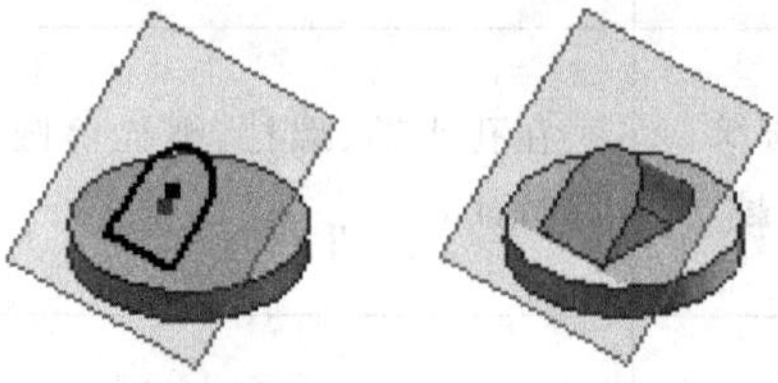
与曲面相切并平行于平面 平面：坐标面、平面、工作面 曲面：回转面	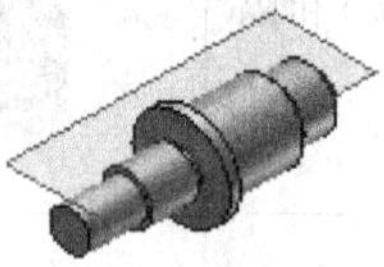	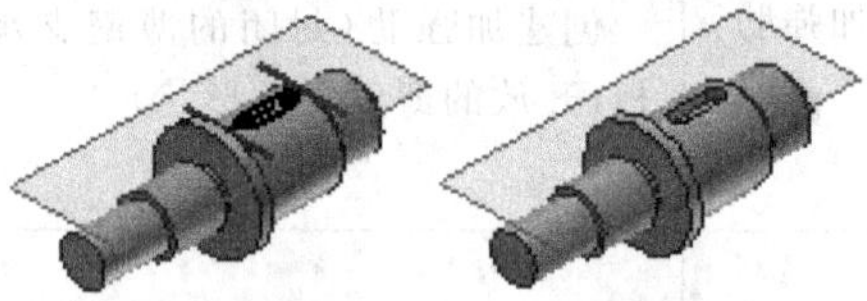
与平面平行 平面：坐标面、平面、工作面		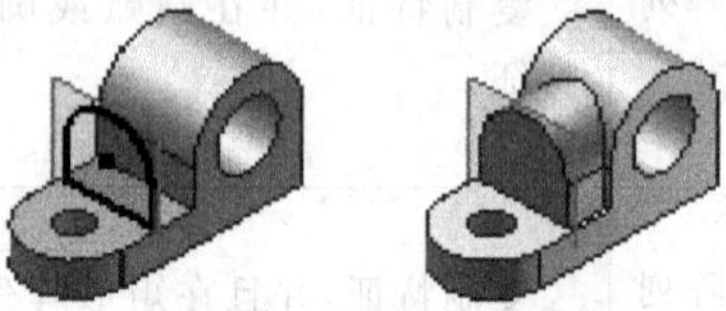
过三点 点：顶点、交点、中点、工作点或草图点	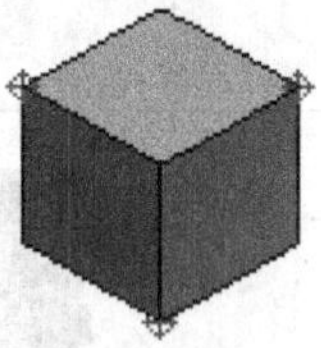	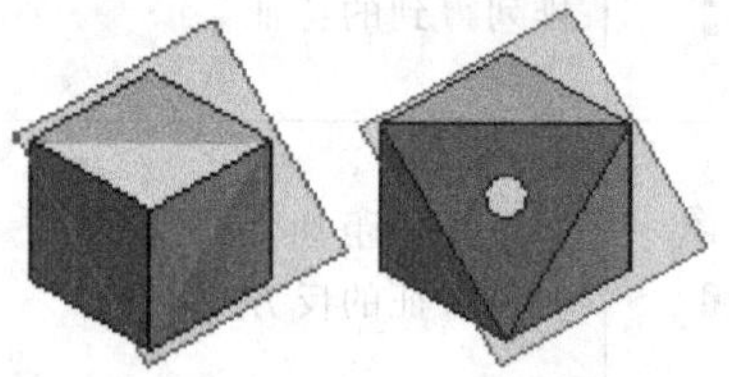
过一点并与平面平行 点：顶点、工作点、草图点 平面：坐标面、平面、工作面	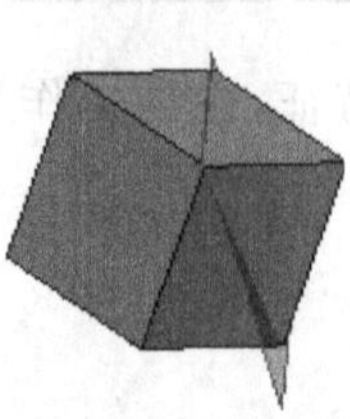	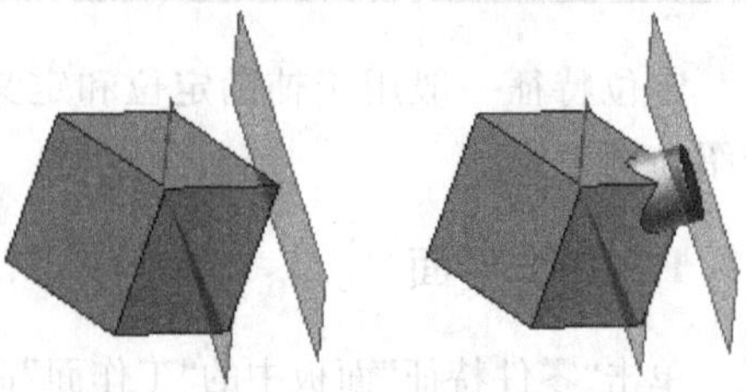

续表

创建工作平面的条件	参考模型	工作平面的应用
过点与直线垂直 点：顶点、工作点、草图点 直线：边、工作轴	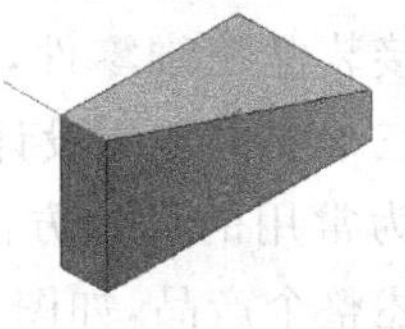	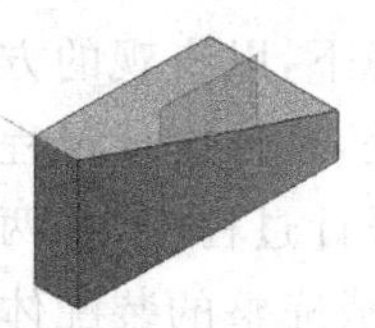 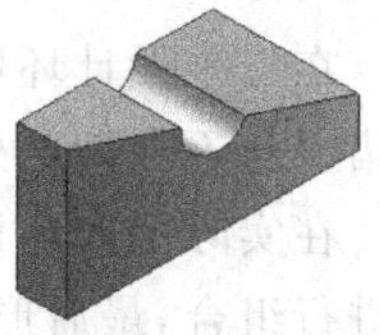
过曲线上一点与曲线垂直 曲线：曲线边、草图曲线 点：顶点、中点、工作点或草图点	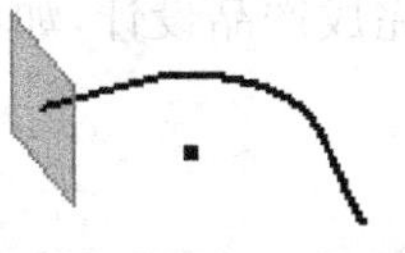	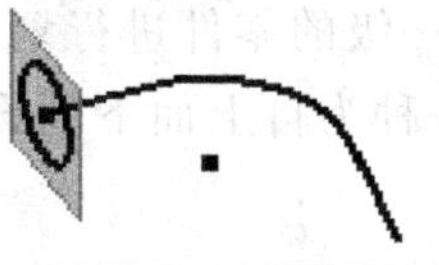 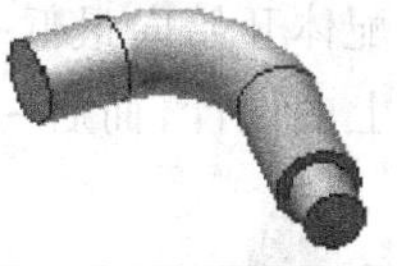

2. 工作轴

单击"零件特征"面板中的"工作轴"命令 ▱ ，即可建立各种工作轴。工作轴的主要作用如下：

（1）为回转体添加轴线；

（2）作为旋转特征的旋转轴；

（3）环形阵列时作为轴线。

常用工作轴的创建条件及其应用见表 15.13。

表 15.13　常用工作轴的创建条件及其应用

创建工作轴的条件	参考模型	工作轴的应用
利用回转体表面生成工作轴	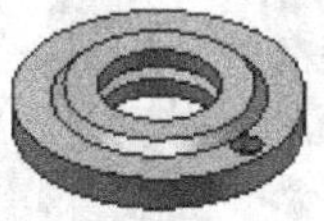	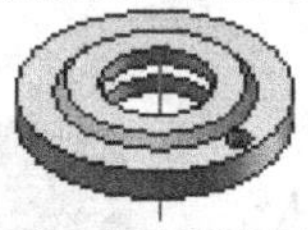 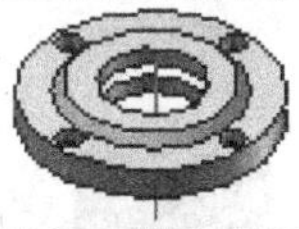
过两点生成工作轴 点：顶点、中点、工作点或草图点	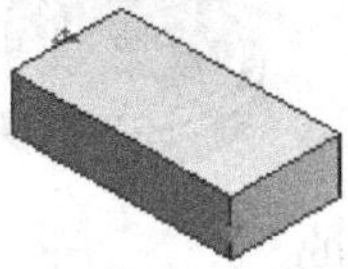	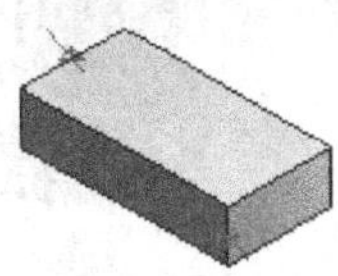 
利用两平面的交线生成工作轴 平面：相互不平行的坐标面、平面、工作面	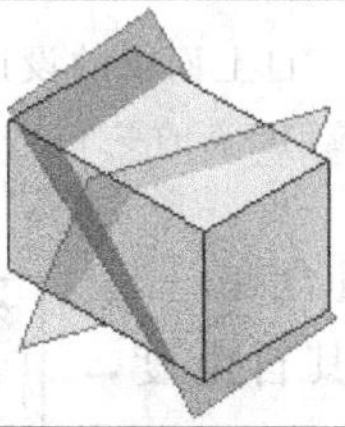	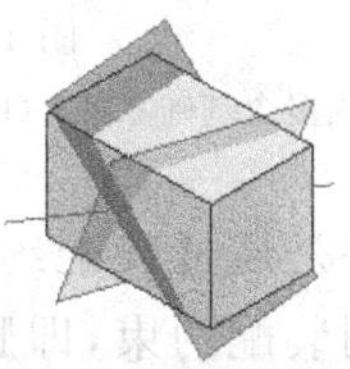 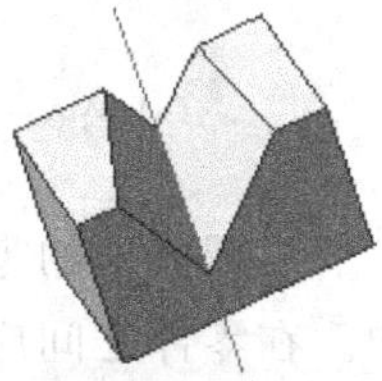
过一点且垂直于一平面生成工作轴 点：顶点、中点、工作点或草图点 平面：坐标面、平面、工作面	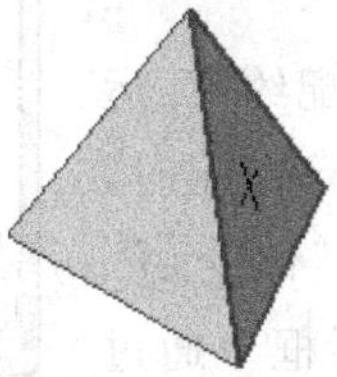	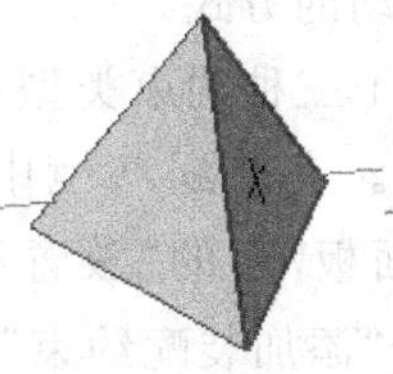 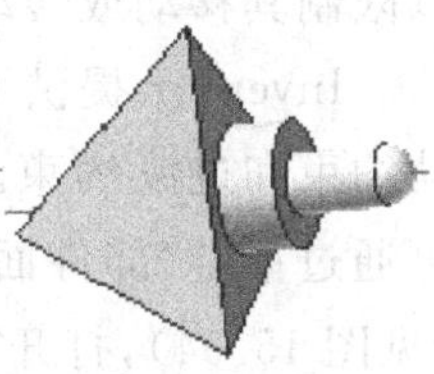

15.2.4 Inventor 的装配体设计

在三维设计环境下,以直观的方式直接装配三维零件,使装配关系更易于理解,便于发现错误与不合理之处,这种设计过程称为三维实体装配设计。

在实际的产品设计过程中,有两种较为常用的设计方法:一种是从最低一级的零件开始进行组合,最后形成完整的装配体来描述整个产品,如图 15.52 所示;另一种是从产品的装配体开始向最低一级的零件进行划分,完成产品设计,如图 15.53 所示。前一种称为自下而上的设计,而后一种为自上而下的设计。

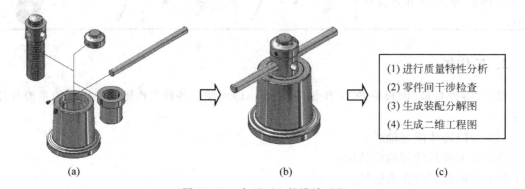

图 15.52　自下而上的设计过程

(a) 在装配环境中装入所有零件;(b) 添加装配约束;(c) 进行装配分析

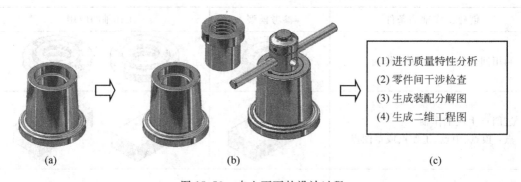

图 15.53　自上而下的设计过程

(a) 装入一个或多个基础零件;(b) 在位创建新的零件,生成三维装配模型;(c) 进行装配分析

装配体中的零件是通过装配约束组合在一起的。在零件之间应用装配约束,即删除其自由度,以限制其移动或转动的方式。

Inventor 提供了三种约束类型:装配约束、运动约束和过渡约束。在装配环境中进行装配时,可通过单击"部件面板"中的"放置约束"命令(见图 15.54),打开"添加装配约束"对话框。通过此对话框设置所需的装配约束。表 15.14 概述了

图 15.54　"放置约束"对话框

常用的装配约束类型。

表 15.14 常用的装配约束类型

约束类型	约束形式	图 例
装配约束	配合：将所选的一个实体元素（点、线、面）放置到另一个选定的实体元素上，使它们重合，例如面与面对齐、线与线对齐、点与点对齐等	面配合　　线配合　　点配合
	对准角度：确定两个实体元素（线、面）之间的夹角	
	相切：使两个实体元素（平面、曲面）在切点或切线处接触	
	插入：使实体上圆所在平面与另一实体上圆所在平面对齐，同时添加两圆轴线对齐约束	
运动约束	转动：给两个转动零件指定传动比的运动关系，例如两个齿轮之间的传动	
	转动-平动：指定转动零件和移动零件之间的运动关系，例如齿轮和齿条之间的传动	

15.2.5 实例

本节仅针对 Inventor 的三维实体建模中，具有特殊造型方法的常见零件建模进行介绍，以启发引导学生的建模思维方式。

1. 正三棱锥

正三棱锥（见图 15.55）是一个具有典型意义的几何模型，因为它需要利用草图的计算机辅助几何设计（computer aided geometrical design，CAGD）功能，计算出正三棱锥的高。其建

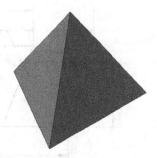

图 15.55　正三棱锥

模步骤见表 15.15。

表 15.15　正三棱锥的建模步骤

(1) 在默认草图平面上作如下草图,注意把三角形的中心约束到原点上,并使一条边呈水平线	(2) 以 yz 面为草图平面,投影三角形中心和水平边后作如下草图
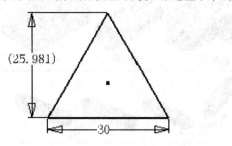	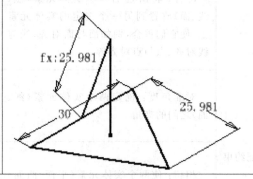
(3) 放样,生成正三棱锥	
	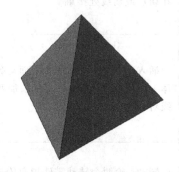

注：只有 Inventor 10 以上版本的放样功能中,才允许把一个点作为截面进行放样。如果在 Inventor 9 或以前版本中,必须利用 CAGD 功能计算出角度,才能利用拉伸命令生成正三棱锥。

2. 工作平面——车刀

Inventor 中的工作面、工作轴和工作点较难掌握,下面以车刀(见图 15.56)为例来说明如何运用这些定位特征。车刀的建模步骤见表 15.16。

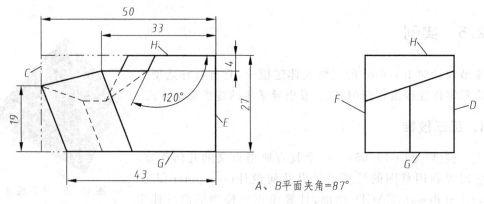

A、B平面夹角=87°

图 15.56　车刀

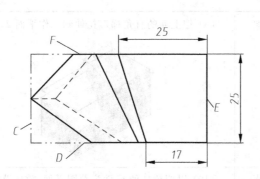
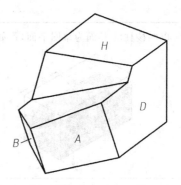

图 15.56（续）

表 15.16 车刀的建模步骤

(1) 新建零件，在默认草图平面上作如下草图 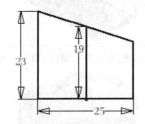	(2) 拉伸 50 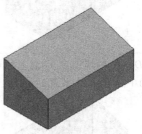
(3) 作工作平面 1，与 G 面距离 27 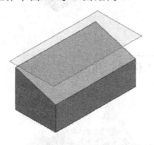	(4) 以工作平面 1 为草图面，作如下草图 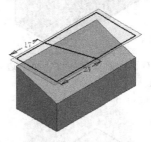
(5) 以四棱柱的 F 面为草图面，作如下草图 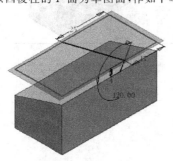	(6) 过工作平面 1 上的直线和四棱柱 F 面上的直线作工作平面 2 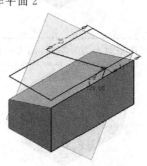

续表

(7) 以四棱柱的 E 面为草图平面,作如下草图 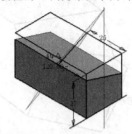	(8) 把上面的直角梯形拉伸到工作平面 2 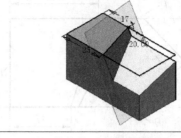
(9) 以四棱柱的 D 面为草图平面,放置草图点 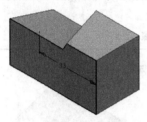	(10) 以四棱柱的 G 面为草图平面,放置草图点 
(11) 过 D 面上的草图点、G 面上的草图点和 C 面上边界的中点,作工作平面 3 	(12) 以工作平面 3 为分割面,切去一角
(13) 过 G 面上的草图点和 C 面上边界的中点,作工作轴 1 	(14) 过工作轴 1,作与工作平面 3 成 87°角的工作平面 4 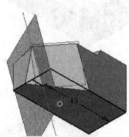
(15) 以工作平面 4 为分割面,切去一角 	

3. 滚花

滚花是标准结构(图 15.57(a)),与螺纹结构一样,不需要明确建模,只需在需要滚花的位置上添加适当的贴图即可,方法与改变零件上某个表面的颜色一样。图 15.57(b)是建立直纹滚花时的样式对话框,可以在其中调整滚花的比例。注意利用纹理贴图,适当调整比例,创建一个新样式"直纹滚花"。

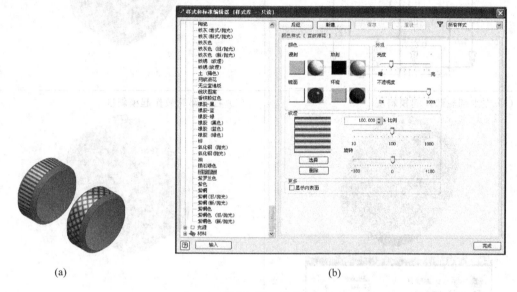

图 15.57　滚花
(a) 直纹滚花和网纹滚花；(b) 建立直纹滚花时的样式对话框

4. 圆盘铸件

铸造毛坯的零件设计较为复杂,需要考虑铸造过程中的一些问题,例如圆角、起模斜度、分型等。下面通过创建一个圆盘铸件以及加工该圆盘铸件的上、下箱(见图 15.58),介绍圆盘铸件的建模步骤,见表 15.17。

图 15.58　圆盘铸件
(a) 圆盘铸件；(b) 加工该圆盘铸件的下箱；(c) 加工该圆盘铸件的上箱

表 15.17　圆盘铸件的建模步骤

（1）新建零件，在默认草图平面上作如下草图。注意把草图对称轴线约束到原点上 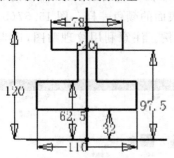	（2）旋转，得圆盘铸件的主体 
（3）左半部轮毂作起模斜度  	（4）右半部轮毂作起模斜度 
（5）以 xz 面为工具分割零件 	（6）左半部轮缘作起模斜度 
（7）右半部轮缘作起模斜度 	（8）作圆角 

续表

(9) 作如下草图 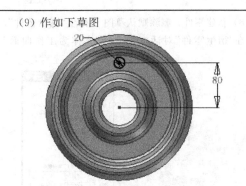	(10) 挖孔 
(11) 作圆角 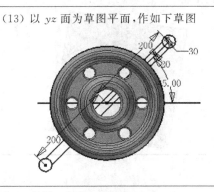	(12) 进行环形阵列 
(13) 以 yz 面为草图平面，作如下草图 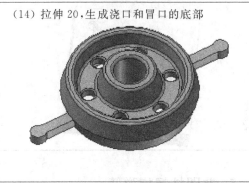 上方有误，应为左下 	(14) 拉伸20，生成浇口和冒口的底部
(15) 把冒口加长100 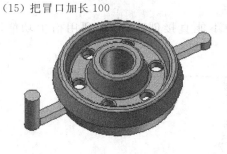	(16) 把浇口加长100 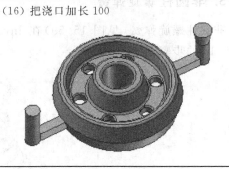

(17) 给浇口和冒口的底部作圆角,保存为"圆盘铸件" 	(18) 新建零件。删除默认草图1,衍生"圆盘铸件",注意在"衍生零件"对话框中选择"实体为工作曲面"选项 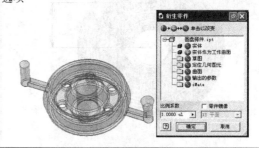
(19) 以 yz 面为草图平面,作如下草图 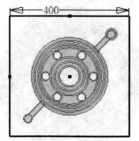	(20) 拉伸100,得到"圆盘铸件的下箱"主体 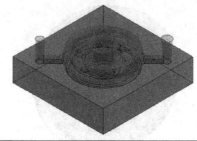
(21) 以"圆盘铸件"为工具分割,得到最终的"圆盘铸件的下箱" 	(22) 把第(20)步的拉伸反向,即得到最终的"圆盘铸件的上箱" 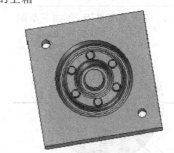

5. 非圆柱螺旋弹簧

非圆柱螺旋弹簧(见图15.59)在 Inventor 中不能直接创建,必须利用衍生功能,按表15.18 的步骤创建。

图 15.59 非圆柱螺旋弹簧

表 15.18 非圆柱螺旋弹簧的建模步骤

(1) 作如下草图 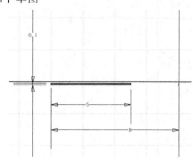	(2) 螺旋扫掠，螺距为 2，圈数为 8 
(3) 以 xy 面为草图面，作如下草图，其中圆弧半径为 20 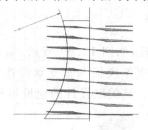	(4) 以相交方式进行旋转，保存为"片弹簧" 
(5) 新建一个零件，退出草图状态，将已经建立的"片弹簧"衍生进来，并转换为工作曲面 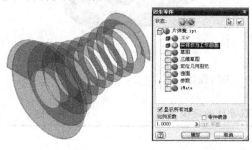	(6) 新建三维草图，用"包含几何图元"工具投影得到一条三维螺旋线，以它为最终弹簧的扫掠路径，关闭"片弹簧"的显示 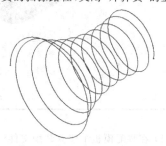
(7) 过螺旋线的顶点作工作平面 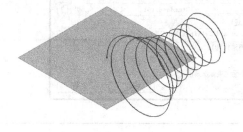	(8) 以工作平面为草图面，在其上绘制弹簧的圆截面 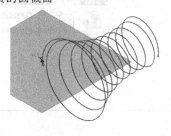

(9) 以螺旋线为路径,以小圆为截面轮廓,扫掠

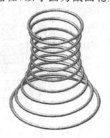

6. 关联设计

已知支架底板和被支承件连接板的大小和位置,如图 15.60 所示,需要设计一个支架,用来支承带正方形连接板的管道部件。要求在支架底板和被支承件连接板的某些参数改变时,确保设计出来的支架仍能起到支承作用。其关联设计的建模步骤见表 15.19。

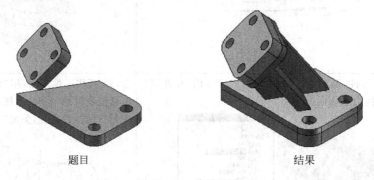

题目　　　　　　　　　　　结果

图 15.60　关联设计

表 15.19　关联设计的建模步骤

(1) 在装配模板下建立装配文件,加载"异型件装配"文件,在部件环境下新建零件,保存为当前目录下的"异型件.ipt"

续表

（2）选择"下部"零件的顶面为"异型件"的草图平面，投影"下部"零件的顶面上的线条 	（3）拉伸5 
（4）建工作平面1 	（5）以工作平面1为草图平面，投影"上部"零件的顶面上的线条，拉伸5 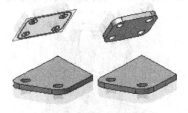
（6）过顶板上、长边中点，作平行于小连接部侧面的工作平面2 	（7）以工作平面1为草图平面，投影工作平面2，并作如下草图 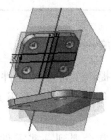
（8）以底板的上表面为草图平面，投影工作平面2，并作如下草图 	（9）以工作平面2为草图平面，并作如下草图 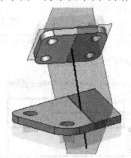

续表

(10) 以第(7)步作出的草图为截面轮廓,以第(9)步作出的草图为路径扫掠 	(11) 以底板的下表面作工作平面 3 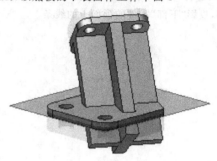
(12) 以工作平面 3 为分割工具进行分割 	(13) 返回部件环境,完成 

7. 零件族——轴套

Inventor 提供了许多标准件,但还是不可能满足各种专业设计的需求。而自定义零件族就成为用户化、专业化的常用方法,并可以以此补充 Inventor 库的缺陷,满足专业设计的需求。

设计中经常会遇到一些零件仅在尺寸、材料或其他变量上有所不同,但是结构形状是不变的。可以将这些设计创建为 iPart,然后使用一个或多个变形。下面用轴套为例说明如何建立零件族,见表 15.20。

表 15.20 轴套零件族的建模步骤

(1) 新建零件,在默认草图平面上作如下草图。注意把草图轴线约束到原点上 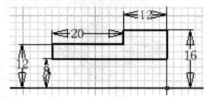	(2) 旋转,得轴套的主体 

第 15 章 AutoCAD 和 Inventor 简介

续表

（3）以 xz 面为草图平面，作如下草图 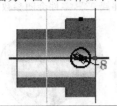	（4）拉伸 
（5）环形阵列 2 个孔，之间的夹角为 90° 	（6）作出螺纹 
（7）倒角，距离为 1 	

（8）单击"工具"→"参数"，打开"参数"对话框，给模型参数重命名。完成后退出

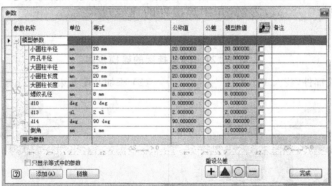

（9）单击"工具"→"创建 iPart"，打开"iPart 编写器"对话框，输入如下数据。完成后退出

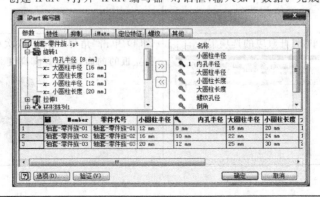

(10) 浏览器中出现了"表"项,单击其左边的加号,双击"轴套-零件族02",零件会随参数表自动变化

8. 焊接件——轴承挂架

机械加工和设计中,焊接件占有重要的比例,Inventor 为此提供了专门的焊接件设计环境,用来设计多个零部件在焊接工艺下进行组装的合件。

焊接件设计是部件装配环境的延伸。有两种方法可以创建焊接件:在焊接件环境中组合使用特定焊接工具和部件工具来创建,或者在部件环境中创建部件并将其转换为焊接件。一旦转换后,就可以添加特定的焊接设计方案。

在焊接件中,用户可以创建部件,有选择地添加部件特征以准备用于焊接的模型,作为实体特征或示意特征添加焊接,然后添加更多部件特征以用于最后的加工操作。下面以轴承挂架(见图 15.61)为例,介绍焊接件的建模过程,见表 15.21。

图 15.61 轴承挂架

表 15.21 轴承挂架的建模步骤

(1) 新建一个焊接部件,装入4个零件	(2) 添加装配约束,装配出轴承挂架
立板、圆筒、肋板、横板	
(3) 单击"焊接"菜单,打开对应的选项卡	(4) 单击"角焊"工具,依次单击肋板的左、右面和立板的前面,输入焊脚高度2

续表

(5) 单击"角焊"工具,依次单击肋板的左、右面和横板的下面,输入焊脚高度 2 	(6) 单击"角焊"工具,依次单击肋板的左、右面和圆筒的外圆柱面,输入焊脚高度 2 
(7) 单击"示意焊缝"工具,单击圆柱与立板相交的圆 	(8) 单击"坡口焊"工具,依次单击立板的前面和横板的后端面 

9. 钣金件——电源箱

钣金零件不同于常规零件,钣金件具有一致的厚度。就制造目的而言,折弯半径和释压大小等细节在整个零件中通常都是相同的。在钣金零件中,可以为这些细节输入值,在进行设计时软件会应用这些值。例如创建凸缘时,不必手动添加折弯。

钣金设计与零件造型的另一个不同之处为展开模式。钣金零件是用一块平板材料制作出来的,因此为了便于制造,有必要将翻折模型转变为展开模式。创建展开模式后,可以在模型翻折视图和展开视图之间切换。

Inventor 中的钣金设计是零件造型环境的延伸,提供了冲压、卷边、弯折等功能。下面以计算机电源箱中的底板零件(见图 15.62(c))为例,介绍 Inventor 的钣金设计功能和钣金零件的建模过程(见表 15.22)。

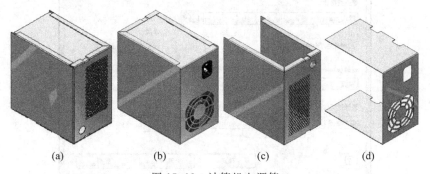

图 15.62 计算机电源箱
(a) 电源箱正面;(b) 电源箱反面;(c) 电源箱底板;(d) 电源箱盖板

表 15.22　钣金零件的建模步骤

(1) 新建零件,保存为"正六边形孔"。在默认草图上绘制一个 10×10 的矩形(见图(a)),拉伸 1(见图(b))	(2) 在长方体的顶面绘制一个正六边形,加上尺寸,并在正六边形的中心放置一个草图点(见图(a)),拉伸出一个正六边形孔(见图(b))
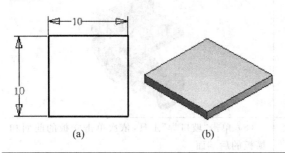	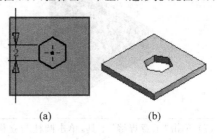

(3) 选择"工具"→"提取 iFeature",打开"提取 iFeature"对话框,选择"钣金冲压 iFeature"选项,提取出正六边形孔,并保存为默认目录下的 iFeature1.ide。保存并关闭"正六边形孔"

(4) 新建零件时选择钣金模板,进入钣金环境,设置钣金样式

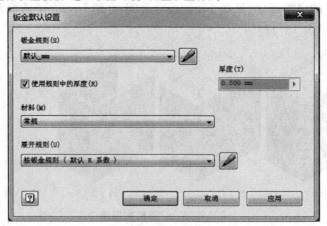

续表

(5) 在默认的草图平面上绘制一个 85×150 的矩形(见图(a)),用平板工具(见图(b))绘制出底板(见图(c))

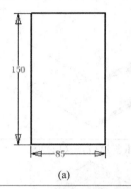
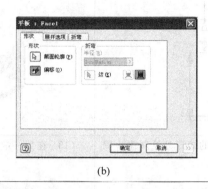

(a)   (b)   (c)

(6) 用凸缘工具(见图(a))绘制出两个长为 150 的侧板(见图(b))

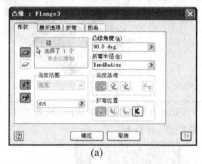
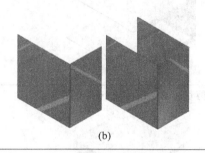

(a)   (b)

(7) 用凸缘工具在两个侧板的边上绘制出两个长为 10 的小侧边,其两侧各空出 10 和 12

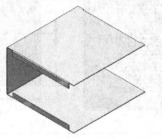

(8) 用凸缘工具在主板的一边绘制出一个长为 10 的小侧边,其两侧各空出 10 和 12

(9) 用拐角接缝工具(见图(a))将两个小侧边斜接起来(见图(b))

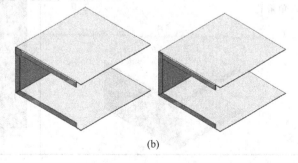

(a)   (b)

续表

(10) 作如下图所示的草图 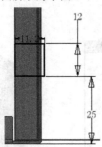	(11) 用剪切工具将小矩形剪切掉，注意在"修剪"对话框中选择"修剪相交折弯"选项 
(12) 用凸缘工具在剪切出的矩形处绘制出小侧边，长度为8 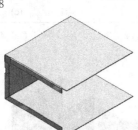	(13) 在另一端重复第(7)~(12)步 
(14) 用剪切工具切出一个小圆孔 	(15) 在底板上绘制草图，放置如I放大图所示的草图点，并阵列 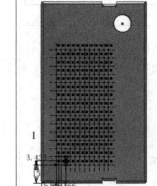
(16) 通过冲压工具把第(3)步提取的特征iFeature1.ide放置在上一步的各个草图点上，打出六角形孔 	(17) 用展开模式展开零件 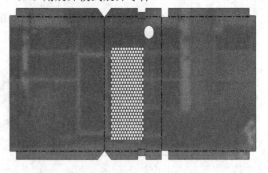

10. 扫掠特征的应用

扫掠特征是实体形状,其体积是由沿平面路径移动截面轮廓所定义的。路径可以是开放的曲线或闭合的回路,但是必须在与截面轮廓相交的平面上。扫掠用于沿一个不规则轨迹有相同形状的对象,例如衬垫凹槽、把手以及穿过一个部件的电缆或管道。图 15.63 所示的支架零件中,两个圆柱之间的连接部分就需要用扫掠特征来创建(见表 15.23)。

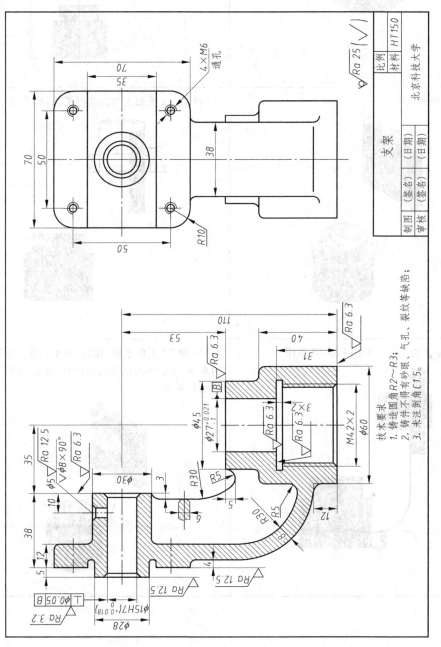

图 15.63 支架零件

表 15.23 支架的建模步骤

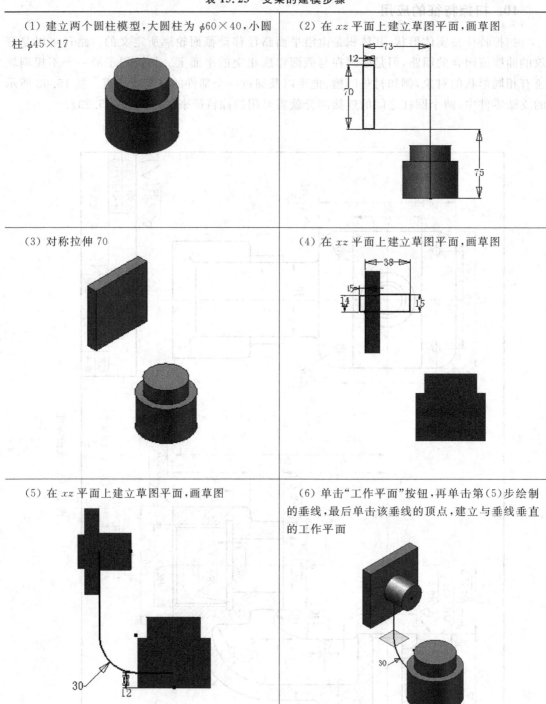

续表

（7）以新建的工作平面为草图平面，绘制如下草图 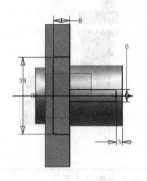	（8）以第(5)步的草图为扫掠路径，第(7)步的草图为扫掠截面，进行扫掠 
（9）在 xz 平面上建立草图平面，画草图 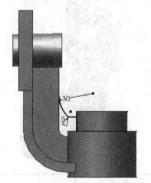	（10）建立与垂线垂直的工作平面，步骤同第(6)步 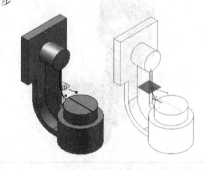
（11）以新建的工作平面为草图平面，绘制如下草图 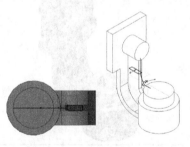	（12）以第(9)步的草图为扫掠路径，第(11)步的草图为扫掠截面，进行扫掠 
（13）挖去左端板的矩形槽 	（14）打孔 

续表

(15) 用旋转命令打出小孔 $\phi 5$ 	(16) 打出 M42×2 处的阶梯孔 
(17) 作出左端板上的圆角 	(18) 打出 4 个螺纹小孔 
(19) 作肋板上的两处圆角 	(20) 作 3 处倒角 
(21) 作出其他铸造圆角 	

11. 放样特征的应用

放样通过将多个截面轮廓与单独的平面、非平面或工作平面上的各种形状相混合来创建复杂的形状,如塑料零件或模具中所使用的复杂形状。创建放样时,还可以使用轨道指定截面之间的放样形状。轨道可以是在截面之上或之外终止的二维或三维直线、圆弧或样条曲线。创建放样时,将忽略延伸到截面之外的那一部分轨道。轨道可影响整个放样实体,而不仅仅是与它相交的面或截面。例如图15.64所示的拨叉零件中,两个圆柱之间的连接部分就需要用放样特征来建立。这个放样特征需要两个截面轮廓和两个轨道来生成。表15.24为拨叉的建模步骤。

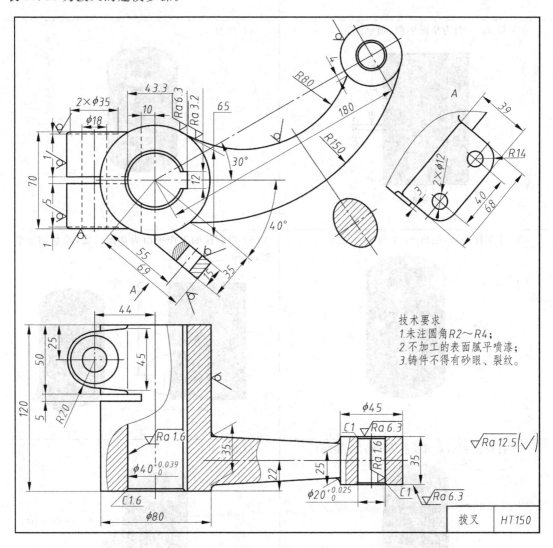

图 15.64 拨叉零件

表 15.24 拨叉的建模步骤

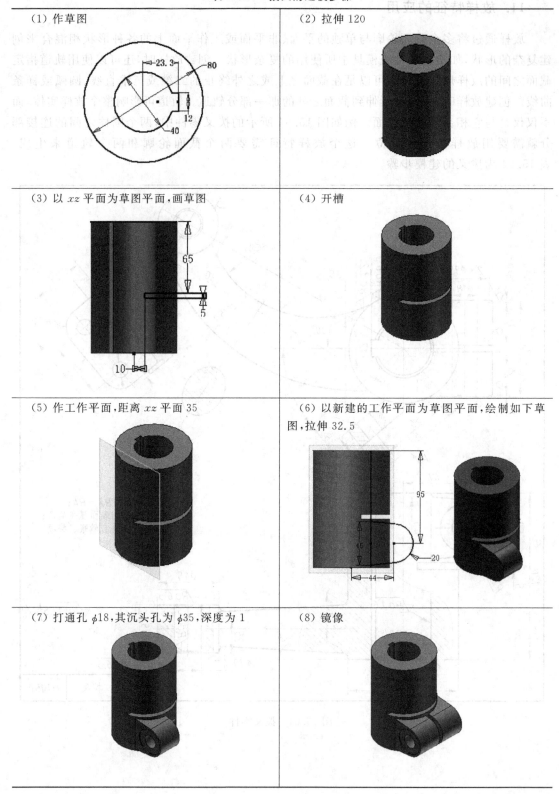

续表

(9) 作工作平面,距离圆柱顶面22 	(10) 以新建的工作平面为草图平面,绘制如下草图 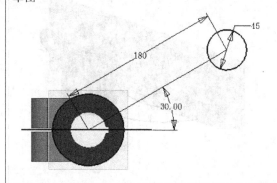
(11) 对称拉伸35 	(12) 以第(9)步建立的工作平面为草图平面,绘制如下草图 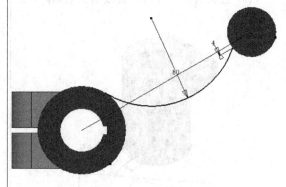
(13) 以第(9)步建立的工作平面为草图平面,绘制如下草图 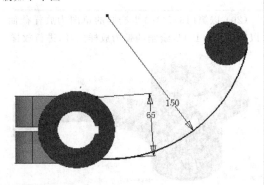	(14) 过小圆柱上与两个弧线的交点,作一工作轴 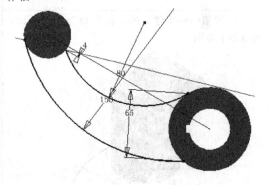

续表

(15) 过工作轴作一垂直于圆柱底面的工作平面 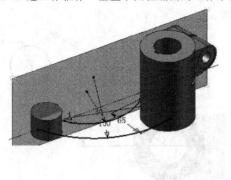	(16) 以第(15)步建立的工作平面为草图平面，绘制如下草图 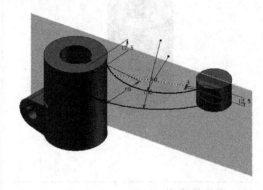
(17) 过大圆柱上与两个弧线的交点，作一工作轴 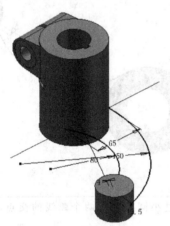	(18) 过工作轴作一垂直于圆柱底面的工作平面 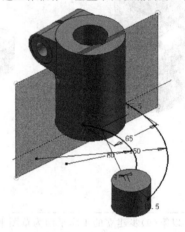
(19) 以第(18)步建立的工作平面为草图平面，绘制如下草图 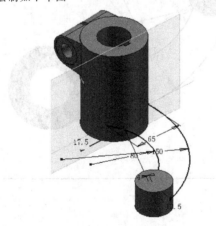	(20) 以第(16)、(19)步绘制的草图为放样截面，以第(12)、(13)步绘制的弧为放样路径，进行放样 

续表

(21) 打通孔 $\phi 20$ 	(22) 过 z 轴作一个与 xz 面成 $40°$ 角的工作平面 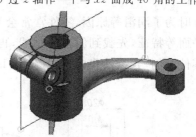
(23) 再作与新建工作平面距离为 35 的新工作平面 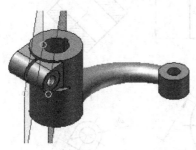	(24) 在第(23)步建立的工作平面上为草图平面,绘制草图 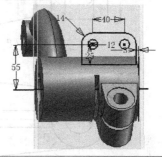
(25) 拉伸 15 	(26) 以安装板的侧面为草图平面,画草图 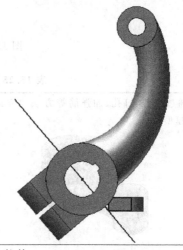
(27) 以圆柱底面为草图平面,画草图 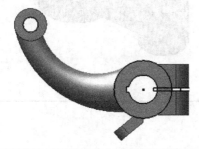	(28) 拉伸 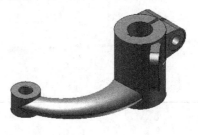

12. 斜孔的创建

有时为了润滑等原因，零件常常会开一些斜孔。在建模时，这些斜孔需要使用工作轴、工作平面等特征，先找到斜孔的轴线，再利用旋转、打孔等命令开出斜孔。下面以图 15.65 所示零件为例，介绍其建模过程(见表 15.25)。

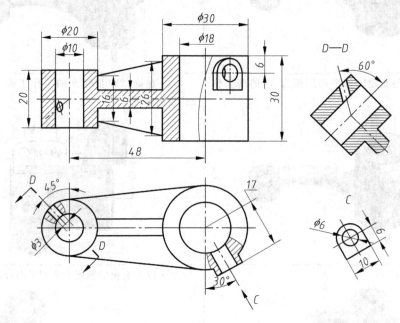

图 15.65 带斜孔的零件

表 15.25 带斜孔零件的建模步骤

(1) 通过拉伸、打孔、加强筋等方法建立此零件的基本模型	(2) 用"工作平面"按钮 建立工作平面1，距离顶面6。具体方法是：单击"工作平面"按钮，再单击大圆柱的顶面，然后按住鼠标左键向下拖动，在显示出来的对话框中输入-6
	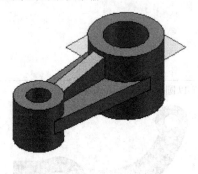

续表

（3）以新建的工作平面1为草图平面，绘制与垂直方向成30°、长为17的斜线 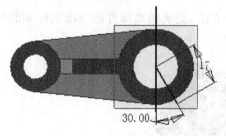	（4）建立与30°斜线垂直的工作平面2。具体方法是：单击"工作平面"按钮，再单击步骤（3）绘制的斜线，最后单击该斜线的顶点 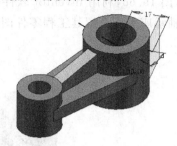
（5）以新建的工作平面2为草图平面，绘制如下草图 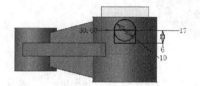	（6）退出草图状态，作拉伸，终止方式为"到表面或平面"，形成凸台 
（7）在凸台上打孔 	（8）建立工作轴。具体方法是：单击"工作轴"按钮，再单击小圆柱面 
（9）建立过工作轴且与 xz 面成45°角的工作平面3。具体方法是：单击"工作平面"按钮，再单击步骤（8）绘制的工作轴，接着单击 xz 面，最后在显示出来的对话框中输入45 	（10）以工作平面3为草图平面，作如下草图，最后旋转出斜孔 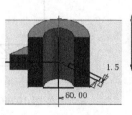

15.2.6 案例分析：轴系

根据图 15.66，利用 Inventor 软件的现代设计方法，完成轴系部件的三维实体和装配设计，并以轴承座为例介绍其工程零件图的创建过程。

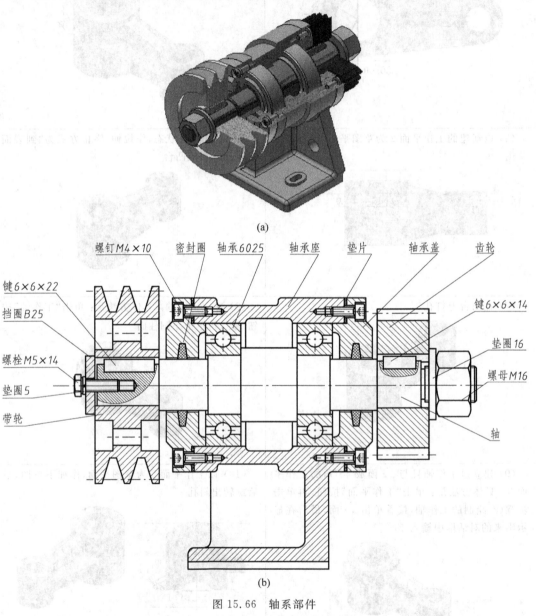

图 15.66 轴系部件
(a) 轴系部件的三维实体模型；(b) 轴系部件的装配关系

1. 轴承座建模

轴承座在轴系中起支承和包容作用，它的建模略为复杂，包括旋转、拉伸、开孔、加强肋等,见表 15.26。

表 15.26 轴承座建模的主要步骤

(1) 新建零件,保存为"轴承座"。在默认草图平面上绘制如下草图 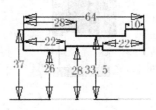	(2) 旋转生成空心圆筒 
(3) 作与 xy 面平行的工作平面 1,偏移距离为 78 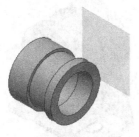	(4) 以工作平面 1 为草图平面,作如下草图 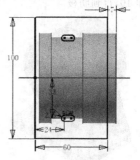
(5) 拉伸 9,得到底板 	(6) 以底板前端面为草图平面,作如下草图 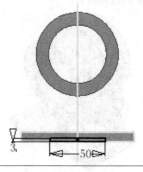
(7) 作拉伸(切削方式),终止方式为贯通,形成底板下方通槽 	(8) 以底板后端面为草图平面,作如下草图 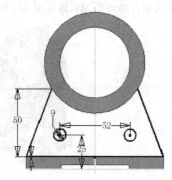

(9) 拉伸10，得到支承板 	(10) 以 xz 面为草图平面，作如下草图 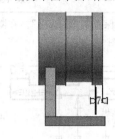
(11) 拉伸10，得到肋板 	(12) 以底板的上表面为草图平面，作如下草图 
(13) 拉伸2，得到凸台 	(14) 圆角修饰 
(15) 在两端打螺纹孔 M4，螺孔深10，光孔深12，并环形阵列  	

2. 轴、齿轮和皮带轮的建模

轴、齿轮和皮带轮都属于常用件,Inventor 为这些常用件提供了专门的"设计加速器",可以给这类零件快速建模。

设计加速器提供了一组生成器和计算器,它们可以通过输入简单或详细的机械属性,自动创建正确的机械零部件,包括螺栓连接、轴、花键、键连接、凸轮、齿轮、蜗轮、轴承、皮带、滚子链、销等。例如,使用螺栓连接生成器,通过同时选择正确的零件、孔以及零部件,可以插入螺栓连接。下面介绍轴、齿轮和皮带轮的建模步骤,见表15.27。

表 15.27　轴、齿轮和皮带轮的建模步骤

(1) 新建部件,单击"设计",打开对应的选项卡,把部件保存为"轴系"

(2) 单击"轴"工具,按下图在"轴生成器"对话框中输入数据,输入完成后单击"确定",生成轴的模型,保存为"轴.iam"。注意:由于设计加速器位于部件环境,所以生成的轴采用.iam 扩展名。设计加速器会在当前目录下创建"轴系"子目录,在"轴系"子目录下再创建"设计加速器"目录,并把轴.iam、轴.ipt 以及后面生成的齿轮和皮带轮放在"设计加速器"目录下

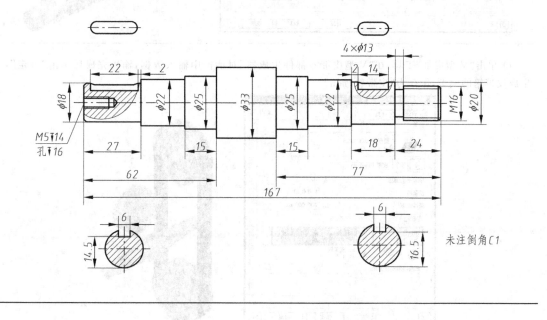

续表

(3) 单击"圆柱齿轮"工具,在"圆柱齿轮零部件生成器"对话框中输入数据,输入完成后单击"确定",生成齿轮的模型,保存为"齿轮.iam"

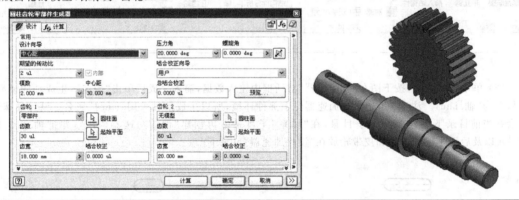

(4) 单击"V型皮带"工具,在"V型皮带零部件生成器"对话框中输入数据,输入完成后单击"确定",生成皮带轮的模型,保存为"皮带轮.iam"

续表

(5) 打开生成器生成的"轴.ipt"零件，在轴端的圆柱面上作出螺纹

(6) 打开生成器生成的"齿轮.ipt"零件，开出轴孔和键槽

(7) 打开生成器生成的"皮带轮.ipt"零件，开出轴孔和键槽

(8) 作出轮箍，并镜像出另一端的轮箍

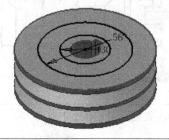 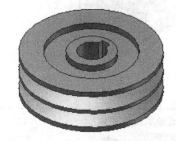

(9) 打出减轻孔

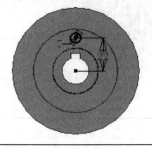  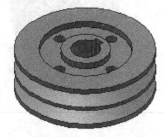

3. 装配

轴系的装配较为复杂，不仅需要从"资源中心"中调出标准件，例如滚动轴承、键、螺栓等，还需要在位创建出轴承盖、套筒等零件，见表 15.28。

所谓"在位创建"，是指在现有部件中新建零件或部件。在位（在部件环境中）创建的零件可以指定大小、通过定义草图尺寸对其进行控制或将其设为"自适应"（由与其他零部件的关系控制），即"变量化设计"。只要其他零部件的关系改变了，在位创建的零件会自动根据需要调整大小。

表 15.28 轴系装配的主要步骤

(1) 切换到"轴系"部件，删除"设计加速器"默认添加的圆柱齿轮和皮带轮的所有装配约束，并关闭其可见性 	(2) 从"浏览器"中打开"资源中心"，在其中找到 GB/T 276—1994，把它拖动到图形区，右击，在打开的对话框中找到 6205 轴承，并安装到轴上的指定位置。再从"资源中心"中装入另一个 6205 轴承，并安装到轴上的指定位置 
(3) 装入轴承座，并安装到轴上的指定位置 	(4) 在位创建轴承盖。新建零件，保存为轴承盖。以轴承座的垂直对称面为草图平面，作如下草图 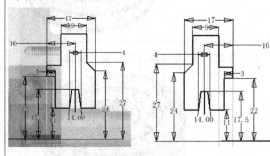
(5) 旋转生成轴承盖的主体 	(6) 在轴承盖上作如下草图 

续表

(7) 在轴承盖上打沉头孔,沉头直径8,深4.4,通孔直径4.5 	(8) 环形阵列,生成安装孔 
(9) 返回部件环境,在位创建密封圈。新建零件,保存为密封圈,以轴承座的垂直对称面为草图平面,作如下草图 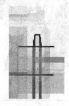	(10) 旋转生成密封圈 
(11) 返回部件环境,在位创建垫片。新建零件,保存为垫片,以轴承座的左端面为草图平面,作如下草图 	(12) 拉伸1,生成垫片 
(13) 返回部件环境,从"资源中心"中装入螺钉M4×10 GB/T 70.1—2008,并安装到轴承盖上的指定位置,环形阵列螺钉M4×10 	(14) 从"资源中心"中装入键6×14 GB 1096—2003,键高6,并安装到轴上的指定位置 

续表

(15) 打开圆柱齿轮的可见性,并安装到轴上的指定位置 	(16) 从"资源中心"中装入垫圈 16 GB 95—1985 和螺母 M16 GB 6170—1986,并安装到轴上的指定位置 
(17) 装入另一个垫片和另一个轴承盖,并安装到轴上的指定位置 	(18) 装入另一个密封圈,并安装到轴承盖上的指定位置 
(19) 从"资源中心"中装入螺钉 M4×10 GB/T 70.1—2008,安装到轴承盖上的指定位置,并环形阵列 	(20) 从"资源中心"中装入键 6×22 GB 1096—2003,键高 6,并安装到轴上的指定位置 
(21) 打开皮带轮的可见性,并安装到轴上的指定位置 	(22) 在位创建轴端挡圈。新建零件,保存为轴端挡圈,以带轮的左端面为草图平面,作如下草图 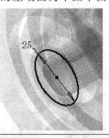
(23) 拉伸 4 	(24) 倒角 0.5

续表

(25) 从"设计加速器"中启动"螺栓连接",在"螺栓连接零部件生成器"的"类型"中选择第二项,在"放置"下拉列表中选择"同心",给"起始平面"选择轴端挡圈的左端面,给"圆形参考"选择轴端挡圈左端面上的圆,给"盲孔起始平面"选择轴的左端面,"直径"选择 5mm,再添加螺栓 GB/T 5783 M5×14 和弹簧垫圈 GB/T 93 5,最后单击确定,如下图所示。"设计加速器"会自动在轴上打出螺纹孔,并安装螺栓和弹簧垫圈。至此,轴系的安装就完成了

4. 轴承座的工程图绘制

(1) 新建一个工程图文件,用"基础视图"工具生成轴承座的左视图,用"剖视图"工具生成主视图和 B—B 视图,如图 15.67 所示。

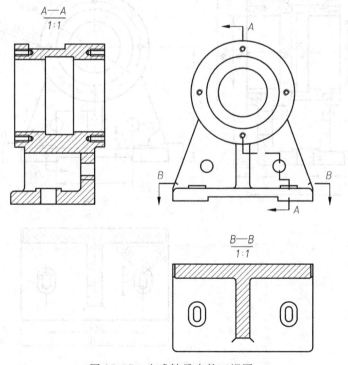

图 15.67 生成轴承座的三视图

（2）主视图的肋板剖切画法不符合机械制图的要求，所以应先利用快捷菜单选择"可见"把多余的线条隐藏起来，如图 15.68(a) 所示。

（3）利用快捷菜单选择"隐藏剖面线"，再投影所需边界并补画缺少的剖面线区域边界，作与边界投影线之间必要的几何约束，如图 15.68(b) 所示。

（4）用工程图草图面板中的"填充"命令填充剖面线，如图 15.68(c) 所示。

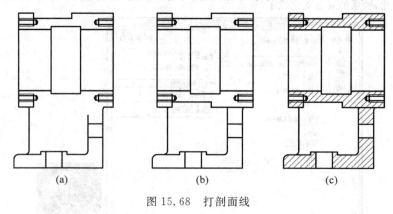

图 15.68　打剖面线

（5）在"工程图标注面板"中使用"中心标记"命令、"尺寸"命令，添加所有中心线、轴线、尺寸，如图 15.69 所示。

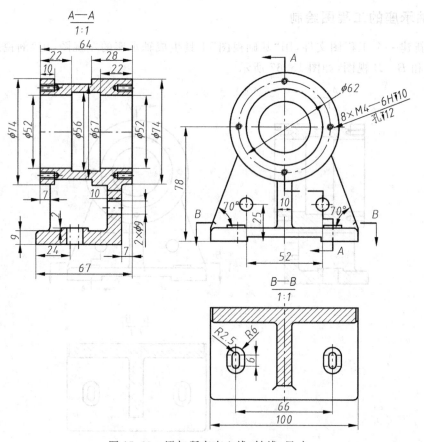

图 15.69　添加所有中心线、轴线、尺寸

（6）启用"工程图标注面板"，使用"表面粗糙度符号"命令、"文本"命令，标注表面粗糙度等技术要求，再插入适当的图框及标题栏。本例采用的是自定义标题栏，如图 15.70 所示，保存为"轴承座.idw"文件。

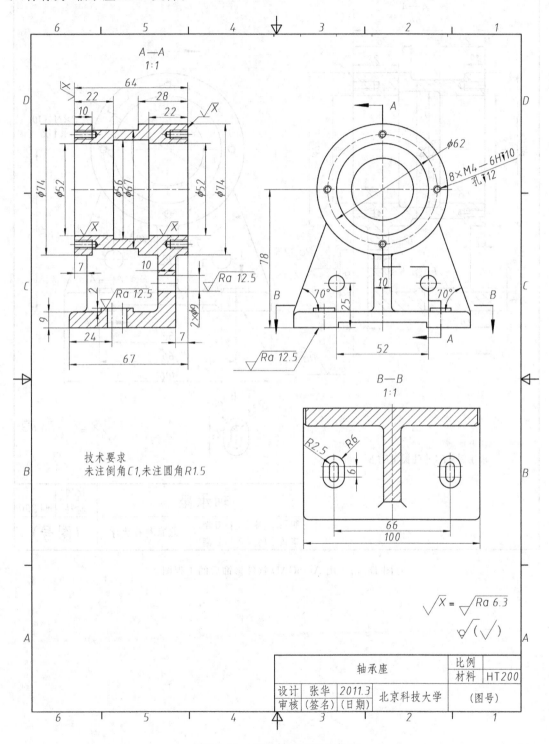

图 15.70 完成轴承座的零件图

(7) 用 AutoCAD 软件进行修饰处理,修饰后的工程图如图 15.71 所示。

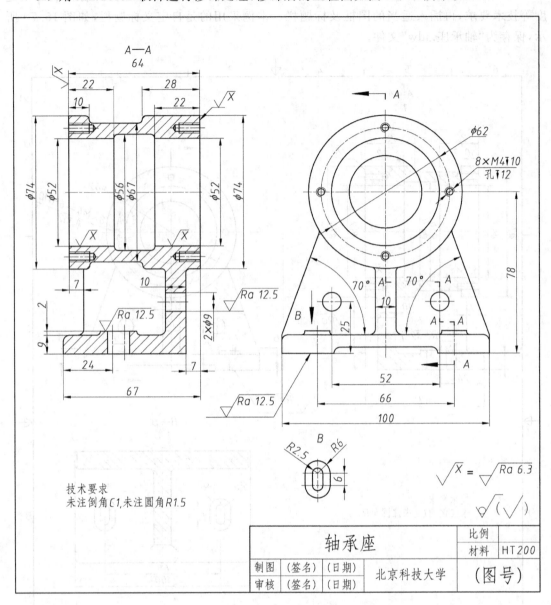

图 15.71　用 AutoCAD 软件修饰后的工程图

附 录 A

附录 A.1 常用零件结构要素

1. 倒角和倒圆（摘自 GB/T 6403.4—2008）

mm

内角倒圆R_1	内角倒圆R	内角倒角C	内角倒角C
外角倒角C_1	外角倒圆R_1	外角倒圆R_1	外角倒角C_1
$C_1 > R$	$R_1 > R$	$C < 0.58R_1$	$C_1 > C$

与直径 ϕ 相应的倒角 C、倒圆 R 推荐值									
ϕ	~3	>3~6	>6~10	>10~18	>18~30	>30~50	>50~80	>80~120	>120~180
C 或 R	0.2	0.4	0.6	0.8	1.0	1.6	2.0	2.5	3.0
ϕ	>180~250	>250~320	>320~400	>400~500	>500~630	>630~800	>800~1000	>1000~1250	>1250~1600
C 或 R	4	5	6	8	10	12	16	20	25

内角倒角、外角倒圆时 C 的最大值 C_{max} 与 R_1 的关系										
R_1	0.1	0.2	0.3	0.4	0.5	0.6	0.8	1	1.2	1.6	2
C_{max}	—	0.1	0.1	0.2	0.2	0.3	0.4	0.5	0.6	0.8	1
R_1	2.5	3	4	5	6	8	10	12	16	20	25
C_{max}	1.2	1.6	2	2.5	3	4	5	6	8	10	12

2. 回转面及端面砂轮越程槽(摘自 GB/T 6403.5—2008)

mm

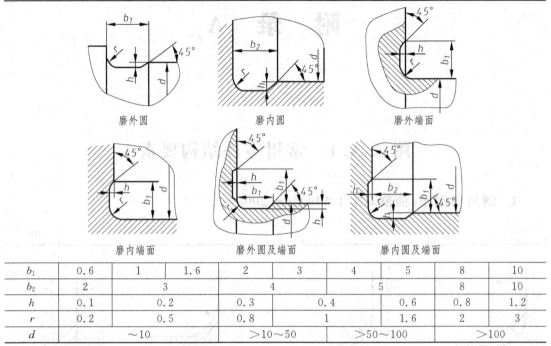

b_1	0.6	1	1.6	2	3	4	5	8	10
b_2	2		3		4		5	8	10
h	0.1		0.2	0.3		0.4	0.6	0.8	1.2
r	0.2		0.5	0.8		1	1.6	2	3
d		~10			>10~50		>50~100		>100

注:(1)越程槽内与直线相交处,不允许产生尖角。
　　(2)越程槽深度 h 与圆弧半径 r, 要满足 $r \leqslant 3h$。

3. 普通螺纹收尾、肩距、退刀槽、倒角(摘自 GB/T 3—1997)

mm

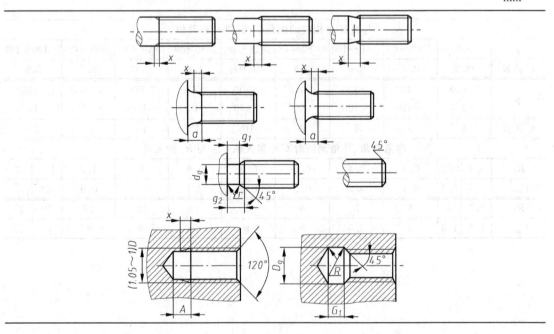

续表

螺距 P	外螺纹								内螺纹						
	收尾 x max		肩距 a max			退刀槽			收尾 x max		肩距 A		退刀槽		
						g_2 max	g_1 min	$r\approx$	d_g					G_1	$R\approx$	D_g
	一般	短的	一般	长的	短的					一般	短的	一般	长的	一般	短的		
0.2	0.5	0.25	0.6	0.8	0.4	—	—	—	—	0.8	0.4	1.2	1.6	—	—	
0.25	0.6	0.3	0.75	1	0.5	0.75	0.4	—	$d-0.4$	1	0.5	1.5	2	—	—	
0.3	0.75	0.4	0.9	1.2	0.6	0.9	0.5	—	$d-0.4$	1.2	0.6	1.8	2.4	—	—	
0.35	0.9	0.45	1.05	1.4	0.7	1.05	0.6	—	$d-0.6$	1.4	0.7	2.2	2.8	—	—	
0.4	1	0.5	1.2	1.6	0.8	1.2	0.6	—	$d-0.7$	1.6	0.8	2.5	3.2	—	—	$D+0.3$
0.45	1.1	0.6	1.35	1.8	0.9	1.35	0.7	—	$d-0.7$	1.8	0.9	2.8	3.6	—	—	
0.5	1.25	0.7	1.5	2	1	1.5	0.8	0.2	$d-0.8$	2	1	3	4	2	1	0.2
0.6	1.5	0.75	1.8	2.4	1.2	1.8	0.9	0.4	$d-1$	2.4	1.2	3.2	4.8	2.4	1.2	0.3
0.7	1.75	0.9	2.1	2.8	1.4	2.1	1.1	0.4	$d-1.1$	2.8	1.4	3.5	5.6	2.8	1.4	0.4
0.75	1.9	1	2.25	3	1.5	2.25	1.2	0.4	$d-1.2$	3	1.5	3.8	6	3	1.5	0.4
0.8	2	1	2.4	3.2	1.6	2.4	1.3	0.4	$d-1.3$	3.2	1.6	4	6.4	3.2	1.6	0.4
1	2.5	1.25	3	4	2	3	1.6	0.6	$d-1.6$	4	2	5	8	4	2	0.5
1.25	3.2	1.6	4	5	2.5	3.75	2	0.6	$d-2$	5	2.5	6	10	5	2.5	0.6
1.5	3.8	1.9	4.5	6	3	4.5	2.5	0.8	$d-2.3$	6	3	7	12	6	3	0.8
1.75	4.3	2.2	5.3	7	3.5	5.25	3	1	$d-2.6$	7	3.5	9	14	7	3.5	0.9
2	5	2.5	6	8	4	6	3.4	1	$d-3$	8	4	10	16	8	4	1
2.5	6.3	3.2	7.5	10	5	7.5	4.4	1.2	$d-3.6$	10	5	12	18	10	5	1.2	$D+0.5$
3	7.5	3.8	9	12	6	9	5.2	1.6	$d-4.4$	12	6	14	22	12	6	1.5
3.5	9	4.5	10.5	14	7	10.5	6.2	1.6	$d-5$	14	7	16	24	14	7	1.8
4	10	5	12	16	8	12	7	2	$d-5.7$	16	8	18	26	16	8	2
4.5	11	5.5	13.5	18	9	13.5	8	2.5	$d-6.4$	18	9	21	29	18	9	2.2
5	12.5	6.3	15	20	10	15	9	2.5	$d-7$	20	10	23	32	20	10	2.5
5.5	14	7	16.5	22	11	17.5	11	3.2	$d-7.7$	22	11	25	35	22	11	2.8
6	15	7.5	18	24	12	18	11	3.2	$d-8.3$	24	12	28	38	24	12	3

注：d 为外螺纹公称直径；D 为内螺纹公称直径。

附录 A.2　普通螺纹直径与螺距系列、公差等级、基本偏差（摘自 GB/T 193—2003）

mm

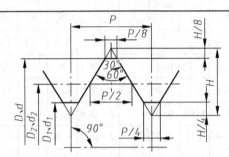

$H=0.866P$；$d_2=d-0.6495P$；$d_1=d-1.0825P$

标注示例：
(1) 公称直径 $D=20$、粗牙右旋内螺纹、中径和顶径公差带代号均为 6H，标记为：M20—6H
(2) 公称直径 $d=20$、粗牙右旋外螺纹、中径和顶径公差带代号均为 6g，标记为：M20—6g
(3) 公称直径 $d=20$、螺距 $P=2$、细牙左旋外螺纹，中径、顶径公差带代号分别为 5g、6g，短旋合长度，标记为：M20×2—5g6g—S—LH

mm

公称直径 D、d 第一系列	公称直径 D、d 第二系列	螺距 P	中径 D_2、d_2	小径 D_1、d_1	公称直径 D、d 第一系列	公称直径 D、d 第二系列	螺距 P	中径 D_2、d_2	小径 D_1、d_1
3		0.5①	2.675	2.459	20		2.5①	18.376	17.294
		0.35	2.773	2.621			2	18.701	17.835
	3.5	(0.6①)	3.110	2.850			1.5	19.026	18.376
		0.35	3.273	3.121			1	19.350	18.917
4		0.7①	3.545	3.242		22	2.5①	20.376	19.294
		0.5	3.675	3.459			2	20.701	19.835
	4.5	(0.75①)	4.013	3.688			1.5	21.026	20.376
		0.5	4.175	3.959			1	21.350	20.917
5		0.8①	4.480	4.134	24		3①	22.051	20.752
		0.5	4.675	4.459			2	22.701	21.835
6		1①	5.350	4.917			1.5	23.026	22.376
		0.75	5.513	5.188			1	23.350	22.917
8		1.25①	7.188	6.647		27	3①	25.051	23.752
		1	7.350	6.917			2	25.701	24.835
		0.75	7.513	7.188			1.5	26.026	25.376
							1	26.350	25.917

续表

公称直径 D、d		螺距 P	中径 D_2、d_2	小径 D_1、d_1	公称直径 D、d		螺距 P	中径 D_2、d_2	小径 D_1、d_1
第一系列	第二系列				第一系列	第二系列			
10		1.5①	9.026	8.376	30		3.5①	27.727	26.211
		1.25	9.188	8.647			2	28.701	27.835
		1	9.350	8.917			1.5	29.026	28.376
		0.75	9.513	9.188			1	29.350	28.917
12		1.75①	10.863	10.106		33	3.5①	30.727	29.211
		1.5	11.026	10.376			2	31.701	30.835
		1.25	11.188	10.647			1.5	32.026	31.376
		1	11.350	10.917					
	14	2①	12.701	11.835	36		4①	33.402	31.670
		1.5	13.026	12.376			3	34.051	32.752
		1.25	13.188	12.647			2	34.701	33.835
		1	13.350	12.917			1.5	35.026	34.376
16		2①	14.701	13.835		39	4①	36.402	34.670
		1.5	15.026	14.376			3	37.051	35.752
		1	15.350	14.917			2	37.701	36.835
							1.5	38.026	37.376
	18	2.5①	16.376	15.294	42		4.5①	39.077	37.129
		2	16.701	15.835			3	40.051	38.752
		1.5	17.026	16.376			2	40.701	39.835
		1	17.350	16.917			1.5	41.026	40.376

注:(1) 优先选用第一系列,其次是第二系列,第三系列(表中未列出)尽可能不用。
(2) ①为粗牙螺距,其余为细牙螺距。
(3) M14×1.25 仅用于发动机的火花塞。
(4) 括号内尺寸尽可能不用。

螺纹类别	直径	规定的公差等级	选用说明
内螺纹	小径	4、5、6、7、8	(1) 公差等级 6 级为基本级,适用于中等的正常结合情况;
	中径		
外螺纹	大径	4、6、8	(2) 3、4、5 为精密级,用于精密结合或长度较短的情况;
	中径	3、4、5、6、7、8、9	(3) 7、8、9 为粗糙级,用于粗糙结合或加长情况

螺纹类别	基本偏差代号	选用说明
内螺纹	G、H	H：适合于一般用途和薄镀层螺纹 G：适用于厚镀层和特种用途螺纹
外螺纹	e、f、g、h	h：适用于一般用途和极小间隙螺纹 g：适用于薄镀层螺纹 f：适用于较厚镀层螺纹（螺距≥0.35mm） e：适用于厚镀层螺纹（螺距≥0.5mm）

附录 A.3　55°非密封管螺纹（摘自 GB/T 7307—2001）

mm

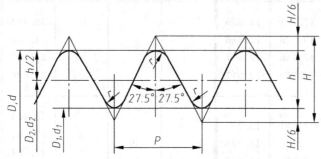

$H=0.960491P$
$h=0.640327P$
$r=0.137329P$
$P=25.4/n$
$\dfrac{H}{6}=0.160082P$

标注示例：
(1) 尺寸代号为 2 的右旋圆柱内螺纹标记为：G2
(2) 尺寸代号为 2 的 A 级右旋圆柱外螺纹标记为：G2A
(3) 尺寸代号为 2 的左旋圆柱内螺纹标记为：G2—LH
(4) 尺寸代号为 2 的 B 级左旋圆柱外螺纹标记为：G2B—LH
(5) 表示螺纹副时，仅需标注外螺纹的标记代号

尺寸代号	每 25.4mm 内的牙数 n	螺距 P	牙高 h	基本直径		
				大径 $d=D$	中径 $d_2=D_2$	小径 $d_1=D_1$
1/16	28	0.907	0.581	7.723	7.142	6.561
1/8				9.728	9.147	8.566
1/4	19	1.337	0.856	13.157	12.301	11.445
3/8				16.662	15.806	14.950
1/2	14	1.814	1.162	20.955	19.793	18.631
5/8				22.911	21.749	20.587
3/4				26.441	25.279	24.117
7/8				30.201	29.039	27.877

续表

尺寸代号	每25.4mm内的牙数 n	螺距 P	牙高 h	基本直径		
				大径 $d=D$	中径 $d_2=D_2$	小径 $d_1=D_1$
1	11	2.309	1.479	33.249	31.770	30.291
1⅛				37.897	36.418	34.939
1¼				41.910	40.431	38.952
1½				47.803	46.324	44.845
1¾				53.746	52.267	50.788
2				59.614	58.135	56.656
2¼				65.710	64.231	62.752
2½				75.184	73.705	72.226
2¾				81.534	80.055	78.576
3				87.884	86.405	84.926
3½				100.330	98.851	97.372
4				113.030	111.551	110.072

注：(1) 内螺纹中径只规定一种公差，不用代号表示。
(2) 外螺纹中径公差分 A 和 B 两个等级。
(3) 本标准适用于管子、管接头、旋塞、阀门及其他管路附件的螺纹连接。

附录 A.4　梯形螺纹直径与螺距系列、基本尺寸（摘自 GB/T 5796.2—2005、GB/T 5796.3—2005）

mm

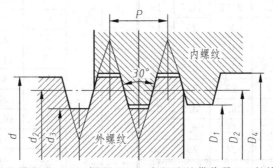

标记示例：公称直径 $d=40$、导程 $P_h=14$、螺距 $P=7$、中径公差带代号 8e、长旋合长度的双线左旋梯形螺纹标记为

Tr40×14(P7)LH—8e—L

续表

公称直径 d (外螺纹大径)		螺距 P	外螺纹小径 d_3	外、内螺纹中径 d_2、D_2	内螺纹		公称直径 d (外螺纹大径)		螺距 P	外螺纹小径 d_3	外、内螺纹中径 d_2、D_2	内螺纹	
第一系列	第二系列				大径 D_4	小径 D_1	第一系列	第二系列				大径 D_4	小径 D_1
8		1.5①	6.2	7.25	8.3	6.5			3	28.5	30.5	32.5	29
	9	1.5	7.2	8.25	9.3	7.5	32		6①	25	29	33	26
		2①	6.5	8	9.5	7			10	21	27	33	22
10		1.5	8.2	9.25	10.3	8.5			3	30.5	32.5	34.5	31
		2①	7.5	9	10.5	8		34	6①	27	31	35	28
	11	2①	8.5	10	11.5	9			10	23	29	35	24
		3	7.5	9.5		8			3	32.5	34.5	36.5	33
12		2	9.5	11	12.5	10	36		6①	29	33	37	30
		3①	8.5	10.5		9			10	25	31	37	26
	14	2	11.5	13	14.5	12			3	34.5	36.5	38.5	35
		3①	10.5	12.5		11		38	7①	30	34.5	39	31
16		2	13.5	15	16.5	14			10	27	33	39	28
		4①	11.5	14		12			3	36.5	38.5	40.5	37
	18	2	15.5	17	18.5	16	40		7①	32	36.5	41	33
		4①	13.5	16		14			10	29	35	41	30
20		2	17.5	19	20.5	18			3	38.5	40.5	42.5	39
		4①	15.5	18		16		42	7①	34	38.5	43	35
		3	18.5	20.5	22.5	19			10	31	37	43	32
	22	5①	16.5	19.5	22.5	17			3	40.5	42.5	44.5	41
		8	13	18	23	14	44		7①	36	40.5	45	37
		3	20.5	22.5	24.5	21			12	31	38	45	32
24		5①	18.5	21.5	24.5	19			3	42.5	44.5	46.5	43
		8	15	20	25	16	46		8①	37	42	47	38
		3	22.5	24.5	26.5	23			12	33	40	47	34
	26	5①	20.5	23.5	26.5	21			3	44.5	46.5	48.5	45
		8	17	22	27	18	48		8①	39	44	49	40
		3	24.5	26.5	28.5	25			12	35	42	49	36
28		5①	22.5	25.5	28.5	23			3	46.5	48.5	50.5	47
		8	19	24	29	20	50		8①	41	46	51	42
		3	26.5	28.5	30.5	27			12	37	44	51	38
	30	6①	23	27	31	24			3	48.5	50.5	52.5	49
		10	19	25	31	20		52	8①	43	48	53	44
									12	39	46	53	40

注：本表中上角①为优先选用螺距。

附录 A.5 六角头螺栓—C 级(摘自 GB/T 5780—2000)、六角头螺栓—A 和 B 级(摘自 GB/T 5782—2000)

mm

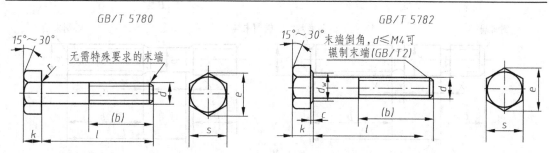

标记示例：螺纹规格 d=M12、公称长度 l=80、性能等级为 8.8 级、表面氧化处理、A 级的六角头螺栓标记为

螺栓 GB/T 5782 M12×80

螺纹规格 d			M3	M4	M5	M6	M8	M10	M12	M16	M20	M24	M30	M36	M42
b 参考	l≤125		12	14	16	18	22	26	30	38	46	54	66	—	—
	125<l≤200		18	20	22	24	28	32	36	44	52	60	72	84	96
	l>200		31	33	35	37	41	45	49	57	65	73	85	97	109
c max			0.4	0.4	0.5	0.5	0.6	0.6	0.6	0.8	0.8	0.8	0.8	0.8	1
d_w min	产品等级	A	4.57	5.88	6.88	8.88	11.63	14.63	16.63	22.49	28.19	33.61	—	—	—
		B、C	4.45	5.74	6.74	8.74	11.47	14.47	16.47	22	27.7	33.25	42.75	51.11	59.95
e min	产品等级	A	6.01	7.66	8.79	11.05	14.38	17.77	20.03	26.75	33.53	39.98	—	—	—
		B、C	5.88	7.50	8.63	10.89	14.20	17.59	19.85	26.17	32.95	39.55	50.85	60.79	72.02
k 公称			2	2.8	3.5	4	5.3	6.4	7.5	10	12.5	15	18.7	22.5	26
r min			0.1	0.2	0.2	0.25	0.4	0.4	0.6	0.6	0.8	0.8	1	1	1.2
s 公称 max			5.5	7	8	10	13	16	18	24	30	36	46	55	65
l(商品规格范围)			20~30	25~40	25~50	30~60	40~80	45~100	50~120	65~160	80~200	90~240	110~300	140~360	160~440
l 系列			12,16,20,25,30,35,40,45,50,55,60,65,70,80,90,100,110,120,130,140,150,160,180,200,220,240,260,280,300,320,340,360,380,400,420,440,460,480,500													

注：(1) A 级用于 d≤24mm 和 l≤10d 或 l≤150mm 的螺栓；B 级用于 d>24mm 和 l>10d 或 l>150mm 的螺栓。
(2) 螺纹规格 d 的范围：GB/T 5780 为 M5~M64；GB/T 5782 为 M1.6~M64。
(3) 公称长度范围：GB/T 5780 为 25~500mm；GB/T 5782 为 12~500mm。

附录 A.6 双头螺柱(摘自 GB/T 897—1988、GB/T 898—1988、GB/T 899—1988、GB/T 900—1988)

mm

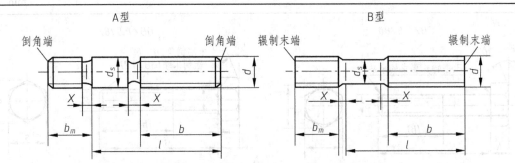

末端按 GB 2—2001 规定：$d_{smax}=d$(A 型)；$d_s\approx$螺纹中径(B 型)；$X_{max}=1.5P$

标记示例：两端均为粗牙普通螺纹、螺纹规格 $d=10$、公称长度 $l=50$、性能等级为 4.8 级、不经表面处理、B 型、$b_m=1.25d$ 的双头螺柱标记为

螺柱 GB/T 898—1988 M10×50

螺纹规格	b_m				l/b
	GB/T 897 —1988 $b_m=1d$	GB/T 898 —1988 $b_m=1.25d$	GB/T 899 —1988 $b_m=1.5d$	GB/T 900 —1988 $b_m=2d$	
M5	5	6	8	10	(16~22)/10,(25~50)/16
M6	6	8	10	12	(20~22)/10,(25~30)/14,(32~75)/18
M8	8	10	12	16	(20~22)/12,(25~30)/16,(32~90)/22
M10	10	12	15	20	(25~28)/14,(30~38)/16,(40~120)/26,(130)/32
M12	12	15	18	24	(25~30)/16,(32~40)/20,(45~120)/30,(130~180)/36
(M14)	14	18	21	28	(30~35)/18,(38~45)/25,(55~120)/34,(130~180)/40
M16	16	20	24	32	(30~38)/20,(40~55)/30,(60~120)/38,(130~200)/44
(M18)	18	22	27	36	(35~40)/22,(45~60)/35,(65~120)/42,(130~200)/48
M20	20	25	30	40	(35~40)/25,(45~65)/35,(70~120)/46,(130~200)/52
(M22)	22	28	33	44	(40~45)/30,(50~70)/40,(75~120)/50,(130~200)/56
M24	24	30	36	48	(45~50)/30,(55~75)/45,(80~120)/54,(130~200)/60
(M27)	27	35	40	54	(50~60)/35,(65~85)/50,(90~120)/60,(130~200)/66

续表

螺纹规格	b_m GB/T 897 —1988 $b_m=1d$	GB/T 898 —1988 $b_m=1.25d$	GB/T 899 —1988 $b_m=1.5d$	GB/T 900 —1988 $b_m=2d$	l/b
M30	30	38	45	60	(60~65)/40,(70~90)/50,(95~120)/66,(130~200)/72,(210~250)/85
(M33)	33	41	49	66	(65~70)/45,(75~95)/60,(100~120)/72,(130~200)/78,(210~300)/91
M36	36	45	54	72	(65~75)/45,(80~110)/60,120/78,(130~200)/84,(210~300)/97
(M39)	39	49	58	78	(70~80)/50,(85~110)/60,120/84,(130~200)/90,(210~300)/103
M42	42	52	64	84	(70~80)/50,(85~110)/70,120/90,(130~200)/96,(210~300)/109
M48	48	60	72	96	(80~90)/60,(95~110)/80,120/102,(130~200)/108,(210~300)/121
l 系列	16,(18),20,(22),25,(28),30,(32),35,(38),40,45,50,(55),60,(65),70,(75),80,(85),90,(95),100,110,120,130,140,150,160,170,180,190,200,210,220,230,240,250,260,270,280,290,300					

注：(1) 尽可能不采用括号内的规格。
(2) 本表所列双头螺柱的力学性能等级为 4.8 级或 8.8 级（需标注）。

附录 A.7 开槽沉头螺钉（摘自 GB/T 68—2000）

mm

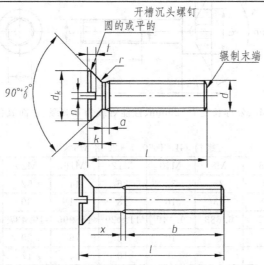

无螺纹部分杆径≈中径值（或螺纹大径）

标记示例：螺纹规格 $d=$M5、公称长度 $l=$20mm、性能等级为 4.8 级、不经表面处理的开槽沉头螺钉标记为

螺钉 GB/T 68—2000 M5×20

续表

螺纹规格 d			M1.6	M2	M2.5	M3	M4	M5	M6	M8	M10
螺距 P			0.35	0.4	0.45	0.5	0.7	0.8	1	1.25	1.5
	a	max	0.7	0.8	0.9	1	1.4	1.6	2	2.5	3
	b	min	25	25	25	25	38	38	38	38	38
	n	公称	0.4	0.5	0.6	0.8	1.2	1.2	1.6	2	2.5
	x	max	0.9	1	1.1	1.25	1.75	2	2.5	3.2	3.8
开槽沉头螺钉	d_k 公称	max	3	3.8	4.7	5.5	8.4	9.3	11.3	15.8	18.3
	k 公称	max	1	1.2	1.5	1.65	2.7	2.7	3.3	4.65	5
	r	max	0.4	0.5	0.6	0.8	1	1.3	1.5	2	2.5
	t	min	0.32	0.4	0.5	0.6	1	1.1	1.2	1.8	2
l(商品规格范围)			2.5~16	3~20	4~25	5~30	6~40	8~50	10~60	12~80	12~80
公称长度 l 的系列			2,2.5,3,4,5,6,8,10,12,(14),16,20~80(5 进位)								

技术条件	材料	力学性能等级	螺纹公差	公差产品等级	表面处理
	钢	4.8,5.8	6g	A	① 不经处理 ② 镀锌钝化

注：(1) 公称长度 l 中的(14)、(55)、(65)、(75)等规格尽可能不采用。
(2) 对开槽沉头螺钉，$d \leq M3$，$l \leq 30mm$ 或 $d \geq M4$，$l \leq 40mm$ 时，制出全螺纹 ($b = l - (k+a)$)。

附录 A.8 内六角圆柱头螺钉（摘自 GB/T 70.1—2008）

mm

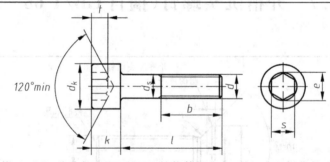

标记示例：螺纹规格 d=M5、公称长度 l=20mm、性能等级为 8.8 级、表面氧化的 A 级内六角圆柱头螺钉标记为

螺钉 GB/T 70.1—2008 M5×20

螺纹规格 d	M5	M6	M8	M10	M12	M16	M20	M24	M30	M36
b(参考)	22	24	28	32	36	44	52	60	72	84
d_k(max)	8.5	10	13	16	18	24	30	36	45	54
e(min)	4.583	5.723	6.683	9.149	11.429	15.996	19.437	21.734	25.154	30.854
k(max)	5	6	8	10	12	16	20	24	30	36
s(公称)	4	5	6	8	10	14	17	19	22	27
t(min)	2.5	3	4	5	6	8	10	12	15.5	19
l 范围(公称)	8~50	10~60	12~80	16~100	20~120	25~160	30~200	40~200	45~200	55~200
制成全螺纹时 $l \leq$	25	30	35	40	45	55	65	80	90	110

续表

螺纹规格 d	M5	M6	M8	M10	M12	M16	M20	M24	M30	M36
l 系列(公称)	8,10,12,(14),16,20~50(5进位),(55),60,(65),70~160(10进位),180,200									

技术条件	材料	机械性能等级	螺纹公差	公差产品等级	表面处理
	钢	8.8、10.9、12.9	12.9级为5g或6g,其他等级为6g	A	氧化;电镀技术要求按 GB/T 5267.1;非电解锌片涂层技术要求按 GB/T 5267.2

注：尽可能不采用括号内的规格。

附录 A.9 紧定螺钉(摘自 GB/T 71—1985、GB/T 73—1985、GB/T 75—1985)

mm

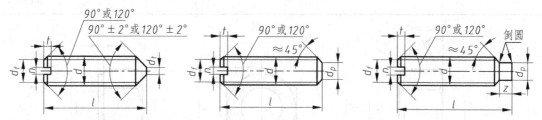

标记示例：螺纹规格 d=M5、公称长度 l=12、性能等级为 14H 级、表面氧化的开槽锥端紧定螺钉标记为

螺钉 GB/T 71—1985 M5×12

螺纹规格 d			M2	M2.5	M3	M4	M5	M6	M8	M10	M12
$d_f \leq$			螺纹小径								
n(公称)			0.25	0.4	0.4	0.6	0.8	1	1.2	1.6	2
t	max		0.84	0.95	1.05	1.42	1.63	2	2.5	3	3.6
	min		0.64	0.72	0.8	1.12	1.28	1.6	2	2.4	2.8
GB/T 71 —1985	d_t(max)		0.2	0.25	0.3	0.4	0.5	1.5	2	2.5	3
	l	120°	—	3							
		90°	3~10	4~12	4~16	6~20	8~25	8~30	10~40	12~50	(14)~60
GB/T 73 —1985 GB/T 75 —1985	d_P	max	1	1.5	2	2.5	3.5	4	5.5	7	8.5
		min	0.75	1.25	1.75	2.25	3.2	3.7	5.2	6.64	8.14
GB/T 73 —1985	l	120°	2~2.5	2.5~3	3	4	5	6	—	—	—
		90°	3~10	4~12	4~16	5~20	6~25	8~30	8~40	10~50	12~60

续表

螺纹规格 d			M2	M2.5	M3	M4	M5	M6	M8	M10	M12
GB/T 75 —1985	z	max	1.25	1.5	1.75	2.25	2.75	3.25	4.3	5.3	6.3
		min	1	1.25	1.5	2	2.5	3	4	5	6
	l	120°	3	4	5	6	8	8~10	10~(14)	12~16	(14)~20
		90°	4~10	5~12	6~16	8~20	10~25	12~30	16~40	20~25	25~60
公称长度 l (系列)			2,2.5,3,4,5,6,8,10,12,(14),16,20,25,30,35,40,45,50,(55),60								

注：(1) GB/T 71—1985 和 GB/T 73—1985 规定螺钉的螺纹规格 d＝M1.2~M12，公称长度 l＝2~60 mm；GB/T 75—1985 规定螺钉的螺纹规格 d＝M1.6~M12，公称长度 l＝2.5~60 mm。
(2) 尽可能不采用括号内的规格。
(3) 材料为钢的紧定螺钉性能等级有 14H、22H 级，其中 14H 级为常用。性能等级的标记代号由数字和字母两部分组成，数字表示最低的维氏硬度的 1/10，字母 H 表示硬度。

附录 A.10　Ⅰ型六角螺母（摘自 GB/T 6170—2000）、六角薄螺母（摘自 GB/T 6172.1—2000）

mm

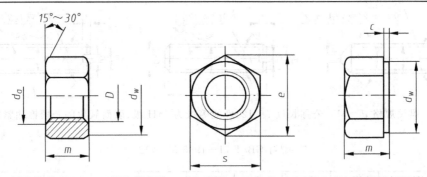

标记示例：螺纹规格 D＝M12、性能等级为 10 级、不经表面处理、A 级的Ⅰ型六角螺母标记为
螺母 GB/T 6170—2000 M12

螺纹规格 D			M3	M4	M5	M6	M8	M10	M12	(M14)	M16	(M18)	M20	(M22)	M24	(M27)	M30	M36
d_a	max		3.45	4.6	5.75	6.75	8.75	10.8	13	15.1	17.30	19.5	21.6	23.7	25.9	29.1	32.4	38.9
d_w	min		4.6	5.9	6.9	8.9	11.6	14.6	16.6	19.6	22.5	24.8	27.7	31.4	33.2	38	42.7	51.1
e	min		6.01	7.66	8.79	11.05	14.38	17.77	20.03	23.35	26.75	29.56	32.95	37.29	39.55	45.2	50.85	60.79
s	max		5.5	7	8	10	13	16	18	21	24	27	30	34	36	41	46	55
c	max		0.4	0.4	0.5	0.5	0.6	0.6	0.6	0.6	0.8	0.8	0.8	0.8	0.8	0.8	0.8	0.8
m (max)	六角螺母		2.4	3.2	4.7	5.2	6.8	8.4	10.8	12.8	14.8	15.8	18	19.4	21.5	23.8	25.6	31
	薄螺母		1.8	2.2	2.7	3.2	4	5	6	7	8	9	10	11	12	13.5	15	18
技术条件	材料		机械性能等级			螺纹公差			表面处理			公差产品等级						
	钢		6、8、10			6H			不经处理或镀锌钝化			A 级用于 D≤M16　B 级用于 D＞M16						

附录 A.11 圆螺母(摘自 GB/T 812—1988)

mm

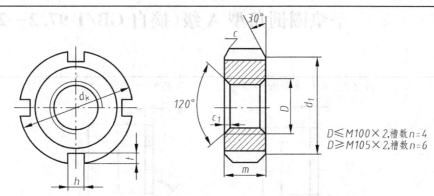

$D \leqslant M100 \times 2$,槽数 $n=4$
$D \geqslant M105 \times 2$,槽数 $n=6$

标记示例：螺纹规格 $D=M16\times1.5$，材料为 45 钢，性能等级为 8 级、全部热处理后硬度 35～45HRC，表面氧化的圆螺母标记为

螺母 GB/T 812—1988 M16×1.5

螺纹规格 $D\times P$	d_k	d_1	m	$h_{\min}$	$t_{\min}$	C	C_1	每 100 个的重量≈/kg
M10×1	22	16	8	4	2	0.5		16.82
M12×1.25	25	19						21.58
M14×1.5	28	20						26.82
M16×1.5	30	22						28.44
M18×1.5	32	24						31.19
M20×1.5	35	27						37.31
M22×1.5	38	30		5	2.5			54.91
M24×1.5	42	34						68.88
M25×1.5								65.88
M27×1.5	45	37				1	0.5	75.49
M30×1.5	48	40						82.11
M33×1.5	52	43	10					92.32
M35×1.5								84.99
M36×1.5	55	46		6	3			100.3
M39×1.5	58	49						107.3
M40×1.5								102.5
M42×1.5	62	53						121.8
M45×1.5	68	59						153.6
M48×1.5	72	61				1.5		201.2
M50×1.5								186.8
M52×1.5	78	67	12	8	3.5			238
M55×2								214.4
M56×2	85	74						290.1
M60×2	90	79					1	320.3
M64×2	95	84						351.9
M65×2								342.4
技术条件	材料		螺纹公差		热处理及表面处理			
	45 钢		6H		(1)槽或全部热处理后 35～45HRC；(2)调质 24～30HRC；(3)氧化			

附录 A.12　小垫圈 A 级（摘自 GB/T 848—2002）、平垫圈 A 级（摘自 GB/T 97.1—2002）、平垫圈倒角型 A 级（摘自 GB/T 97.2—2002）

mm

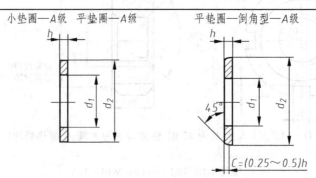

标记示例：公称尺寸 $d=8$、性能等级为 140HV 级、倒角型、不经表面处理的平垫圈标记为

垫圈 GB/T 97.2—2002 8

公称尺寸（螺纹规格 d）		3	4	5	6	8	10	12	14	16	20	24	30	36
内径 d_1		3.2	4.3	5.3	6.4	8.4	10.5	13	15	17	21	25	31	37
GB/T 848—2002	外径 d_2	6	8	9	11	15	18	20	24	28	34	39	50	60
	厚度 h	0.5	0.5	1	1.6	1.6	1.6	2	2.5	2.5	3	4	4	5
GB/T 97.1—2002	外径 d_2	7	9	10	12	16	20	24	28	30	37	44	56	66
GB/T 97.2—2002①	厚度 h		0.5	0.8	1	1.6	1.6	2	2.5	2.5	3	3	4	4	5

注：本表中上角①主要用于规格 M3～M36 的标准六角螺栓、螺钉和螺母。

附录 A.13　标准型弹簧垫圈（摘自 GB/T 93—1987）、轻型弹簧垫圈（摘自 GB/T 859—1987）

mm

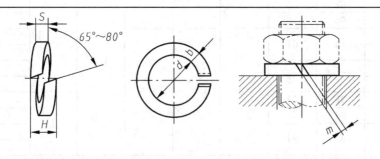

标记示例：
(1) 公称尺寸 $d=16$、材料为 65Mn、表面氧化处理的标准型弹簧垫圈标记为：垫圈 GB/T 93—1987 16
(2) 公称尺寸 $d=16$、材料为 65Mn、表面氧化处理的轻型弹簧垫圈标记为：垫圈 GB/T 859—1987 16

续表

规格(螺纹大径)		3	4	5	6	8	10	12	(14)	16	(18)	20	(22)	24	(27)	30
d min		3.1	4.1	5.1	6.1	8.1	10.2	12.2	14.2	16.2	18.2	20.2	22.5	24.5	27.5	30.5
H min	GB/T 93	1.6	2.2	2.6	3.2	4.2	5.2	6.2	7.2	8.2	9	10	11	12	13.6	15
	GB/T 859	1.2	1.6	2.2	2.6	3.2	4	5	6	6.4	7.2	8	9	10	11	12
$S=b$	GB/T 93	0.8	1.1	1.3	1.6	2.1	2.6	3.1	3.6	4.1	4.5		5.5	6	6.8	7.5
S	GB/T 859	0.6	0.8	1.1	1.3	1.6	2	2.5	3	3.2	3.6	4	4.5	5	5.5	6
$m \leqslant$	GB/T 93	0.4	0.55	0.65	0.8	1.05	1.3	1.55	1.8	2.05	2.25	2.5	2.75	3	3.4	3.75
	GB/T 859	0.3	0.4	0.55	0.65	0.8	1	1.25	1.5	1.6	1.8	2	2.25	2.5	2.75	3
b	GB/T 859	1	1.2	1.5	2	2.5	3	3.5	4	4.5	5	5.5	6	7	8	9

注：(1) 尽可能不采用括号内的规格。
　　(2) m 应大于零。

附录 A.14　圆螺母止动垫圈（摘自 GB/T 858—1988）

mm

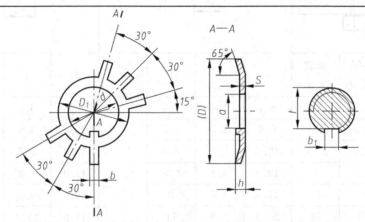

标记示例：规格为16、材料为Q235、经退火表面氧化处理的圆螺母用止动垫圈标记为
　　　　　垫圈 GB/T 858—1988 16

规格(螺纹大径)	d	D(参考)	D_1	S	b	a	h	每1000个的重量 ≈/kg	轴端 b_1	轴端 t	规格(螺纹大径)	d	D(参考)	D_1	S	b	a	h	每1000个的重量 ≈/kg	轴端 b_1	轴端 t
10	10.5	25	16			8		1.91		7	36	36.5	60	46			33		10.76		32
12	12.5	28	19	3.8		9	3	2.3	4	8	39	39.5	62	49			36	5	11.06	6	35
14	14.5	32	20			11		2.5		10	40①	40.5	62	49	5.7		37		10.33		—
16	16.5	34	22			13		2.99		12	42	42.5	66	53			39		12.55		38
18	18.5	35	24			15		3.04		14	45	45.5	72	59			42		16.3		41
20	20.5	38	27	1		17		3.5		16	48	48.5	76	61	1		45		17.68		44
22	22.5	42	30		4.8	19	4	4.14	5	18	50①	50.5	76	61			47		15.86	8	—
24	24.5	45	34			21		5.01		20	52	52.5	82	67		7.7	49	6	21.12		48
25①	25.5	45	34			22		4.7		—	55①	56	82	67			52		17.67		—
27	27.5	48	37			24		5.4		23	56	57	90	74			53		26		52
30	30.5	52	40			27		5.87		26	60	61	94	79			57		28.4		56
33	33.5	56	43	1.5	5.7	30		10.01		29	64	65	100	84	1.5	7.7	61		31.55	8	60
35①	35.5	56	43			32		8.75		—	65①	66	100	84			62		30.55		—

注：标有①仅用于滚动轴承锁紧装置。

附录 A.15　紧固件通孔及沉孔尺寸

mm

螺纹规格 d	螺栓和螺钉通孔直径 d_h (摘自 GB/T 5277—1985)			沉头螺钉及半沉头螺钉的沉孔 (摘自 GB/T 152.2—1988)				内六角圆柱头螺钉的圆柱头沉孔 (摘自 GB/T 152.3—1988)			
	精装配 d_h	中等装配 d_h	粗装配 d_h	d_2	$t\approx$	d_1	α	d_2	t	d_3	d_1
3	3.2	3.4	3.6	6.4	1.6	3.4		6.0	3.4		3.4
4	4.3	4.5	4.8	9.6	2.7	4.5		8.0	4.6		4.5
5	5.3	5.5	5.8	10.6	2.7	5.5		10.0	5.7		5.5
6	6.4	6.6	7	12.8	3.3	6.6		11.0	6.8		6.6
8	8.8	9	10	17.6	4.6	9		15.0	9.0		9.0
10	10.5	11	12	20.3	5.0	11		18.0	11.0		11.0
12	13	13.5	14.5	24.4	6.0	13.5	$90°^{-2°}_{-4°}$	20.0	13.0	16	13.5
14	15	15.5	16.5	28.4	7.0	15.5		24.0	15.0	18	15.5
16	17	17.5	18.5	32.4	8.0	17.5		26.0	17.5	20	17.5
18	19	20	21	—	—	—		—	—	—	—
20	21	22	24	40.4	10.0	22		33.0	21.5	24	22.0
22	23	24	26								
24	25	26	28					40.0	25.5	28	26.0
27	28	30	32					—	—	—	—
30	31	33	35					48.0	32.0	36	33.0
36	37	39	42					57.0	38.0	42	39.0

附录 A.16 挡 圈

1. 螺栓紧固轴端挡圈(摘自 GB/T 892—1986)

mm

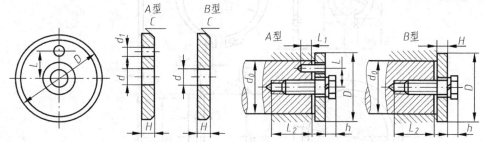

标记示例:
(1) 公称直径 $D=45$,材料为 Q235—A,不经表面处理的 A 型螺栓紧固轴端挡圈标记为:挡圈 GB/T 892 45
(2) 公称直径 $D=45$,材料为 Q235—A,不经表面处理的 B 型螺栓紧固轴端挡圈标记为:挡圈 GB/T 892 B45

轴径 $d_0 \leq$	H 公称尺寸	H 极限偏差	L 公称尺寸	L 极限偏差	D	d	d_1	C	GB/T 891—86 螺钉尺寸 GB/T 5783 (推荐)	GB/T 891—86 圆柱销尺寸 GB/T 119 (推荐)	垫圈尺寸 GB/T 93	1000个质量≈/kg A 型	1000个质量≈/kg B 型	安装尺寸 L_1	安装尺寸 L_2	安装尺寸 H
14					20								9.2			
16					22								11.2			
18	4				25	5.5	2.1	0.5	M5×16	A2×10	5	18.4	14.7	6	16	5.1
20			7.5	±0.11	28							21.3	18.6			
22					30							29.7	21.5			
25					32							29.7	30.2			
28			10		35							35.8	36.3			
30					38	6.6	3.2	1	M6×20	A3×12	6	42.5	43	7	20	6
32	5	0 −0.3			40							47.3	47.8			
35			12		45							60.5	60.9			
40				±0.135	50							75	75.5			
45					55							110	111			
50			16		60							128	129			
55					65							151	152			
60	6				70	9	4.2	1.5	M8×25	A4×14	8	176	177	8	24	8
65			20		75							202	203			
70				±0.165	80							231	232			
75	8	0 −0.36	25		90	13	5.2	2	M12×30	A5×16	12	383	390	10	28	11.5
85					100							434	436			

注: (1) 材料为 Q235—A、35、45 钢。
(2) 当挡圈装在带螺纹中心孔的轴端时,紧固用螺栓允许加长。

2. 轴用弹性挡圈—A型（摘自GB/T 894.1—1986）

mm

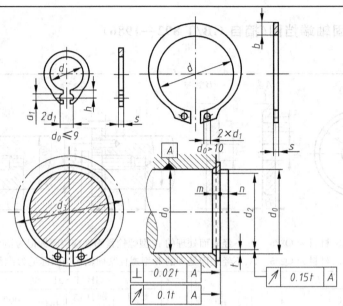

d_3—允许套入的最小孔径

标记示例：公称直径 d_0=50，材料为65Mn，热处理44～51HRC，经表面氧化处理的A型轴用弹性挡圈标记为

挡圈 GB/T 894.1 50

轴径 d_0	挡圈						沟槽（推荐）					孔 $d_3 \geq$
	d		s		$b \approx$	d_1	d_2		m		$n \geq$	
	公称尺寸	极限偏差	公称尺寸	极限偏差			公称尺寸	极限偏差	公称尺寸	极限偏差		
5	4.7	+0.04 −0.15	0.6	+0.04 −0.07	1.12	1	4.8	0 −0.044	0.7		0.3	10.7
6	5.6				1.32	1.2	5.7				0.5	12.2
8	7.4	+0.06 −0.18	0.8	+0.04 −0.10	1.32	1.2	7.6	0 −0.058	0.9		0.6	15.2
10	9.3	+0.10 −0.36			1.44	1.5	9.6					17.6
12	11				1.72		11.5	0 −0.11	1.1		0.8	19.6
15	13.8		1		2.0	1.7	14.3				1.1	23.2
20	18.5	+0.13 −0.42			2.68		19	0 −0.13			1.5	29
22	20.5						21					32
24	22.2	+0.21 −0.42		+0.05 −0.13	3.32	2	22.9				1.7	34
25	23.2						23.9	0 −0.21		+0.14 0		35
26	24.2		1.2				24.9					36
28	25.9				3.60		26.6				2.1	38.4
30	27.9				3.72		28.6					42
32	29.6				3.92		30.3				2.6	44
35	32.2	+0.25 −0.50			4.52	2.5	33		1.3			48
36	33.2						34				3	49
38	35.2			+0.06 −0.15			36					51
40	36.5		1.5				37.5	0 −0.25				53
42	38.5				5.0		39.5					56
45	41.5	+0.39 −0.90					42.5				3.8	59.4
48	44.5					3	45.5					62.8
50	45.8		2	+0.06 −0.18	5.48		47		2.2		4.5	64.8

附录 A.17 平键和键槽各部分尺寸

1. 普通型平键（摘自 GB/T 1096—2003）

mm

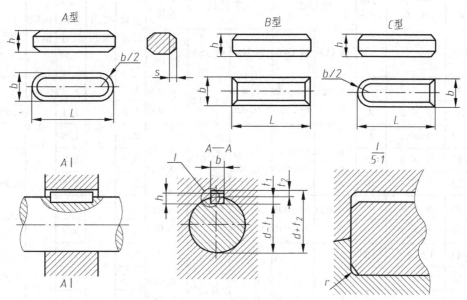

标记示例：
(1) 宽度 $b=16$、高度 $h=10$、长度 $L=100$、普通 A 型平键的标记为：GB/T 1096 键 $16\times10\times100$
(2) 宽度 $b=16$、高度 $h=10$、长度 $L=100$、普通 B 型平键的标记为：GB/T 1096 键 B $16\times10\times100$
(3) 宽度 $b=16$、高度 $h=10$、长度 $L=100$、普通 C 型平键的标记为：GB/T 1096 键 C $16\times10\times100$

b	2	3	4	5	6	8	10	12	14	16	18	20	22	25
h	2	3	4	5	6	7	8	8	9	10	11	12	14	14
s	0.16~0.25			0.25~0.4			0.40~0.60					0.60~0.80		
L	6~20	6~36	8~45	10~56	14~70	18~90	22~110	28~140	36~160	45~180	50~200	56~220	63~250	70~280
L 系列	6,8,10,12,14,16,18,20,22,25,28,32,36,40,45,50,56,63,70,80,90,100,110,125,140,160,180,200,220,250,280													

2. 平键和键槽的断面尺寸(摘自 GB/T 1095—2003)

mm

轴	键	键槽										
		宽度 b					深度				半径 r	
			极限偏差				轴 t_1		毂 t_2			
公称直径 d	键尺寸 $b \times h$	公称尺寸 b	松连接		正常连接		紧密连接	公称尺寸	极限偏差	公称尺寸	极限偏差	min	max
			轴 H9	毂 D10	轴 N9	毂 JS9	轴和毂 P9						
自 6~8	2×2	2	+0.025 0	+0.060 +0.020	−0.004 −0.029	±0.0125	−0.006 −0.031	1.2	+0.1 0	1.0	+0.1 0	0.08	0.16
>8~10	3×3	3						1.8		1.4			
>10~12	4×4	4	+0.030 0	+0.078 +0.030	0 −0.030	±0.015	−0.012 −0.042	2.5		1.8			
>12~17	5×5	5						3.0		2.3		0.16	0.25
>17~22	6×6	6						3.5		2.8			
>22~30	8×7	8	+0.036 0	+0.098 +0.040	0 −0.036	±0.018	−0.015 −0.051	4.0		3.3			
>30~38	10×8	10						5.0		3.3			
>38~44	12×8	12	+0.043 0	+0.120 +0.050	0 −0.043	±0.0215	−0.018 −0.061	5.0		3.3		0.25	0.40
>44~50	14×9	14						5.5		3.8			
>50~58	16×10	16						6.0	+0.2 0	4.3	+0.2 0		
>58~65	18×11	18						7.0		4.4			
>65~75	20×12	20	+0.052 0	+0.149 +0.065	0 −0.052	±0.026	−0.022 −0.074	7.5		4.9			
>75~85	22×14	22						9.0		5.4		0.40	0.60
>85~95	25×14	25						9.0		5.4			
>95~110	28×16	28						10.0		6.4			

注:(1) 在工作图中,轴槽深用 $d-t_1$ 标注,轮毂槽深用 $d+t_2$ 标注。
(2) $d-t_1$ 和 $d+t_2$ 两组尺寸的极限偏差按相应的 t_1 和 t_2 极限偏差选取,但 $d-t_1$ 极限偏差值取负号。
(3) 键尺寸的极限偏差:b 为 h8,h 为 h11,L 为 h14。

附录 A.18 圆柱销(摘自 GB/T 119.1—2000)、圆锥销(摘自 GB/T 117—2000)、开口销(摘自 GB/T 91—2000)

1. 圆柱销

mm

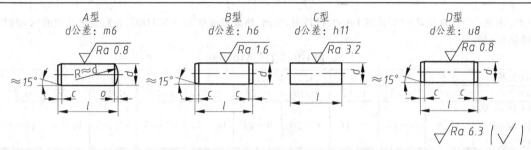

标记示例：公称直径 $d=8$、公差为 m6、长度 $l=30$、材料为 35 钢、热处理硬度 28~38HRC、表面氧化处理的 A 型圆柱销标记为

销 GB/T 119.1 A8m6×30

d(公称)	0.6	0.8	1	1.2	1.5	2	2.5	3	4	5
$a\approx$	0.08	0.10	0.12	0.16	0.20	0.25	0.30	0.40	0.50	0.63
$c\approx$	0.12	0.16	0.20	0.25	0.30	0.35	0.40	0.50	0.63	0.80
l(商品规格范围公称长度)	2~6	2~8	4~10	4~12	4~16	6~20	6~24	8~30	8~40	10~50
d(公称)	6	8	10	12	16	20	25	30	40	50
$a\approx$	0.80	1.0	1.2	1.6	2.0	2.5	3.0	4.0	5.0	6.3
$c\approx$	1.2	1.6	2.0	2.5	3.0	3.5	4.0	5.0	6.3	8.0
l(商品规格范围公称长度)	12~60	14~80	18~95	22~140	26~180	35~200	50~200	60~200	80~200	95~200
l 系列	2,3,4,5,6,8,10,12,14,16,18,20,22,24,26,28,30,32,35,40,45,50,55,60,65,70,75,80,85,90,95,100,120,140,160,180,200									

2. 圆锥销

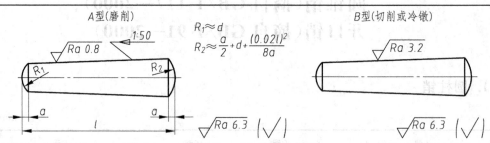

标记示例：公称直径 $d=10$、长度 $l=60$、材料为 35 钢、热处理硬度 28～38HRC、表面氧化处理的 A 型圆锥销标记为

销 GB/T 117 A10×60

d(公称)	0.6	0.8	1	1.2	1.5	2	2.5	3	4	5
$a\approx$	0.08	0.10	0.12	0.16	0.20	0.25	0.30	0.40	0.50	0.63
l(商品规格范围公称长度)	4～8	5～12	6～16	6～20	8～24	10～35	10～35	12～45	14～55	18～60
d(公称)	6	8	10	12	16	20	25	30	40	50
$a\approx$	0.80	1.0	1.2	1.6	2.0	2.5	3.0	4.0	5.0	6.3
l(商品规格范围公称长度)	22～90	22～120	26～160	32～180	40～200	45～200	50～200	55～200	60～200	65～200
l 系列	2,3,4,5,6,8,10,12,14,16,18,20,22,24,26,28,30,32,35,40,45,50,55,60,65,70,75,80,85,90,95,100,120,140,160,180,200									

3. 开口销

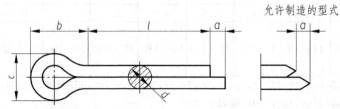

标记示例：公称直径 $d=5$、长度 $l=50$、材料为 Q215 或 Q235、不经表面处理的开口销标记为

销 GB/T 91 5×50

	公称	0.6	0.8	1	1.2	1.6	2	2.5	3.2	4	5	6.3	8	10	12
d	min	0.4	0.6	0.8	0.9	1.3	1.7	2.1	2.7	3.5	4.4	5.7	7.3	9.3	11.1
	max	0.5	0.7	0.9	1	1.4	1.8	2.3	2.9	3.7	4.6	5.9	7.5	9.5	11.4
c	max	1	1.4	1.8	2	2.8	3.6	4.6	5.8	7.4	9.2	11.8	15	19	24.8
	min	0.9	1.2	1.6	1.7	2.4	3.2	4	5.1	6.5	8	10.3	13.1	16.6	21.7
$b\approx$		2	2.4	3	3	3.2	4	5	6.4	8	10	12.6	16	20	26
a	max	1.6				2.5				3.2		4			6.3

附录A.19 滚动轴承

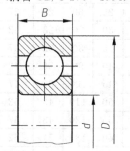

深沟球轴承
(摘自 GB/T 276—1994)

标记示例：
滚动轴承 6310 GB/T 276—1994

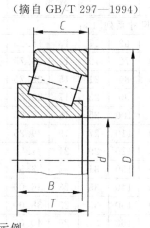

圆锥滚子轴承
(摘自 GB/T 297—1994)

标记示例：
滚动轴承 30212 GB/T 297—1994

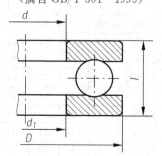

单向推力球轴承
(摘自 GB/T 301—1995)

标记示例：
滚动轴承 51305 GB/T 301—1995

轴承型号	尺寸/mm			轴承型号	尺寸/mm					轴承型号	尺寸/mm			
	d	D	B		d	D	B	C	T		d	D	T	d_1
尺寸系列[(0)2]				尺寸系列[02]						尺寸系列[12]				
6202	15	35	11	30203	17	40	12	11	13.25	51202	15	32	12	17
6203	17	40	12	30204	20	47	14	12	15.25	51203	17	35	12	19
6204	20	47	14	30205	25	52	15	13	16.25	51204	20	40	14	22
6205	25	52	15	30206	30	62	16	14	17.25	51205	25	47	15	27
6206	30	62	16	30207	35	72	17	15	18.25	51206	30	52	16	32
6207	35	72	17	30208	40	80	18	16	19.75	51207	35	62	18	37
6208	40	80	18	30209	45	85	19	16	20.75	51208	40	68	19	42
6209	45	85	19	30210	50	90	20	17	21.75	51209	45	73	20	47
6210	50	90	20	30211	55	100	21	18	22.75	51210	50	78	22	52
6211	55	100	21	30212	60	110	22	19	23.75	51211	55	90	25	57
6212	60	110	22	30213	65	120	23	20	24.75	51212	60	95	26	62
尺寸系列[(0)3]				尺寸系列[03]						尺寸系列[13]				
6302	15	42	13	30302	15	42	13	11	14.25	51304	20	47	18	22
6303	17	47	14	30303	17	47	14	12	15.25	51305	25	52	18	27
6304	20	52	15	30304	20	52	15	13	16.25	51306	30	60	21	32
6305	25	62	17	30305	25	62	17	15	18.25	51307	35	68	24	37
6306	30	72	19	30306	30	72	19	16	20.75	51308	40	78	26	42
6307	35	80	21	30307	35	80	21	18	22.75	51309	45	85	28	47
6308	40	90	23	30308	40	90	23	20	25.25	51310	50	95	31	52

续表

轴承型号	尺寸/mm			轴承型号	尺寸/mm					轴承型号	尺寸/mm			
	d	D	B		d	D	B	C	T		d	D	T	d_1
尺寸系列[(0)3]				尺寸系列[03]						尺寸系列[13]				
6309	45	100	25	30309	45	100	25	22	27.25	51311	55	105	35	57
6310	50	110	27	30310	50	110	27	23	29.25	51312	60	110	35	62
6311	55	120	29	30311	55	120	29	25	31.50	51313	65	115	36	67
6312	60	130	31	30312	60	130	31	26	33.50	51314	70	125	40	72
尺寸系列[(0)4]				尺寸系列[13]						尺寸系列[14]				
6403	17	62	17	31305	25	62	17	13	18.25	51405	25	60	24	27
6404	20	72	19	31306	30	72	19	14	20.75	51406	30	70	28	32
6405	25	80	21	31307	35	80	21	15	22.75	51407	35	80	32	37
6406	30	90	23	31308	40	90	23	17	25.25	51408	40	90	36	42
6407	35	100	25	31309	45	100	25	18	27.25	51409	45	100	39	47
6408	40	110	27	31310	50	110	27	19	29.25	51410	50	110	43	52
6409	45	120	29	31311	55	120	29	21	31.50	51411	55	120	48	57
6410	50	130	31	31312	60	130	31	22	33.50	51412	60	130	51	62
6411	55	140	33	31313	65	140	33	23	36.00	51413	65	140	56	68
6412	60	150	35	31314	70	150	35	25	38.00	51414	70	150	60	73
6413	65	160	37	31315	75	160	37	26	40.00	51415	75	160	65	78

注：圆括号中的尺寸系列代号在轴承型号中省略。

附录A.20 标准公差数值(摘自GB/T 1800.3—1998)

μm

公称尺寸/mm	公差等级																	
	IT1	IT2	IT3	IT4	IT5	IT6	IT7	IT8	IT9	IT10	IT11	IT12	IT13	IT14	IT15	IT16	IT17	IT18
≤3	0.8	1.2	2	3	4	6	10	14	25	40	60	100	140	250	400	600	1000	1400
>3~6	1	1.5	2.5	4	5	8	12	18	30	48	75	120	180	300	480	750	1200	1800
>6~10	1	1.5	2.5	4	6	9	15	22	36	58	90	150	220	360	580	900	1500	2200
>10~18	1.2	2	3	5	8	11	18	27	43	70	110	180	270	430	700	1100	1800	2700
>18~30	1.5	2.5	4	6	9	13	21	33	52	84	130	210	330	520	840	1300	2100	3300
>30~50	1.5	2.5	4	7	11	16	25	39	62	100	160	250	390	620	1000	1600	2500	3900
>50~80	2	3	5	8	13	19	30	46	74	120	190	300	460	740	1200	1900	3000	4600
>80~120	2.5	4	6	10	15	22	35	54	87	140	220	350	540	870	1400	2200	3500	5400
>120~180	3.5	5	8	12	18	25	40	63	100	160	250	400	630	1000	1600	2500	4000	6300
>180~250	4.5	7	10	14	20	29	46	72	115	185	290	460	720	1150	1850	2900	4600	7200
>250~315	6	8	12	16	23	32	52	81	130	210	320	520	810	1300	2100	3200	5200	8100
>315~400	7	9	13	18	25	36	57	89	140	230	360	570	890	1400	2300	3600	5700	8900
>400~500	8	10	15	20	27	40	63	97	155	250	400	630	970	1550	2500	4000	6300	9700

附录 A.21 轴的基本偏差数值(摘自 GB/T 1800.3—1998)

单位: μm

公称尺寸/mm 大于	至	a	b	c	cd	d	e	ef	f	fg	g	h	js	j (IT5和IT6)	j (IT7)	j (IT8)	k (IT4至IT7)	k (≤IT3 >IT7)	m	n	p	r	s	t	u	v	x	y	z	za	zb	zc
—	3	-270	-140	-60	-34	-20	-14	-10	-6	-4	-2	0	偏差=±$\frac{IT_n}{2}$,式中IT_n是IT值数	-2	-4	-6	0	0	+2	+4	+6	+10	+14		+18		+20		+26	+32	+40	+60
3	6	-270	-140	-70	-46	-30	-20	-14	-10	-6	-4	0		-2	-4		+1	0	+4	+8	+12	+15	+19		+23		+28		+35	+42	+50	+80
6	10	-280	-150	-80	-56	-40	-25	-18	-13	-8	-5	0		-2	-5		+1	0	+6	+10	+15	+19	+23		+28		+34		+42	+52	+67	+97
10	14	-290	-150	-95		-50	-32		-16		-6	0		-3	-6		+1	0	+7	+12	+18	+23	+28		+33		+40		+50	+64	+90	+130
14	18	-290	-150	-95		-50	-32		-16		-6	0		-3	-6		+1	0	+7	+12	+18	+23	+28		+33	+39	+45		+60	+77	+108	+150
18	24	-300	-160	-110		-65	-40		-20		-7	0		-4	-8		+2	0	+8	+15	+22	+28	+35		+41	+47	+54	+63	+73	+98	+136	+188
24	30	-300	-160	-110		-65	-40		-20		-7	0		-4	-8		+2	0	+8	+15	+22	+28	+35	+41	+48	+55	+64	+75	+88	+118	+160	+218
30	40	-310	-170	-120		-80	-50		-25		-9	0		-5	-10		+2	0	+9	+17	+26	+34	+43	+48	+60	+68	+80	+94	+112	+148	+200	+274
40	50	-320	-180	-130		-80	-50		-25		-9	0		-5	-10		+2	0	+9	+17	+26	+34	+43	+54	+70	+81	+97	+114	+136	+180	+242	+325
50	65	-340	-190	-140		-100	-60		-30		-10	0		-7	-12		+2	0	+11	+20	+32	+41	+53	+66	+87	+102	+122	+144	+172	+226	+300	+405
65	80	-360	-200	-150		-100	-60		-30		-10	0		-7	-12		+2	0	+11	+20	+32	+43	+59	+75	+102	+120	+146	+174	+210	+274	+360	+480
80	100	-380	-220	-170		-120	-72		-36		-12	0		-9	-15		+3	0	+13	+23	+37	+51	+71	+91	+124	+146	+178	+214	+258	+335	+445	+585
100	120	-410	-240	-180		-120	-72		-36		-12	0		-9	-15		+3	0	+13	+23	+37	+54	+79	+104	+144	+172	+210	+254	+310	+400	+525	+690
120	140	-460	-260	-200		-145	-85		-43		-14	0		-11	-18		+3	0	+15	+27	+43	+63	+92	+122	+170	+202	+248	+300	+365	+470	+620	+800
140	160	-520	-280	-210		-145	-85		-43		-14	0		-11	-18		+3	0	+15	+27	+43	+65	+100	+134	+190	+228	+280	+340	+415	+535	+700	+900
160	180	-580	-310	-230		-145	-85		-43		-14	0		-11	-18		+3	0	+15	+27	+43	+68	+108	+146	+210	+252	+310	+380	+465	+600	+780	+1000

续表

公称尺寸/mm		基本偏差数值																														
		上极限偏差 es															下极限偏差 ei															
		所有标准公差等级												IT5和IT6	IT7	IT8	IT4至IT7	>IT7	所有标准公差等级													
大于	至	a	b	c	cd	d	e	ef	f	fg	g	h	js	j	j	j	k	k	m	n	p	r	s	t	u	v	x	y	z	za	zb	zc
180	200	−660	−340	−240		−170	−100		−50		−15	0	偏差=±ITn/2, 式中ITn是IT值数	−13	−21		+4	0	+17	+31	+50	+77	+122	+166	+236	+284	+350	+425	+520	+670	+880	+1150
200	225	−740	−380	−260																		+80	+130	+180	+258	+310	+385	+470	+575	+740	+960	+1250
225	250	−820	−420	−280																		+84	+140	+196	+284	+340	+425	+520	+640	+820	+1050	+1350
250	280	−920	−480	−300		−190	−110		−56		−17	0		−16	−26		+4	0	+20	+34	+56	+94	+158	+218	+315	+385	+475	+580	+710	+920	+1200	+1550
280	315	−1050	−540	−330																		+98	+170	+240	+350	+425	+525	+650	+790	+1000	+1300	+1700
315	355	−1200	−600	−360		−210	−125		−62		−18	0		−18	−28		+4	0	+21	+37	+62	+108	+190	+268	+390	+475	+590	+730	+900	+1150	+1500	+1900
355	400	−1350	−680	−400																		+114	+208	+294	+435	+530	+660	+820	+1000	+1300	+1650	+2100
400	450	−1500	−760	−440		−230	−135		−68		−20	0		−20	−32		+5	0	+23	+40	+68	+126	+232	+330	+490	+595	+740	+920	+1100	+1450	+1850	+2400
450	500	−1650	−840	−480																		+132	+252	+360	+540	+660	+820	+1000	+1250	+1600	+2100	+2600

注：(1) 公称尺寸小于或等于 1mm 时，基本偏差 a 和 b 均不采用。
(2) 公差带 js7 至 js11，若 IT_n 值数是奇数，则取偏差 $=\pm\dfrac{IT_n-1}{2}$。
(3) 公称尺寸>500mm 的基本偏差数值未列入。

附录 A.22 孔的基本偏差数值（摘自 GB/T 1800.3—1998）

单位：μm

公称尺寸/mm		基本偏差数值																				
		下极限偏差 EI										上极限偏差 ES										
		所有标准公差等级										≤IT8	>IT8	≤IT8	>IT8	≤IT8	>IT8	≤IT8	>IT8	≤IT7	P 至 ZC	
大于	至	A	B	C	CD	D	E	EF	F	FG	G	H	JS	IT6	IT7	IT8	K		M		N	
—	3	+270	+140	+60	+34	+20	+14	+10	+6	+4	+2	0		+2	+4	+6	0	0	−2	−2	−4	−4
3	6	+270	+140	+70	+46	+30	+20	+14	+10	+6	+4	0		+5	+6	+10	−1+Δ		−4+Δ	−4	−8+Δ	0
6	10	+280	+150	+80	+56	+40	+25	+18	+13	+8	+5	0		+5	+8	+12	−1+Δ		−6+Δ	−6	−10+Δ	0
10	14	+290	+150	+95		+50	+32		+16		+6	0	偏差 $= \pm \dfrac{IT_n}{2}$，式中 IT_n 是 IT 值数	+6	+10	+15	−1+Δ		−7+Δ	−7	−12+Δ	0
14	18	+290	+150	+95		+50	+32		+16		+6	0		+6	+10	+15	−1+Δ		−7+Δ	−7	−12+Δ	0
18	24	+300	+160	+110		+65	+40		+20		+7	0		+8	+12	+20	−2+Δ		−8+Δ	−8	−15+Δ	0
24	30	+300	+160	+110		+65	+40		+20		+7	0		+8	+12	+20	−2+Δ		−8+Δ	−8	−15+Δ	0
30	40	+310	+170	+120		+80	+50		+25		+9	0		+10	+14	+24	−2+Δ		−9+Δ	−9	−17+Δ	0
40	50	+320	+180	+130		+80	+50		+25		+9	0		+10	+14	+24	−2+Δ		−9+Δ	−9	−17+Δ	0
50	65	+340	+190	+140		+100	+60		+30		+10	0		+13	+18	+28	−2+Δ		−11+Δ	−11	−20+Δ	0
65	80	+360	+200	+150		+100	+60		+30		+10	0		+13	+18	+28	−2+Δ		−11+Δ	−11	−20+Δ	0
80	100	+380	+220	+170		+120	+72		+36		+12	0		+16	+22	+34	−3+Δ		−13+Δ	−13	−23+Δ	0
100	120	+410	+240	+180		+120	+72		+36		+12	0		+16	+22	+34	−3+Δ		−13+Δ	−13	−23+Δ	0
120	140	+460	+260	+200		+145	+85		+43		+14	0		+18	+26	+41	−3+Δ		−15+Δ	−15	−27+Δ	0
140	160	+520	+280	+210		+145	+85		+43		+14	0		+18	+26	+41	−3+Δ		−15+Δ	−15	−27+Δ	0
160	180	+580	+310	+230		+145	+85		+43		+14	0		+18	+26	+41	−3+Δ		−15+Δ	−15	−27+Δ	0
180	200	+660	+340	+240		+170	+100		+50		+15	0		+22	+30	+47	−4+Δ		−17+Δ	−17	−31+Δ	0
200	225	+740	+380	+260		+170	+100		+50		+15	0		+22	+30	+47	−4+Δ		−17+Δ	−17	−31+Δ	0
225	250	+820	+420	+280		+170	+100		+50		+15	0		+22	+30	+47	−4+Δ		−17+Δ	−17	−31+Δ	0

P 至 ZC：在大于 IT7 的相应数值上增加一个 Δ 值

续表

公称尺寸 /mm		基本偏差数值																		
		下极限偏差 EI									上极限偏差 ES									
		所有标准公差等级									IT6	IT7	IT8	≤IT8	>IT8	≤IT8	>IT8	≤IT7	>IT7	
		A	B	C	CD	D	E	EF	F	FG	G	H	JS		J		K		M		N		P至ZC
大于	至																				
250	280	+920	+480	+300		+190	+110		+56		+17	0	偏差=±$\frac{IT_n}{2}$, 式中 IT_n 是 IT 值数	+25	+36	+55	−4+Δ	−20+Δ	−20	−34+Δ	0	在大于 IT7 的相应数值上增加一个Δ值
280	315	+1050	+540	+330																	
315	355	+1200	+600	+360		+210	+125		+62		+18	0		+29	+39	+60	−4+Δ	−21	−21	−37+Δ	0	
355	400	+1350	+680	+400																	
400	450	+1500	+760	+440		+230	+135		+68		+20	0		+33	+43	+66	−5+Δ	−23	−23	−40+Δ	0	
450	500	+1650	+840	+480																	

公称尺寸 /mm		基本偏差数值											Δ值					
		上极限偏差 ES											标准公差等级					
		标准公差等级大于 IT7																
		P	R	S	T	U	V	X	Y	Z	ZA	ZB	ZC	IT3	IT4	IT5	IT6	IT7	IT8
大于	至																		
—	3	−6	−10	−14		−18		−20		−26	−32	−40	−60	0	0	0	0	0	0
3	6	−12	−15	−19		−23		−28		−35	−42	−50	−80	1	1.5	1	3	4	6
6	10	−15	−19	−23		−28		−34		−42	−52	−67	−97	1	1.5	2	3	6	7
10	14	−18	−23	−28		−33		−40		−50	−64	−90	−130	1	2	3	3	7	9
14	18						−39	−45		−60	−77	−108	−150						
18	24	−22	−28	−35		−41	−47	−54	−63	−73	−98	−136	−188	1.5	2	3	4	8	12
24	30				−41	−48	−55	−64	−75	−88	−118	−160	−218						
30	40	−26	−34	−43	−48	−60	−68	−80	−94	−112	−148	−200	−274	1.5	3	4	5	9	14
40	50				−54	−70	−81	−97	−114	−136	−180	−242	−325						
50	65	−32	−41	−53	−66	−87	−102	−122	−144	−172	−226	−300	−405	2	3	5	6	11	16
65	80		−43	−59	−75	−102	−120	−146	−174	−210	−274	−360	−480						

续表

公称尺寸/mm		基本偏差数值 上极限偏差 ES 标准公差等级大于 IT7												Δ值 标准公差等级					
大于	至	P	R	S	T	U	V	X	Y	Z	ZA	ZB	ZC	IT3	IT4	IT5	IT6	IT7	IT8
80	100	−37	−51	−71	−91	−124	−146	−178	−214	−258	−335	−445	−585	2	3	5	7	13	19
100	120	−37	−54	−79	−104	−144	−172	−210	−254	−310	−400	−525	−690	2	3	5	7	13	19
120	140	−43	−63	−92	−122	−170	−202	−248	−300	−365	−470	−620	−800	3	4	6	7	15	23
140	160	−43	−65	−100	−134	−190	−228	−280	−340	−415	−535	−700	−900	3	4	6	7	15	23
160	180	−43	−68	−108	−146	−210	−252	−310	−380	−465	−600	−780	−1000	3	4	6	7	15	23
180	200	−50	−77	−122	−166	−236	−284	−350	−425	−520	−670	−880	−1150	3	4	6	9	17	26
200	225	−50	−80	−130	−180	−258	−310	−385	−470	−575	−740	−960	−1250	3	4	6	9	17	26
225	250	−50	−84	−140	−196	−284	−340	−425	−520	−640	−820	−1050	−1350	3	4	6	9	17	26
250	280	−56	−94	−158	−218	−315	−385	−475	−580	−710	−920	−1200	−1550	4	4	7	9	20	29
280	315	−56	−98	−170	−240	−350	−425	−525	−650	−790	−1000	−1300	−1700	4	4	7	9	20	29
315	355	−62	−108	−190	−268	−390	−475	−590	−730	−900	−1150	−1500	−1900	4	5	7	11	21	32
355	400	−62	−114	−208	−294	−435	−530	−660	−820	−1000	−1300	−1650	−2100	4	5	7	11	21	32
400	450	−68	−126	−232	−330	−490	−595	−740	−920	−1100	−1450	−1850	−2400	5	5	7	13	23	34
450	500	−68	−132	−252	−360	−540	−660	−820	−1000	−1250	−1600	−2100	−2600	5	5	7	13	23	34

注：(1) 公称尺寸小于或等于 1mm 时，基本偏差 A 和 B 及大于 IT8 的 N 均不采用。
(2) 公差带 JS7 至 JS11，若 IT_n 值数是奇数，则取偏差 $=\pm\dfrac{IT_n-1}{2}$。
(3) 对小于或等于 IT8 的 K,M,N 和小于或等于 IT7 的 P 至 ZC，所需 Δ 值从表内右侧选取。例如：
18～30mm 段的 K7：Δ=8μm，所以 ES=−2+8=+6μm。
18～30mm 段的 S6：Δ=4μm，所以 ES=−35+4=−31μm。
(4) 特殊情况：250～315mm 段的 M6，ES=−9μm（代替 −11μm）。
(5) 公称尺寸>500mm 的基本偏差数值未列入。

附录 A.23 优先、常用配合轴的极限偏差表摘录

μm

代号 公称尺寸/mm	c	d	e	f	g		h						js	k		m		n		p		r		s	
	11[①]	9[①]	8	7[①]	6[①]	5	6[①]	7[①]	8	9[①]	10	11[①]	6	6[①]	6	6	6	6[①]	6	6[①]	6	6[①]	6	6[①]	6
≤3	−60 −120	−20 −45	−14 −28	−6 −16	−2 −8	0 −4	0 −6	0 −10	0 −14	0 −25	0 −40	0 −60	±3	+6 0	+8 +2	+10 +4	+12 +2	+10 +4	+16 +10	+12 +6	+20 +14	+16 +10	+20 +14
>3~6	−70 −145	−30 −60	−20 −38	−10 −22	−4 −12	0 −5	0 −8	0 −12	0 −18	0 −30	0 −48	0 −75	±4	+9 +1	+12 +4	+16 +8	+20 +12	+23 +15	+27 +19	+32 +23
>6~10	−80 −170	−40 −76	−25 −47	−13 −28	−5 −14	0 −6	0 −9	0 −15	0 −22	0 −36	0 −58	0 −90	±4.5	+10 +1	+15 +6	+19 +10	+24 +15	+28 +19	+32 +23
>10~18	−95 −205	−50 −93	−32 −59	−16 −34	−6 −17	0 −8	0 −11	0 −18	0 −27	0 −43	0 −70	0 −110	±5.5	+12 +1	+18 +7	+23 +12	+29 +18	+34 +23	+39 +28
>18~30	−110 −240	−65 −117	−40 −73	−20 −41	−7 −20	0 −9	0 −13	0 −21	0 −33	0 −52	84 0	0 −130	±6.5	+15 +2	+21 +8	+28 +15	+35 +22	+41 +28	+48 +35
>30~40	−120 −280	−80 −142	−50 −89	−25 −50	−9 −25	0 −11	0 −16	0 −25	0 −39	0 −62	0 −100	0 −160	±8	+18 +2	+25 +9	+33 +17	+42 +26	+50 +34	+59 +43
>40~50	−130 −290																								
>50~65	−140 −330	−100 −174	−60 −106	−30 −60	−10 −29	0 −13	0 −19	0 −30	0 −46	0 −74	0 −120	0 −190	±9.5	+21 +2	+30 +11	+39 +20	+51 +32	+60 +41	+62 +43	+72 +53	+78 +59
>65~80	−150 −340																								
>80~100	−170 −390	−120 −207	−72 −126	−36 −71	−12 −34	0 −15	0 −22	0 −35	0 −54	0 −87	0 −140	0 −220	±11	+25 +3	+35 +13	+45 +23	+59 +37	+73 +51	+76 +54	+93 +71	+101 +79
>100~120	−180 −400																								

注：① 为优先配合。

附录 A.24 优先、常用配合孔的极限偏差表摘录

/μm

代号 公称尺寸/mm	C 11①		D 10	D 9	E 8①	F 7①	G 6	H 7①	H 8①	H 9①	H 10	H 11①	JS 6	JS 7	K 6	K 7①	M 6	M 7	N 6	N 7①	P 6	P 7①	R 6	R 7	S 6	S 7①	T 7	U 7①
≤3	+120 +60		+60 +20	+39 +14	+20 +6	+12 +2	+6 0	+10 0	+14 0	+25 0	+40 0	+60 0	±3	±5	0 −6	0 −10	−2 −8	−2 −12	−4 −10	−4 −14	−6 −12	−6 −16	−10 −16	−10 −20	−14 −20	−14 −24	—	−18 −28
>3~6	+145 +70		+78 +30	+50 +20	+28 +10	+16 +4	+8 0	+12 0	+18 0	+30 0	+48 0	+75 0	±4	±6	+2 −6	+3 −9	−1 −9	0 −12	−5 −13	−4 −16	−9 −17	−8 −20	−11 −23	−11 −23	−15 −27	−15 −27	—	−19 −31
>6~10	+170 +80		+98 +40	+61 +25	+35 +13	+20 +5	+9 0	+15 0	+22 0	+36 0	+58 0	+90 0	±4.5	±7	+2 −7	+5 −10	−3 −12	0 −15	−7 −16	−4 −19	−12 −21	−9 −24	−13 −28	−13 −28	−17 −32	−17 −32	—	−22 −37
>10~18	+205 +95		+120 +50	+75 +32	+43 +16	+24 +6	+11 0	+18 0	+27 0	+43 0	+70 0	+110 0	±5.5	±9	+2 −9	+6 −12	−4 −15	0 −18	−9 −20	−5 −23	−15 −26	−11 −29	−16 −34	−16 −34	−21 −39	−21 −39	—	−26 −44
>18~24	+240 +110		+149 +65	+92 +40	+53 +20	+28 +7	+13 0	+21 0	+33 0	+52 0	+84 0	+130 0	±6.5	±10	+2 −11	+6 −15	−4 −17	0 −21	−11 −24	−7 −28	−18 −31	−14 −35	−20 −41	−20 −41	−27 −48	−27 −48	—	−33 −54
>24~30																											−33 −54	−40 −61
>30~40	+280 +120		+180 +80	+112 +50	+64 +25	+34 +9	+16 0	+25 0	+39 0	+62 0	+100 0	+160 0	±8	±12	+3 −13	+7 −18	−4 −20	0 −25	−12 −28	−8 −33	−21 −37	−17 −42	−25 −50	−25 −50	−34 −59	−34 −59	−39 −64	−51 −76
>40~50	+290 +130																										−45 −70	−61 −86
>50~65	+330 +140		+220 +100	+134 +60	+76 +30	+40 +10	+19 0	+30 0	+46 0	+74 0	+120 0	+190 0	±9.5	±15	+4 −15	+9 −21	−5 −24	0 −30	−14 −33	−9 −39	−26 −45	−21 −51	−30 −60	−30 −60	−42 −72	−42 −72	−55 −85	−76 −106
>65~80	+340 +150																						−32 −62	−32 −62	−48 −78	−48 −78	−64 −94	−91 −121
>80~100	+390 +170		+260 +120	+159 +72	+90 +36	+47 +12	+22 0	+35 0	+54 0	+87 0	+140 0	+220 0	±11	±17	+4 −18	+10 −25	−6 −28	0 −35	−16 −38	−10 −45	−30 −52	−24 −59	−38 −73	−38 −73	−58 −93	−58 −93	−78 −113	−111 −146
>100~120	+400 +180																						−41 −76	−41 −76	−66 −101	−66 −101	−91 −126	−131 −166

注：① 为优先配合。

附录 A.25　常用材料

金属材料		
名　称	牌　号	特性及用途举例
灰铸铁	HT150	属中等强度铸铁,用于一般铸件,如机床座、端盖、皮带轮、工作台等
	HT200	属高强度铸铁,用于较重要的铸铁,如齿轮、机座、床身、飞轮、皮带轮、齿轮箱、轴承座等
普通碳素钢	Q235	有较高的强度和硬度,延伸率也相当大,可以焊接,是一般机械上的主要材料,用于低速轻载齿轮、键、拉杆、栓、套圈等
优质碳素钢	15	塑性、韧性、焊接性能和冷冲性能均良好,但强度低,用于螺母、法兰盘、螺钉等
	35	不经热处理可用于中等载荷的零件,如拉杆、轴;经调质处理后适用于强度及韧性要求较高的零件,如传动轴、连杆等
	45	用于强度要求较高的零件。通常在调质或正火后使用,用于制造齿轮、机床主轴、花键轴、联轴器等
弹簧钢	65Mn	强度高,淬透性较大,适用于较大尺寸的各种扁、圆弹簧,及其他经受摩擦的农用具零件
合金结构钢	40Cr	用于重要调质零件,如齿轮、轴、棍子、连杆、螺栓等
铸钢	ZG230-450	用于各种形状的零件,如机座、机盖、箱体、轧机机架等
黄铜	H62	散热器、导管、螺帽、垫圈、销钉、铆钉、各种网
铸造铝青铜	ZCuAl9Mn2 ZCuAl10Fe3	强度高,减磨性、耐蚀性、铸造性良好,可用于制造蜗轮、衬套和防锈零件

非金属材料		
名　称	牌　号	特性及用途举例
工程塑料	聚甲醛(POM)	具有良好的耐磨损性能和良好的干摩擦性能,用于制造轴承、滚轮、辊子、垫片、管道等
	聚氯乙烯(PVC)	主要用作耐腐蚀的结构材料或设备衬里材料及电气绝缘材料,如管件、棒、板等
工业用毛毡	毡圈 FZ/T 92010-91	用于轴伸端处的密封

附录 A.26　常用的热处理和表面处理

名　词	说　明	目　的	应　用
退火	加热到临界温度以上，保温一定时间，然后缓慢冷却	（1）清除在前一工序中产生的内应力； （2）降低硬度①，改善加工性能； （3）增加塑性和韧性； （4）使材料的成分或组织均匀，为以后的热处理做准备	完全退火适用于碳的质量分数为 0.8% 以下的铸、锻、焊件；为消除内应力的退火，主要用于铸件和焊件
正火	加热到临界温度以上，保温一定时间，再在空气中冷却	（1）细化晶粒； （2）与退火相比，强度略有增高，并能改善低碳钢的切削加工性能	用于低、中碳钢，对低碳钢常用以代替退火
淬火	加热到临界温度以上，保温一定时间，再在冷却剂（水、油或盐水）中急速地冷却	（1）提高硬度及强度； （2）提高耐磨性	用于中、高碳钢，淬火后钢件必须回火
回火	淬火后再加热到临界温度以下的某一温度，在该温度停留一定时间，然后在水、油或空气中冷却	（1）消除淬火时产生的内应力； （2）增加韧性，降低硬度	高碳钢制的工具、量具、刃具用低温（150～250℃）回火；弹簧用中温（270～450℃）回火
调质	淬火后再进行高温（450～650℃）回火	可以完全消除内应力，并获得较高的综合力学性能	用于重要的轴、齿轮及丝杠等零件
表面淬火	用火焰或感应炉加热，将零件表面迅速加热至临界温度以上，急速冷却	使零件表面获得高硬度，而心部保持一定的韧性；使零件既耐磨又能承受冲击	用于重要的齿轮、曲轴、活塞销等
渗碳淬火	在渗碳剂中加热到 900～950℃，停留一定时间，将碳渗入钢表面深度 0.5～2mm，再淬火、回火	增加零件表面的硬度和耐磨性，提高材料的疲劳强度	适用于碳的质量分数为 0.08%～0.25% 的低碳钢及低碳合金钢
渗氮	表面增氮，氮化层为 0.025～8mm	增加零件表面的硬度、耐磨性、疲劳强度和耐腐蚀性	适用于含铝、铬、钼、钒等的合金钢，如用于制造耐磨主轴、量规、样板等
时效处理	（1）天然时效：在空气中存放半年到一年以上； （2）人工时效：加热到 500～600℃，在这个温度保持 10～20h 或更长时间	使铸件消除内应力，稳定其形状和尺寸	用于机床床身等大型铸件
发蓝发黑	氧化处理，用加热方法使工件表面形成一层氧化铁所组成的保护性薄膜	防腐蚀、美观	用于常见的紧固件

注：① 硬度为检测材料抵抗硬物压入其表面的能力。HBW（布氏硬度）用于退火、正火、调质的零件；HRC 用于经淬火、回火及表面渗碳、渗氮等处理的零件；HV（维氏硬度）用于薄层硬化的零件。

附录 B 课堂测试练习参考答案

第 1 章

1. 填空题

(1) 粗实线　虚线　细实线　细点画线　1/2

(2) 已知线段　中间线段　连接线段　已知线段　中间线段　连接线段

(3) 已知线段　中间线段　连接线段

2. 选择题

(1) C　(2) B　(3) A　(4) B　(5) A　(6) A

3. 判断题

(1) √　(2) ×　(3) √　(4) √　(5) ×　(6) √

第 2 章

1. (5)　2. (6)　3. (3)　4. (3)　5. (3)　6. (3)　7. (1)

第 3 章

1. (a) 侧垂线　(b) 水平线　(c) 一般位置直线

2. 点 K、M 不在△ABC 平面内，直线 BN 在△ABC 平面上

3. (a) 是直角　(b) 不是直角　(c) 不是直角　(d) 是直角

第 4 章

1. (a) √　(b) ×　(c) √　(d) √

2. (b) 正确

3. (d) 正确

第 5 章

1. 选择题

(1) C　(2) C　(3) A

2. 判断题

(1) √　(2) ×　(3) √

第 6 章

1. 选择题

(1) (b)　(2) (c)

2.

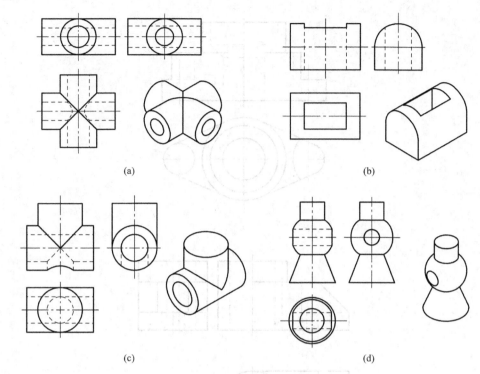

第 7 章

1. (4) 2. (2) 3. (4)

4.

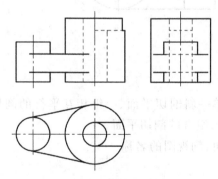

5.

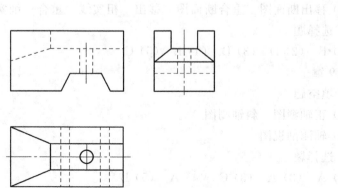

6.

7.

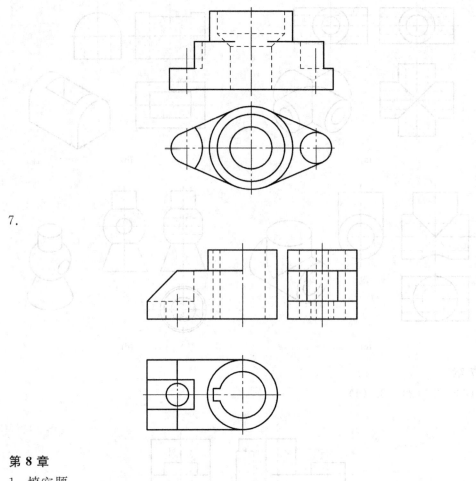

第 8 章

1. 填空题

(1) 全剖、半剖、局部剖

(2) 单一正剖切平面、单一斜剖切平面、一组相互平行的剖切平面、几个相交的剖切平面(交线垂直于某一投影面)、组合的剖切平面

(3) 剖切位置、投射方向、剖视图的名称

(4) 细点画线

(5) 移出断面图　重合断面图　移出　粗实线　重合　细实线

2. 选择题

(1) B　(2) D　(3) D　(4) B　(5) C

第 9 章

1. 填空题

(1) 正轴测图　斜轴测图

(2) 轴测剖视图

2. 选择题

(1) A　(2) A　(3) C　(4) A　(5) B

3. 判断题

(1) √ (2) × (3) √ (4) √ (5) √ (6) √

第 10 章

1. 填空题

(1) 普通螺纹　管螺纹　矩形螺纹　梯形螺纹　锯齿形螺纹　锯齿形　梯形　矩形

(2) M　G　Tr　B

(3) 牙型、大径、螺距、线数、旋向

(4) 公称直径为 20，螺距为 1.5，中径和顶径的公差带代号为 6H，右旋、细牙、中等旋合长度、普通内螺纹

(5) 普通平键　半圆键　楔键　花键

2. 选择题

(1) A (2) C (3) C (4) A (5) A (6) C (7) D (8) B

第 11 章

1. 填空题

(1) 一组图形　尺寸　技术要求　标题栏

(2) 标题栏

(3) 基本偏差　标准公差

(4) 间隙配合　过渡配合　过盈配合　基孔制　基轴制

(5) H　0　h　0

(6) 公称尺寸

2. 选择题

(1) B (2) A (3) A (4) A

第 12 章

1. 填空题

(1) 相反　不同　一致　一致

(2) 不剖　局部剖

(3) 规格(性能)尺寸　装配尺寸　外形尺寸　安装尺寸

(4) 拆去

(5) 不剖

2. 选择题

(1) B (2) C

3. 是非题

(1) × (2) √ (3) ×

第 13 章

1. 基本符号与指引线　辅助符号、补充符号和焊缝尺寸符号

2. 对接接头、搭接接头、T 形接头、角接接头

3. 结构形状、焊缝形式、尺寸、技术要求　序号标出构件编号,用明细表

参考文献

[1] 刘朝儒.机械制图[M].5版.北京:高等教育出版社,2006.
[2] 陆国栋.图学应用教程[M].北京:高等教育出版社,2002.
[3] 朱辉,等.画法几何及工程制图[M].7版.上海:上海科学技术出版社,2013.
[4] 大连理工大学工程图学教研室.机械制图[M].6版.北京:高等教育出版社,2007.
[5] 大连理工大学工程图学教研室.画法几何[M].5版.北京:高等教育出版社,2006.
[6] 王乃成.新编机械制图实用教程[M].北京:国防工业出版社,2005.
[7] 王兰美.画法几何及工程制图[M].2版.北京:机械工业出版社,2007.
[8] 许纪倩.机械工人速成读图[M].3版.北京:机械工业出版社,2013.
[9] 许纪倩.轻松看懂机械图[M].北京:机械工业出版社,2008.
[10] 杨铭.机械制图[M].北京:机械工业出版社,2013.
[11] 李俊武.工程制图[M].北京:机械工业出版社,2008.
[12] 朱冬梅.画法几何及机械制图[M].6版.北京:高等教育出版社,2008.
[13] 张京英,等.机械制图[M].3版.北京:北京理工大学出版社,2012.
[14] 贺志平,任耀亭.画法几何及机械制图[M].2版.北京:高等教育出版社,1991.
[15] 尹常治.机械设计制图[M].3版.北京:高等教育出版社,2004.
[16] 唐克中,朱同均.画法几何及工程制图[M].3版.北京:高等教育出版社,2002.
[17] 刘申立.机械工程设计图学[M].2版.北京:机械工业出版社,2004.
[18] 杨惠英,王玉坤.机械制图[M].3版.北京:清华大学出版社,2011.
[19] 中国机械工业教育协会组.工程制图[M].北京:机械工业出版社,2005.
[20] 王成刚,等.工程图学简明教程[M].武汉:武汉理工大学出版社,2004.
[21] 冯开平,等.画法几何及机械制图[M].广州:华南理工大学出版社,2001.
[22] 金大鹰.机械制图[M].5版.北京:机械工业出版社,2005.
[23] 窦忠强.工业产品设计与表达[M].北京:高等教育出版社,2006.
[24] 万静.机械工程制图基础[M].2版.北京:机械工业出版社,2012.
[25] 万静.机械制图与设计简明手册[M].北京:中国电力出版社,2014.
[26] 续丹.3D机械制图[M].北京:机械工业出版社,2003.
[27] 金玲,张红.现代工程制图[M].上海:华东理工大学出版社,2005.
[28] 高俊亭,毕万全.工程制图[M].北京:高等教育出版社,2003.
[29] 顾玉坚,李世兰.工程制图基础[M].北京:高等教育出版社,2005.
[30] 胡仁喜.AutoCAD 2005 练习宝典[M].北京:北京理工大学出版社,2004.
[31] 隋丽.Inventor 基础教程[M].北京:北京理工大学出版社,2004.
[32] 陈伯雄.Autodesk Inventor R8 机械设计[M].北京:清华大学出版社,2004.
[33] 陈伯雄.Inventor R8 应用培训教程[M].北京:清华大学出版社,2004.
[34] 张苏苹.AutoCAD 应用答疑解惑[M].北京:机械工业出版社,2000.
[35] 高强.AutoCAD 2002 实用大全[M].北京:清华大学出版社,2002.
[36] 刘小年,等.机械制图[M].北京:高等教育出版社,2007.
[37] 毛昕,等.画法几何及机械制图[M].北京:高等教育出版社,2004.
[38] 李爱华,等.工程制图基础[M].北京:机械工业出版社,2008.
[39] 李虹,等.画法几何及机械制图[M].北京:国防工业出版社,2008.

[40] 蒋寿伟.现代机械工程图学[M].北京:高等教育出版社,2005.
[41] 孙兰凤,等.工程制图[M].北京:高等教育出版社,2004.
[42] 王兰美.机械制图[M].北京:高等教育出版社,2003.
[43] 田绿竹,李恩海.画法几何及机械制图[M].北京:冶金工业出版社,2001.
[44] 陆国栋,施岳定.工程图学解题指导与学习引导[M].北京:高等教育出版社,2006.
[45] 陆润民,等.机械制图[M].北京:清华大学出版社,2006.